기계공학 기초이론

유주식 지음

KM 경문사

머리말

기계공학의 범위는 매우 넓으므로 대학에서 배우는 과목은 다양하며, 각 대학에서 상황에 맞는 커리큘럼을 독자적으로 개발하여 운영하고 있다. 그렇지만 거의 모든 기계공학 관련학과(기계, 자동차, 항공, 조선 등)에서 기본적으로 배우는 과목은 정역학, 동역학, 재료역학(고체역학), 열역학, 유체역학이고, 이들 역학 과목은 다른 전공과목들의 이론적 기초가 된다. 기계공학을 뜻하는 'Mechanical Engineering'에서 'Mechanical'은 역학적이란 말을 나타낸다. 즉 기계공학은 '역학'에 중점을 두고, 이를 응용하여 각종 기계를 설계제작하고 성능을 연구하는 학문이라 할 수 있다.

이 책은 기계공학의 이론적 기초가 되는 이들 역학 과목에 대한 기초적인 내용을 담고 있다. 이 책을 쓴 주된 목적은, 기계공학 관련 학과에 입학한 신입생들에게는 이후의 전공 공부에 필요한 기초 지식을 습득하게 하고, 고학년 학생에게는 기계공학의 기초 이론을 전체적으로 복습하는 데 도움이 되도록 하는 것이다. 기계공학 개론과 관련된 책들이 몇 가지 있지만 신입생들이 공부하기에는 너무 어려운 것이 대부분이고, 특히 이 책과 같이 기계공학의 기초가 되는 이론을 정리한 것은 보이지 않는다. 따라서 이 책은 1학년 과정에서 기계공학 입문을 배울 때 특히 도움이 되리라 생각한다.

이 책에서는 기본적인 내용을 기본적인 예제와 함께 제시하였고, 기초 개념 파악을 주된 목적으로 하여 충분한 양의 연습문제를 수록하였다. 대학에 갓 입학한 신입생들에게는 약간 어려운 문제도 있지만 여러 가지 문제를 통하여 역학에 대한 최소한의 기초 개념을 습득할 수 있을 것으로 생각한다. 한편 대학을 졸업한 후에도 기계공학 지식이 필요한 (특히 교직 관련) 학생들은 이 책에 있는 내용은 완전히 터득해야 할 것이다.

여기에서 다루고 있는 주요 역학 과목은 대부분의 대학에서 한 학기 이상씩 배우는 과목으로 각 과목의 중요한 내용을 모두 소개하는 것은 어렵다. 따라서 기계공학 공부에 도움이 되는 기초적이고 필수적인 내용을 뽑아서 수록하도록 노력하였다. 한편 기계공학을 크게 고체·진동과 열·유체의 두 분야로 나눌 수 있으므로 책의 양적인 면에서 두 분야의 분량을 비슷하게 하였다.

이 책의 구성과 주요 특징은 다음과 같다.

(1) 먼저 주요 내용과 이론을 간결하게 정리하여 제시함으로써 핵심 내용을 알아보기 쉽게 하였다.
(2) 다음에 핵심 내용에 대한 설명을 보충하여 기본 개념을 쉽게 이해할 수 있게 하였다.
(3) 예제와 연습문제는 주요 개념 이해에 도움이 되는 기본적인 문제로 구성하였다.
(4) 연습문제 해답을 전부 수록하였고 대부분의 문제에 대한 풀이과정을 상세히 기술하였다.

아무쪼록 이 책을 통하여 기계공학의 기초 이론에 대한 전체적인 상을 정립하길 바라는 바이다. 끝으로 책의 출판에 도움을 주신 도서출판 경문사 관계자들께 감사드린다.

2011년 8월

유 주 식

차례

제 1 장 서론

제 2 장 정역학

제 3 장 동역학

제 4 장 재료역학

제 5 장 열역학

제 6 장 유체역학

제1장 서론

1.1 기계공학

우리는 일상생활에서 여러 종류의 기계를 이용하고, 기계에 의해 만들어진 많은 물건들을 사용하고 있다. 기계는 인간의 생활을 편리하게 하는 수단으로 이용되며 문명이 발달함에 따라 다양한 기계가 발명되어 나타나기도 하지만 불필요한 기계는 사라지기도 한다. 인간이 도구를 만들어 사용하기 시작한 이후에 만들어진 각종 기계는 인간의 생활에 있어서 없어서는 안 될 꼭 필요한 생활 수단이 되었다. 이와 같은 기계에 대한 정의를 분명히 하기는 어렵지만 기계운동학의 체계를 확립한 19세기의 프란츠 루울로오(Franz Realeaux)는 그의 저서 《*The Kinematics of Machinery*》(1829)에서 기계를 다음과 같이 정의하였다.

1. 기계의 정의

"기계란 저항력이 있는 물체들의 조합체이고, 이들 각 부분은 어떤 일정한 관계에 따라 한정된 운동을 하며, 외부로부터 에너지를 받아서 우리들이 요구하는 유용한 일로 변환시킨다."

현재에도 이 정의가 가장 적절한 것으로 인정되고 있는데, 이 정의를 살펴보면 기계에서 크게 중요한 물리량은 '저항력(힘)과 운동' 및 '에너지와 일'이란 것을 알 수 있다. 즉, 기계공학은 자연계에 존재하는 각종 물질을 이용하여 이와 같은 기계 또는 장치를 제조하는 학문적 체계를 의미한다. 갈수록 학문이 다양해지고 복합적으로 나타남에 따라 각 학문 간의 경계가 불분명하지만 기계공학의 근간은 '힘과 에너지'라는 것은 분명하고, 이것을 한 단어로 줄여 말하면 '역학'이다.

많은 공학 분야 중에서도 특히 기계공학의 범위가 광범위하고, 기계공학 내에서도 각 영역의 경계가 명확하지는 않지만 기계공학은 크게 다음 세 분야로 구분할 수 있다.

2. 기계공학의 분야

(1) 재료에 관한 분야

- 고체 재료의 강도와 변형(정역학, 재료역학/고체역학)
- 기체의 상태 변화/에너지 변환(열역학)
- 유체의 운동(유체역학)

• 재료 사이의 열에너지 이동(열전달)

(2) 가공 및 제조법에 관한 분야

• 기계의 고안(기구학 : 힘에 의한 재료 변형을 고려하지 않고 기계요소의 상호 운동을 다룬다.)
• 기계의 운동과 힘의 전달(기계역학)
• 기계 부품 가공 및 제작(기계공작법)

(3) 설계와 제조공정

• 기계요소설계 및 기계설계
• 기계 제어 및 자동화(자동제어)
• 전자 기계
• 전체 시스템 계획

이상에서 언급한 기계공학의 여러 분야에 대한 대학에서의 관련 과목은 아주 다양하고 일반 대학의 기계공학과에서 배워야 될 과목에 대한 규정은 없으며, 각 대학에서 상황에 맞는 커리큘럼을 독자적으로 운영하고 있다.

3. 기계공학의 이론적 기초-역학

기계공학과에서 기본적으로 배우는 과목은 '정역학, 동역학, 재료역학(고체역학), 열역학, 유체역학'이고, 이들 역학 과목은 다른 모든 과목의 이론적 기초가 된다.

기계공학을 뜻하는 'Mechanical Engineering'에서 'Mechanical'은 역학적이란 말을 나타낸다. 즉 기계공학은 '역학'에 중점을 두고, 이를 응용하여 각종 기계를 설계제작하고 성능을 연구하는 학문이라 할 수 있다. 예를 들어 자동차공학, 내연기관, 원동기, 열동력 등의 주된 이론적 기초는 '열역학'이고, 기계설계, 자동차설계, 조선공학, 선박설계 등의 기초는 '재료역학과 유체역학'이라 할 수 있다. 한편 정역학은 재료역학과 유체 정역학 등의 기초가 되고, 동역학은 운동이 관련된 많은 과목의 기초가 된다. 물론 이들 과목 외에 '기구학, 열전달, 제어' 등에 대한 이론이 요구되기도 하고, 많은 경우에 있어서 여러 과목들의 내용이 복합적으로 나타나지만, 간결하게 줄여서 기계공학의 근간을 이루는 것은 언급한 5가지 역학 과목이라 할 수 있다. 이 책에서는 이들 과목에 대한 기초 이론을 습득하게 함으로써 기계공학의 이론적 기초를 다지게 한다.

1.2 차원과 단위계

물리량의 성질을 표현하기 위해 사용되는 변수를 차원(dimension)이라 한다. 예를 들어, 거리를 L, 시간을 T로 나타내면 속도는 단위시간에 이동한 거리이므로 차원은 $L/T=LT^{-1}$이 된다. 이에 반해 단위(unit)는 인위적으로 정한 크기를 기준으로 차원을 표현하기 위해 사용되는 것을 말하며, 여러 가지로 표현될 수 있다. 예를 들어 속도의 차원은 단위계와 무관하게 LT^{-1}이지만, 속도의 단위에는 $\mathrm{m/s}$, $\mathrm{cm/s}$, $\mathrm{km/min}$, $\mathrm{km/hr}$ 등의 여러 가지가 있다. 따라서 인위적으로 정한 크기는 기준에 따라 다를 수가 있으므로 각 나라마다 사용하는 단위가 다양하게 나타나는데, 최근에는 국제적으로 공인된 SI 단위계를 많이 사용하는 추세에 있다.

공학과 자연과학에서 나타나는 기본차원에는 [표 1.1]의 7개가 있고, 다른 차원들은 이들의 조합으로 표현된다.

1. 기본차원

[표 1.1] 기본차원

차원	단위	차원	단위
질량	kg	물질량	mol(몰)
길이	m	전류	A(암페어)
시간	s	광도	cd(칸델라)
온도	K(Kelvin)		

특히 역학이 주가 되는 기계공학의 모든 물리량들은 '질량, 길이, 시간, 온도'로써 표현된다(절대단위계). 한편 질량 대신 일정 질량에 작용하는 중력을 기본량으로 택하여 다른 단위를 표현할 수도 있다(중력단위계).

2. 절대단위계, 중력단위계

(1) 절대단위계(MLT 계) : 기준량으로 질량(M), 길이(L), 시간(T)을 잡고 이들을 기본으로 하여 다른 단위를 나타내는 것.

(2) 중력단위계(FLT 계) : 기준량으로 힘(F), 길이(L), 시간(T)을 잡고 이들을 기본으로 하여 다른 단위를 나타내는 것.

예를 들어 질량을 M, 길이를 L, 시간을 T로 하여 가속도(a)와 밀도(ρ)의 차원을 절대단위계로 나타내면 다음과 같다.

$$[a] = \left[\frac{dv}{dt}\right] = \frac{L/T}{T} = LT^{-2}$$

$$[\rho] = \left[\frac{\text{질량}}{\text{부피}}\right] = \frac{M}{L^3} = ML^{-3}$$

뉴턴 운동법칙

$$F = ma$$

에서 힘의 차원은

$$[F] = [ma] = [m][a] = MLT^{-2}$$

이다. 여기에서 질량 대신 힘 F를 기본량으로 취하면 질량의 차원은

$$[m] = FL^{-1}T^2$$

이 되고, 이 관계식을 이용하여 절대단위계를 중력단위계로 바꿀 수 있다.

[표 1.2]에는 절대단위계의 기본차원과 SI 단위를 나타내었다.

[표 1.2] 기본차원과 SI 단위

물리량	차원	SI	단위
질량	M	kilogram	kg
길이	L	meter	m
시간	T	second	s
온도	Θ	Kelvin	K
평면각	(무차원)	radian	rad

3. 역학에 관한 단위계

(1) M·K·S 단위계(SI 단위계) : 길이(m), 질량(kg), 시간(s)을 기본단위로 하는 단위계

로, 힘의 단위는 N(Newton), 압력은 Pa(Pascal), 일과 에너지는 J(Joule), 일률(동력)은 W(Watt)이다.

① 1N : 1kg의 물체에 $1m/s^2$의 가속도를 내게 하는 힘.

$$1N = 1kg \cdot m/s^2$$

② 1J : 1N의 힘을 작용하여 1m 이동했을 때 한 일.

$$1J = 1N \cdot m$$

③ 1Pa : 1N의 힘이 $1m^2$에 수직으로 작용할 때의 압력.

$$1Pa = 1N/m^2 \quad (1\,bar = 10^5\,Pa)$$

④ 1W : 1초에 1J의 일을 할 때의 일률.

$$1W = 1J/s = 1N \cdot m/s$$

(2) c·g·s 단위계 : 길이(cm), 질량(g), 시간(s)을 기본단위로 하는 단위계.

① 1dyne : 1g의 물체에 $1cm/s^2$의 가속도를 일으키는 힘.

$$1dyne = 1g \cdot cm/s^2 \quad (1N = 10^5\,dyne)$$

② 1erg : 1dyne의 힘을 작용하여 1cm 이동했을 때 한 일.

$$1\,erg = 1\,dyne \cdot cm$$

(3) 중력단위계 : 길이(m), 시간(s)과 힘의 단위 kgf를 사용한다.

1kgf : 질량 1kg의 물체에 작용하는 중력(1kg의 무게).

$$1kgf = 9.80665\,N$$

* 압력(pressure) : 단위면적에 수직으로 작용하는 힘을 압력이라 한다. 면적 A에 힘 F가 수직으로 작용할 때 압력 $P = F/A$이다.

* 응력(stress) : 단위면적에 작용하는 하중을 응력이라 한다. 면적 A에 하중 W가 작용할 때 응력 $\sigma = W/A$이다. 응력과 압력의 단위는 같다. 수직 하중이 작용할 때 유체에서는 압력, 고체에서는 응력이란 용어를 주로 사용한다. 압력은 수직방향의 힘을 의미하지만 응력 중에서 전단응력(shear stress)은 작용면에 평행하게 작용하는 힘을 나타낸다.

* 질량 1kg의 무게는

$$W = mg = 1\text{kg} \times 9.80665\text{m/s}^2 = 9.80665\,\text{kg} \cdot \text{m/s}^2 = 9.80665\,\text{N}$$

* SI 단위계(Standard International unit)는 각국에서 사용하던 단위계를 표준화시키기 위하여 만든 것이다. [표 1.3]에 역학의 기본단위를 요약하였다.

[표 1.3] 역학의 기본단위

물리량	이름	단위	
		M·K·S(SI)	c·g·s
질량	킬로그램(그램)	kg	g
길이	미터(센티미터)	m	cm
시간	초	s	s
온도	켈빈(Kelvin)	K	K
평면각	라디안	rad	rad
전류	암페어	A	A
힘	뉴턴(다인)	N	dyne
압력, 응력	파스칼	Pa (N/m^2)	$dyne/cm^2$
일, 에너지	줄(에르그)	J	erg
일률	와트	W	erg/s

[표 1.4]에 SI 단위계의 접두사를 나타내었고, [표 1.5]에 기계공학에서 많이 나타나는 물리량들의 차원과 SI 단위를 종합적으로 나타내었다.

[표 1.4] SI 단위의 접두사

곱해지는 수	명칭	기호	곱해지는 수	명칭	기호
10^{12}	tera	T	10^{-3}	milli	m
10^{9}	giga	G	10^{-6}	micro	μ
10^{6}	mega	M	10^{-9}	nano	n
10^{3}	kilo	k	10^{-12}	pico	p
10^{-2}	centi	c			

예 $2\,\text{km} = 2 \times 10^3\,\text{m}$; $4\,\text{MPa} = 4 \times 10^6\,\text{Pa}$; $8\,\text{mm} = 8 \times 10^{-3}\,\text{m}$.

[표 1.5] 차원과 SI 단위

물리량	차원	SI 단위
면적 A	L^2	m^2
부피 V	L^3	m^3
속도 v	L/T	$\mathrm{m/s}$
가속도 a	L/T^2	$\mathrm{m/s^2}$
각속도 ω	$1/T$	$1/\mathrm{s}$
힘 F	ML/T^2	$\mathrm{kg \cdot m/s^2}$ 또는 N(newton)
밀도 ρ	M/L^3	$\mathrm{kg/m^3}$
비중량 γ	M/L^2T^2	$\mathrm{N/m^3}$
주파수 f	$1/T$	$1/\mathrm{s}$ 또는 Hz
압력 P	M/LT^2	$\mathrm{N/m^2}$ 또는 Pa(Pascal)
응력 σ, τ	M/LT^2	$\mathrm{N/m^2}$ 또는 Pa(Pascal)
표면장력 σ	M/T^2	$\mathrm{N/m}$, $\mathrm{kg/s^2}$
일 W	ML^2/T^2	$\mathrm{N \cdot m}$ 또는 J(Joule)
에너지 E	ML^2/T^2	$\mathrm{N \cdot m}$ 또는 J(Joule)
열전달률 $\dot{Q}$	ML^2/T^3	$\mathrm{J/s}$
토크(모멘트) T	ML^2/T^2	$\mathrm{N \cdot m}$
동력 P	ML^2/T^3	$\mathrm{J/s}$ 또는 W(Watt)
체적유량 Q	L^3/T	$\mathrm{m^3/s}$
질량유량 $\dot{m}$	M/T	$\mathrm{kg/s}$
중량유량 G	ML/T^3	$\mathrm{N/s}$
비열 c	$L^2/T^2\Theta$	$\mathrm{J/kg \cdot K}$
기체상수 R	$L^2/T^2\Theta$	$\mathrm{J/kg \cdot K}$
점성계수 μ	M/LT	$\mathrm{N \cdot s/m^2}$, $\mathrm{Pa \cdot s}$
동점성계수 ν	L^2/T	$\mathrm{m^2/s}$

† M, L, T, Θ는 각각 질량, 길이, 시간, 절대온도를 나타낸다. 단위를 안다는 것은 그 물리량을 안다는 것과 같은 말이다. 단위를 잘 알아두도록 한다.

1.3 일과 에너지

1. 일

[그림 1.1]과 같이 힘 F(N)가 물체에 작용하여 그 힘의 방향으로 s(m)만큼 이동하였을 때 힘 F가 물체에 대하여 한 일(work) W(J)는 다음과 같다.

$$W = Fs$$

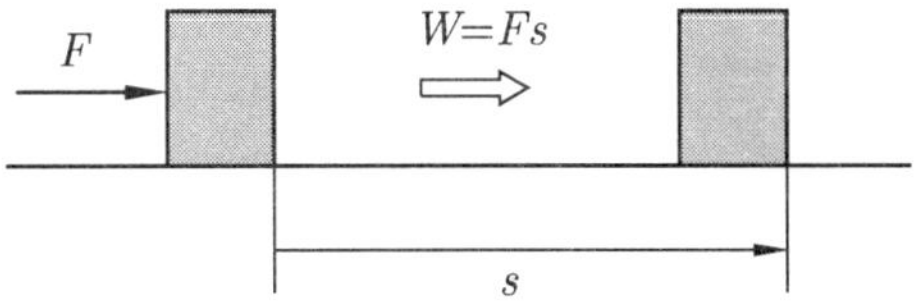

[그림 1.1]

1 N의 힘을 작용하여 힘의 방향으로 1 m 이동하였을 때 한 일의 양을 1 J(Joule)이라 한다.

$$1\,\mathrm{J} = 1\,\mathrm{N} \cdot \mathrm{m} = 1\,\mathrm{kg} \cdot \mathrm{m}^2/\mathrm{s}^2$$

* 일의 정의는 $W = \int \vec{F} \cdot \vec{ds}$ 이다. [그림 1.2]와 같이 일정한 힘 $\vec{F}$의 방향과 이동거리 $\vec{s}$의 방향이 θ의 각을 이루면 $W = Fs\cos\theta$ 이다.

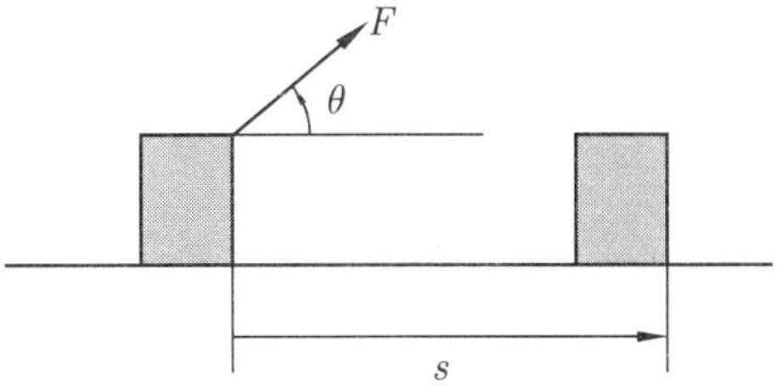

[그림 1.2]

예 물체를 수평면과 30° 방향으로 10 N의 힘을 가하여 5 m의 거리를 이동하였을 때 물체에 한 일은

$$W = Fs\cos\theta = 10\,\mathrm{N}\cdot 5\,\mathrm{m}\cdot\cos 30° = 25\sqrt{3}\,\mathrm{J}$$

이다.

2. 일률

단위시간 동안에 한 일의 양을 일률(동력, power)이라 한다. 시간 t 동안에 한 일의 양이 W이면 일률 P는 다음과 같다.

$$P = \frac{W}{t}$$

1초 동안에 1 J의 일을 하였을 때의 일률을 1 W(Watt)라 한다. 1 W = J/s

속도 v로 운동하는 물체에 같은 방향으로 F의 힘이 작용할 때 일률

$$P = Fv$$

이다.

설명 일률 $P = \frac{W}{t} = \frac{Fs}{t} = F\times\frac{s}{t} = Fv$

3. 에너지

일을 할 수 있는 능력을 에너지(energy)라 하며, 그 저장 형태에 따라 역학적 에너지, 전기에너지, 원자력에너지 등이 있다.

에너지의 단위는 일의 단위(J)와 같고, 에너지의 종류에 따라 cal(열에너지), Wh(와트시, 전기에너지), eV(원자력에너지) 등을 사용한다. J과 cal, Wh, eV의 관계는 다음과 같다.

$$1\,\mathrm{cal} = 4.18681\,\mathrm{J},\ 1\,\mathrm{Wh} = 3600\,\mathrm{J},\ 1\,\mathrm{eV} = 1.60217733\times 10^{-19}\,\mathrm{J}$$

* 그 외에 화학에너지(석탄, 석유 등의 화석연료나 전지 또는 음식물 등의 물질에 저장되어 있는 에너지), 파동에너지(파동에 의해 전달되는 에너지), 빛에너지(태양이나 전구 등이 가지고 있는 에너지) 등의 여러 종류가 있다. 열역학에서 많이 취급하는 열기관에서는 주로 '역학적 에너지'와 '열에너지'를 고려한다.

* 태양에너지는 대부분의 에너지의 근원이다. 태양에너지가 근원이 아닌 에너지에는 지열 에너지, 핵에너지 등이 있다.

4. 운동에너지, 위치에너지, 역학적 에너지

(1) 운동하는 물체가 가지고 있는 일을 할 수 있는 능력을 운동에너지(kinetic energy)라 하며, 속도 v로 운동하고 있는 질량 m인 물체의 운동에너지 E_k는 다음과 같다.

$$E_k = \frac{1}{2}mv^2$$

(2) 힘을 받는 공간에서 물체의 위치를 바꾸게 되면 그 물체의 일을 할 수 있는 능력이 증가하거나 감소하게 된다. 이와 같이 위치에 따라 발생하는 일을 할 수 있는 능력을 위치에너지(potential energy)라 한다. 위치에너지는 물체를 기준위치로부터 그 지점까지 옮기는 데 필요한 일의 양과 같다. 기준 위치를 지면으로 할 때 지면으로부터 높이 h에 있는 질량 m인 물체의 중력에 의한 위치에너지는 다음과 같다.

$$E_p = mgh \ \ (g\text{는 중력가속도})$$

(3) 위치에너지와 운동에너지를 합하여 역학적 에너지라 한다.

* 위치에너지는 기준 위치의 값을 0으로 하고, 기준 위치로부터 측정한 양을 나타내므로 양(+) 또는 음(−)의 값을 가질 수 있다. 역학적 에너지는 기계적 에너지라고도 한다.

5. 에너지 전환

에너지 형태는 고정되어 있는 것이 아니라 다른 형태의 에너지로 전환되어 이용된다. 다음은 에너지 전환의 예이다.

(1) 전열기 : 전기에너지 → 열에너지
(2) 충전기 : 전기에너지 → 화학에너지
(3) 건전지 : 화학에너지 → 전기에너지
(4) 전기스탠드 : 전기에너지 → 빛에너지

(5) 선풍기 : 전기에너지 → 운동에너지
(6) 텔레비전 : 전기에너지 → 빛에너지, 소리에너지
(7) 식물의 광합성 : 빛에너지 → 화학에너지

전기를 만드는 발전소에서의 에너지 전환 과정은 다음과 같다. '열에너지 → 역학적 에너지' 또는 '역학적 에너지 → 열에너지'로의 전환을 다루는 열역학은 특히 화력발전, 원자력발전, 태양열발전의 기초가 된다.

(1) 수력발전 : 댐에 저장된 높은 위치의 물이 낙하하면서 수차를 돌려 전기를 얻는다. '물의 위치에너지 → 운동에너지 → 전기에너지'
(2) 화력발전 : 석탄이나 석유 등의 화석연료를 태워 물을 가열하여 생성되는 고온고압의 수증기로 터빈을 돌려 전기를 얻는다. '화학에너지 → 열에너지 → 운동에너지 → 전기에너지'
(3) 원자력발전 : 원자핵이 가지고 있는 에너지로 물을 끓이고 이때 나오는 뜨거운 수증기로 터빈을 돌려 전기를 얻는다. '핵에너지 → 열에너지 → 운동에너지 → 전기에너지'
(4) 태양열발전 : 태양이 복사하는 열에너지로써 물을 가열하여 생성되는 수증기로 터빈을 돌려 전기를 얻는다. '태양열에너지 → 운동에너지 → 전기에너지'

1.4 단위 연산

차원이 있는 물리량을 계산할 때 단위 연산을 하는 경우 단위를 문자와 같이 취급하여 연산한다.

예 높이 $h=1960\,\mathrm{cm}$에서 자유낙하한 공이 지면에 떨어졌을 때의 공의 속력(중력가속도 $g=9.8\,\mathrm{m/s^2}$) :

$$v=\sqrt{2gh}=\sqrt{2\times 9.8\frac{\mathrm{m}}{\mathrm{s}^2}\times 1960\,\mathrm{cm}}=\sqrt{2\times 9.8\frac{\mathrm{m}}{\mathrm{s}^2}\times 19.60\,\mathrm{m}}$$
$$=\sqrt{(19.6)^2\times\frac{\mathrm{m}^2}{\mathrm{s}^2}}=19.6\sqrt{\left(\frac{\mathrm{m}}{\mathrm{s}}\right)^2}$$
$$=19.6\frac{\mathrm{m}}{\mathrm{s}}$$

예 똑바로 위로 $v=980\,\mathrm{cm/s}$의 속력으로 쏘아올린 공이 올라갈 수 있는 최고높이 :

$$h=\frac{v^2}{2g}=\frac{\left(980\frac{\mathrm{cm}}{\mathrm{s}}\right)^2}{2\times 9.8\frac{\mathrm{m}}{\mathrm{s}^2}}=\frac{\left(9.8\frac{\mathrm{m}}{\mathrm{s}}\right)^2}{2\times 9.8\frac{\mathrm{m}}{\mathrm{s}^2}}$$
$$=\frac{9.8^2\mathrm{m}}{2\times 9.8}=4.9\,\mathrm{m}$$

예 밀도 $\rho=1000\,\mathrm{kg/m^3}$인 유체의 유속이 $v=2\,\mathrm{m/s}$일 때 유체의 동압 :

$$p_v=\frac{\rho v^2}{2}=\frac{\left(1000\frac{\mathrm{kg}}{\mathrm{m}^3}\right)\times\left(2\frac{\mathrm{m}}{\mathrm{s}}\right)^2}{2}=2000\frac{\mathrm{kg}}{\mathrm{m}^3}\times\frac{\mathrm{m}^2}{\mathrm{s}^2}$$
$$=2000\left(\mathrm{kg}\cdot\frac{\mathrm{m}}{\mathrm{s}^2}\right)\times\frac{1}{\mathrm{m}^2}=2000\frac{\mathrm{N}}{\mathrm{m}^2}\quad\left(\leftarrow 1\,\mathrm{N}=1\,\mathrm{kg}\cdot\frac{\mathrm{m}}{\mathrm{s}^2}\right)$$
$$=2000\,\mathrm{Pa}\quad(\leftarrow 1\,\mathrm{Pa}=1\,\mathrm{N/m^2})$$

차원이 있는 물리량의 계산에서 나타나는 모든 단위를 어느 한 단위계(SI 단위계)로 통일

해주면 복잡한 단위 연산을 하지 않아도 구하고자 하는 값을 얻을 수 있다.

예 깊이 h에서 물에 의한 압력 $p=\gamma h$이다. 물의 비중량 $\gamma=9.8\,\mathrm{kN/m^3}$일 때 $h=1\,\mathrm{m}$에서의 압력은?

(1) 단위연산 :

$$p=\gamma h=\left(9.8\frac{\mathrm{kN}}{\mathrm{m^3}}\right)\times 1\,\mathrm{m}=\left(9.8\times\frac{1000\,\mathrm{N}}{\mathrm{m^3}}\right)\times 1\,\mathrm{m}=9800\frac{\mathrm{N}}{\mathrm{m^2}}$$

$$=9800\,\mathrm{Pa}\quad(\leftarrow \mathrm{N/m^2}=\mathrm{Pa})$$

(2) 주어진 단위를 M·K·S 단위계 m, N으로 통일하여 계산 :

$$\gamma=9.8\,\mathrm{kN/m^3}=9800\,\mathrm{N/m^3},\ h=1\,\mathrm{m}$$

$$\therefore\ p=\gamma h=9800\times 1=9800\,(\mathrm{Pa})$$

(← 길이와 힘을 각각 m, N으로 하면 단위연산을 하지 않아도 나오는 압력의 단위는 M·K·S 단위계의 Pa이다.)

예 이상기체의 상태방정식은 $PV=mRT$이다. 압력 $P=0.8\,\mathrm{MPa}$, 부피 $V=4\times 10^4\,\mathrm{cm^3}$, 기체상수 $R=0.287\,\mathrm{kJ/kg\cdot K}$, 절대온도 $T=300\,\mathrm{K}$일 때 기체의 질량은?

▶**풀이** 압력 $P=0.8\,\mathrm{MPa}=0.8\times 10^6\,\mathrm{Pa}=8\times 10^5\,\mathrm{Pa}$

부피 $V=4\times 10^4\,\mathrm{cm^3}=4\times 10^4\times(10^{-2}\mathrm{m})^3=0.04\,\mathrm{m^2}$

$$\therefore\ m=\frac{PV}{RT}=\frac{(8\times 10^5)\times 0.04}{287\times 300}=0.3717\,(\mathrm{kg})$$

(← P, V, R, T를 M·K·S 단위계로 나타내면 단위연산을 하지 않아도 나오는 질량의 단위는 kg이다.)

▌예제 1.1 에너지의 차원을 MLT 계로 나타내어라.

▶**풀이** 에너지(E)의 차원은 일(W)의 차원과 같으므로

$$[E]=[W]=[Fs]=[ma][s]=\frac{ML}{T^2}\times L=\frac{ML^2}{T^2}$$

▌예제 1.2 압력은 단위면적에 작용하는 힘으로 정의된다. 압력의 차원을 FLT 계와 MLT 계로 나타내어라.

▶**풀이** 압력 $P = \dfrac{F}{A}$ 이므로 FLT 계에서 압력의 차원은

$$[P] = \left[\frac{F}{A}\right] = \frac{[F]}{[A]} = \frac{F}{L^2}$$

이고,

$$[F] = [ma] = [m][a] = M \times (L/T^2) = ML/T^2$$

이므로 MLT 계에서 압력의 차원은

$$[P] = \frac{F}{L^2} = \frac{ML/T^2}{L^2} = \frac{M}{LT^2}$$

이다.

❙ 예제 1.3 1 J은 몇 erg인가?

▶**풀이** $1\,\mathrm{J} = 1\,\mathrm{N} \cdot \mathrm{m} = 10^5\,\mathrm{dyne} \cdot 100\,\mathrm{cm} = 10^7\,\mathrm{erg}$

❙ 예제 1.4 40 kgf의 힘은 몇 kN인가?

▶**풀이** $F = 40\,\mathrm{kgf} = 40\,\mathrm{kg} \times g = 40\,\mathrm{kg} \times 9.8\,\mathrm{m/s^2} = 392\,\mathrm{N} = 0.392\,\mathrm{kN}$

❙ 예제 1.5 $10\,\mathrm{kgf/cm^2}$은 몇 kPa인가?

▶**풀이** $10\dfrac{\mathrm{kgf}}{\mathrm{cm^2}} = 10 \times \dfrac{9.8\,\mathrm{N}}{(10^{-2}\mathrm{m})^2} = 9.8 \times 10^5 \dfrac{\mathrm{N}}{\mathrm{m^2}} = 9.8 \times 10^5\,\mathrm{Pa} = 980\,\mathrm{kPa}$

❙ 예제 1.6 $10\,\mathrm{cm^2}$의 면적에 40N의 힘이 수직으로 가해지면 면적이 받는 압력은 몇 kPa인가?

▶**풀이** $P = \dfrac{F}{A} = \dfrac{40\mathrm{N}}{10\,\mathrm{cm^2}} = 4 \times \dfrac{\mathrm{N}}{(10^{-2}\mathrm{m})^2} = 4 \times 10^4 \dfrac{\mathrm{N}}{\mathrm{m^2}} = 4 \times 10^4\,\mathrm{Pa} = 40\,\mathrm{kPa}$

❙ 예제 1.7 체적유량 $Q = AV$이다. $Q = 40\ell/\mathrm{s}$, 면적 $A = 0.02\,\mathrm{m^2}$일 때 유속 $V(\mathrm{m/s})$를 구하여라. $1\ell = 1000\,\mathrm{cc}$, $1\,\mathrm{cc} = 1\,\mathrm{cm^3}$이다.

▶**풀이** $V = \dfrac{Q}{A} = \dfrac{40\ell/\text{s}}{0.02\,\text{m}^2} = \dfrac{(40\times1000)\,\text{cm}^3/\text{s}}{0.02\,\text{m}^2} = \dfrac{(40\times1000)\times(10^{-2}\,\text{m})^3/\text{s}}{0.02\,\text{m}^2}$

$= 2\dfrac{\text{m}^3/\text{s}}{\text{m}^2} = 2\,(\text{m/s})$

▌예제 1.8 정지해있는 5kg의 로켓을 연직 상방으로 $20\,\text{m/s}^2$으로 가속하기 위해 로켓에 가해야 할 힘을 구하여라.

▶**풀이** 뉴턴 운동법칙에서

$$\sum F_y = ma_y$$
$$F - mg = ma$$
$$\therefore\ F = ma + mg = m(a+g) = 5\times(20+9.8)\,(\text{N}) = 149\,(\text{N})$$

▌예제 1.9 안지름 $D = 20\,\text{cm}$, 동점성계수 $\nu = 1.01\times10^{-6}\,\text{m}^2/\text{s}$, 평균유속 $V = 30\,\text{m/s}$일 때 레이놀즈수 $Re = \dfrac{VD}{\nu}$를 구하여라.

▶**풀이** $Re = \dfrac{VD}{\nu} = \dfrac{30\times0.2}{1.01\times10^{-6}} = 5.94\times10^6$

▌예제 1.10 피토관으로 측정한 동압이 ΔP일 때 유속 $V = \sqrt{\dfrac{2\Delta P}{\rho}}$이다. 유체의 밀도 $\rho = 1000\,\text{kg/m}^3$, $\Delta P = 200\,\text{kPa}$일 때 유속 $V(\text{m/s})$를 구하여라.

▶**풀이** $V = \sqrt{\dfrac{2\Delta P}{\rho}} = \sqrt{\dfrac{2\times200\times10^3\,\text{Pa}}{1000\,\text{kg/m}^3}} = 20\,(\text{m/s})$

$\sqrt{\dfrac{\text{Pa}}{\text{kg/m}^3}} = \sqrt{\dfrac{\text{N/m}^2}{\text{kg/m}^3}} = \sqrt{\dfrac{(\text{kg}\cdot\text{m/s}^2)/\text{m}^2}{\text{kg/m}^3}} = \sqrt{\dfrac{\text{m}^2}{\text{s}^2}} = \dfrac{\text{m}}{\text{s}}$

(M·K·S 단위계로 통일하여 나타내면 단위연산을 하지 않아도 나오는 속도의 단위는 m/s이다.)

▌예제 1.11 이상기체의 상태방정식은 $\dfrac{P}{\rho} = RT$이다. 압력 $P = 300\,\text{kPa}$, 기체상수 $R = 0.287\,\text{kJ/kg}\cdot\text{K}$, 절대온도 $T = 290\,\text{K}$일 때 기체의 밀도(ρ)를 구하여라.

▶**풀이** $\rho = \dfrac{P}{RT} = \dfrac{300\times10^3}{287\times290} = 3.604\,(\text{kg/m}^3)$

연습문제 1

1. 일률(동력)의 차원을 MLT 계로 나타내어라.

2. 공기의 기체상수 $R = 0.287\,\mathrm{kJ/kg\cdot K}$이다. 기체상수의 차원을 M, L, T, Θ로 나타내어라.

3. 표면장력은 단위 길이당 힘으로 정의된다. 표면장력의 차원을 MLT 계로 나타내어라.

4. 압력을 P, 체적을 V라 할 때 체적탄성계수는 $-V\times\dfrac{\Delta P}{\Delta V}$로 정의된다. 체적탄성계수의 차원을 MLT 계와 FLT 계로 나타내어라.

5. $40\,\mathrm{g/cm^3}$은 몇 $\mathrm{kg/m^3}$인가?

6. $100\,\mathrm{kg}$의 무게는 몇 N인가?

7. $20\,\mathrm{kgf/cm^2}$은 몇 kPa인가?

8. 체적유량 $Q = AV$이다. 유량 $Q = 500\mathrm{cm^3/s}$, 면적 $A = 50\,\mathrm{cm^2}$일 때 유속 $V(\mathrm{m/s})$를 구하여라.

9. 음속 $c = \sqrt{kRT}$이다. 비열비 $k = 1.4$, 기체상수 $R = 0.287\,\mathrm{kJ/kg\cdot K}$, $T = -40\,℃$일 때 음속을 구하여라. 절대온도 $\mathrm{K} = 273 + ℃$이다.

10. 이상기체의 상태방정식은 $PV = mRT$이다. 압력 $P = 500\,\mathrm{kPa}$, 부피 $V = 4\times10^4\,\mathrm{cm^3}$, 기체상수 $R = 0.287\,\mathrm{kJ/kg\cdot K}$, 질량 $m = 0.2\,\mathrm{kg}$일 때 기체의 온도는 몇 ℃인가? 절대온도 $\mathrm{K} = 273 + ℃$이다.

11. 안지름 $D = 30\,\mathrm{cm}$의 관 속을 유속 $V = 0.2\mathrm{m/s}$로 물이 흐르고 있을 때 레이놀즈수

$Re = \dfrac{\rho VD}{\mu}$를 구하여라. 물의 밀도 $\rho = 1000\,\text{kg/m}^3$, 점성계수 $\mu = 1.01 \times 10^{-3}\,\text{Pa} \cdot \text{s}$ 이다.

12. $1\,\text{cal} = 4.1868\,\text{J}$이다. $100\,\text{kJ}$의 일은 몇 kcal의 열량에 해당하는가?

13. 경사각이 30°인 비탈면에서 기중기를 사용하여 질량 400kg의 물체를 10cm/s의 일정 속도로 끌어올리고 있다. 다음을 구하여라. 단, 마찰은 무시한다.

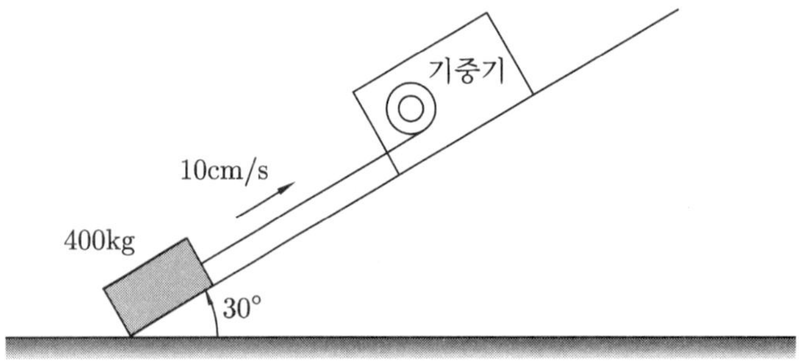

[문제 1.13]

(1) 기중기의 일률(W)

(2) 물체를 2분 동안 끌어올렸을 때 물체의 위치에너지 증가량(kJ)

14. 0.6km/min로 부는 바람에 의한 압력($\rho V^2/2$)은 몇 Pa인가? 공기의 밀도 $\rho = 1.23\,\text{kg/m}^3$이다.

15. 20kg의 등산 가방을 지고 높이 1800m 산을 올라갔을 때 한 일은 몇 kJ인가?

16. 4kg의 가방을 들고 수평방향으로 2km 걸어갔을 때 한 일은 얼마인가?

17. 수평면 위에서 질량 10kg의 물체에 수평면과 60° 방향으로 40N의 힘을 가하여 일정한 속력으로 20m를 이동하였다. 다음을 구하여라.

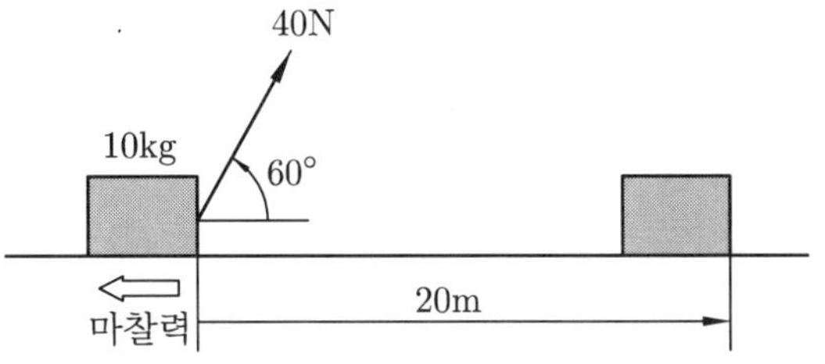

[문제 1.17]

(1) 물체를 끄는 힘이 한 일

(2) 마찰력(* $\sum F = ma$, 일정속력일 때 $a = 0$)

18. 에너지는 다른 형태의 에너지로 전환되어 이용된다. 다음과 같은 에너지 전환을 이용하는 것은?

화학에너지 → 열에너지 → 역학적 에너지 → 전기에너지

① 충전지　　② 전동기　　③ 태양전지
④ 화력발전소　　⑤ 풍력발전소

19. 어떤 물체에 40N의 힘을 가하여 10초 동안 힘의 방향과 같은 방향으로 12m를 이동하였나. 일률은 몇 W인가?

20. 기중기를 사용하여 질량 5000kg인 물체를 연직 상방으로 0.2m/s로 끌어올리고 있다. 기중기의 일률은 몇 kW인가?

21. 2kW의 전동기를 40분 동안 작동하였을 때 전동기가 한 일은 몇 kJ인가?

22. 10m/s로 운동하는 질량 2kg인 물체의 운동에너지는 몇 J인가?

23. 72km/hr로 달리는 질량 400kg인 트럭의 운동에너지는 몇 kJ인가?

제2장 정역학

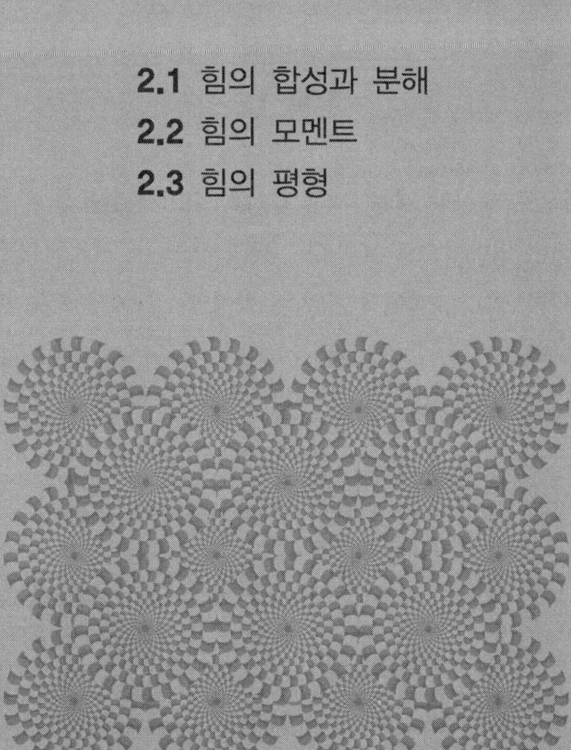

2.1 힘의 합성과 분해

역학은 힘을 받는 물체의 정지 또는 운동 상태를 다루는 학문으로, 특히 기계공학에서 가장 기초가 되는 분야이다. 각종 구조물의 강도와 변형, 유체 유동, 측정 장치, 기계의 진동 및 안정성 등은 모두 역학의 기본원리를 바탕으로 하여 해석되고 만들어진다. 역학의 여러 분야 중 정역학에서는 정지 상태에 있는 물체의 역학적 관계를 조사한다. 모든 역학의 기본은 힘이므로 정역학을 통하여 기초적인 힘의 개념을 파악하도록 한다.

1. 스칼라와 벡터

(1) 스칼라(scalar) : 거리, 면적, 부피, 시간, 밀도, 질량, 온도, 에너지, 속력 등과 같이 크기만으로 나타낼 수 있는 물리량을 스칼라라 한다.

(2) 벡터(vector) : 힘, 모멘트, 변위, 속도, 가속도, 자기장 등과 같이 크기와 방향을 갖는 물리량을 벡터라 한다.

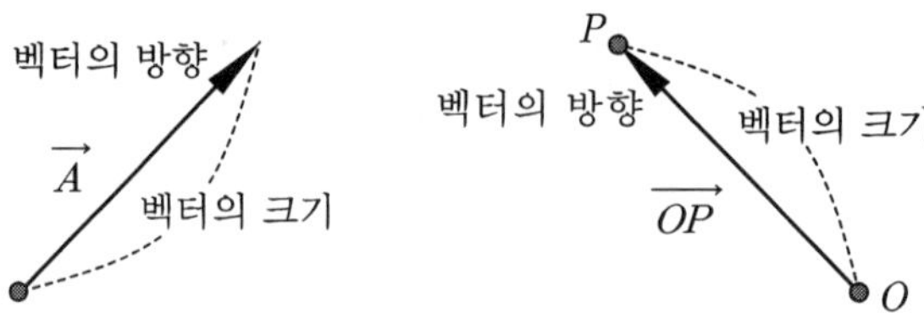

[그림 2.1]

설명 벡터를 그림으로 표시할 때는 [그림 2.1]과 같이 화살표를 사용하여 나타내며, 기호로 표시할 때는 일반적으로 $\overrightarrow{A}$, $\overrightarrow{OP}$ 등과 같이 문자 위에 방향을 의미하는 화살표를 붙여서 나타낸다. 그림에서 $\overrightarrow{OP}$는 힘이 점 O에서 P로 향하고 있음을 나타낸다. 벡터 $\overrightarrow{A}$의 크기를 나타낼 때 수학에서는 $|\overrightarrow{A}|$와 같이 절댓값으로 나타내지만 간편하게 A로 나타내기도 한다. 일반적으로 힘 $\overrightarrow{F}$의 크기를 F로 나타낸다.

2. 힘

물체의 모양이나 운동 상태를 변하게 하는 원인이 되는 물리량을 힘(force)이라 한다.

설명 공을 누르면 찌그러지고 고무줄을 당기면 늘어난다. 정지해있는 물체를 끌면 움직이고, 달리고 있는 자동차의 브레이크를 밟으면 차가 정지한다. 이와 같이 물체의 형상을 변화시키거나 운동 상태를 변화시키는 것을 힘이라 한다. 일상생활에 존재하는 힘에는 탄성력, 중력, 마찰력, 자기력, 전기력, 압력에 의한 힘 등이 있다. 물이 끓어서 수증기가 되면 부피가 약 1700배로 팽창하고 이때 발생하는 수증기의 힘을 이용하여 화력발전소이나 원자력발전소의 터빈을 돌려서 전기를 생산한다.

3. 힘의 3요소

힘의 효과는 물체에 작용하는 힘의 크기(magnitude), 방향(direction), 작용점(point of application)에 의해 결정되는데, 이들을 힘의 3요소라 한다.

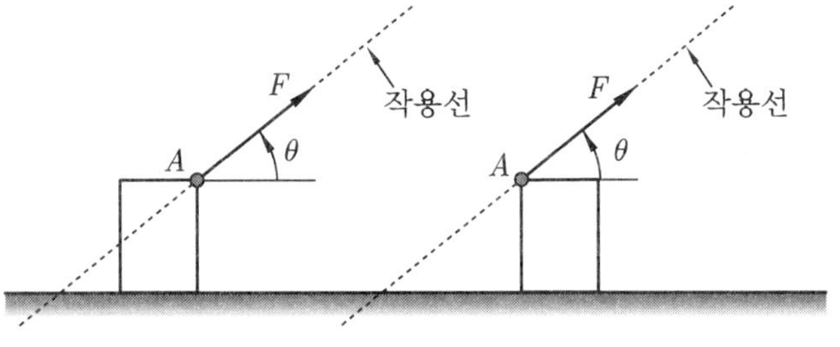

[그림 2.2]

설명 힘은 [그림 2.2]와 같이 화살표를 이용하여 나타내면 편리하다. 여기에서 물체에 작용하는 힘의 효과는 힘의 크기(F)와 방향(θ)뿐만 아니라 힘이 작용하는 점(A)의 위치에 따라서도 달라진다. 그리고 힘의 방향을 나타내는 화살표의 연장선을 작용선이라 한다.

4. 힘의 합력

두 개 이상의 힘과 같은 효과를 갖는 하나의 힘을 구하는 것을 힘의 합성이라 하고 이때 구한 힘을 합력이라 한다.

5. 나란한 두 힘의 합력

(1) 같은 방향의 두 힘이 작용할 때 : 합력의 크기는 두 힘의 크기를 더한 값이고, 방향은 두 힘의 방향과 같다.

(2) 반대 방향의 두 힘이 작용할 때 : 합력의 크기는 큰 힘에서 작은 힘을 뺀 값이고, 방향은 큰 힘의 방향과 같다.

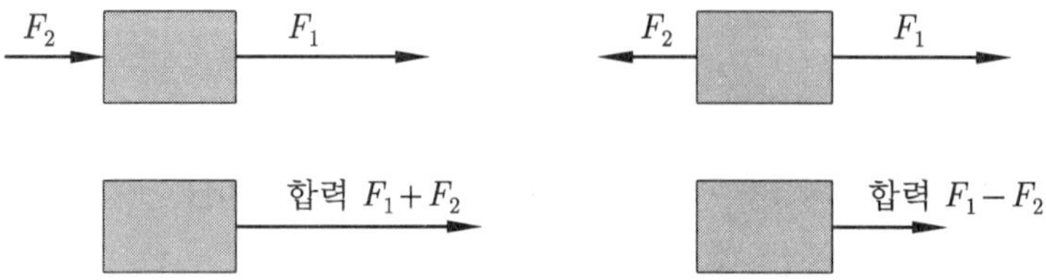

(a) 같은 방향 (b) 반대 방향

[그림 2.3]

설명 [그림 2.3]과 같이 나란한 두 힘의 합력의 크기는 두 힘의 크기를 대수적으로 더하거나 뺀 값이 된다. 즉, 두 힘의 방향이 같을 때 합력의 크기는 F_1+F_2이고, 반대 방향일 때 합력의 크기는 F_1-F_2 $(F_1 > F_2)$이다. 합력의 방향은 큰 힘의 방향과 같다.

6. 나란하지 않은 두 힘의 합력

[그림 2.4]와 같이 두 힘($\vec{P}$, $\vec{Q}$)이 나란하지 않을 때는 평행사변형법이나 삼각형법으로 합력을 구한다.

(1) 평행사변형법 : 두 힘 $\vec{P}$, $\vec{Q}$의 시작점을 일치시키고 두 힘을 두 변으로 하는 평행사변형을 그렸을 때 평행사변형의 대각선은 두 힘의 합력 $\vec{R}=\vec{P}+\vec{Q}$가 된다.

(2) 삼각형법 : 힘 $\vec{Q}$의 시작점을 $\vec{P}$의 끝점으로 평행이동시킨 후 $\vec{P}$의 시작점과 $\vec{Q}$의 끝점을 연결한 것은 합력 $\vec{R}=\vec{P}+\vec{Q}$가 된다.

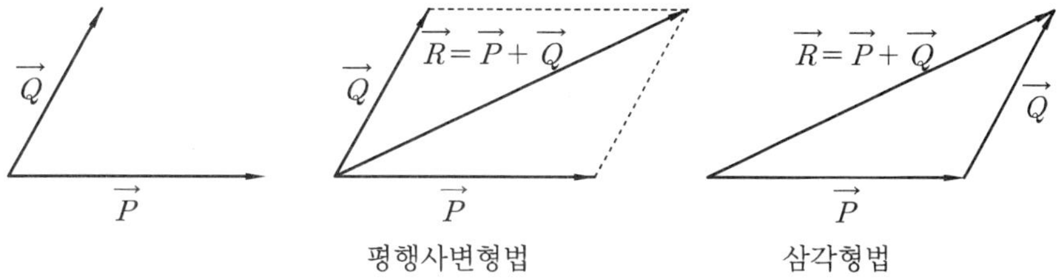

[그림 2.4]

설명 먼저 평행사변형법 또는 삼각형법에 의한 두 힘의 합력 $\vec{R}=\vec{P}+\vec{Q}$의 크기는 다음과 같이 코사인 제2법칙을 이용하여 구할 수 있다. [그림 2.5]와 같이 $\vec{P}$, $\vec{Q}$가 이루는 각을 α라 하면 삼각형 ABC에서

$$R^2 = P^2 + Q^2 - 2PQ\cos(\pi-\alpha)$$
$$= P^2 + Q^2 + 2PQ\cos\alpha$$
$$\therefore\ R = \sqrt{P^2 + Q^2 + 2PQ\cos\alpha} \qquad \cdots ①$$

이다. R이 구해지면 합력 $\vec{R}$의 방향각 β는 삼각형 ABC에 사인법칙을 적용하여 구할 수 있다.

$$\frac{Q}{\sin\beta} = \frac{R}{\sin(\pi-\alpha)} = \frac{R}{\sin\alpha} \qquad \cdots ②$$

또는 점 C에서 내린 수직선과 AB의 연장선의 교점을 D라 하면

$$\overline{\mathrm{BD}} = Q\cos\alpha,\ \overline{\mathrm{CD}} = Q\sin\alpha$$

이므로 삼각형 ACD에서

$$\tan\beta = \frac{\overline{\mathrm{CD}}}{\overline{\mathrm{AD}}} = \frac{\overline{\mathrm{CD}}}{\overline{\mathrm{AB}}+\overline{\mathrm{BD}}} = \frac{Q\sin\alpha}{P+Q\cos\alpha} \qquad \cdots ③$$

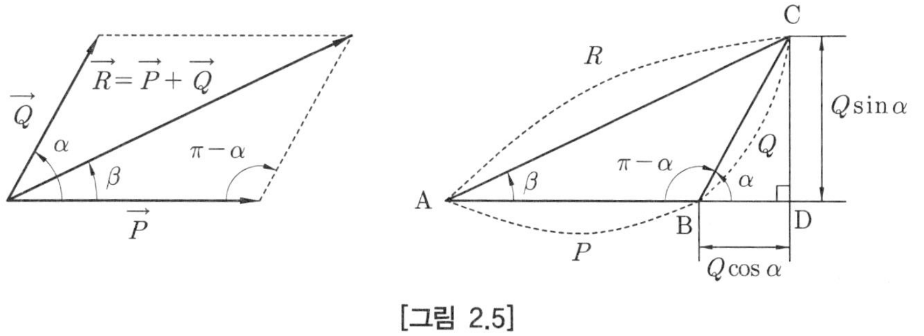

[그림 2.5]

이다.

평행사변형법과 삼각형법으로 구한 합력은 같다. $\vec{P}$, $\vec{Q}$가 나란할 때 ①에서 $\cos 0 = 1$, $\cos \pi = -1$이므로, 같은 방향일 때

$$R = \sqrt{P^2 + Q^2 + 2PQ} = \sqrt{(P+Q)^2} = P + Q$$

반대방향일 때

$$R = \sqrt{P^2 + Q^2 - 2PQ} = \sqrt{(P-Q)^2} = |P - Q|$$

가 된다. 즉, 평행사변형법 또는 삼각형법은 나란하거나 나란하지 않은 두 힘의 합력의 크기를 모두 구할 수 있다.

7. 힘의 분해, 분력(성분)

하나의 힘을 같은 효과를 내는 두 개 이상의 힘으로 나누는 것을 힘의 분해라 하고, 분해된 각 힘을 분력(또는 힘의 성분)이라 한다.

힘의 분해는 힘의 합성의 역과정이다. 힘을 분해할 때 분력의 방향은 임의로 정할 수 있지만 일반적으로 직각좌표계를 이용하여 서로 수직인 성분(직각 성분)으로 분해하는 것이 편리하다.

8. 직각좌표계를 이용한 힘의 분해

하나의 힘 $\vec{F}$를 직각좌표계를 이용하여 분해한 두 힘 $\vec{F_x}$, $\vec{F_y}$를 힘 $\vec{F}$의 x와 y 벡터성분이라 하고, x축, y축 방향의 단위벡터를 각각 $\vec{i}$, $\vec{j}$라 하면 $\vec{F_x} = F_x \vec{i}$, $\vec{F_y} = F_y \vec{j}$로 쓸 수 있으므로 F_x, F_y를 힘 $\vec{F}$의 x, y 스칼라성분이라 한다([그림 2.6]). 힘 $\vec{F}$가 x축과 이루는 각이 θ이면 $\vec{F}$는 다음과 같이 분해된다.

$$F_x = F\cos\theta, \quad F_y = F\sin\theta$$
$$\vec{F} = F(\cos\theta\,\vec{i} + \sin\theta\,\vec{j})$$

설명 삼각함수의 정의에 의하여 $\vec{F}$의 스칼라성분 $F_x = F\cos\theta$, $F_y = F\sin\theta$이다. 단위벡터 $\vec{i}$, $\vec{j}$는 각각 방향이 x축, y축이고 크기가 1인 벡터이므로 $\vec{F_x} = F_x \vec{i}$,

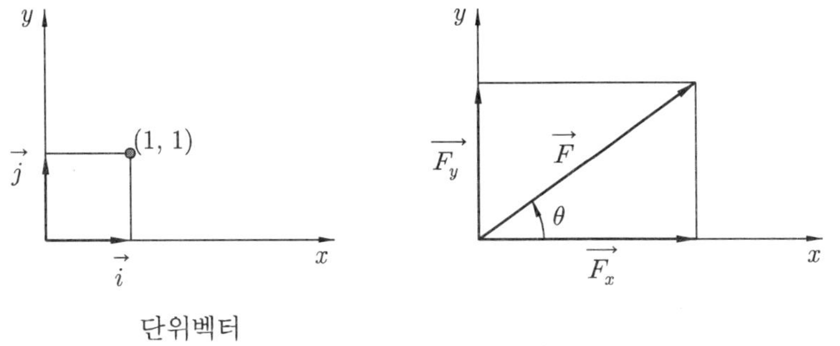

[그림 2.6]

$\overrightarrow{F_y} = F_y \vec{j}$로 쓸 수 있다. 따라서

$$\overrightarrow{F} = \overrightarrow{F_x} + \overrightarrow{F_y} = F(\cos\theta\,\vec{i} + \sin\theta\,\vec{j})$$

이다. 스칼라성분 F_x, F_y는 $\overrightarrow{F}$의 방향에 따라 양(+), 음(−) 또는 0의 값을 갖는다. [그림 2.6]의 힘 벡터는 x, y 스칼라성분이 모두 양이며, F_x, F_y를 알 때 $\overrightarrow{F}$의 크기와 $\overrightarrow{F}$가 x축과 이루는 각 θ는 다음과 같이 구할 수 있다.

$$F = \sqrt{F_x^2 + F_y^2}\,,\quad \theta = \tan^{-1}\left(\frac{F_y}{F_x}\right)$$

9. 직각 성분으로 분해된 힘의 합력

성분으로 분해된 힘 $\overrightarrow{F_1}$, $\overrightarrow{F_2}$, $\cdots$, $\overrightarrow{F_n}$의 합력 $\overrightarrow{R}$의 스칼라성분은 각 스칼라성분들의 대수적인 합으로 구할 수 있다.

$$\overrightarrow{F_1} = F_{1x}\vec{i} + F_{1y}\vec{j}\,,\ \overrightarrow{F_2} = F_{2x}\vec{i} + F_{2y}\vec{j}\,,\ \cdots,\ \overrightarrow{F_n} = F_{nx}\vec{i} + F_{ny}\vec{j}$$

$$\overrightarrow{R} = R_x\vec{i} + R_y\vec{j}$$

$$\overrightarrow{R} = \overrightarrow{F_1} + \overrightarrow{F_2} + \cdots + \overrightarrow{F_n} = \sum_{k=1}^{n}\overrightarrow{F_k}$$

$$R_x = F_{1x} + F_{2x} + \cdots + F_{nx} = \sum_{k=1}^{n}F_{kx},\quad R_y = F_{1y} + F_{2y} + \cdots + F_{ny} = \sum_{k=1}^{n}F_{ky}$$

$$R = \sqrt{R_x^2 + R_y^2}\,,\quad \theta = \tan^{-1}\left(\frac{R_y}{R_x}\right)$$

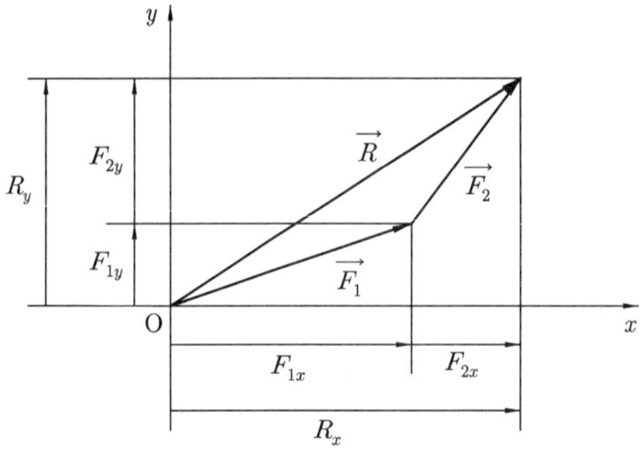

[그림 2.7]

설명 [그림 2.7]에서 $\vec{F_1}= F_{1x}\vec{i}+F_{1y}\vec{j}$, $\vec{F_2}= F_{2x}\vec{i}+F_{2y}\vec{j}$의 합력을 $\vec{R}= R_x\vec{i}+R_y\vec{j}$라 하면

$$\vec{R}= \vec{F_1}+\vec{F_2}= (F_{1x}\vec{i}+F_{1y}\vec{j})+(F_{2x}\vec{i}+F_{2y}\vec{j})$$
$$\therefore\ R_x\vec{i}+R_y\vec{j}= (F_{1x}+F_{2x})\vec{i}+(F_{1y}+F_{2y})\vec{j}$$

이므로 다음과 같이 결론지을 수 있다.

$$R_x = F_{1x}+F_{2x} = \sum F_x,\ R_y = F_{1y}+F_{2y} = \sum F_y$$

여기에서 $\sum F_x$는 'x 스칼라성분의 대수학적 합'을 나타내고, $\sum F_y$는 'y 스칼라성분의 대수학적 합'을 나타낸다. 즉, 합력의 x 스칼라성분은 각 힘들의 x 스칼라성분을 (단순하게) 대수적으로 모두 합한 것이고, y 스칼라성분은 각 힘들의 y 스칼라성분을 대수적으로 모두 합한 것이다.

예제 2.1.1 [그림 2.8]에서 두 힘 $\vec{P}$, $\vec{Q}$가 이루는 각 $\alpha = 60°$이고, $P = 30\,\mathrm{N}$, $Q = 20\,\mathrm{N}$일 때 합력 $\vec{R}$의 크기와 방향을 구하여라.

▶**풀이** 삼각형 OAB에 코사인 제2법칙을 적용하면 합력의 크기는

$$\begin{aligned} R &= \sqrt{P^2+Q^2-2PQ\cos(\pi-\alpha)} \\ &= \sqrt{30^2+20^2-2\times 30\times 20\cos(180°-60°)} \\ &= 43.59\,(\mathrm{N}) \end{aligned}$$

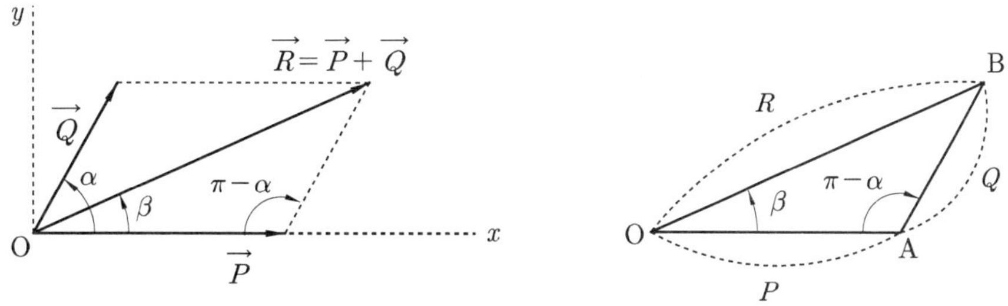

[그림 2.8]

이고, 사인법칙을 적용하면 합력의 방향각(β)은

$$\frac{Q}{\sin\beta}=\frac{R}{\sin(\pi-\alpha)}$$

$$\sin\beta=\frac{Q\sin(\pi-\alpha)}{R}=\frac{Q\sin\alpha}{R}$$

에서

$$\beta=\sin^{-1}\left[\frac{Q\sin\alpha}{R}\right]=\sin^{-1}\left[\frac{20\times\sin 60°}{43.59}\right]=23.41°.$$

▌예제 2.1.2 [예제 2.1.1]과 [그림 2.8]에서 두 힘 $\vec{P}$, $\vec{Q}$를 x, y 성분으로 분해하고, 이것을 이용하여 합력의 크기와 방향을 구하여라.

▶풀이 [그림 2.8]과 같이 좌표계를 잡으면

$$\begin{aligned}\vec{P}&=30\vec{i}\,(\mathrm{N})\\ \vec{Q}&=20(\cos\alpha\,\vec{i}+\sin\alpha\,\vec{j})=20(\cos 60°\,\vec{i}+\sin 60°\,\vec{j})\\ &=10\vec{i}+10\sqrt{3}\,\vec{j}\,(\mathrm{N})\end{aligned}$$

로 쓸 수 있다. 따라서 합력

$$\begin{aligned}\vec{R}&=\vec{P}+\vec{Q}=30\vec{i}+(10\vec{i}+10\sqrt{3}\,\vec{j})\\ &=(30+10)\vec{i}+10\sqrt{3}\,\vec{j}\\ &=40\vec{i}+10\sqrt{3}\,\vec{j}\,(\mathrm{N})\end{aligned}$$

이므로, 합력의 크기와 방향각은 다음과 같다.

$$R=\sqrt{R_x^2+R_y^2}=\sqrt{40^2+(10\sqrt{3})^2}=43.59\,(\mathrm{N})$$

$$\beta = \tan^{-1}\left(\frac{R_y}{R_x}\right) = \tan^{-1}\left(\frac{10\sqrt{3}}{40}\right) = 23.41°$$

✱ 힘을 성분으로 분해하면 관련된 계산을 대수적으로 할 수 있다. 특히 세 개 이상의 힘의 합력을 구할 때 평행사변형법을 여러 번 적용하는 것은 복잡하지만 각 힘을 성분으로 분해하면 쉽게 합력을 구할 수 있다.

▌예제 2.1.3 [그림 2.9(a)]와 같이 원점 O에 작용하는 세 힘 $\overrightarrow{F_1}$, $\overrightarrow{F_2}$, $\overrightarrow{F_3}$를 x, y 성분으로 분해하고, 합력 $\overrightarrow{R} = \overrightarrow{F_1} + \overrightarrow{F_2} + \overrightarrow{F_3}$의 크기와 방향을 구하여라.

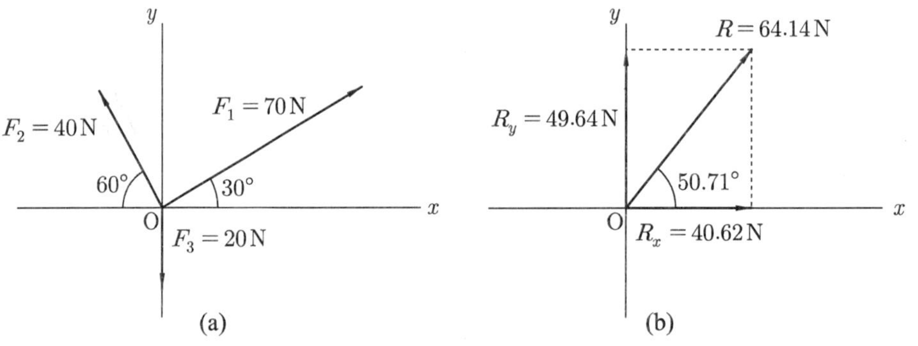

[그림 2.9]

▶풀이 세 힘 $\overrightarrow{F_1}$, $\overrightarrow{F_2}$, $\overrightarrow{F_3}$를 x, y 성분으로 분해하면

$$\overrightarrow{F_1} = 70(\cos 30°\,\vec{i} + \sin 30°\,\vec{j}) = 35\sqrt{3}\,\vec{i} + 35\,\vec{j}\ (\mathrm{N})$$
$$\overrightarrow{F_2} = 40(-\cos 60°\,\vec{i} + \sin 60°\,\vec{j}) = -20\vec{i} + 20\sqrt{3}\,\vec{j}\ (\mathrm{N})$$
$$\overrightarrow{F_3} = -20\,\vec{j}\ (\mathrm{N})$$

이다. 합력 $\overrightarrow{R} = \overrightarrow{F_1} + \overrightarrow{F_2} + \overrightarrow{F_3}$를 $\overrightarrow{R} = R_x\,\vec{i} + R_y\,\vec{j}$로 하면

$$\begin{aligned} R_x &= F_{1x} + F_{2x} + F_{3x} = 35\sqrt{3} + (-20) + 0 \\ &= 40.62\ (\mathrm{N}) \\ R_y &= F_{1y} + F_{2y} + F_{3y} = 35 + 20\sqrt{3} + (-20) \\ &= 49.64\ (\mathrm{N}) \end{aligned}$$

이므로 합력의 크기와 방향각은

$$R = \sqrt{R_x^2 + R_y^2} = \sqrt{(40.62)^2 + (49.64)^2} = 64.14\,(\mathrm{N})$$

$$\beta = \tan^{-1}\left(\frac{R_y}{R_x}\right) = \tan^{-1}\left(\frac{49.64}{40.62}\right) = 50.71°$$

이고, 이것을 그림으로 나타내면 [그림 2.9(b)]와 같다.

▌예제 2.1.4 [그림 2.10]과 같이 원점 O에 작용하는 네 힘의 합력의 크기와 방향을 구하여라. F_1, F_2, F_3, F_4는 힘의 크기를 나타낸다.

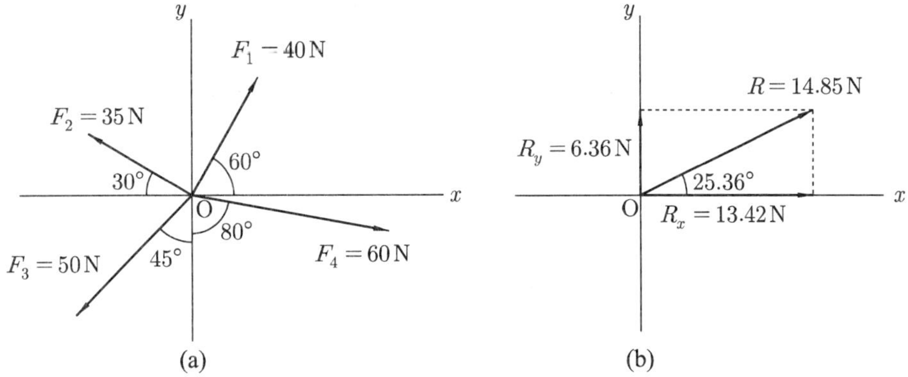

[그림 2.10]

▶풀이 여러 힘의 합력을 구할 때는 다음과 같이 표를 만들어 계산하는 것이 편리하다.

힘	x축과 이루는 각도 : θ	x 성분 : $F\cos\theta$	y 성분 : $F\sin\theta$
$F_1 = 40\,\mathrm{N}$	60°	20 N	34.64 N
$F_2 = 35\,\mathrm{N}$	150°	−30.31 N	17.5 N
$F_3 = 50\,\mathrm{N}$	225°	−35.36 N	−35.36 N
$F_4 = 60\,\mathrm{N}$	350°	59.09 N	−10.42 N
합력 R		13.42 N	6.36 N

합력 $\vec{R}$의 성분은

$$R_x = F_{1x} + F_{2x} + F_{3x} + F_{4x} = 20 - 30.31 - 35.36 + 59.09$$
$$= 13.42\,(\mathrm{N})$$
$$R_y = F_{1y} + F_{2y} + F_{3y} + F_{4y} = 34.64 + 17.5 - 35.36 - 10.42$$
$$= 6.36\,(\mathrm{N})$$

이므로 합력의 크기와 방향각은

$$R = \sqrt{R_x^2 + R_y^2} = \sqrt{(13.42)^2 + (6.36)^2} = 14.85\,(\mathrm{N})$$

$$\beta = \tan^{-1}\left(\frac{R_y}{R_x}\right) = \tan^{-1}\left(\frac{6.36}{13.42}\right) = 25.36°$$

이다([그림 2.10(b)]).

* 힘 $\vec{F}$가 x축의 양의 방향과 이루는 각이 θ일 때 $\vec{F} = F(\cos\theta\,\vec{i} + \sin\theta\,\vec{j})$, $F_x = F\cos\theta$, $F_y = F\sin\theta$로 분해된다.

▌예제 2.1.5 [그림 2.11]과 같이 한 점에 작용하는 5개의 힘의 합력의 크기와 방향을 구하여라. F_1, F_2, F_3, F_4, F_5는 힘의 크기를 나타낸다.

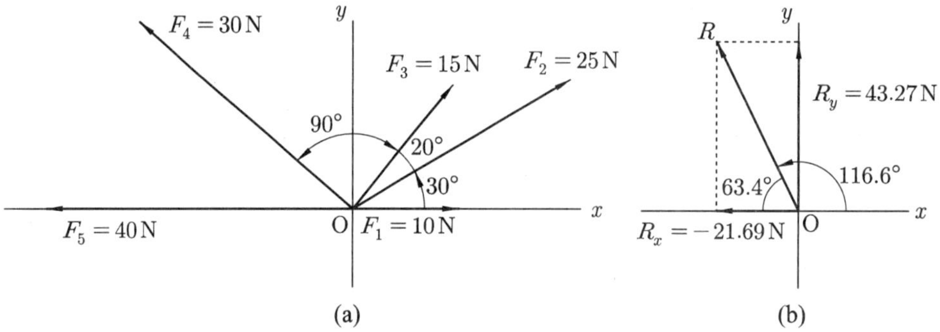

[그림 2.11]

▶풀이 5개의 힘의 성분은 다음과 같다.

힘	x축과 이루는 각도 : θ	x 성분 : $F\cos\theta$	y 성분 : $F\sin\theta$
$F_1 = 10\,\mathrm{N}$	0°	10 N	0
$F_2 = 25\,\mathrm{N}$	30°	21.65 N	12.5 N
$F_3 = 15\,\mathrm{N}$	50°	9.64 N	11.49 N
$F_4 = 30\,\mathrm{N}$	140°	−22.98 N	19.28 N
$F_5 = 40\,\mathrm{N}$	180°	−40 N	0
합력 R		−21.69 N	43.27 N

합력 $\overrightarrow{R}$의 성분은

$$\begin{aligned} R_x &= F_{1x} + F_{2x} + F_{3x} + F_{4x} + F_{5x} \\ &= 10 + 21.65 + 9.64 - 22.98 - 40 \\ &= -21.69\,(\mathrm{N}) \\ R_y &= F_{1y} + F_{2y} + F_{3y} + F_{4y} + F_{5y} \\ &= 0 + 12.5 + 11.49 + 19.28 + 0 \\ &= 43.27\,(\mathrm{N}) \end{aligned}$$

이므로 합력의 크기와 방향각은

$$R = \sqrt{R_x^2 + R_y^2} = \sqrt{(-21.69)^2 + (43.27)^2} = 48.40\,(\mathrm{N})$$

$$\beta' = \tan^{-1}\left(\frac{R_y}{R_x}\right) = \tan^{-1}\left(\frac{43.27}{21.69}\right) = 63.38°$$

$$\therefore\ \beta = 180° - \beta' = 116.62°$$

이다([그림 2.11(b)]).

▌예제 2.1.6 [그림 2.12]와 같이 브래킷의 한 점 A에 작용하는 세 힘의 x, y 스칼라성분을 구하여라.

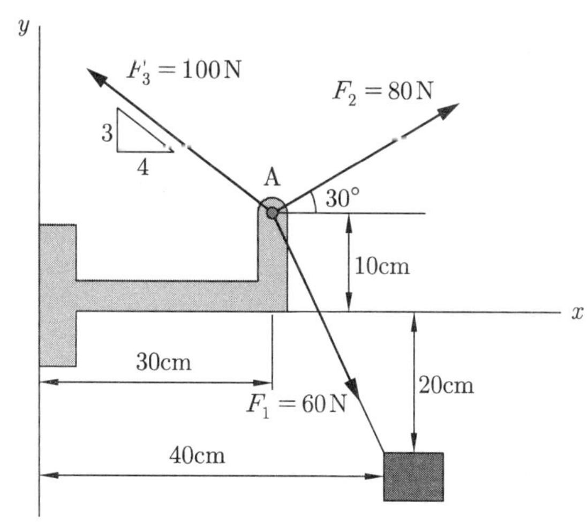

[그림 2.12]

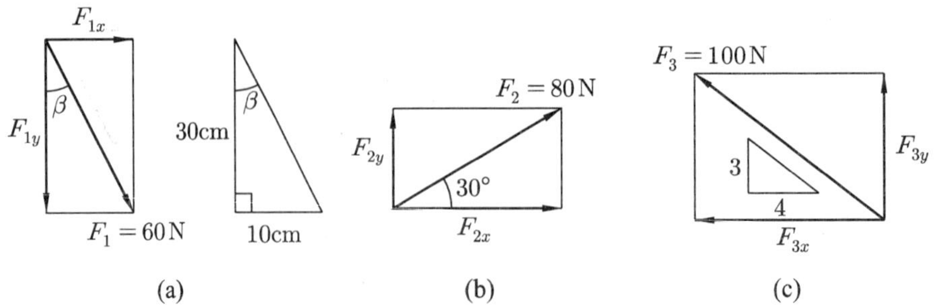

[그림 2.13]

▶**풀이** 기하학적 구조로부터 $\overrightarrow{F_1}$의 방향은 [그림 2.13.(a)]와 같다. 여기에서 각 β를 구하면 $\beta = \tan^{-1}\left(\dfrac{10}{30}\right) = 18.43°$이므로 $\overrightarrow{F_1}$의 스칼라성분은

$$F_{1x} = 60 \sin \beta = 60 \sin 18.43° = 18.97\,(\text{N})$$
$$F_{1y} = -60 \cos \beta = -60 \cos 18.43° = -56.92\,(\text{N})$$

이다. [그림 2.13.(b)]에서 $\overrightarrow{F_2}$의 스칼라성분은

$$F_{2x} = 80 \cos 30° = 69.28\,(\text{N})$$
$$F_{2y} = 80 \sin 30° = 40\,(\text{N})$$

이고, [그림 2.13.(c)]에서 변의 길이가 3, 4, 5인 직각삼각형으로부터 $\overrightarrow{F_3}$의 스칼라성분은

$$F_{3x} = -100 \times \frac{4}{5} = -80\,(\text{N})$$
$$F_{3y} = 100 \times \frac{3}{5} = 60\,(\text{N})$$

이다.

* 힘 $\vec{F}$는 힘의 크기 F와 힘 방향의 단위벡터 $\vec{n}$의 곱($\vec{F} = F\vec{n}$)으로 표현되므로 이것을 이용하여 $\overrightarrow{F_1}$의 스칼라성분을 구할 수 있다.

$$\overrightarrow{F_1} = F_1\vec{n} = 60\left[\frac{10\vec{i} - 30\vec{j}}{\sqrt{10^2 + (-30)^2}}\right] = 60(0.3162\vec{i} - 0.9487\vec{j})$$
$$= 18.97\vec{i} - 56.92\vec{j}\,(\text{N})$$

연습문제 2.1

1. 두 힘의 합력을 각각 구하여라.

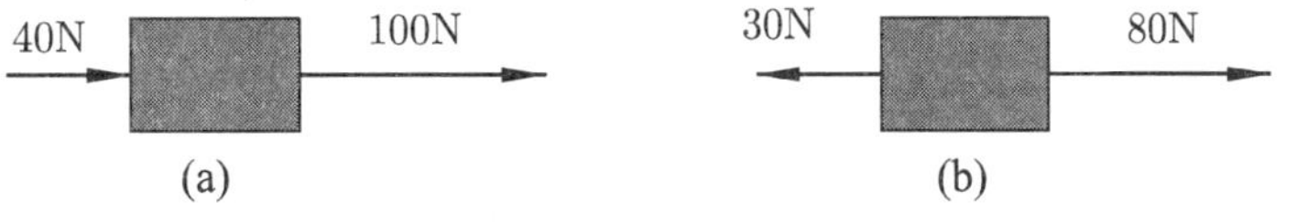

[문제 2.1.1]

2. 두 힘의 합력의 크기와 합력의 작용선과 x축 사이의 각을 구하여라.

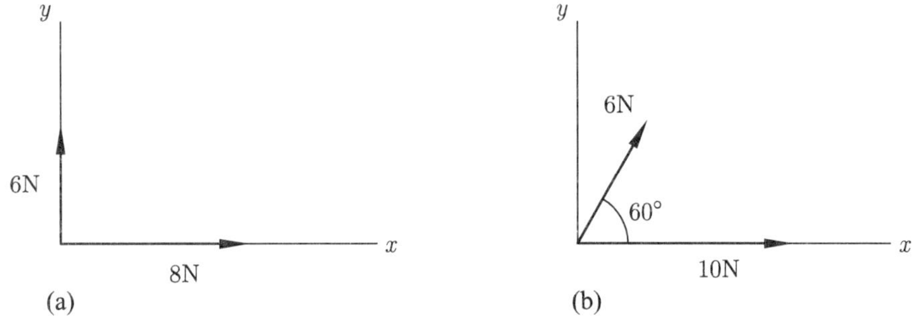

[문제 2.1.2]

3. 두 힘의 합력의 크기와 합력의 작용선과 x축 사이의 각을 구하여라.

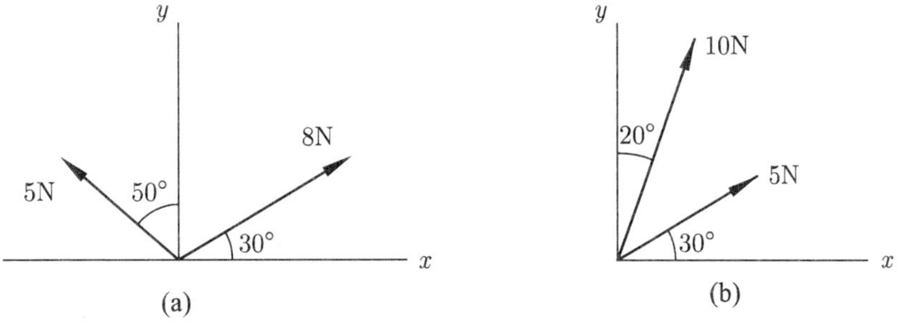

[문제 2.1.3]

4. 두 힘의 합력의 크기를 구하여라.

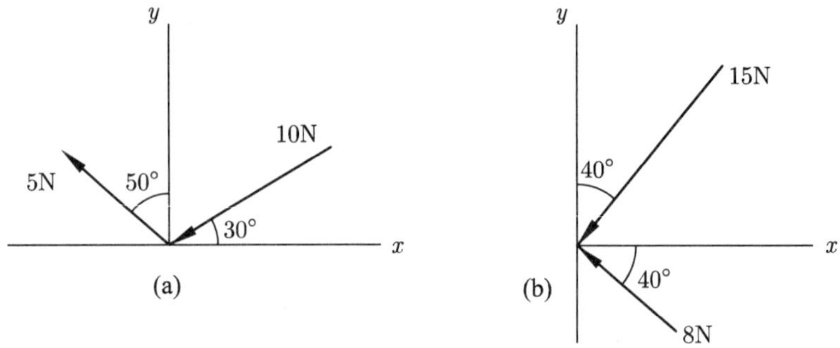

[문제 2.1.4]

5. 힘 $\vec{F}$의 크기가 10N이다. 단위벡터 $\vec{i}$, $\vec{j}$항으로 $\vec{F}$를 벡터로 표현하여라. $\vec{F}$의 x, y 스칼라성분은 얼마인가?

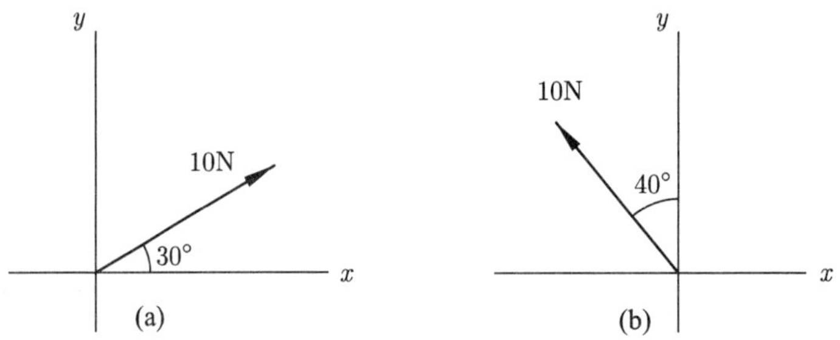

[문제 2.1.5]

6. 힘 $\vec{F}$의 방향과 x축의 양의 방향 사이의 각을 구하여라.

(1) $\vec{F}=2\vec{i}+3\vec{j}$　　(2) $\vec{F}=-12\vec{i}+8\vec{j}$

(3) $\vec{F}=-10\vec{i}-14\vec{j}$　　(4) $\vec{F}=4\vec{i}-3\vec{j}$

7. 크기가 20N인 힘 $\vec{F}$의 기울기가 그림과 같다. 단위벡터 $\vec{i}$, $\vec{j}$항으로 $\vec{F}$를 벡터로 표현하여라.

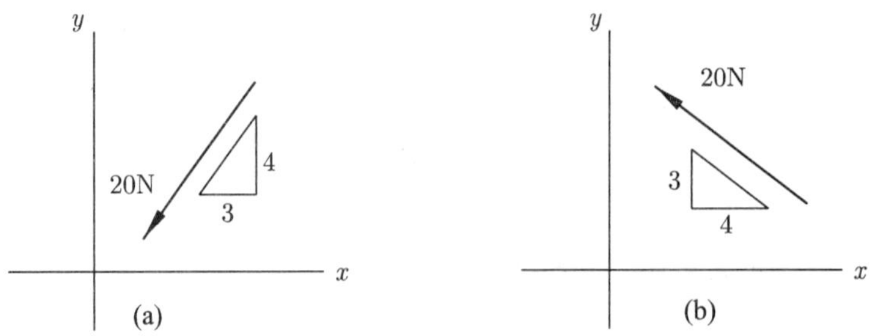

[문제 2.1.7]

8. 힘의 직각 성분 분해를 이용하여 두 힘의 합력 $\overrightarrow{R}$을 구하여 벡터로 표현하고, 합력의 크기를 구하여라.

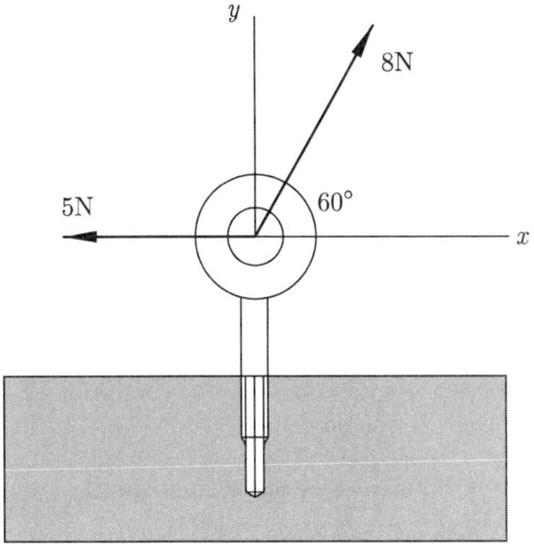

[문제 2.1.8]

9. 풀리의 케이블에 같은 크기의 장력 T가 걸리고 있다. $T = 20\,\mathrm{N}$일 때 두 힘의 합력 $\overrightarrow{R}$을 구하여 벡터로 표현하여라.

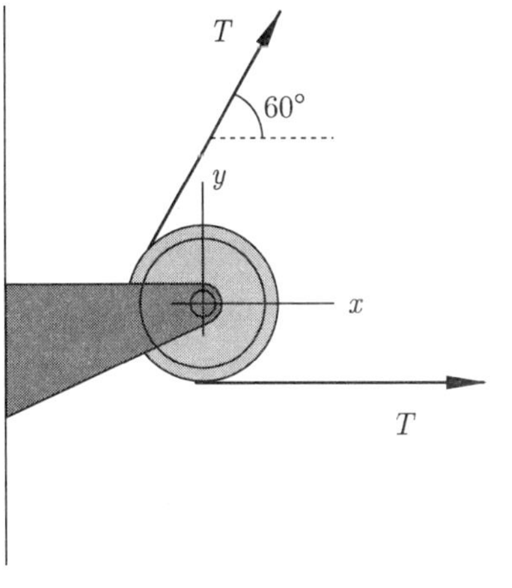

[문제 2.1.9]

10. 주어진 힘을 x, y 성분으로 분해한 후 세 힘의 합력 $\overrightarrow{R}$을 구하여 벡터로 표현하고, 합력의 크기를 구하여라.

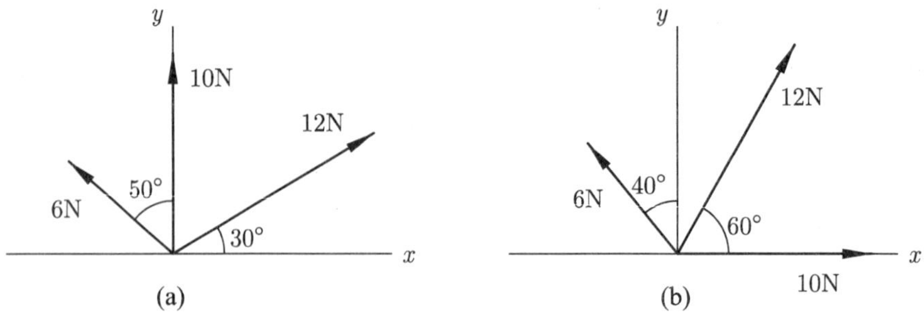

[문제 2.1.10]

11. 주어진 힘의 x, y 성분을 구한 후 세 힘의 합력 $\vec{R}$을 구하여 벡터로 표현하고, 합력의 크기를 구하여라.

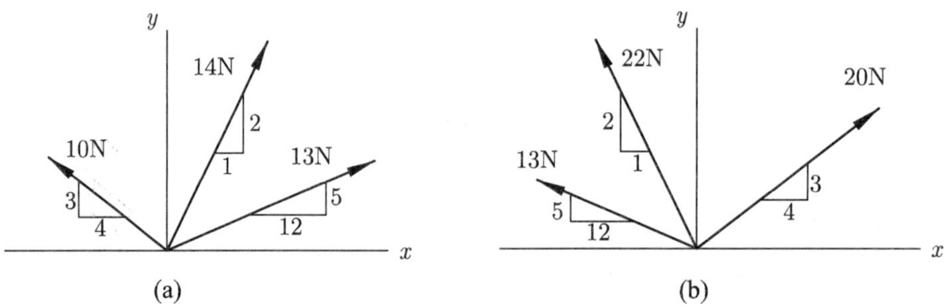

[문제 2.1.11]

12. 두 힘(40N과 50N)의 합력의 크기가 70N일 때 각 α를 구하고, 이때 합력의 방향이 수직선(50N의 힘의 작용선)과 이루는 각을 구하여라.

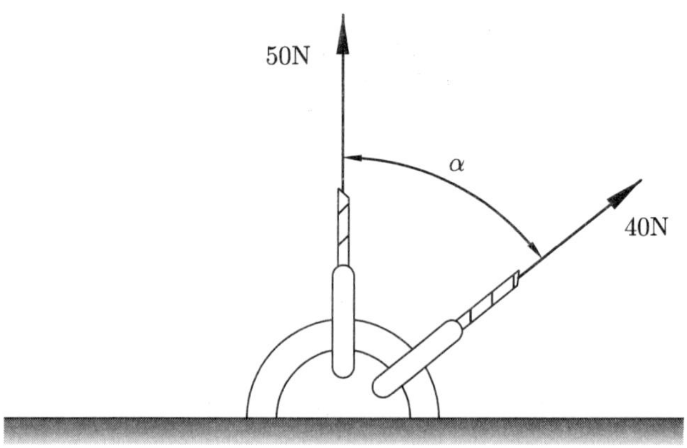

[문제 2.1.12]

2.2 힘의 모멘트

1. 힘의 모멘트

어떤 축에 대해 물체를 회전시키려는 힘의 작용을 힘의 모멘트(moment) 또는 토크(torque)라 한다. 회전축(O)으로부터 힘의 작용선까지의 수직 거리가 d일 때([그림 2.14]) 힘 F의 모멘트 크기는

$$M = Fd$$

이다. SI 단위계에서 모멘트(M)의 기본 단위는 N · m이다.

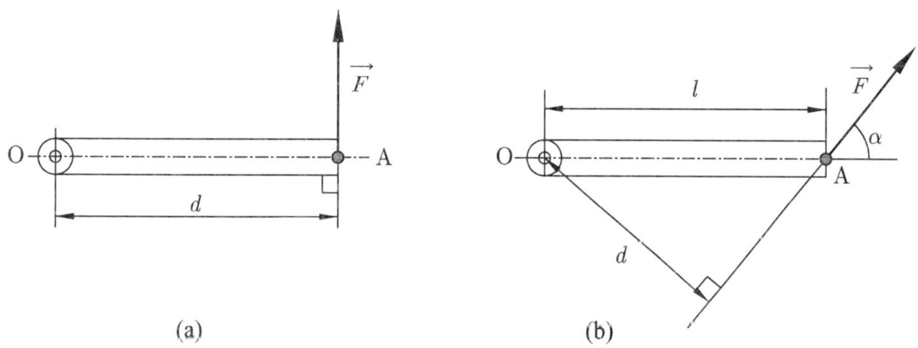

[그림 2.14]

설명 힘은 물체를 이동시키거나 변형시키기도 하고, 어떤 축(힘의 작용선과 교차하거나 평행하지 않는 선)에 대해 물체를 회전시키려고도 한다. [그림 2.15]와 같이 스패너(spanner)로써 파이프에 힘을 가하는 경우를 살펴보자. 스패너에 수직으로 작용하는 힘($\vec{F}$)의 효과 가운데 하나는 스패너의 수직축에 대해 파이프를 회전시키려는 효과이다. 이 효과의 크기는 힘의 크기 F와 힘의 작용점으로부터 파이프까지의 유효길이 d에 관계된다. 이와 같이 물체를 회전시키려는 힘의 작용을 힘의 모멘트라 한다. 평면에서

$$\text{모멘트} = \text{힘} \times \text{팔의 길이}$$

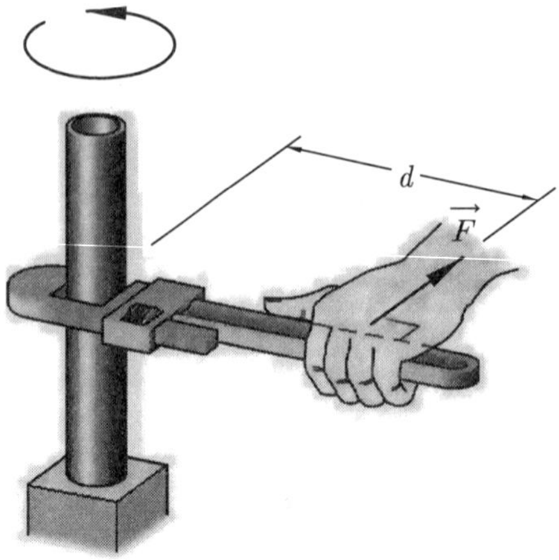

[그림 2.15]

로 정의된다. 여기에서 팔의 길이는 모멘트 중심(회전축)으로부터 힘의 작용선까지의 수직거리이다. [그림 2.14(a)]와 같이 점 O로부터 힘 F의 작용점 A까지의 거리가 d이고 힘의 작용선이 OA와 수직일 때 힘의 모멘트는

$$M = Fd$$

이다. 한편 [그림 2.14(b)]와 같이 힘의 작용선과 OA의 연장선이 이루는 각이 α이면 작용선까지의 수직거리 $d = l\sin\alpha$이므로 모멘트는

$$M = Fd = Fl\sin\alpha$$

가 된다. 모멘트가 작용하는 방향에는 [그림 2.16]과 같이 반시계 방향(a)과 시계 방향(b)이 있다. 따라서 모멘트는 작용점, 크기, 회전 방향을 모두 갖는 벡터이다.

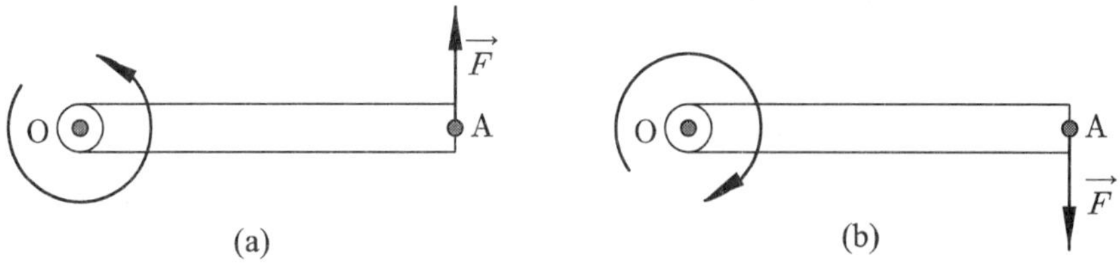

[그림 2.16]

2. 모멘트의 벡터 표현

2차원, 3차원을 포함하여 일반적으로 모멘트는 다음과 같이 벡터곱으로 정의되는 벡터이다.

$$\overrightarrow{M_O} = \vec{r} \times \vec{F}$$

여기에서 $\vec{r}$은 [그림 2.17]과 같이 모멘트 기준점 O로부터 힘 $\vec{F}$의 작용선상의 점 A까지의 위치벡터이다. 이와 같이 정의되는 $\overrightarrow{M_O}$를 점 O에 대한 힘 $\vec{F}$의 모멘트라 한다.

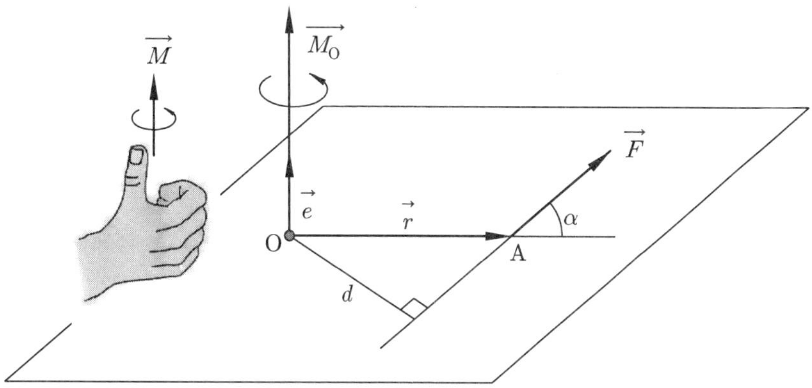

[그림 2.17]

설명 벡터곱의 정의에 의해 모멘트는

$$\overrightarrow{M_O} = \vec{r} \times \vec{F} = |\vec{r}||\vec{F}| \sin\alpha\, \vec{e} = Fr\sin\alpha\, \vec{e}$$

이다. 여기에서 α는 두 벡터 $\vec{r}$과 $\vec{F}$ 사이의 각이고, $\vec{e}$는 $\vec{r}$과 $\vec{F}$를 포함하는 평면의 수직방향 단위벡터이다. 그림에서 $r\sin\alpha = d$이므로 모멘트 크기는

$$M_O = Fr\sin\alpha = Fd$$

이다. 크기(M_O)와 방향($\vec{e}$)을 갖는 모멘트 $\overrightarrow{M_O}$는 다음과 같이 쓸 수 있다.

$$\overrightarrow{M_O} = Fd\,\vec{e} = M_O\,\vec{e}$$

단위벡터 $\vec{e}$의 방향은 오른손 법칙을 사용하여 구한다. 즉 그림과 같이 오른손의 손가락을 $\vec{r}$의 방향에서 $\vec{F}$의 방향으로 감을 때 엄지손가락이 가리키는 방향이 $\overrightarrow{M_O}$

의 방향($\vec{e}$의 방향)이다. 벡터곱의 교환법칙은 성립하지 않는다. $\vec{F}\times\vec{r}=-\vec{r}\times\vec{F}$이므로 $\vec{F}\times\vec{r}$의 방향은 $\vec{r}\times\vec{F}$의 반대 방향이다.

* 모멘트는 물체의 힘이 작용하는 평면에 수직인 벡터이고, 모멘트 방향은 힘 $\vec{F}$가 물체를 회전시키려는 방향에 따라 결정된다. 일반적으로 오른손 법칙에 따라 회전축에 대한 $\vec{F}$의 모멘트는 회전하려는 방향으로 회전축을 거머쥐었을 때 엄지손가락이 가리키는 방향의 벡터로 표현한다([그림 2.17]). 모멘트 방향에 대한 부호는 일반적으로 반시계 방향(CCW) 모멘트는 양(+), 시계 방향(CW) 모멘트는 음(−)으로 정한다. 문제에 따라 이와 반대로 부호를 정할 수도 있지만 정해진 부호에 대한 규칙은 일관성을 유지해야 한다.

3. 바리논 정리

한 점에 여러 힘이 작용할 때, 어떤 기준점(O)에 대한 각 힘의 모멘트 합은 동일한 기준점(O)에 대한 이들 힘의 합력의 모멘트와 같다.

설명 기준점(O)으로부터 각 힘까지의 위치벡터를 $\vec{r}$로 하고, 합력을

$$\vec{F_1}+\vec{F_2}+\cdots+\vec{F_n}=\vec{R}$$

로 하면 각 힘이 갖는 모멘트 합은

$$\vec{r}\times\vec{F_1}+\vec{r}\times\vec{F_2}+\cdots+\vec{r}\times\vec{F_n}=\vec{r}\times(\vec{F_1}+\vec{F_2}+\cdots+\vec{F_n})=\vec{r}\times\vec{R}$$

이다. 즉, 점 O에 대한 각 힘들($\vec{F_1}$, $\vec{F_2}$, $\cdots$, $\vec{F_n}$)의 모멘트 합은 점 O에 대한 합력($\vec{R}$)의 모멘트와 같다. 이 식으로부터 임의의 기준점에 대한 어떤 힘의 모멘트는 그 힘의 각 성분이 동일한 기준점에 대해 갖는 모멘트들의 합과 같다는 것을 알 수 있다.

* 바리논(Varignon) 정리를 이용하면 힘을 성분으로 분해하여 임의 방향을 갖는 힘의 모멘트를 쉽게 구할 수 있다.

4. 2차원인 경우의 점에 대한 모멘트

직각좌표계상에서 점 A$(x,\ y)$에 작용하는 힘 $\vec{F} = F_x \vec{i} + F_y \vec{j}$의 원점(O)에 대한 모멘트는

$$\overrightarrow{M_O} = (x F_y - y F_x) \vec{k}$$

이다([그림 2.18]). 여기에서 $\vec{k}$는 z 방향의 단위벡터이다.

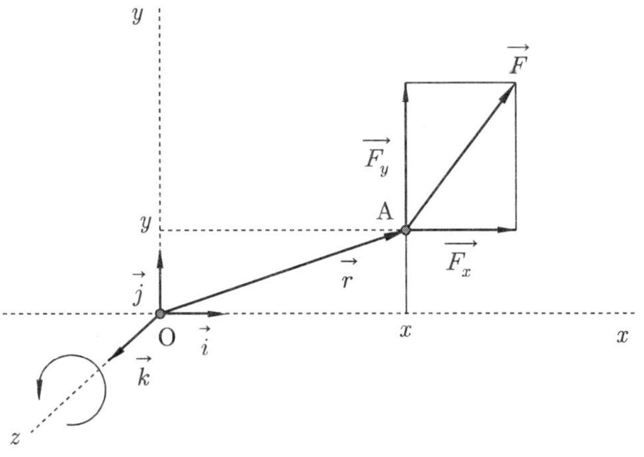

[그림 2.18]

설명 원점 O로부터 힘의 작용점 A까지의 위치벡터

$$\vec{r} = x\vec{i} + y\vec{j}$$

이므로 모멘트의 정의에 의해

$$\begin{aligned}\overrightarrow{M_O} &= \vec{r} \times \vec{F} = (x\vec{i} + y\vec{j}) \times (F_x \vec{i} + F_y \vec{j}) \\ &= xF_x(\vec{i} \times \vec{i}) + xF_y(\vec{i} \times \vec{j}) + yF_x(\vec{j} \times \vec{i}) + yF_y(\vec{j} \times \vec{j}) \\ &= xF_x(0) + xF_y(\vec{k}) + yF_x(-\vec{k}) + yF_y(0) \\ &= (xF_y - yF_x)\vec{k}\end{aligned}$$

이다. 따라서 2차원인 경우 xy 평면상의 힘에 의한 어떤 점(O)에 대한 모멘트는 평면에 수직(z축 방향)이다. 여기에서

$$\overrightarrow{M_O} = M_O \vec{k}$$

$$M_O = xF_y - yF_x$$

로 나타내면 양(+)의 모멘트($M_O > 0$)는 양의 z축 방향으로 향하며 물체를 반시계 방향으로 회전시키고, 음(−)의 모멘트($M_O < 0$)는 음의 z축 방향으로 향하며 물체를 시계 방향으로 회전시킨다.

* 바리논 정리에 의해 힘 F의 모멘트는 분력 F_x와 F_y의 모멘트 합과 같다. [그림 2.18]에서 F_x에 의한 모멘트는 시계 방향이고 팔의 길이가 y이므로 $-yF_x$이고, F_y에 의한 모멘트는 반시계 방향이고 팔의 길이가 x이므로 $+xF_y$이다. 따라서 F에 의한 모멘트는 $\overrightarrow{M_O} = (xF_y - yF_x)$ (↶)이다.

[벡터곱의 정의] 두 벡터 $\vec{P}$, $\vec{Q}$의 벡터곱 $\vec{P} \times \vec{Q}$는 그 크기가

$$|\vec{P} \times \vec{Q}| = PQ \sin\alpha$$

이고, 방향이 [그림 2.19]와 같이 오른손 법칙에 의해 정해지는 벡터이다.

오른손 좌표계를 이용하여 벡터곱의 정의로부터

$$\vec{i} \times \vec{i} = 0,\ \vec{j} \times \vec{j} = 0,\ \vec{k} \times \vec{k} = 0,$$
$$\vec{i} \times \vec{j} = \vec{k},\ \vec{j} \times \vec{k} = \vec{i},\ \vec{k} \times \vec{i} = \vec{j},$$
$$\vec{j} \times \vec{i} = -\vec{k},\ \vec{k} \times \vec{j} = -\vec{i},\ \vec{i} \times \vec{k} = -\vec{j}$$

의 관계식을 얻는다. 오른손 법칙에 의해 반시계 방향 모멘트 부호를 양(+), 시계 방향 모멘트 부호를 음(−)으로 정한다. 벡터곱의 순서를 바꾸고 오른손 법칙을 사용하면 $\vec{Q} \times \vec{P} = -\vec{P} \times \vec{Q}$이다. 벡터곱은 다음과 같이 행렬식으로 표현할 수 있다.

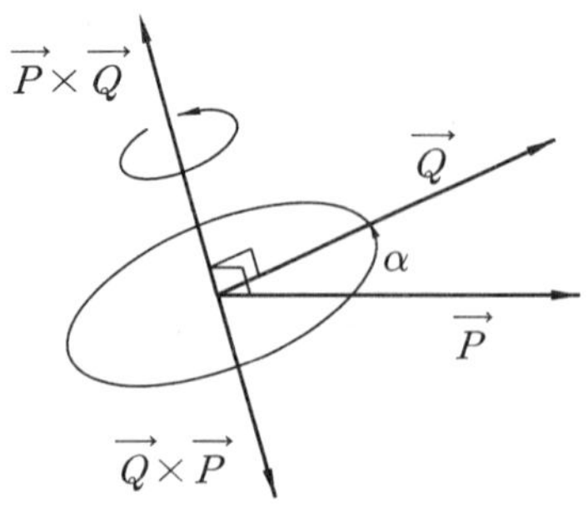

[그림 2.19]

$$\vec{P}\times\vec{Q}=\begin{vmatrix}\vec{i} & \vec{j} & \vec{k}\\ P_x & P_y & P_z\\ Q_x & Q_y & Q_z\end{vmatrix}$$

5. 3차원인 경우의 점에 대한 모멘트

3차원 공간에서 점 A$(x,\ y,\ z)$에 작용하는 힘 $\vec{F}=F_x\vec{i}+F_y\vec{j}+F_z\vec{k}$의 원점(O)에 대한 모멘트는

$$\overrightarrow{M_{\mathrm{O}}}=\overrightarrow{r_{\mathrm{A/O}}}\times\vec{F}=\begin{vmatrix}\vec{i} & \vec{j} & \vec{k}\\ x & y & z\\ F_x & F_y & F_z\end{vmatrix}$$
$$=(yF_z-zF_y)\vec{i}+(zF_x-xF_z)\vec{j}+(xF_y-yF_x)\vec{k}$$

이다.

설명 원점으로부터 점 A$(x,\ y,\ z)$까지의 위치벡터 $\overrightarrow{r_{\mathrm{A/O}}}=x\vec{i}+y\vec{j}+z\vec{k}$이므로

$$\begin{aligned}\overrightarrow{M_{\mathrm{O}}}=\overrightarrow{r_{\mathrm{A/O}}}\times\vec{F}&=(x\vec{i}+y\vec{j}+z\vec{k})\times(F_x\vec{i}+F_y\vec{j}+F_z\vec{k})\\ &=xF_x(\vec{i}\times\vec{i})+xF_y(\vec{i}\times\vec{j})+xF_z(\vec{i}\times\vec{k})\\ &\quad+yF_x(\vec{j}\times\vec{i})+yF_y(\vec{j}\times\vec{j})+yF_z(\vec{j}\times\vec{k})\\ &\quad+zF_x(\vec{k}\times\vec{i})+zF_y(\vec{k}\times\vec{j})+zF_z(\vec{k}\times\vec{k})\\ &=xF_y\vec{k}-xF_z\vec{j}-yF_x\vec{k}+yF_z\vec{i}+zF_x\vec{j}-zF_y\vec{i}\\ &=(yF_z-zF_y)\vec{i}+(zF_x-xF_z)\vec{j}+(xF_y-yF_x)\vec{k}\end{aligned}$$

* 힘 $\vec{F}=F_x\vec{i}+F_y\vec{j}+F_z\vec{k}$의 작용선이 점 A$(x,\ y,\ z)$를 지나면 힘 $\vec{F}$의 원점(O)에 대한 모멘트는 $\overrightarrow{M_{\mathrm{O}}}=\overrightarrow{r_{\mathrm{A/O}}}\times\vec{F}$이다.

* $\overrightarrow{M_{\mathrm{O}}}=\begin{vmatrix}\vec{i} & \vec{j} & \vec{k}\\ x & y & z\\ F_x & F_y & F_z\end{vmatrix}=\vec{i}\begin{vmatrix}y & z\\ F_y & F_z\end{vmatrix}-\vec{j}\begin{vmatrix}x & z\\ F_x & F_z\end{vmatrix}+\vec{k}\begin{vmatrix}x & y\\ F_x & F_y\end{vmatrix}$

$$=(yF_z-zF_y)\vec{i}-(xF_z-zF_x)\vec{j}+(xF_y-yF_x)\vec{k}$$

$$\begin{vmatrix}a & b\\ c & d\end{vmatrix}=ad-bc$$

| 예제 2.2.1 [그림 2.20]에서 $d = 2\,\mathrm{m}$, $F = 40\,\mathrm{N}$일 때 점 O에 대한 힘 F의 모멘트를 구하여라.

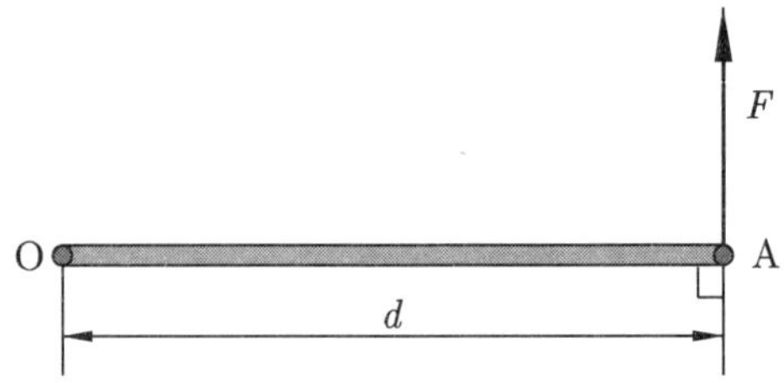

[그림 2.20]

▶풀이 팔의 길이가 2m이므로 힘의 모멘트

$$M_O = Fd = 40\mathrm{N} \times 2\,\mathrm{m} = 80\,\mathrm{N} \cdot \mathrm{m}\,(\curvearrowleft)$$

| 예제 2.2.2 [그림 2.21]과 같은 힘이 작용할 때 점 O에 대한 500N의 모멘트를 구하여라.

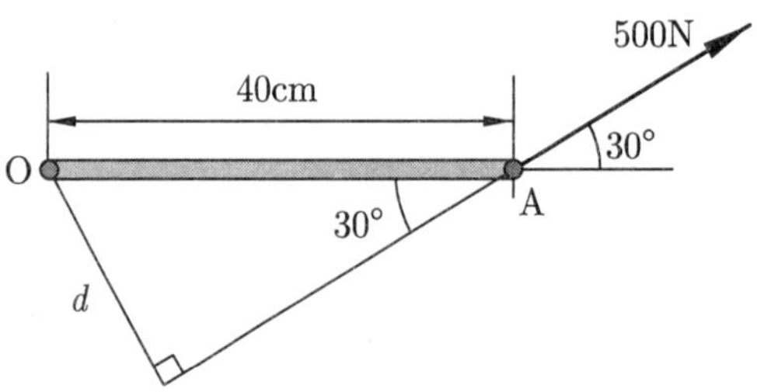

[그림 2.21]

▶풀이 점 O로부터 힘의 작용선까지의 수직거리 $d = 0.4\sin 30°\,(\mathrm{m})$이므로

$$M_O = Fd = 500\mathrm{N} \times 0.4\sin 30°\,\mathrm{m} = 100\,\mathrm{N} \cdot \mathrm{m}\,(\curvearrowleft)$$

| 예제 2.2.3 [그림 2.22]와 같은 두 힘이 작용할 때 점 O에 대한 합력의 모멘트를 구하여라.

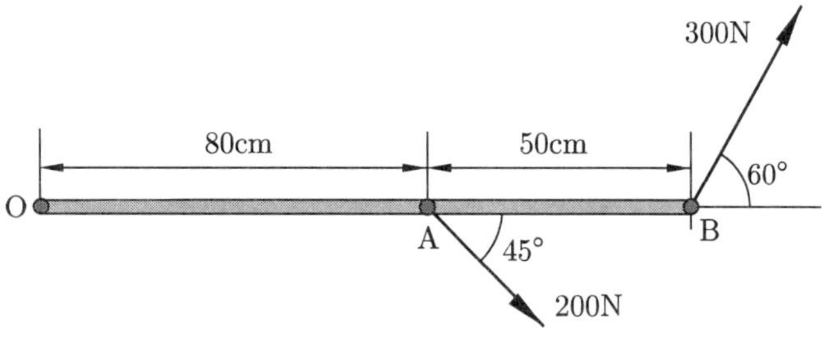

[그림 2.22]

▶**풀이** 반시계 방향(CCW)의 모멘트를 양(+)으로 하고, 200N과 300N의 힘에 의한 모멘트를 각각 M_1, M_2라 하면

$$M_1 = -200\text{N} \times (0.8\sin 45°\,\text{m}) = -113.14\,\text{N}\cdot\text{m}$$
$$M_2 = 300\text{N} \times [(0.8+0.5)\sin 60°\,\text{m}] = 337.75\,\text{N}\cdot\text{m}$$
$$\therefore\ M_O = M_1 + M_2 = -113.14 + 337.75 = 224.61\,(\text{N}\cdot\text{m})\ (\curvearrowleft)$$

▌예제 2.2.4 [그림 2.23(a)]에서 점 O에 대한 힘 F의 모멘트를 구하여라.

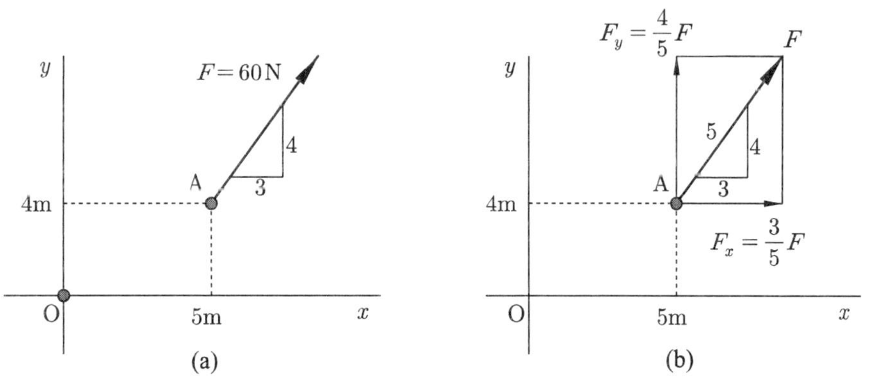

[그림 2.23]

▶**풀이** (1) [그림 2.23(b)]와 같이 힘 F를 x, y 스칼라성분으로 분해하여 모멘트를 구한다. 점 O에서 점 A까지의 위치벡터 $\vec{r} = 5\vec{i} + 4\vec{j}\,(\text{m})$이다.

$$F_x = \frac{3}{5}F = \frac{3}{5} \times 60 = 36\,(\text{N})$$
$$F_y = \frac{4}{5}F = \frac{4}{5} \times 60 = 48\,(\text{N})$$

$$\therefore\ M_O = xF_y - yF_x = 5\times 48 - 4\times 36 = 96\,(\text{N}\cdot\text{m})\ (\curvearrowleft)$$

(2) 힘의 작용선까지의 수직거리 d를 구하여 모멘트를 구한다. 작용선은 기울기가 4/3이고 점 (5, 4)를 지나는 직선이므로 작용선의 방정식은

$$y = \frac{4}{3}(x-5)+4$$

$$\therefore\ 4x - 3y - 8 = 0$$

이다. 따라서 원점 O(0, 0)에서 작용선까지의 거리

$$d = \frac{|ax+by+c|}{\sqrt{a^2+b^2}} = \frac{|4\times 0 - 3\times 0 - 8|}{\sqrt{4^2+(-3)^2}} = \frac{8}{5}\,(\text{m})$$

이므로

$$M_O = Fd = 60\times\frac{8}{5} = 96\,(\text{N}\cdot\text{m})(\curvearrowleft)$$

이다.

* 점 P$(x_0,\ y_0)$와 직선 $ax+by+c=0$ 사이의 거리

$$d = \frac{|ax_0+by_0+c|}{\sqrt{a^2+b^2}}$$

▌예제 2.2.5 [그림 2.24]에서 400N의 힘이 점 O에 대해 작용하는 모멘트를 구하여라.

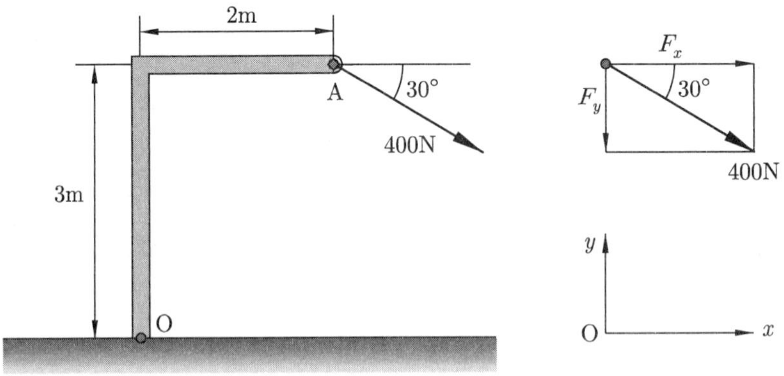

[그림 2.24]

▶**풀이** (1) 점 A에 작용하는 400N의 힘을 x, y 스칼라성분으로 분해하여 모멘트를 구한다. 위치벡터 $\vec{r} = 2\vec{i} + 3\vec{j}$ (m)이다.

$$F_x = 400\cos 30° = 346.41\,(\mathrm{N})$$
$$F_y = -400\sin 30° = -200\,(\mathrm{N})$$
$$\therefore\ M_{\mathrm{O}} = xF_y - yF_x = 2\times(-200) - 3\times(346.41)$$
$$= -1439.23\,(\mathrm{N}\cdot\mathrm{m})$$

반시계 방향을 양(+)으로 잡았으므로 음(−)의 부호는 모멘트가 시계 방향으로 작용하는 것을 의미한다. 따라서 모멘트를 다음과 같이 쓸 수 있다.

$$M_{\mathrm{O}} = 1439.23\,\mathrm{N}\cdot\mathrm{m}\ (\curvearrowright)$$

(2) 400N의 힘을 직각성분으로 대체하면

$$F_1 = 400\cos 30° = 346.41\,(\mathrm{N})\ (\rightarrow)$$
$$F_2 = 400\sin 30° = 200\,(\mathrm{N})\ (\downarrow)$$

이다. $M = Fd$이고 F_1, F_2에 의한 모멘트는 모두 시계 방향이므로

$$M_{\mathrm{O}} = 3\times 346.41 + 2\times 200 = 1439.23\,(\mathrm{N}\cdot\mathrm{m})\ (\curvearrowright)$$

이다. (✱바리논의 정리에 의해 임의의 점에 작용하는 힘 모멘트는 그 힘의 각 성분들에 의한 모멘트 합과 같다.)

❙ 예제 2.2.6 점 A의 위치벡터 $\vec{r} = 5\vec{i} - 3\vec{j} + 6\vec{k}$ (m)일 때 점 A에 작용하는 힘 $\vec{F} = -4\vec{i} + 7\vec{j} + 2\vec{k}$ (N)의 원점(O)에 대한 모멘트 크기를 구하여라.

▶**풀이** 모멘트 정의에 의해 원점에 대한 모멘트는

$$\overrightarrow{M_{\mathrm{O}}} = \overrightarrow{r_{\mathrm{A/O}}} \times \vec{F} = \begin{vmatrix} \vec{i} & \vec{j} & \vec{k} \\ x & y & z \\ F_x & F_y & F_z \end{vmatrix} = \begin{vmatrix} \vec{i} & \vec{j} & \vec{k} \\ 5 & -3 & 6 \\ -4 & 7 & 2 \end{vmatrix}$$
$$= (-3\times 2 - 6\times 7)\vec{i} - [5\times 2 - 6\times(-4)]\vec{j} + [5\times 7 - (-3)\times(-4)]\vec{k}$$
$$= -48\vec{i} - 34\vec{j} + 23\vec{k}\ (\mathrm{N}\cdot\mathrm{m})$$

이고, 모멘트 크기

$$M_{\mathrm{O}} = \sqrt{(-48)^2 + (-34)^2 + 23^2} = 63.16\ (\mathrm{N}\cdot\mathrm{m})$$

이다.

❙ 예제 2.2.7 [그림 2.25(a)]와 같이 한 변의 길이가 h인 정육면체의 한 면(AEFB)에 힘 $\vec{F}$가 작용하고 있을 때 점 D에 대한 힘 $\vec{F}$의 모멘트를 구하여라.

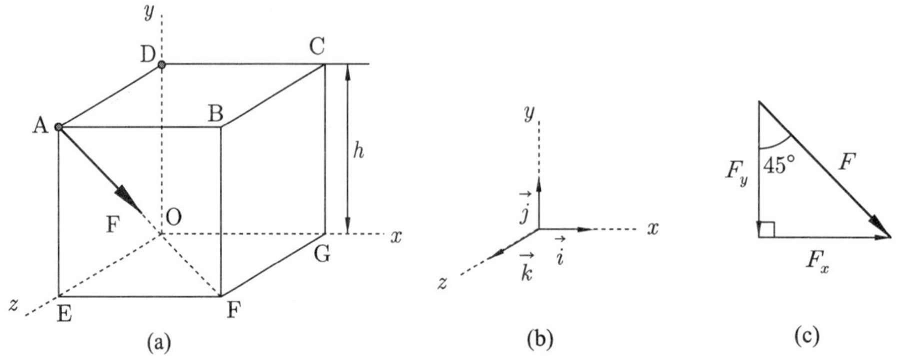

[그림 2.25]

▶풀이 그림 (a), (b)와 같이 좌표계와 단위벡터를 잡는다. 이때 점 D로부터 점 A까지의 위치 벡터

$$\overrightarrow{r_{A/D}} = h\vec{k}$$

이고, 힘 $\vec{F}$를 직각성분으로 분해하면 그림 (c)에서

$$\vec{F} = F(\sin 45°\,\vec{i} - \cos 45°\,\vec{j}) = \frac{F}{\sqrt{2}}(\vec{i} - \vec{j})$$

이다. 따라서 점 D에 대한 힘 $\vec{F}$의 모멘트

$$\begin{aligned}\overrightarrow{M_D} &= \overrightarrow{r_{A/D}} \times \vec{F} = h\vec{k} \times \frac{F}{\sqrt{2}}(\vec{i} - \vec{j}) \\ &= \frac{Fh}{\sqrt{2}}(\vec{k}\times\vec{i} - \vec{k}\times\vec{j}) = \frac{Fh}{\sqrt{2}}(\vec{j} + \vec{i}) \\ &= \frac{Fh}{\sqrt{2}}(\vec{i} + \vec{j})\end{aligned}$$

이다.

❙ 예제 2.2.8 크기가 100N인 힘 $\vec{F}$가 [그림 2.26]과 같이 좌표축의 원점(O)에 가해지고 있다. $\vec{F}$의 작용선이 x, y, z 좌표 값이 각각 2m, 1m, 3m인 점 A를 지날 때 다음 물음에 답하여라.

(1) $\vec{F}$의 x, y, z 스칼라성분을 구하여라.

(2) 점 B의 x, y, z 좌표 값이 각각 2m, 1m, 0일 때 힘 $\vec{F}$의 점 B에 대한 모멘트를 구하여라.

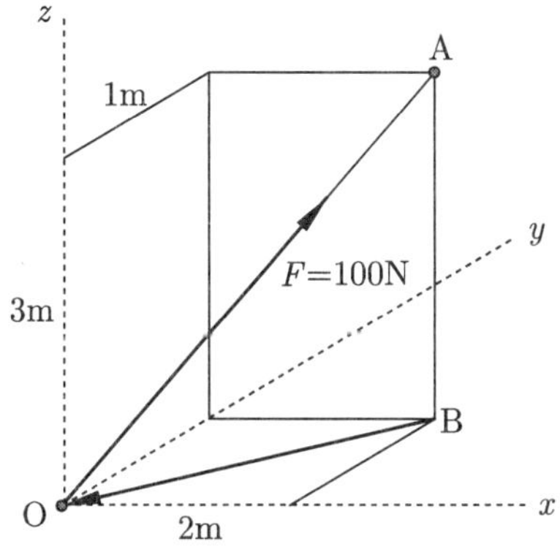

[그림 2.26]

▶**풀이** (1) x, y, z 방향의 단위벡터를 각각 $\vec{i}$, $\vec{j}$, $\vec{k}$라 하면 벡터

$$\overrightarrow{\mathrm{OA}} = 2\vec{i} + \vec{j} + 3\vec{k}\,(\mathrm{m})$$

이므로 $\overrightarrow{\mathrm{OA}}$ 방향의 단위벡터는

$$\overrightarrow{n_{\mathrm{OA}}} = \frac{\overrightarrow{\mathrm{OA}}}{\overline{\mathrm{OA}}} = \frac{2\vec{i} + \vec{j} + 3\vec{k}}{\sqrt{2^2 + 1^2 + 3^2}} = 0.534\vec{i} + 0.267\vec{j} + 0.801\vec{k}$$

이다. 따라서

$$\begin{aligned}\vec{F} &= F\,\overrightarrow{n_{\mathrm{OA}}} = 100(0.534\vec{i} + 0.267\vec{j} + 0.801\vec{k}) \\ &= 53.4\vec{i} + 26.7\vec{j} + 80.1\vec{k}\,(\mathrm{N})\end{aligned}$$

에서 $\vec{F}$의 x, y, z 스칼라성분은

$$F_x = 53.4\,(\mathrm{N}),\ F_y = 26.7\,(\mathrm{N}),\ F_z = 80.1\,(\mathrm{N})$$

이다.

(2) 점 B에서 힘의 작용점 O까지의 위치벡터

$$\overrightarrow{r_{\mathrm{O/B}}} = -2\vec{i} - \vec{j}\,(\mathrm{m})$$

이므로 힘 $\vec{F}$의 점 B에 대한 모멘트

$$\overrightarrow{M_B} = \overrightarrow{r_{O/B}} \times \vec{F} = (-2\vec{i} - \vec{j}) \times (53.4\vec{i} + 26.7\vec{j} + 80.1\vec{k})$$
$$= \begin{vmatrix} \vec{i} & \vec{j} & \vec{k} \\ -2 & -1 & 0 \\ 53.4 & 26.7 & 80.1 \end{vmatrix}$$
$$= (-80.1)\vec{i} - (-2 \times 80.1)\vec{j} + (-2 \times 26.7 + 53.4)\vec{k}$$
$$= -80.1\vec{i} + 160.2\vec{j}\ (\mathrm{N \cdot m})$$

이다.

또는 힘의 작용선이 점 A를 지나므로 $\overrightarrow{r_{A/B}} = 3\vec{k}$ (m)를 이용하여

$$\overrightarrow{M_B} = \overrightarrow{r_{A/B}} \times \vec{F} = (3\vec{k}) \times (53.4\vec{i} + 26.7\vec{j} + 80.1\vec{k})$$
$$= -80.1\vec{i} + 160.2\vec{j}\ (\mathrm{N \cdot m})$$

를 구할 수 있다.

＊벡터 $\vec{V} = a\vec{i} + b\vec{j} + c\vec{k}$와 같은 방향을 갖는 단위벡터는

$$\vec{n} = \frac{\vec{V}}{|\vec{V}|} = \frac{a\vec{i} + b\vec{j} + c\vec{k}}{\sqrt{a^2 + b^2 + c^2}}$$

이다.

연습문제 2.2

1. 200N의 힘의 점 O에 대한 모멘트를 구하여라.

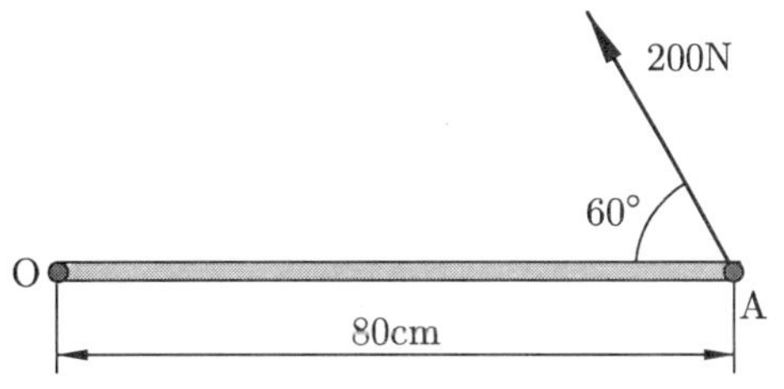

[문제 2.2.1]

2. 세 힘에 의해 점 O에 작용하는 모멘트를 구하여라.

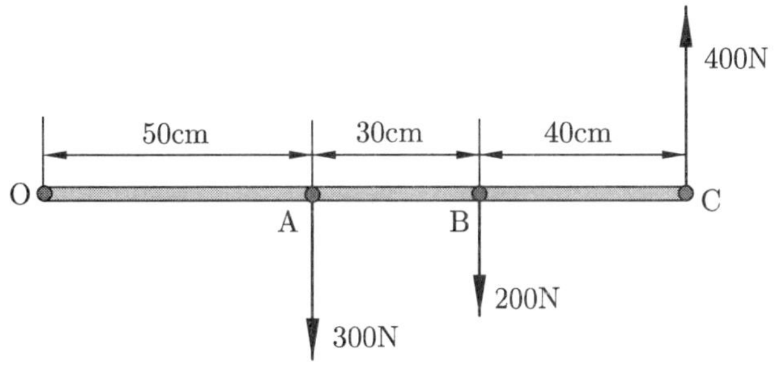

[문제 2.2.2]

3. 두 힘에 의해 점 O에 작용하는 모멘트를 구하여라.

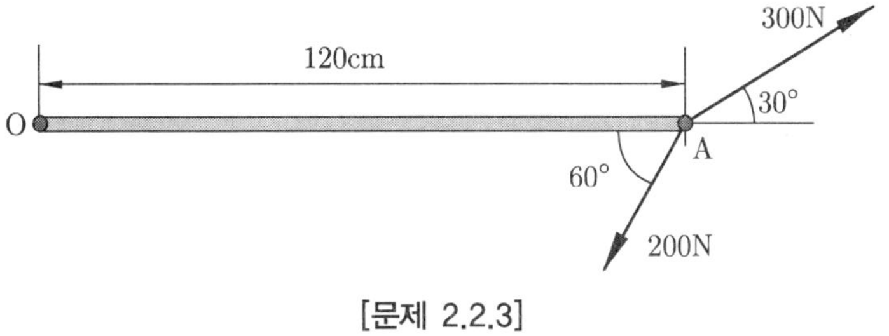

[문제 2.2.3]

4. 두 힘에 의해 점 A에 작용하는 모멘트를 구하여라.

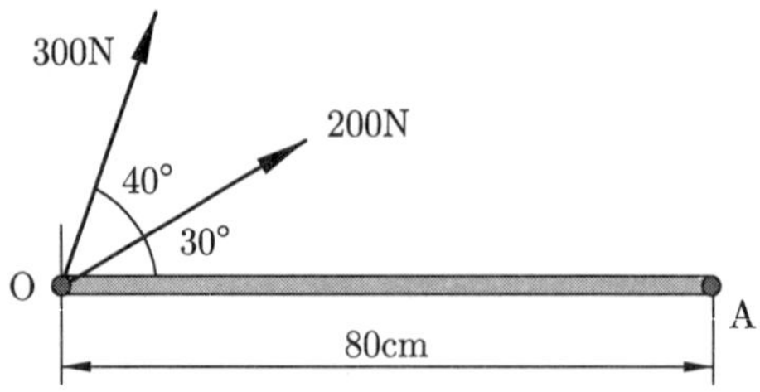

[문제 2.2.4]

5. 세 힘에 의해 점 O에 작용하는 모멘트를 구하여라.

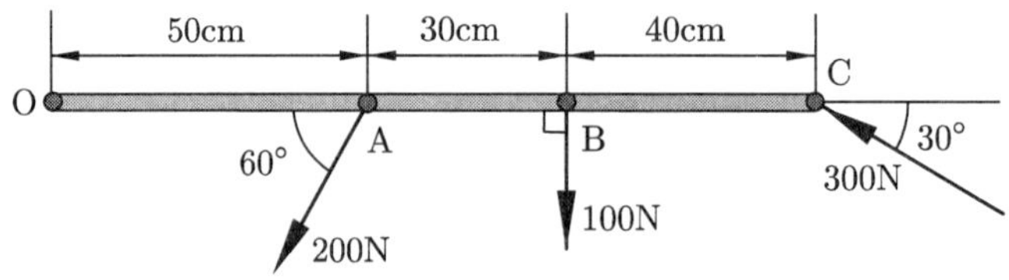

[문제 2.2.5]

6. 힘 F의 점 O에 대한 모멘트를 구하여라.

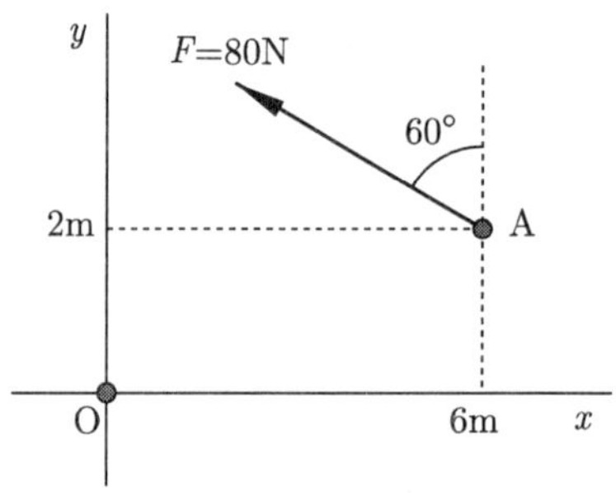

[문제 2.2.6]

7. 힘 F의 점 O에 대한 모멘트를 구하여라.

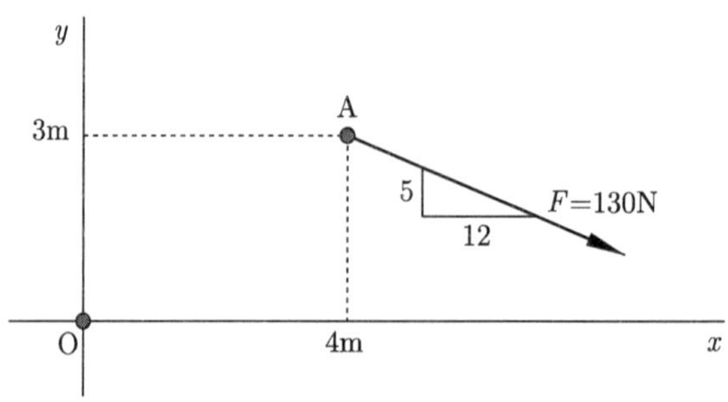

[문제 2.2.7]

8. 힘 F의 점 B와 C에 대한 모멘트를 각각 구하여라.

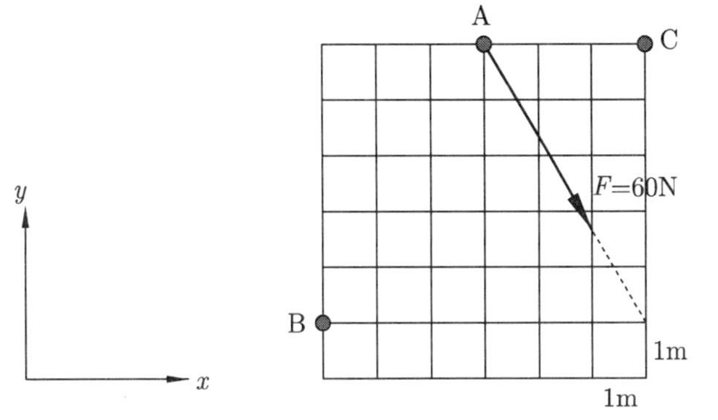

[문제 2.2.8]

9. (1) $\theta = 30°$일 때 힘 F의 점 O에 대한 모멘트를 구하여라.
   (2) 힘 F의 점 O에 대한 모멘트가 0일 때와 모멘트가 최대가 되는 θ값을 각각 구하여라.

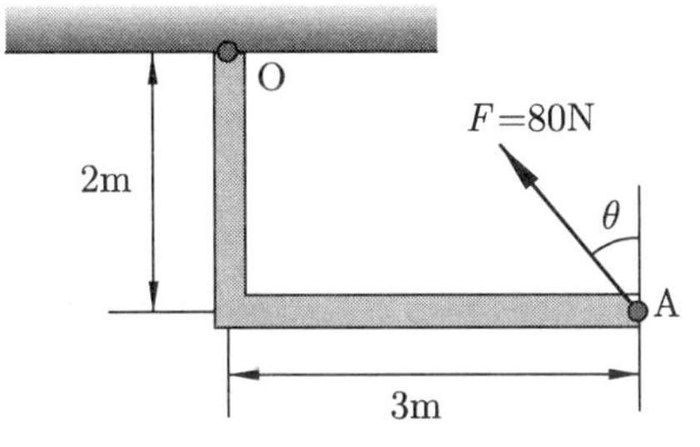

[문제 2.2.9]

10. 힘 F의 점 A와 B에 대한 모멘트를 각각 구하여라.

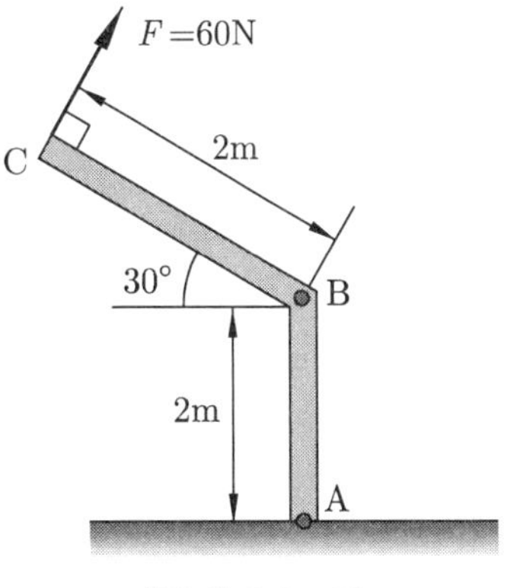

[문제 2.2.10]

11. 다음 각 경우에 대하여 점 A에 작용하는 힘 $\vec{F}=2\vec{i}+3\vec{j}-4\vec{k}$ (N)의 원점(O)에 대한 모멘트를 구하여라. $\vec{r}$은 점 A의 위치벡터이다.

(1) $\vec{r}=-2\vec{i}+5\vec{j}+\vec{k}$ (m)
(2) $\vec{r}=3\vec{i}-2\vec{j}+5\vec{k}$ (m)

12. 한 변의 길이가 h인 정육면체의 한 면에 힘 $\vec{F}$가 작용하고 있다. 다음을 구하여라.

(1) 점 A에 대한 힘 $\vec{F}$의 모멘트
(2) 점 D에 대한 힘 $\vec{F}$의 모멘트

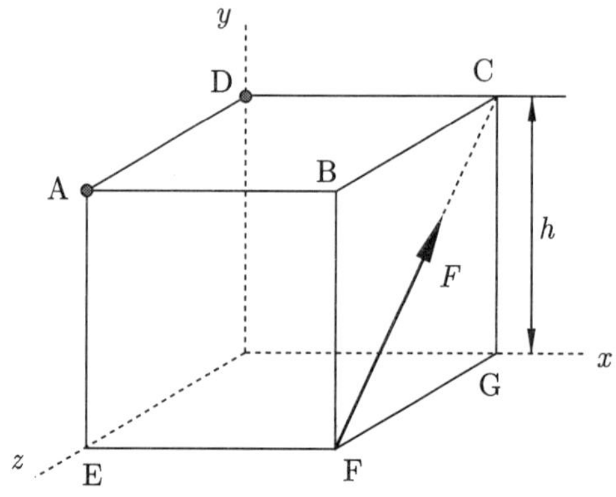

[문제 2.2.12]

13. 크기가 100N인 힘 $\vec{F}$가 좌표축의 원점(O)에 가해지고 있다. $\vec{F}$의 작용선이 x, y, z 좌표 값이 각각 4m, 3m, 1m인 점 A를 지날 때 다음 물음에 답하여라.

(1) $\vec{F}$의 x, y, z 스칼라성분을 구하여라.
(2) 점 B의 x, y, z 좌표 값이 각각 0, 3m, 0일 때 힘 $\vec{F}$의 점 B에 대한 모멘트를 구하여라.

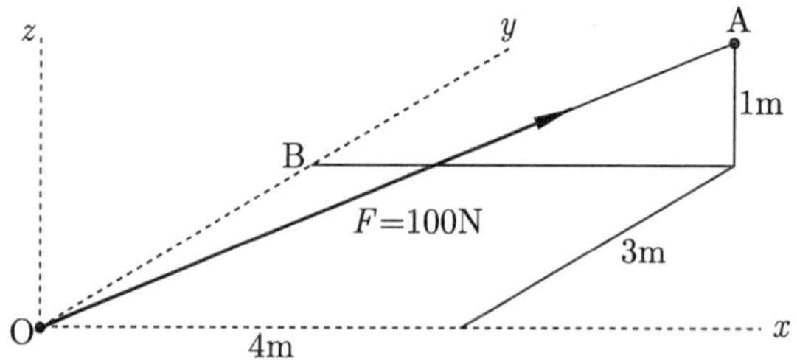

[문제 2.2.13]

14. ㄱ 자형 구조물 AO의 끝에 고정된 케이블 AB에 걸리는 인장력이 4kN일 때 점 A에 작용하는 힘에 의한 고정점 O에 대한 모멘트 크기를 구하여라.

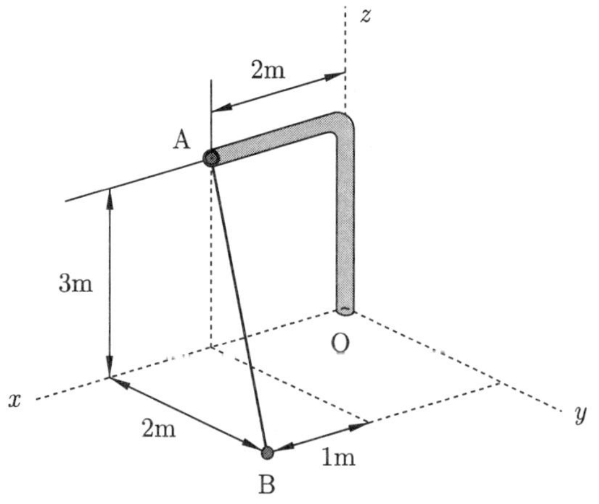

[문제 2.2.14]

2.3 힘의 평형

정지해있는 어떤 물체에 두 개 이상의 힘이 작용하여도 힘을 받지 않을 때와 같은 상태로 정지해있을 때 물체에 작용하는 힘들은 평형상태에 있다고 한다. 운동하는 물체에 여러 힘이 작용하여도 그 물체의 운동 상태에 변화가 없을 때도 그 힘들은 평형상태에 있다고 한다. 즉, 물체에 작용하는 힘이 평형상태에 있을 때 그 물체의 운동 상태가 변하지 않는다.

기계공학에서 '정역학(statics)'은 작용하고 있는 힘이 평형을 이루는 물체를 다루며, 정역학을 통하여 정지된 구조물에서의 반력과 외력과 내력의 관계를 결정할 수 있으므로 정역학은 역학의 가장 기본적인 분야이다. 힘이 작용하는 구조물에서의 많은 공학적 문제는 정역학으로 해석할 수 있다. 정역학으로 구한 외력과 구조물 내부의 내력과의 관계는 고체역학(재료역학)의 기본이 된다.

1. 자유물체도

고려하는 물체를 원래 상태로부터 분리하여 그 물체에 작용하는 모든 외력을 그림으로 나타낸 것을 자유물체도(free body diagram, FBD)라 한다.

설명 공업역학에서 다루는 문제는 대상 물체에 작용하는 모든 외력을 알아야 하는데, 외력을 구하기 위해 가장 먼저 해야 할 일은 자유물체도를 그리는 일이다. 자유물체도를 그리는 기본적인 과정은 다음과 같다.

(1) 분리하여 해석하고자 하는 물체를 선정한 후 정해진 물체를 그린다.
(2) 물체의 경계에 작용하는 모든 힘을 표시한다.
(3) 문제 해결에 필요한 주어진 치수를 기입한다. 필요한 경우 좌표축을 선정하고 자유물체도에 표시한다.

여기에서 힘이란 물체에 직접 작용하는 힘은 물론이고, 물체의 무게(체적력), 물체 상호간의 마찰력, 접촉력, 받침점의 반력 등 그 물체에 작용하는 모든 힘을 말한다. 물체를 분리하는 과정에서 제거된 물체와의 상호 작용에 의해 발생하는 힘을 표시할 때는 작용과 반작용 원칙을 따른다.

2. 접촉력, 반력, 체적력, 작용과 반작용

(1) 접촉력(contact force), 반력(reactive force) : 두 물체 사이의 직접적인 물리적 접촉을 통하여 발생하는 힘을 접촉력이라 하고, 일반적으로 지지점으로부터 물체에 전달되는 힘을 반력이라 한다.

(2) 체적력(body force) : 중력(gravity force), 전기력(electric force), 자기력(magneic force) 등과 같이 힘이 작용하는 어떤 장(field) 안에서 물체가 받는 힘을 체적력 또는 체력이라 한다.

(3) 작용과 반작용 : 뉴턴 제3법칙에 의하면 힘의 작용은 항상 크기가 같고 방향이 반대인 반작용력을 동반하게 된다. 자유물체도를 그릴 때 해석하고자 하는 물체를 고립시킨 후에 그 물체에 작용하는 힘(대상 물체가 다른 물체에 작용하는 힘이 아니라)을 나타내어야 한다.

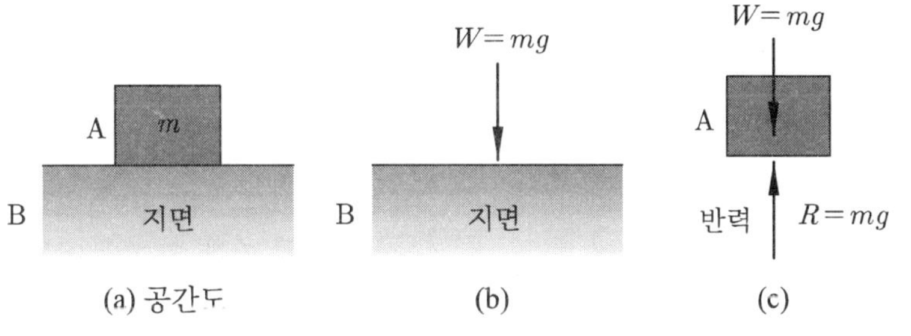

[그림 2.27]

설명 두 물체 A와 B가 접촉하여 A가 B를 누르면 작용과 반작용 법칙에 따라 B는 A를 같은 힘으로 밀어내게 된다. 이와 같은 힘을 접촉점에서의 반력이라 한다. [그림 2.27(a)]와 같이 지면에 물체가 놓여 있는 경우 지면 B에는 물체의 무게 $W=mg$에 의한 힘이 아래 방향으로 작용한다([그림 (b)]). 이때 그림 (c)와 같이 물체 A의 바닥에는 작용과 반작용 법칙에 따라 지면 B에 의해 $R=mg$의 힘이 위의 방향으로 작용하게 된다. 여기에서 A가 지면으로부터 받는 힘 R을 반력이라 한다. [표 2.1]에는 2차원 해석에 관한 역학에서의 힘의 작용(반력의 형태)에 대한 일반적인 모양을 나타내었다.

[표 2.1] 지지점과 연결점에서의 반력

지지점 또는 연결점	반력의 형태
1. 유연한 케이블, 줄 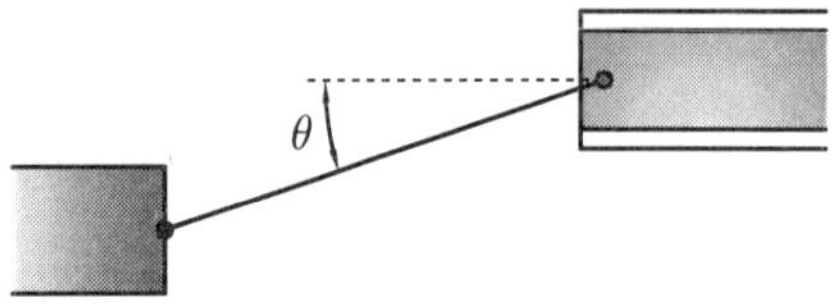	[방향을 아는 힘] – 줄에 의해 작용하는 힘은 줄 방향으로 물체 밖으로 작용하는 인장력이다. 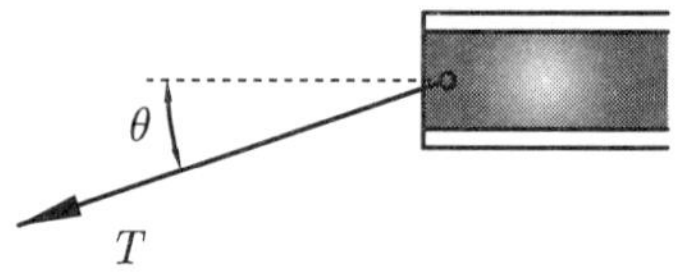
2. 롤러, 로커, 마찰 없는 면 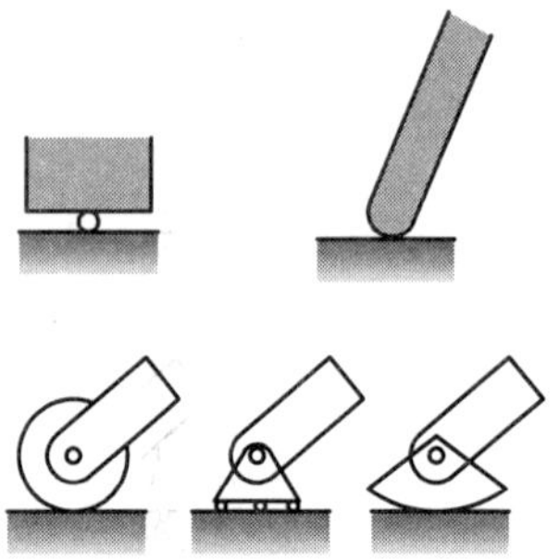	[방향을 아는 힘] – 압축력을 전달하며 압축력은 면에 수직이다. 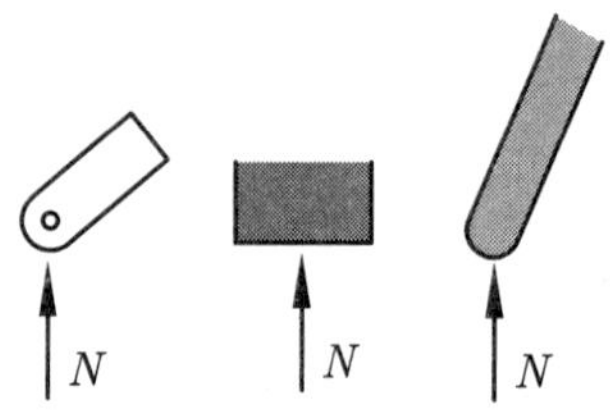
3. 마찰 없는 핀 또는 힌지, 마찰 면 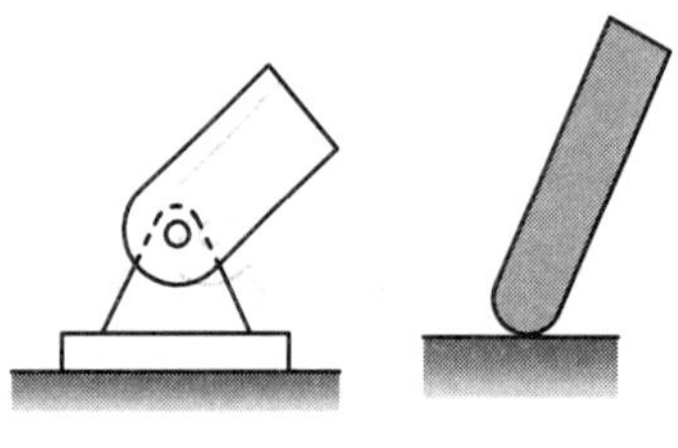	[방향을 모르는 힘] – 수직분력(R_y)과 수평분력(R_x)을 모두 가질 수 있다. 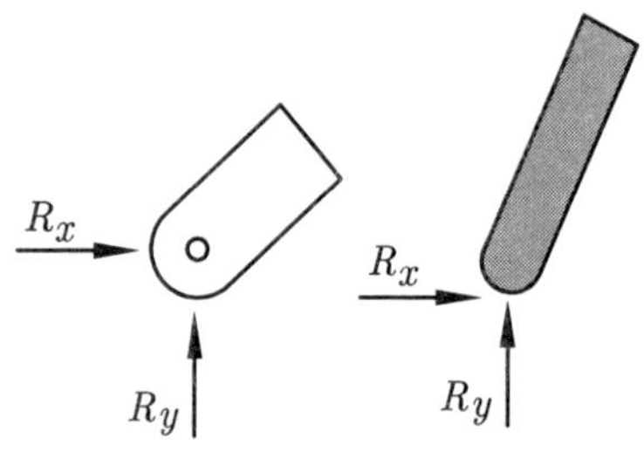
4. 마찰 없이 미끄러지는 가이드 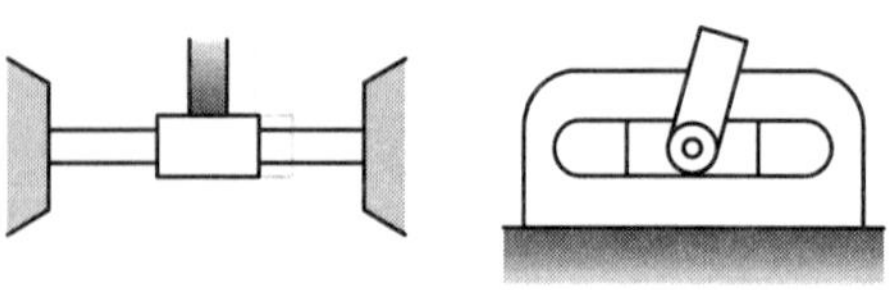	[방향을 아는 힘] – 압축력을 전달하며 압축력은 면에 수직이다. 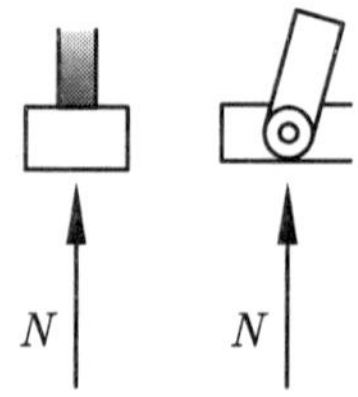

[표 2.1] 지지점과 연결점에서의 반력(계속)

<table>
<tr><th>지지점 또는 연결점</th><th>반력의 형태</th></tr>
<tr><td>5. 박혀있거나 고정된 지지
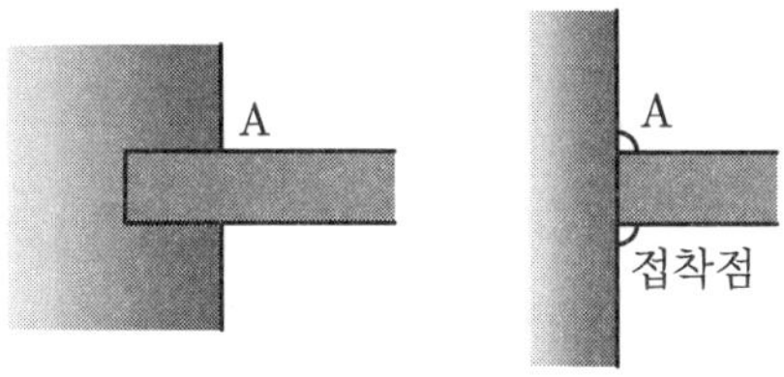
</td><td>[힘과 굽힘 모멘트] – 축 방향 하중(F), 전단 방향 하중(V), 굽힘 모멘트(M)를 모두 지지한다.
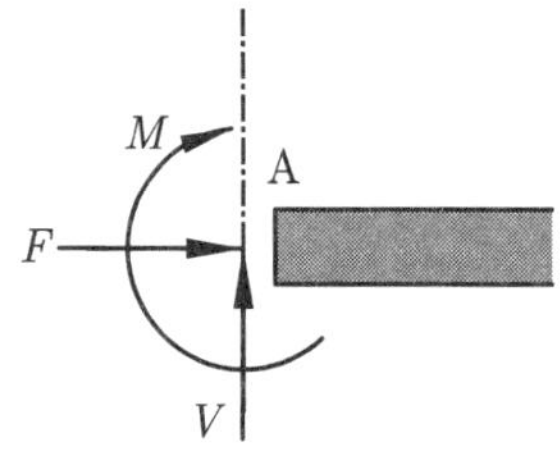
</td></tr>
<tr><td>6. 중력
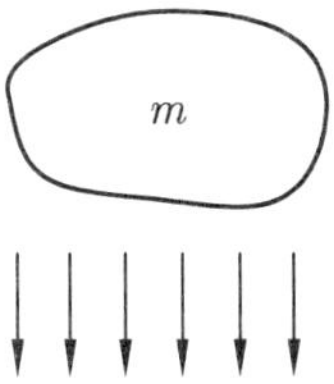
</td><td>[중력에 의한 물체의 무게] – 질량 m의 물체에 작용하는 무게 $W=mg$이며 물체의 질량 중심을 통과하여 지구 중심을 향한다(연직 하방).
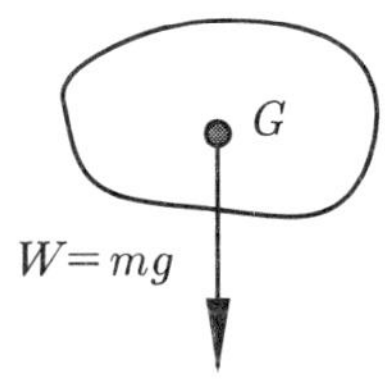
</td></tr>
</table>

[자유물체도 예]

예1 [그림 2.28(a)]와 같이 두 개의 끈으로 물체를 매달 때 끈 OA, OB에는 물체의 무게 W에 의해 인장력이 걸린다. OA, OB에 걸리는 인장력을 각각 F_1, F_2라 하고, 점 O를 질점으로 잡아 점 O에 대한 자유물체도를 그리면 [그림 2.28(b)]와 같다.

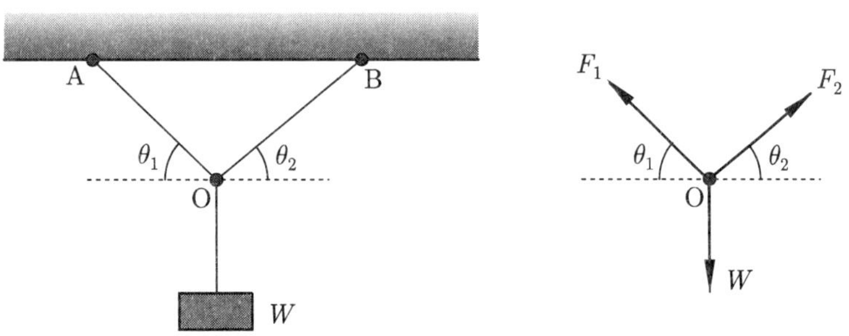

(a) 공간도 (b) 자유물체도

[그림 2.28]

예2 [그림 2.29(a)]와 같이 무게 W의 보가 아래 방향으로 하중 P를 받고 있다. 이때 보가 역학적으로 평형을 이루기 위해서는 보의 양 끝단에서 보의 무게와 하중을 지지해주는 반력이 있어야 한다. 이 반력을 각각 R_A, R_B라 하면, 보의 무게중심은 보의 중앙에 있으므로 [그림 2.29(b)]와 같은 보에 대한 자유물체도를 그릴 수 있다.

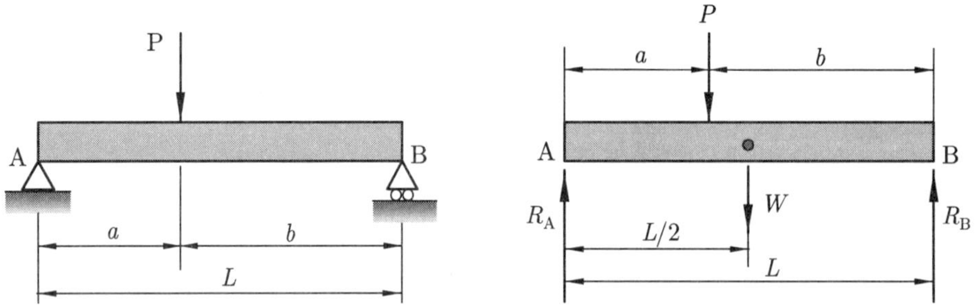

(a) 공간도 (b) 자유물체도

[그림 2.29]

예3 [그림 2.30(a)]와 같이 벽에 박혀서 고정된 보의 끝에 하중 P가 작용하고 있다. 보의 박힌 부분에서는 반력과 반력모멘트가 모두 존재하므로 고정점 A에서의 반력의 수평성분을 H_A, 수직 성분을 R_A, 반력모멘트를 M_A라 하고, 보의 무게를 무시하면 보에 대한 자유물체도는 [그림 2.30(b)]와 같다.

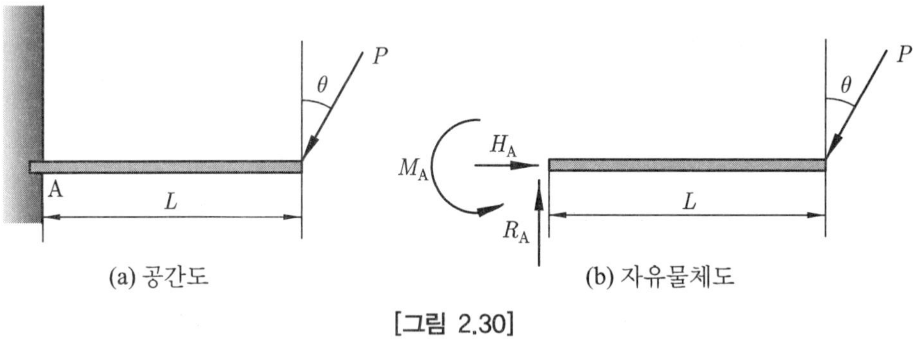

(a) 공간도 (b) 자유물체도

[그림 2.30]

보의 무게($W = mg$)를 고려할 때는 균일한 보의 경우 보의 중앙에 아래 방향으로 작용하는 하중 W를 도시하면 된다.

* 이와 같이 자유물체도가 구성되면 여기에서 힘의 평형 조건을 적용하여 구하고자 하는 미지력을 얻을 수 있다.

3. 질점에 작용하는 힘의 평형

질점(한 점)에 작용하는 여러 힘들 $\overrightarrow{F_1}$, $\overrightarrow{F_2}$, $\cdots$, $\overrightarrow{F_n}$이 평형이 되기 위해서는 모든 힘들의 합이 0이 되어야 한다.

$$\boxed{\sum \overrightarrow{F} = 0}$$

따라서 힘은 벡터이므로 $\overrightarrow{F} = F_x \vec{i} + F_y \vec{j} + F_z \vec{k}$로 나타나면 일반적으로 다음과 같이 각 힘들의 x, y, z 스칼라성분의 합이 각각 0이 되고,

$$\boxed{\sum F_x = 0,\ \sum F_y = 0,\ \sum F_z = 0}$$

2차원인 경우 질점에 대한 평형 조건은

$$\boxed{\sum F_x = 0,\ \sum F_y = 0}$$

이다. 즉, 여러 힘들의 수평 분력의 합과 수직 분력의 합이 각각 0이다.

설명 힘이 평형을 이룰 때 $\sum \overrightarrow{F} = 0$이고, 뉴턴 운동법칙 $\sum \overrightarrow{F} = m\vec{a}$에서 가속도 $\vec{a} = 0$이므로 물체의 운동 상태에 변화가 없다. 각각의 힘 $\overrightarrow{F}$를 직각성분으로 분해하면

$$\sum (F_x \vec{i} + F_y \vec{j} + F_z \vec{k}) = 0$$
$$(\sum F_x)\vec{i} + (\sum F_y)\vec{j} + (\sum F_z)\vec{k} = 0$$

이다. 따라서 질점이 평형을 이루기 위한 필요충분조건은

$$\sum F_x = 0,\ \sum F_y = 0,\ \sum F_z = 0$$

이다. 이와 같이 한 질점에 작용하는 모든 힘의 합력이 0일 때 그 질점은 역학적으로 평형상태에 있다고 한다.

한 점에 작용하는 두 힘 $\overrightarrow{F_1}$, $\overrightarrow{F_2}$가 평형을 이루기 위해서는 $\overrightarrow{F_1} + \overrightarrow{F_2} = 0$이므로 $\overrightarrow{F_1} = -\overrightarrow{F_2}$이다. 즉, [그림 2.31]과 같이 두 힘은 크기가 같고 방향이 반대일 때 평형이 된다.

한 점에 세 힘이 작용할 때([그림 2.32(a)]) 합력이 0이 되기 위해서는 [그림

[그림 2.31]

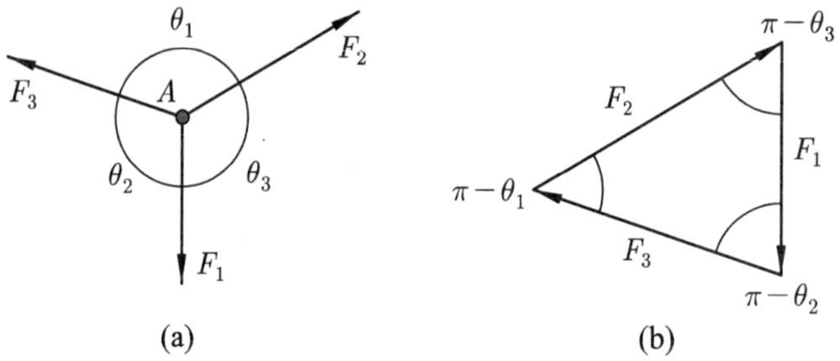

[그림 2.32]

2.32(b)]와 같이 힘의 삼각형을 그릴 경우 힘의 종점이 시작점과 일치해야 한다. 따라서 사인법칙에 의해

$$\frac{F_1}{\sin(\pi-\theta_1)}=\frac{F_2}{\sin(\pi-\theta_2)}=\frac{F_3}{\sin(\pi-\theta_3)}$$

$$\therefore \frac{F_1}{\sin\theta_1}=\frac{F_2}{\sin\theta_2}=\frac{F_3}{\sin\theta_3}$$

가 성립한다. 이것을 라미의 정리(Lami's theorem)라 한다.

* 질점(particle, point) : 운동할 때 그 크기와 형상을 무시할 수 있으며 질점의 질량 중심의 위치만을 고려한다. 역학 문제에서 물체를 질점으로 가정하면 질량이 한 점에 집중되어 있고, 물체의 회전을 고려할 필요가 없으므로 해석이 간단해진다.
일반적으로 질점에 작용하는 힘([그림 2.33(a)])의 합력이 0이 되기 위해서는 [그림 2.33(b)]와 같이 힘의 다각형을 그렸을 때 힘의 시작점과 끝점이 일치해야 한다. 즉, $\vec{F_1}$을 점 O에서 시작하게 하고, $\vec{F_2}$, $\vec{F_3}$, ⋯, $\vec{F_n}$을 차례로 종점과 시점이 연결되도록 배열하면 $\vec{F_n}$의 종점이 시작점 O에 일치하는 것을 알 수 있다. 질점에서 힘이 평형을 이룰 때 이와 같이 하나의 닫힌 다각형을 형성한다.

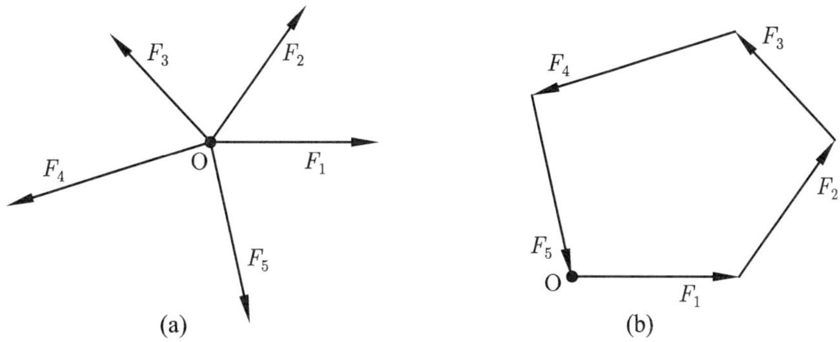

[그림 2.33]

4. 평형 조건

물체가 평형상태에 있을 때 물체에 작용하는 모든 힘의 합력이 0이고, 임의의 점(O)에 대한 모멘트를 모두 합한 값도 0이 되어야 한다.

$$\sum \overrightarrow{F} = 0,\ \sum \overrightarrow{M_O} = 0$$

이것을 스칼라 형태로 나타내면 2차원에서 힘의 평형 조건은 다음과 같고,

$$\sum F_x = 0,\ \sum F_y = 0,\ \sum M_O = 0$$

3차원인 경우에는 힘과 모멘트의 각 성분에 대한 다음 6개의 조건을 만족해야 한다.

$$\sum F_x = 0,\ \sum F_y = 0,\ \sum F_z = 0$$
$$\sum M_x = 0,\ \sum M_y = 0,\ \sum M_z = 0$$

일반적으로 $\overrightarrow{F} = F_x \vec{i} + F_y \vec{j} + F_z \vec{k}$, $\overrightarrow{M_O} = M_x \vec{i} + M_y \vec{j} + M_z \vec{k}$ 이다.

설명 물체의 운동은 병진운동(translation, 이동)과 회전운동(rotation)의 합으로 나타난다. 물체의 병진운동을 일으키는 힘은 합력에 의한 것이고, 물체가 회전운동을 하려는 경향은 물체에 발생하는 회전력인 모멘트에 의해 일어난다. 따라서 강체가 평형상태에 있기 위해서는 물체에 작용하는 모든 힘의 합력이 0이고, 임의의 점(O)에 대한 모멘트를 모두 합한 값도 0이 되어야 한다. 예를 들어 [그림 2.34]와 같이 두 힘의 합력이 0이 되어도 힘의 작용선이 일치하지 않고 모멘트가 발생하면($M \neq 0$) 물체

는 회전하게 된다. 따라서 역학적으로 평형이 되기 위한 필요충분조건은 $\sum \overrightarrow{F} = 0$, $\sum \overrightarrow{M_O} = 0$이다.

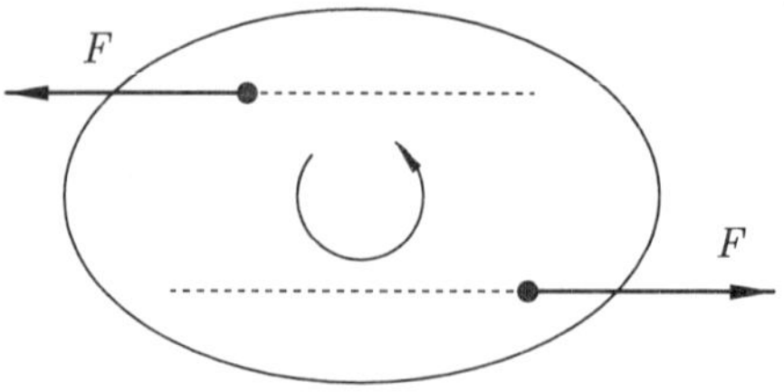

[그림 2.34]

***** 강체(rigid body) : 힘이 가해져도 변형되지 않는 물체를 강체라 한다. 일반적으로 정역학이나 동역학(운동학)에서는 강체에서의 힘을 다룬다. 실제 물체는 힘이 가해지면 약간의 형태 변화가 생기므로 힘을 해석하기 위해 실제 물체를 이상화한 것이 강체라고 볼 수 있다. 반면 구조물과 기계요소에서 힘이 작용할 때의 내력 분포와 변형을 다루는 역학의 분야를 변형체 역학이라 하며, 이 분야의 과목에는 고체역학(재료역학)이 있다. 고체역학에서도 기본이 되는 것은 힘의 평형에 대한 개념이다.

5. 짝힘(우력)

[그림 2.34]와 같이 크기가 같고 방향이 반대이며 동일 직선상에 있지 않은 두 힘을 짝힘(couple) 또는 우력이라 한다. 짝힘의 합력은 0이므로 단지 회전 효과만을 갖는다. 이와 같은 짝힘에 의한 모멘트를 짝힘 모멘트(moment of couple) 또는 우력 모멘트라 한다. 두 우력($\overrightarrow{F}$, $-\overrightarrow{F}$) 사이의 거리가 d이면 우력의 모멘트 크기 $M = Fd$이다.

(***** 우력 모멘트를 간단하게 우력이라고도 한다.)

▌예제 2.3.1 [그림 2.35(a)]와 같이 두 개의 끈 OA, OB로 무게 100N의 물체를 매달 때 두 끈에 걸리는 힘을 구하여라.

▶풀이 [그림 2.35(a)]에서 점 O에 작용하는 힘의 평형을 고려한다. 끈 OA, OB에 걸리는 힘을 각각 F_1, F_2라 하면 [그림 2.35(b)]와 같이 세 힘이 평형을 이룬다.

(1) [힘의 성분 이용] $\overrightarrow{F_1}$, $\overrightarrow{F_2}$를 각각 x, y 성분으로 분해하면

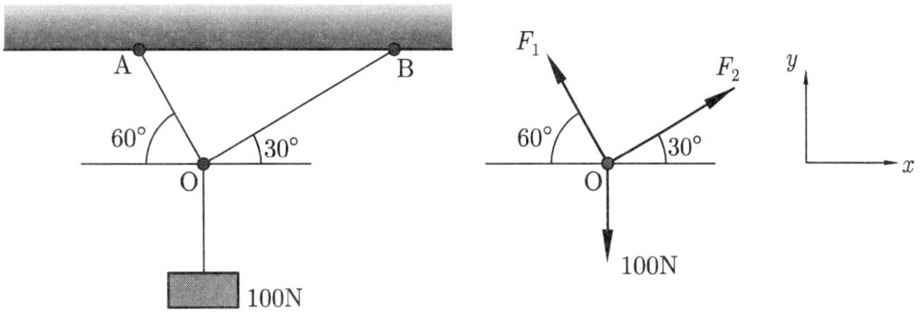

(a) 공간도　　(b) 자유물체도

[그림 2.35]

$$\overrightarrow{F_1} = F_1(-\cos 60°\,\vec{i} + \sin 60°\,\vec{j}) = F_1\left(-\frac{1}{2}\vec{i} + \frac{\sqrt{3}}{2}\vec{j}\right)$$

$$\overrightarrow{F_2} = F_2(\cos 30°\,\vec{i} + \sin 30°\,\vec{j}) = F_2\left(\frac{\sqrt{3}}{2}\vec{i} + \frac{1}{2}\vec{j}\right)$$

이다. 따라서 2차원에서 질점에 대한 힘의 평형 조건을 적용하면 세 힘의 수평성분의 합은 0($\sum F_x = 0$)에서

$$-\frac{1}{2}F_1 + \frac{\sqrt{3}}{2}F_2 = 0 \qquad \cdots ①$$

이고, 수직성분의 합은 0($\sum F_y - 0$)에서

$$\frac{\sqrt{3}}{2}F_1 + \frac{1}{2}F_2 - 100 = 0 \qquad \cdots ②$$

이다. ①, ②를 연립하여 풀면

$$F_1 = 50\sqrt{3}\ \text{N},\ F_2 = 50\ \text{N}$$

이 구해진다.

(①에서 $F_1 = \sqrt{3}\,F_2$이므로 이것을 ②에 대입하면 $F_2 = 50\,\text{N}$이고, $F_1 = \sqrt{3}\,F_2 = 50\sqrt{3}\ \text{N}$이다.)

(2) [라미의 정리 이용] 100N을 F_3라 하면 F_1, F_2, F_3에 마주보는 대각은 각각

$$\theta_1 = 30° + 90° = 120°,\ \theta_2 = 60° + 90° = 150°$$

$$\theta_3 = 180 - (30° + 60°) = 90°$$

이다. 라미의 정리

$$\frac{F_1}{\sin\theta_1} = \frac{F_2}{\sin\theta_2} = \frac{F_3}{\sin\theta_3}$$

에서 $F_3 = 100\,\mathrm{N}$이므로

$$F_1 = \frac{\sin\theta_1}{\sin\theta_3}F_3 = \frac{\sin 120°}{\sin 90°}\times 100 = 50\sqrt{3}\,(\mathrm{N})$$

$$F_2 = \frac{\sin\theta_2}{\sin\theta_3}F_3 = \frac{\sin 150°}{\sin 90°}\times 100 = 50\,(\mathrm{N})$$

이다.

❙ 예제 2.3.2 [그림 2.36]에서 $F_1 = 200\,\mathrm{N}$, $F_2 = 150\,\mathrm{N}$, $F_3 = 100\,\mathrm{N}$이다. 네 힘이 평형을 이루고 있을 때 $\overrightarrow{F_4}$의 x, y 스칼라성분 및 힘의 크기와 각 θ를 구하여라.

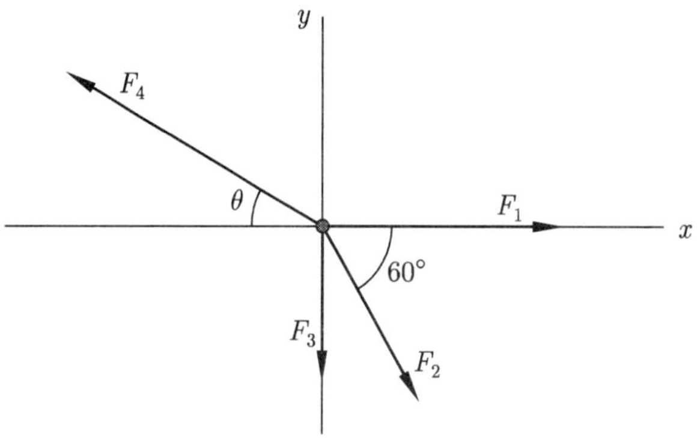

[그림 2.36]

▶풀이 $\overrightarrow{F_1}$, $\overrightarrow{F_2}$, $\overrightarrow{F_3}$를 각각 x, y 성분으로 나타내면

$$\overrightarrow{F_1} = 200\,\vec{i}\,(\mathrm{N})$$
$$\overrightarrow{F_2} = 150(\cos 60°\,\vec{i} - \sin 60°\,\vec{j}) = 75\vec{i} - 75\sqrt{3}\,\vec{j}\,(\mathrm{N})$$
$$\overrightarrow{F_3} = -100\,\vec{j}\,(\mathrm{N})$$

이다. 질점에 대한 힘의 평형 조건($\sum\vec{F} = 0$)을 적용하면

$$\overrightarrow{F_1} + \overrightarrow{F_2} + \overrightarrow{F_3} + \overrightarrow{F_4} = 0$$
$$\therefore\ \overrightarrow{F_4} = -\overrightarrow{F_1} - \overrightarrow{F_2} - \overrightarrow{F_3}$$

$$= -200\vec{i} - (75\vec{i} - 75\sqrt{3}\,\vec{j}) - (-100\vec{j})\,(\mathrm{N})$$
$$= -275\vec{i} + (100 + 75\sqrt{3})\vec{j}\,(\mathrm{N}) = -275\vec{i} + 229.9\vec{j}\,(\mathrm{N})$$

따라서 $\overrightarrow{F_4}$의 x, y 스칼라성분은

$$F_{4x} = -275\,(\mathrm{N}),\ F_{4y} = 229.9\,(\mathrm{N})$$

이고, 힘의 크기와 각 θ는 다음과 같다.

$$|\overrightarrow{F_4}| = \sqrt{(F_{4x})^2 + (F_{4y})^2} = \sqrt{(-275)^2 + (229.9)^2} = 358.4\,(\mathrm{N})$$
$$\theta = \tan^{-1}\left(\frac{229.9}{275}\right) = 39.9°$$

❙ 예제 2.3.3 [그림 2.37]과 같은 단순보에 집중하중 P가 작용할 때 받침점 A, B에서의 반력을 구하여라. 단, 보의 무게는 무시한다.

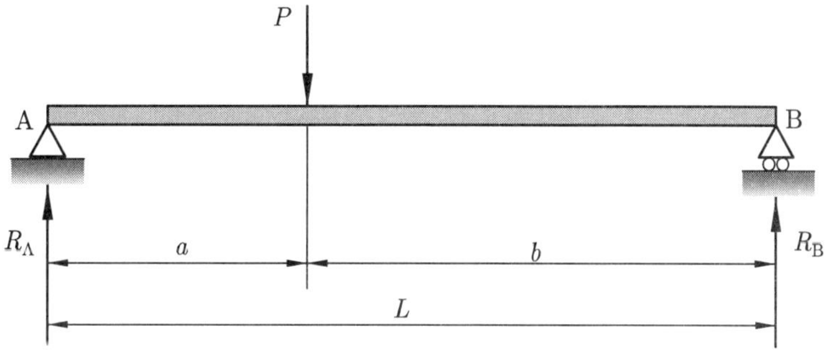

[그림 2.37]

▶풀이 받침점 A, B에서의 반력을 각각 R_A, R_B라 하면 보가 평형을 이루기 위해서는 힘의 합이 0이고, 모멘트 합이 0이다. 먼저 수직방향 힘의 합이 0이라는 조건($\sum F_y = 0$)에서

$$R_A + R_B - P = 0 \quad \cdots ①$$

이다. 식 ①에서 힘의 방향을 위쪽 방향은 양(+), 아래쪽 방향은 음(−)으로 나타내었다. 다음에 점 B에 대한 모멘트 합이 0이라는 조건($\sum M_B = 0$)에서

$$-R_A \cdot L + P \cdot b + R_B \cdot 0 = 0$$
$$\therefore\ -R_A L + Pb = 0 \quad \cdots ②$$

이다. 식 ②에서 모멘트 방향은 반시계 방향을 양(+)으로 잡아서 점 B를 기준점으로 한 힘 P의 모멘트는 양(+), R_A의 모멘트는 음(−)으로 나타내었다. 두 개의 정역학적 평형 조건 ①, ②에서 받침점에서의 반력은 다음과 같이 구해진다.

$$R_A = \frac{b}{L}P,\ R_B = \frac{a}{L}P \qquad \cdots ③$$

여기에서 점 A에 대한 모멘트 합이 0이라는 조건($\sum M_A = 0$)을 적용하면

$$R_A \cdot 0 - P \cdot a + R_B \cdot L = 0$$

$$-Pa + R_B L = 0$$

$$\therefore\ R_B = \frac{a}{L}P$$

로서 기준점을 A로 잡아 계산해도 같은 값이 구해진다. 즉, 계가 평형을 이룰 때 임의 점(모든 점)에 대한 모멘트 합이 0이 된다.

* 집중하중 : 힘의 작용선상에 있는 어떤 한 점에 집중하여 작용하는 하중을 집중하중 또는 집중력(concentrated load, concentrated force)이라 한다. 엄밀하게 말하면 집중력은 존재하지 않는다. 왜냐하면 어떤 물체에 기계적으로 가한 힘은 아무리 작더라도 미소한 접촉 면적을 통하여 물체에 전달되기 때문에 분포하중이라 할 수 있다. 그러나 접촉 면적이 작을 때는 집중하중으로 간주하고 해석해도 큰 문제가 없다. 하중의 SI 단위는 N이다.
* 분포하중 : 단위질량당 무게를 갖는 구조물의 하중, 물의 압력, 땅의 무게에 의한 압력 등과 같이 어느 범위 내에 분포하여 작용하는 하중을 분포하중이라 한다. 분포하중에서 균일한 크기로 작용하는 하중을 등분포하중이라 한다. 분포하중의 SI 단위는 N/m이다.

예제 2.3.4 [그림 2.38(a)]와 같이 길이 L(m)의 단순보에 등분포하중 w(kN/m)가 작용할 때 받침점 A, B에서의 반력을 구하여라. 단, 보의 무게는 무시한다.

▶풀이 분포하중 w(kN/m)에 의해 보의 전 길이 L(m)에 걸리는 하중은

$$P = wL\,(\text{kN})$$

이고, 전체 분포하중의 무게중심은 보의 중심이므로 분포하중을 [그림 2.38(b)]와 같이 하나의 집중하중으로 대체하여 자유물체도를 그릴 수 있다.

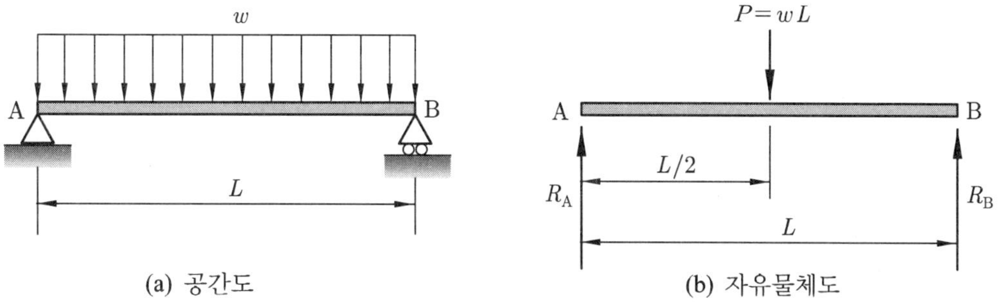

[그림 2.38]

수직방향 힘의 합이 0이라는 조건($\sum F_y = 0$)에서

$$R_A + R_B - P = 0 \quad \cdots ①$$

이고, 점 B에 대한 모멘트 합이 0이라는 조건($\sum M_B = 0$)에서

$$-R_A \cdot L + P \cdot (L/2) + R_B \cdot 0 = 0$$
$$\therefore \ -R_A + P/2 = 0 \quad \cdots ②$$

이다. 식 ①, ②로부터 받침점에서의 반력은 다음과 같이 구해진다.

$$R_A = \frac{P}{2} = \frac{wL}{2}, \ R_B = \frac{P}{2} = \frac{wL}{2} \quad \cdots ③$$

(✱분포하중을 그와 같은 효과를 갖는 집중하중으로 대체하여 간편하게 해석할 수 있다.)

▌예제 2.3.5 [그림 2.39(a)]와 같은 외팔보에 등변분포하중이 작용할 때 고정점 A에서의 반력을 구하여라. 단, 보의 무게는 무시한다.

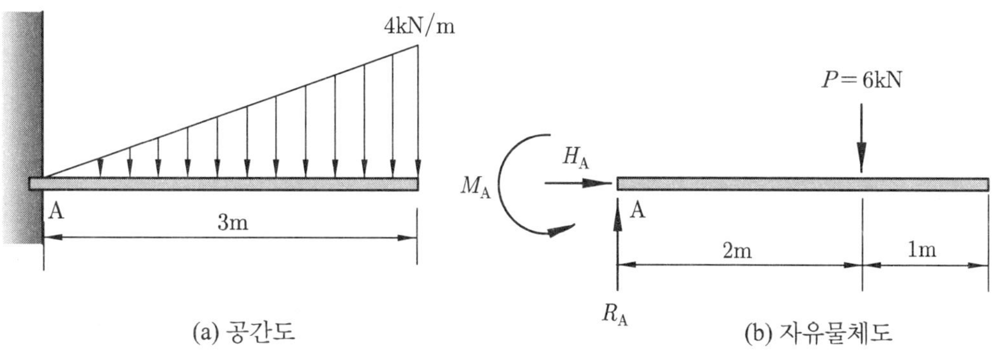

[그림 2.39]

▶**풀이** 분포하중에 의해 보의 전 길이(3 m)에 걸리는 하중은

$$P = \frac{1}{2} \times (3\,\mathrm{m}) \times 4\,(\mathrm{kN/m}) = 6\,\mathrm{kN}$$

이다. 높이 h인 직각삼각형의 도심은 밑변으로부터 $h/3$에 있으므로 전체 분포하중의 중심은 보의 오른쪽 끝으로부터 $3\,\mathrm{m}/3 = 1\,\mathrm{m}$에 있다. 따라서 분포하중을 [그림 2.39(b)]와 같이 하나의 집중하중으로 대체할 수 있다. 벽에 박혀 고정된 지지점 A에는 반력과 모멘트가 모두 존재할 수 있다. 자유물체도 (b)에서 평형 조건을 적용하여 반력의 수평 성분 H_{A}, 수직 성분 R_{A}, 모멘트 M_{A}를 구한다.

수평방향 힘의 합이 0이라는 조건($\sum F_x = 0$)에서

$$H_{\mathrm{A}} = 0 \qquad \cdots ①$$

이고, 수직방향 힘의 합이 0이라는 조건($\sum F_y = 0$)에서

$$R_{\mathrm{A}} - P = 0$$

$$\therefore\ R_{\mathrm{A}} = P = 6\,\mathrm{kN} \qquad \cdots ②$$

이며, 점 A에 대한 모멘트 합이 0이라는 조건에서

$$M_{\mathrm{A}} + H_{\mathrm{A}} \cdot 0 + R_{\mathrm{A}} \cdot 0 - P \cdot (2\,\mathrm{m}) = 0$$

$$\therefore\ M_{\mathrm{A}} = P \cdot 2\mathrm{m} = 6\,\mathrm{kN} \cdot 2\,\mathrm{m} = 12\,\mathrm{kN} \cdot \mathrm{m} \qquad \cdots ③$$

이다. 이상으로부터 고정점 A에 걸리는 반력은 6 kN, 반력모멘트는 12 kN · m이다.

* 2차원에서의 평형 조건은 세 개($\sum F_x = 0$, $\sum F_y = 0$, $\sum M_{\mathrm{O}} = 0$)이므로 미지력이 세 개이면 미지력을 모두 결정할 수 있다. 이와 같이 미지력 개수와 평형방정식 개수가 같은 보를 정정보(statically determinate beam)라 한다. 한편 힘의 평형만으로는 미지 반력이나 반력모멘트를 구할 수 없는 경우 보의 변형을 고려해야 하는데, 이와 같은 보를 부정정보(statically indeterminate beam)라 한다.

▌예제 2.3.6 [그림 2.40(a)]와 같이 마찰 없는 핀 A와 롤러 B로 지지되고 있는 트러스에 수평방향으로 4 kN, 수직방향으로 5 kN의 힘이 작용하고 있다. A와 B에서의 반력의 크기를 구하여라. 모든 삼각형은 이등변삼각형이다.

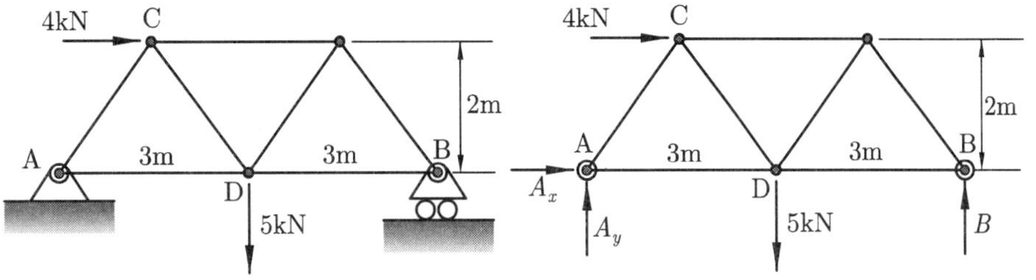

(a) 공간도 (b) 자유물체도

[그림 2.40]

▶풀이 핀 A에는 수평 성분과 수직 성분을 갖는 반력이 존재하고, 롤러 B에는 수직방향의 반력만 존재한다. 반력을 각각 A_x, A_y, B로 하여 자유물체도를 그리면 [그림 2.40(b)]와 같다. 먼저 수평방향 힘의 합이 $0(\sum F_x = 0)$이라는 조건에서

$$A_x + 4\,\mathrm{kN} = 0$$
$$\therefore\ A_x = -4\,\mathrm{kN}$$

이고, 점 A에 대한 모멘트가 $0(\sum M_{\mathrm{A}} = 0)$이라는 조건에서

$$-4\,\mathrm{kN}\cdot 2\,\mathrm{m} - 5\,\mathrm{kN}\cdot 3\,\mathrm{m} + B\cdot 6\,\mathrm{m} = 0$$
$$\therefore\ B = 3.83\,\mathrm{kN}$$

이다. 다음에 수직방향 힘의 합이 $0(\sum F_y = 0)$이라는 조건을 적용하면

$$A_y - 5\,\mathrm{kN} + B = 0$$
$$\therefore\ A_y = 1.17\,\mathrm{kN}$$

이다. 따라서 점 A에 작용하는 반력의 크기는

$$A = \sqrt{A_x^2 + A_y^2} = \sqrt{(-4)^2 + (1.17)^2} = 4.17\,(\mathrm{kN})$$

이고, 점 B에 작용하는 반력의 크기는 $B = 3.83\,\mathrm{kN}$이다.

연습문제 2.3

1. 두 개의 끈 OA, OB로 무게 200N의 물체를 매달 때 두 끈에 걸리는 힘을 구하여라.

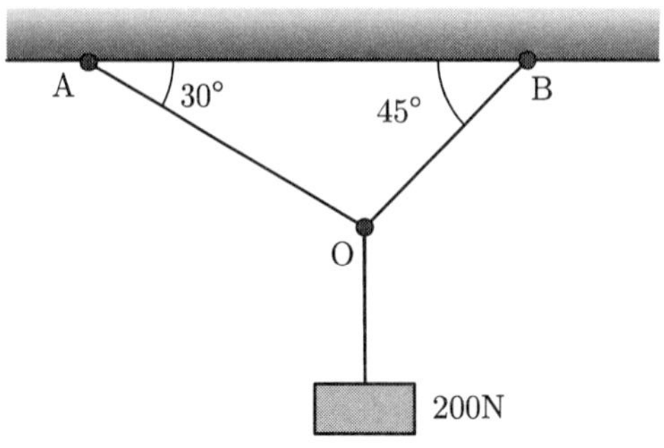

[문제 2.3.1]

2. 한 점에 작용하는 세 힘 $F_1 = 100$ N, F_2, F_3가 평형을 이룰 때 F_2, F_3를 구하여라.

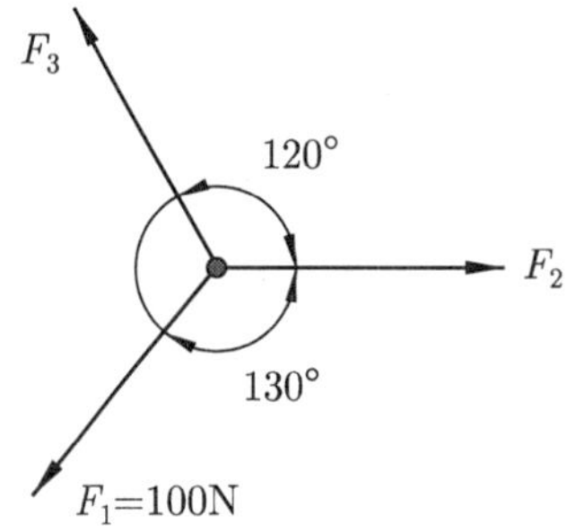

[문제 2.3.2]

3. 한 점에 작용하는 세 힘 $\vec{F_1} = F_{1x}\vec{i} + 4\vec{j} + 5\vec{k}$ (N), $\vec{F_2} = 3\vec{i} + F_{2y}\vec{j} - 9\vec{k}$ (N), $\vec{F_3} = 6\vec{i} - 7\vec{j} + F_{3z}\vec{k}$ (N)가 평형을 이룰 때 F_{1x}, F_{2y}, F_{3z}를 구하여라.

4. 세 힘 100N, 200N, F가 평형을 이룰 때 각 α, β, F를 구하여라.

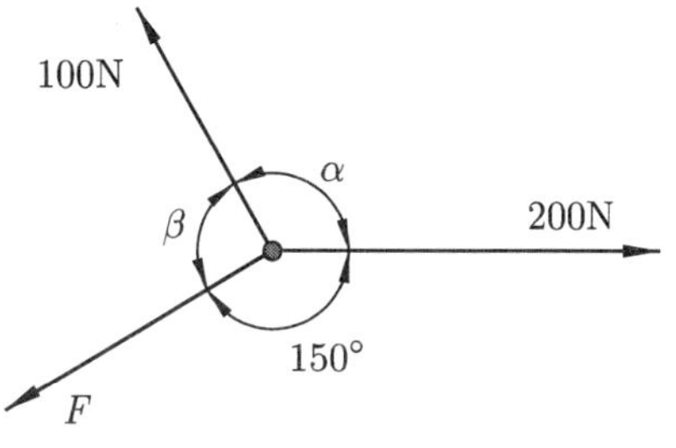

[문제 2.3.4]

5. 케이블 AC에 걸리는 인장력과 부재 BC에 걸리는 압축력을 구하여라.

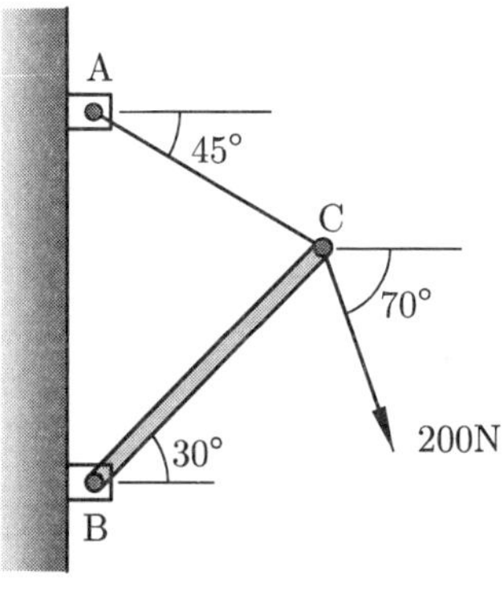

[문제 2.3.5]

6. $F_1 = 200\text{N}$, $F_2 = 100\text{N}$, $F_3 = 250\text{N}$이다. 네 힘이 평형을 이루고 있을 때 $\overrightarrow{F_4}$의 x, y 스칼라성분과 힘의 크기 및 방향각 θ를 구하여라.

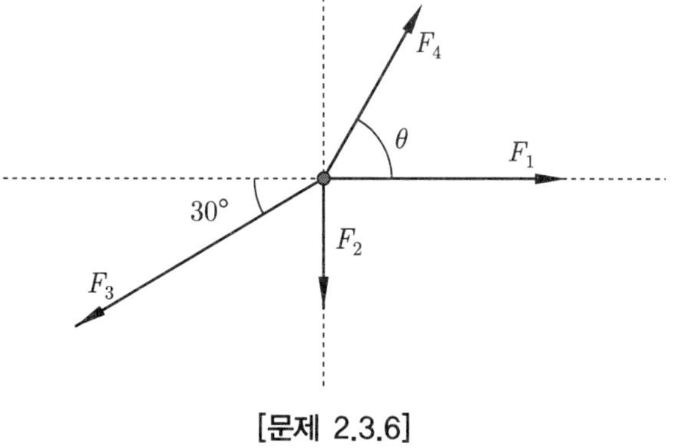

[문제 2.3.6]

7. 다섯 개의 힘이 평형을 이루고 있고, $F_1 = 100\ \text{N}$, $F_2 = 120\ \text{N}$, $F_3 = 130\ \text{N}$, $F_4 = 140\ \text{N}$ 이다. F_5와 각 θ를 구하여라.

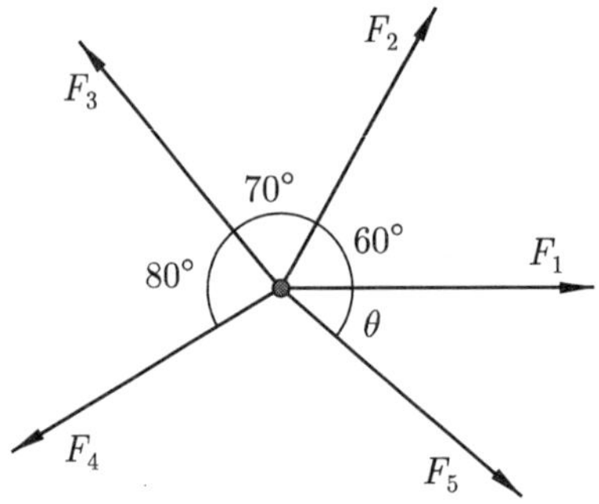

[문제 2.3.7]

8. 점 A에 고정된 무게 5kN의 보의 끝에 4kN의 힘이 아래로 작용할 때 고정점 A에 걸리는 반력을 구하여라.

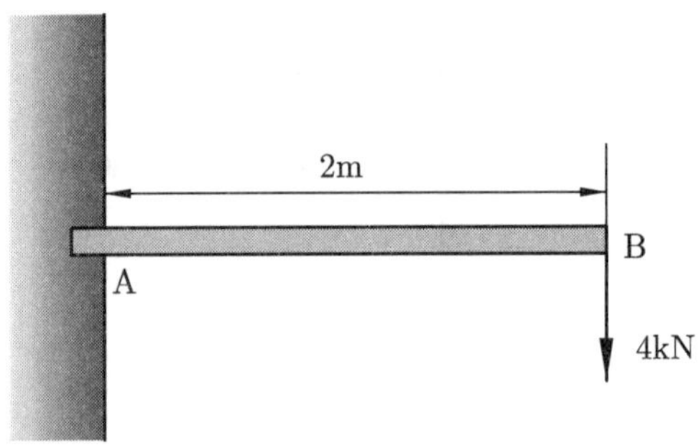

[문제 2.3.8]

9. 받침점 A, B 사이에 놓여 있는 막대가 아래 방향으로 20N과 30N의 힘을 받고 있을 때 받침점 A, B에서의 반력을 구하여라. 단, 막대의 무게는 무시한다.

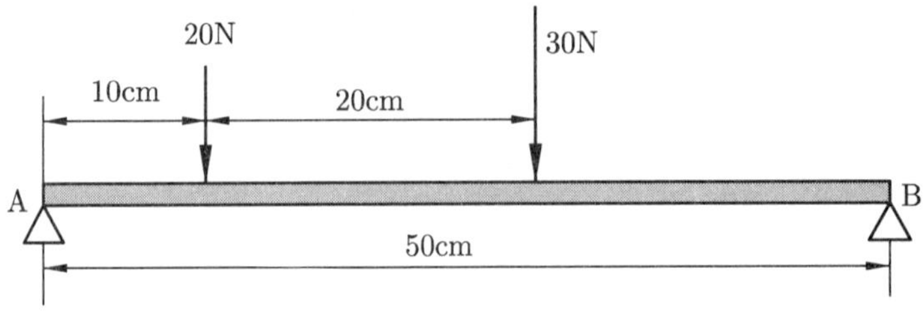

[문제 2.3.9]

10. 등분포하중 $4\,\mathrm{kN/m}$를 받고 있는 받침점 A, B에서의 반력을 구하여라. 단, 보의 무게는 무시한다.

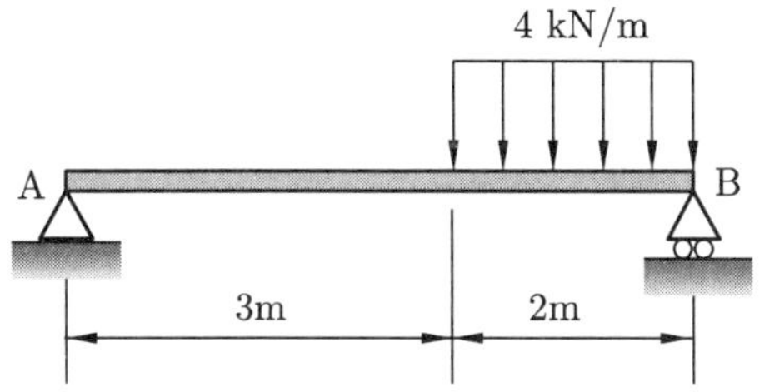

[문제 2.3.10]

11. 등변분포하중을 받고 있는 받침점 A, B에서의 반력을 구하여라. 단, 보의 무게는 무시한다.

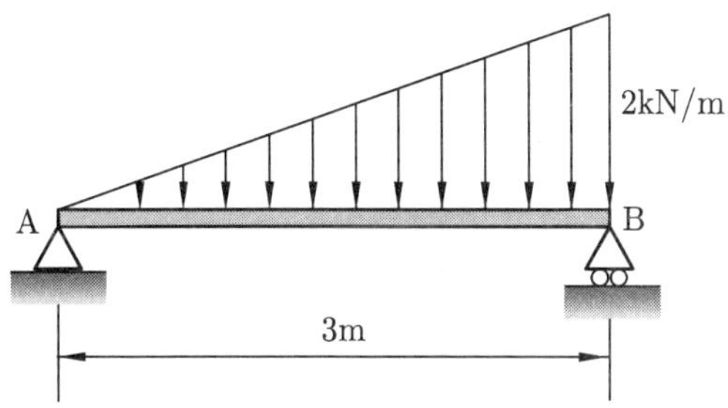

[문제 2.3.11]

12. 등변분포하중을 받고 있는 받침점 A, B에서의 반력을 구하여라. 단, 보의 무게는 무시한다.

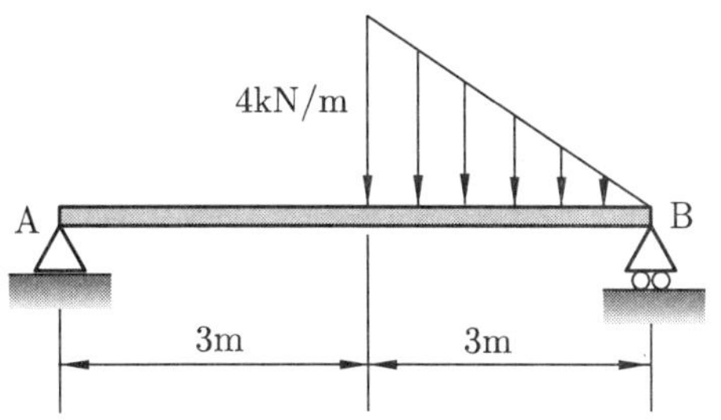

[문제 2.3.12]

13. 등분포하중 $w = 4\,\mathrm{kN/m}$와 집중하중 $P = 5\,\mathrm{kN}$을 받고 있는 외팔보의 고정점 A에서의 반력을 구하여라. 단, 각 $\theta = 30°$이고 보의 무게는 무시한다. (✱고정점 A에는 수평 성

분과 수직 성분을 갖는 반력과 반력모멘트가 모두 존재한다.)

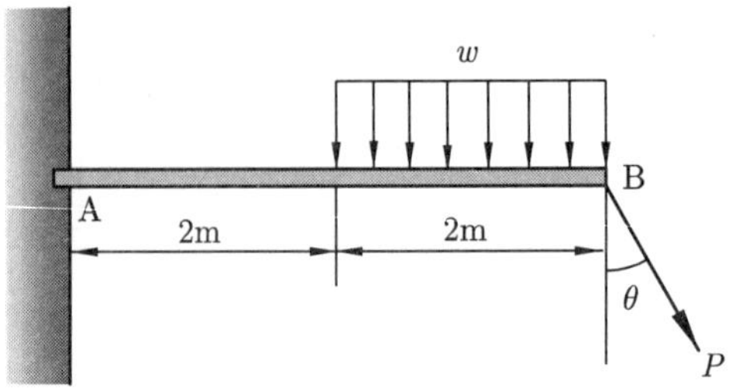

[문제 2.3.13]

14. 브래킷이 핀 A와 롤러 B로 하중을 지지하고 있다. A, B에 걸리는 반력의 크기를 구하여라. 단, 브래킷의 무게는 무시한다. (✱마찰 없는 핀 A에는 수평 성분과 수직 성분을 갖는 반력이 존재하고, 롤러 B에는 수평방향의 반력이 존재한다.)

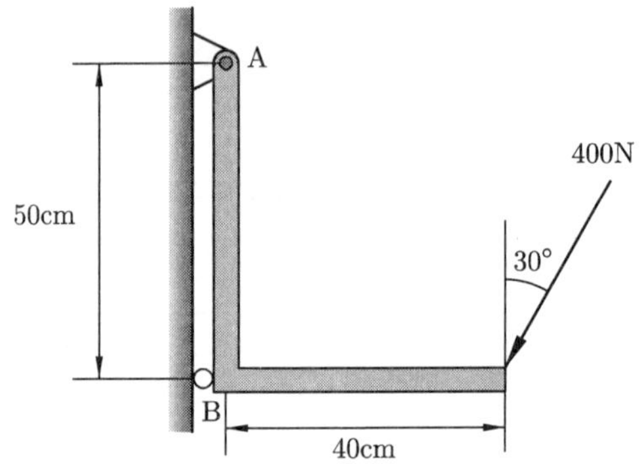

[문제 2.3.14]

15. 정삼각형 트러스에 무게 100N의 물체가 매달려 있을 때 지지점 A, B에서의 반력의 크기를 구하여라. A는 마찰 없는 핀, B는 롤러이다.

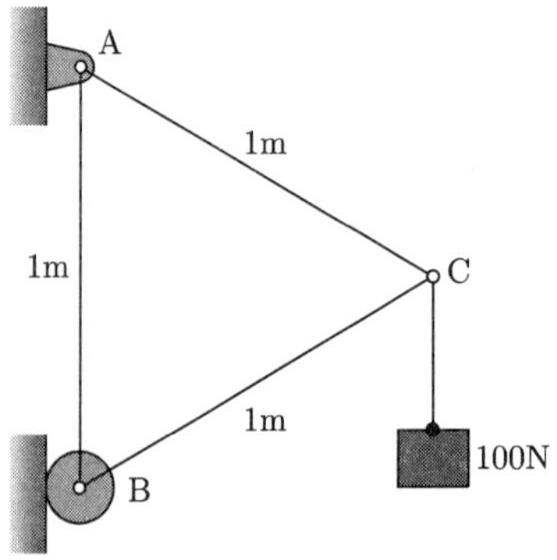

[문제 2.3.15]

16. 200N의 수평방향 힘을 받고 있는 트러스의 지지점 A, B에서의 반력의 크기를 구하여라. ∠ABC = 90°, A는 로커, B는 마찰 없는 핀이다.

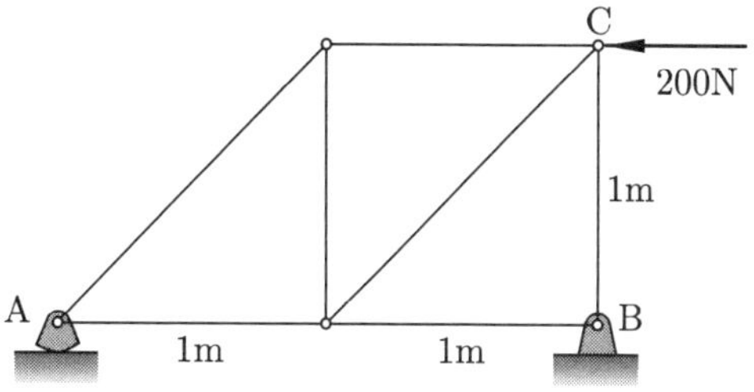

[문제 2.3.16]

17. 케이블 BC에 걸리는 인장력이 30kN일 때 고정단 A에서의 반력을 구하여라. 단, 구조물의 무게는 무시한다.

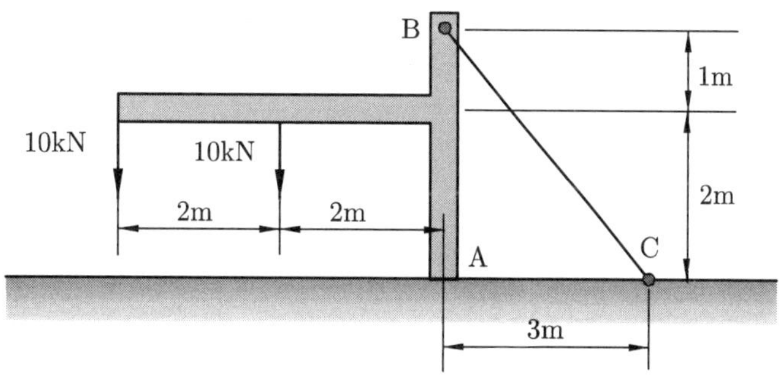

[문제 2.3.17]

18. 수직방향으로 P의 집중하중을 받고 있는 구조물에서 롤러 A와 마찰 없는 핀 B에서의 반력을 각각 구하여라. 단, 구조물의 무게는 무시한다.

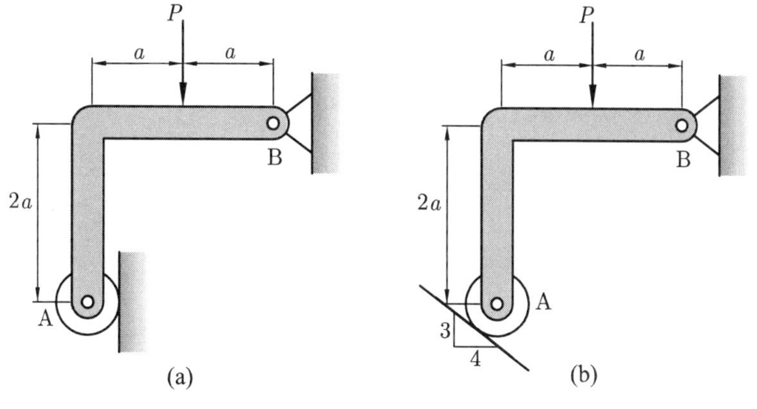

[문제 2.3.18]

제3장 동역학

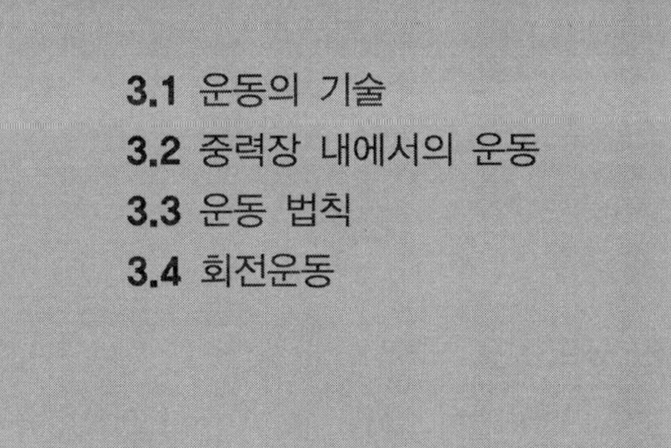

3.1 운동의 기술

물체에 작용하는 힘들이 서로 평형을 이룰 때의 힘의 관계를 다루는 역학을 정역학(statics)이라 하고, 운동과 운동의 원인이 되는 힘과의 관계를 다루는 역학을 동역학(dynamics)이라 한다. 한편 물체의 운동의 원인이 되는 힘은 고려하지 않고 물체의 위치나 운동 상태가 시간에 따라 어떻게 변화하는지 규명하는 것을 운동역학(kinematics)이라 한다. 물체의 운동은 주로 시간에 따른 물체의 위치와 속도(각속도), 가속도(각가속도)로 기술된다.

1. 위치벡터, 변위벡터

(1) 위치벡터(position vector) : 어떤 점을 기준으로 하여 질점의 위치를 나타내는 벡터.

(2) 변위벡터(displacement vector) : 운동에 따른 질점의 위치 변화를 변위(displacement)라 하고 변위를 나타내는 벡터를 변위벡터라 한다.

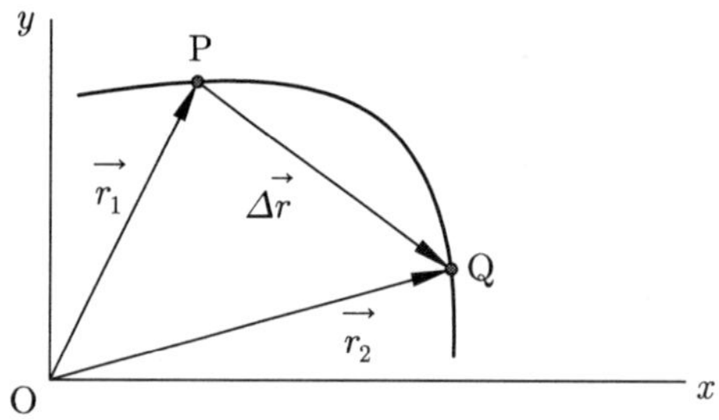

[그림 3.1]

설명 [그림 3.1]에서 원점(O)을 기준으로 할 때 점 P, Q의 위치벡터는 각각 $\vec{r_1}$, $\vec{r_2}$이고, 점 P가 Q로 이동할 때의 변위벡터는 $\Delta\vec{r}$이며, 이것은 운동에 따른 두 점의 위치벡터의 차 $\Delta\vec{r} = \vec{r_2} - \vec{r_1}$을 나타낸다.

2. 경로, 직선운동, 곡선운동

[그림 3.2]와 같이 물체가 점 P에서 Q로 이동했을 때 물체가 지나간 자취 a, b, c, …를 경로(path)라 하고, 경로가 직선인 운동을 직선운동, 곡선인 운동을 곡선운동이라 한다.

* 변위는 위치가 변한 것을 뜻하며, 경로와는 무관하고 처음 위치와 최종 위치에 따라 결정된다. [그림 3.2]에서 변위는 $\overrightarrow{PQ}$로 일정하다.

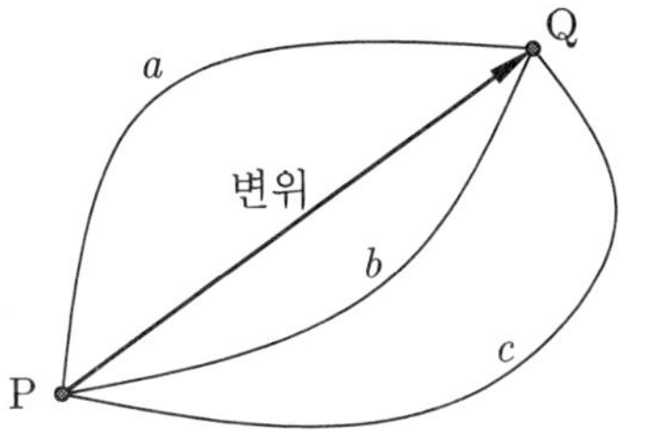

[그림 3.2]

3. 속도

(1) 속도($\vec{v}$) : 물체의 운동 방향과 빠르기를 나타내는 물리량으로 단위시간 동안의 변위를 나타낸다.

$$속도 = \frac{변위}{시간} \quad [\text{SI 단위} : \text{m/s}]$$

(2) 평균속도 : 시간 t_1, t_2에서의 위치벡터가 각각 $\vec{r_1}$, $\vec{r_2}$이고([그림 3.3]), 점 P에서 Q로 이동하는 데 걸린 시간이 $\Delta t = t_2 - t_1$이면 평균속도는 다음과 같다.

$$\overrightarrow{v_{avg}} = \frac{\vec{r_2} - \vec{r_1}}{t_2 - t_1} = \frac{\Delta \vec{r}}{\Delta t}$$

(3) 순간속도 : 시간 간격 Δt가 무한히 작을 때의 평균속도로, 질점의 경로상의 어느 점에

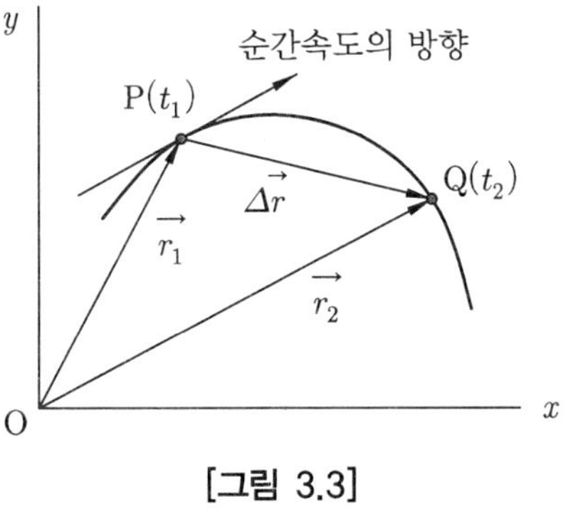

[그림 3.3]

서 질점의 위치벡터를 시간으로 미분한 것을 나타낸다.

$$\vec{v} = \lim_{\Delta t \to 0} \frac{\Delta \vec{r}}{\Delta t} = \frac{d\vec{r}}{dt}$$

속력은 속도의 크기를 나타내는 스칼라이고, 속도는 벡터이다.

설명 시간 간격 Δt를 아주 작게 하면 두 점 P, Q는 거의 일치하게 되며 변위 $\Delta \vec{r}$의 방향은 점 P에서 그은 접선의 방향과 같게 된다. 따라서 속도의 방향은 질점의 운동 경로상의 접선의 방향과 같다.

4. 곡선운동에서의 속도 성분과 크기

2차원에서 질점의 이동 경로상의 점 P(x, y)에서의 속도를 $\vec{v} = v_x \vec{i} + v_y \vec{j}$라 하면 속도 성분

$$v_x = \frac{dx}{dt}, \quad v_y = \frac{dy}{dt}$$

이고, 속도의 크기 $v = \sqrt{v_x^2 + v_y^2}$이다([그림 3.4]).

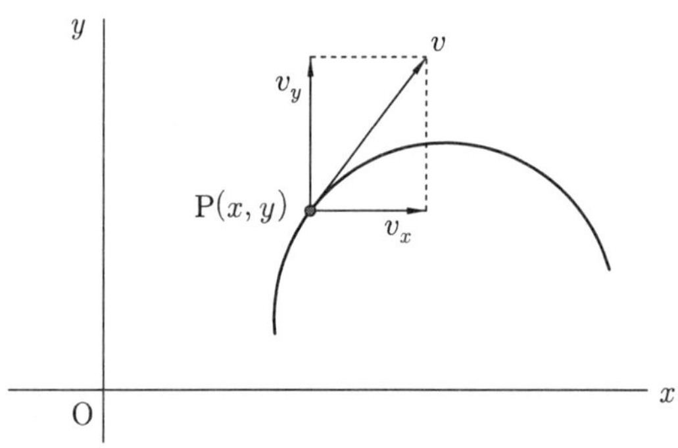

[그림 3.4]

5. 상대속도

두 물체 A, B가 각각 $\vec{v_A}$, $\vec{v_B}$의 속도로 운동하고 있을 때 A에서 본 B의 속도를 A에 대한 B의 상대속도라 하고, 이때의 상대속도는

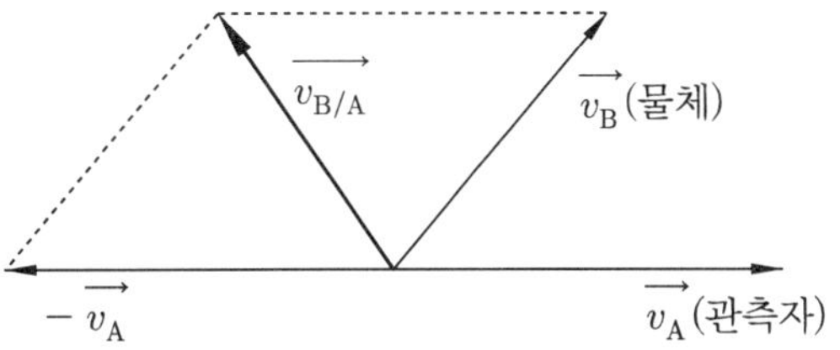

[그림 3.5]

$$\overrightarrow{v_{B/A}} = \overrightarrow{v_B} - \overrightarrow{v_A} = \overrightarrow{v_B} + (-\overrightarrow{v_A})$$

이다([그림 3.5]). 상대속도는 운동하는 관측자가 어떤 물체의 운동을 관찰할 때 관측자에게 보이는 눌체의 속도를 나타낸다.

6. 가속도

(1) 가속도($\vec{a}$) : 단위시간 동안의 속도 변화를 가속도라 한다.

$$\text{가속도} = \frac{\text{속도 변화}}{\text{시간}} \quad [\text{SI 단위 : m/s}^2]$$

(2) 평균가속도 : 속도 변화를 걸린 시간으로 나눈 값으로, 시간 t_1, t_2에서의 속도를 각각 $\overrightarrow{v_1}$, $\overrightarrow{v_2}$라 하면 t_1, t_2 사이의 평균가속도는 다음과 같다.

$$\overrightarrow{a_{avg}} = \frac{\overrightarrow{v_2} - \overrightarrow{v_1}}{t_2 - t_1} = \frac{\Delta \vec{v}}{\Delta t}$$

(3) 순간가속도 : 시간 간격 Δt가 무한히 작을 때의 평균가속도이다.

$$\vec{a} = \lim_{\Delta t \to 0} \frac{\Delta \vec{v}}{\Delta t} = \frac{d\vec{v}}{dt}$$

임의 시간 t에서의 위치벡터를 $\vec{r}$이라 하면 시간 t에서의 가속도는 다음과 같다.

$$\vec{a} = \frac{d\vec{v}}{dt} = \frac{d^2\vec{r}}{dt^2}$$

설명 곡선 경로를 따라 운동하는 질점의 속도가 시간 t_1일 때 $\overrightarrow{v_1}$이고, t_2에서 $\overrightarrow{v_2}$이면 $\Delta t = t_2 - t_1$에서의 속도 변화는 $\Delta\vec{v} = \overrightarrow{v_2} - \overrightarrow{v_1}$이다([그림 3.6]). 평균가속도는 속도

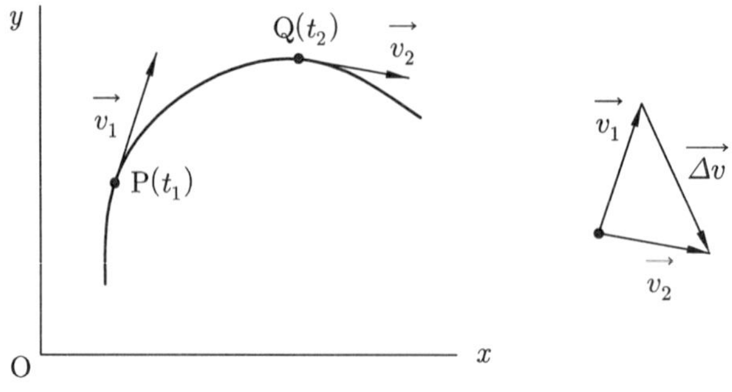

[그림 3.6]

변화를 걸린 시간으로 나눈 것으로 $\overrightarrow{a_{avg}} = \dfrac{\Delta \vec{v}}{\Delta t}$이다.

7. 곡선운동에서의 가속도 성분과 크기

2차원에서 임의의 점 P$(x,\ y)$에서의 가속도를 $\vec{a} = a_x \vec{i} + a_y \vec{j}$라 하면 가속도 성분

$$a_x = \frac{d^2x}{dt^2}, \quad a_y = \frac{d^2y}{dt^2}$$

이고, 가속도 크기 $a = \sqrt{a_x^2 + a_y^2}$이다.

8. 직선운동

질점이 직선을 따라 운동하는 것을 직선운동이라 한다. [그림 3.7]과 같이 수직선 위를 움직이는 점 P의 시간 t에서의 위치가 $s(t)$이고 시간이 t에서 $t+\Delta t$까지 변할 때 점 P에서 점 Q까지 이동하였을 경우 스칼라량으로 표현된 속도와 가속도의 정의는 다음과 같다.

(1) 시간 t에서 $t+\Delta t$까지의 질점 P의 평균속도

$$v_{avg} = \frac{\Delta s}{\Delta t}$$

(2) 시간 t에서의 점 P의 순간속도 또는 속도 $v(t)$는

$$v(t) = \lim_{\Delta t \to 0} \frac{\Delta s}{\Delta t} = \frac{ds}{dt}$$

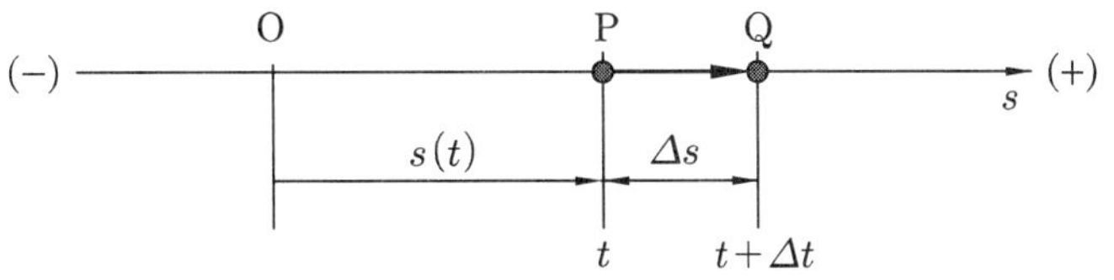

[그림 3.7]

이고, 속도 크기 $|v(t)|$를 속력이라 한다. 점 P는 $v(t)>0$일 때 양의 방향으로, $v(t)<0$일 때 음의 방향으로 움직인다.

(3) 시간 t에서 $t+\Delta t$까지의 점 P의 속도의 평균변화율(평균가속도)은

$$a_{avg}=\frac{\Delta v}{\Delta t}=\frac{v(t+\Delta t)-v(t)}{\Delta t}$$

이고, $\Delta t \to 0$일 때의 평균변화율 극한값을 시간 t에서의 점 P의 가속도라 한다. 가속도

$$a(t)=\lim_{\Delta t\to 0}\frac{\Delta v}{\Delta t}=\frac{dv}{dt}=\frac{d^2 s}{dt^2}$$

이고, 여기에서 v가 s의 함수인 경우

$$a(t)=\frac{dv}{dt}=\frac{dv}{ds}\,\frac{ds}{dt}=v\frac{dv}{ds}$$

로 쓸 수 있다. 가속도 부호는 속도 변화 방향을 나타내며 운동 방향과 관계없이 속도가 증가하면 양(+)이고, 감소하면 음(−)이다.

＊직선운동에서의 속도와 가속도를 벡터로 표현하면 다음과 같다.

(1) 위치벡터 : $\vec{r}=s\,\vec{i}$

(2) 변위 : $\Delta\vec{r}=\Delta s\,\vec{i}$

(3) 속도 : $\vec{v}=\frac{d\vec{r}}{dt}=\frac{ds}{dt}\vec{i}$

(4) 가속도 : $\vec{a}=\frac{d\vec{v}}{dt}=\frac{dv}{dt}\vec{i}=\frac{d^2 s}{dt^2}\vec{i}$

직선운동에서는 속도와 가속도의 부호로 방향을 나타낼 수 있으므로 스칼라량으로 표현된 식을 사용하는 것이 편리하다.

9. 등속 직선운동

속력과 운동 방향이 일정한 운동을 등속운동이라 한다. 속도 v인 질점이 t시간 동안 이동

한 거리를 s라 하면

$$v = \frac{s}{t}, \quad s = vt$$

이고, 가속도 $a = 0$이다.

10. 등가속도 직선운동

직선상에서 운동하는 물체의 속도가 일정한 비율로 변할 때 물체의 가속도는 일정하며, 이러한 운동을 등가속도 직선운동이라 한다.

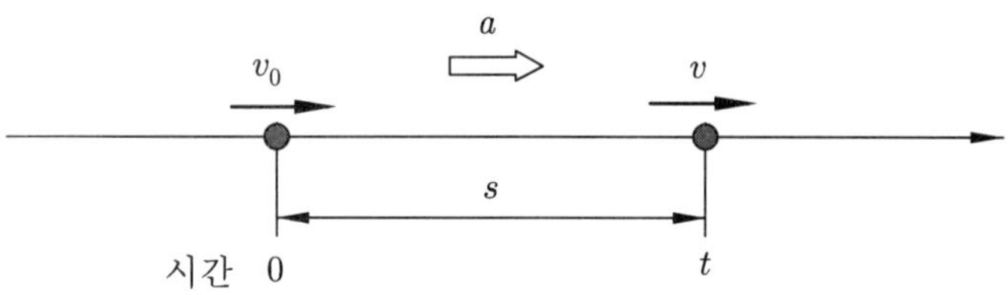

[그림 3.8]

[그림 3.8]과 같이 직선상에서 일정한 가속도 $a(\mathrm{m/s^2})$로 운동할 때, 시간 $t = 0$에서의 초기속도 $v_0(\mathrm{m/s})$, t에서의 속도 $v(\mathrm{m/s})$, t초 동안 이동거리 $s(\mathrm{m})$ 사이에는 다음 관계식이 성립한다.

(1) $v = v_0 + at$ (2) $s = \frac{1}{2}at^2 + v_0 t$ (3) $v^2 - v_0^2 = 2as$

설명 (1) 속도와 가속도의 관계 : 가속도의 정의 $a = \frac{dv}{dt}$에서 적분하면

$$dv = a\,dt$$
$$v = \int a\,dt = at + C \quad (C\text{는 상수})$$

이고, 초기조건 $t = 0$일 때 $v = v_0$를 대입하면 $C = v_0$이므로

$$v = at + v_0$$

이다.

(2) 이동거리와 가속도의 관계 : 속도의 정의 $v = \dfrac{ds}{dt}$ 에서 적분하면

$$s = \int vdt = \int (v_0 + at)dt = v_0 t + \frac{1}{2}at^2 + C \quad (C\text{는 상수})$$

이고, 초기조건 $t = 0$일 때 $s = 0$을 대입하면 $C = 0$이므로

$$s = v_0 t + \frac{1}{2}at^2$$

이다.

(3) 이동거리와 속도의 관계 : 가속도의 식 $a = v\dfrac{dv}{ds}$ 에서 $ads = vdv$이고 이 식을 적분하면

$$\int_0^s ads = \int_{v_0}^{v} vdv$$

$$as = \frac{1}{2}(v^2 - v_0^2)$$

이므로 $v^2 - v_0^2 = 2as$의 관계식이 성립한다.

* [그림 3.9]와 같이 시간 t_0에서의 초기속도 $v_0\,(\mathrm{m/s})$, 초기위치 $s_0\,(\mathrm{m})$, t에서의 속도 $v\,(\mathrm{m/s})$, 위치를 $s\,(\mathrm{m})$라 하면 이동거리 $\Delta s = s - s_0$이므로 위치와 속도, 가속도의 관계는 다음과 같다.

(1) $v = v_0 + at$ (2) $s = \dfrac{1}{2}at^2 + v_0 t + s_0$ (3) $v^2 - v_0^2 = 2a(s - s_0)$

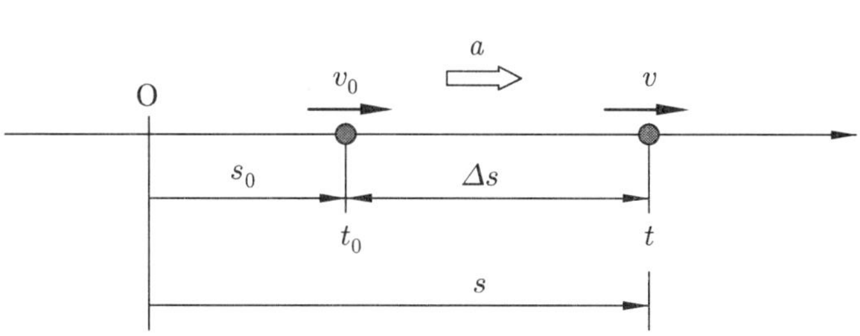

[그림 3.9]

▌예제 3.1.1 2차원 평면에서 운동하는 어떤 물체의 시간 t_1, t_2에서의 위치벡터가 각각 $\vec{r_1} = -2\vec{i} + 3\vec{j}$, $\vec{r_2} = 6\vec{i} + 5\vec{j}$이다. $t_2 = t_1 + 2$일 때 t_1과 t_2 사이에서의 평균속도를 구하여라. t의 단위는 초이고, $\vec{r}$의 단위는 m이다.

▶풀이 평균속도 $\overrightarrow{v_{avg}} = \dfrac{\vec{r_2} - \vec{r_1}}{t_2 - t_1} = \dfrac{(6\vec{i} + 5\vec{j}) - (-2\vec{i} + 3\vec{j})}{2}$

$$= \frac{8\vec{i} + 2\vec{j}}{2} = 4\vec{i} + \vec{j}\,(\mathrm{m/s})$$

▌예제 3.1.2 2차원 평면에서 운동하는 질점 P의 시간 t에서의 위치벡터가 $\vec{r} = (t^2 + 3)\vec{i} + (-2t^3 + t)\vec{j}\,(\mathrm{m})$일 때 다음을 구하여라. t의 단위는 초이다.

(1) $t = 1$일 때 질점의 위치

(2) $t = 1$에서의 속도 $\vec{v}$와 속도 크기

(3) $t = 1$에서의 가속도 $\vec{a}$와 가속도 크기

▶풀이 (1) $t = 1$일 때 $\vec{r} = (1 + 3)\vec{i} + (-2 + 1)\vec{j} = 4\vec{i} - \vec{j}\,(\mathrm{m})$

(2) $\vec{v} = \dfrac{d\vec{r}}{dt} = \dfrac{d}{dt}(t^2 + 3)\vec{i} + \dfrac{d}{dt}(-2t^3 + t)\vec{j} = 2t\vec{i} + (-6t^2 + 1)\vec{j}\,(\mathrm{m/s})$

$t = 1$일 때 $\vec{v} = 2\vec{i} + (-6 + 1)\vec{j} = 2\vec{i} - 5\vec{j}\,(\mathrm{m/s})$

속도 크기 $|\vec{v}| = \sqrt{v_x^2 + v_y^2} = \sqrt{2^2 + (-5)^2} = \sqrt{29}\,(\mathrm{m/s})$

(3) $\vec{a} = \dfrac{d\vec{v}}{dt} = \dfrac{d}{dt}(2t)\vec{i} + \dfrac{d}{dt}(-6t^2 + 1)\vec{j} = 2\vec{i} - 12t\vec{j}\,(\mathrm{m/s^2})$

$t = 1$일 때 $\vec{a} = 2\vec{i} - 12\vec{j}\,(\mathrm{m/s^2})$

가속도 크기 $|\vec{a}| = \sqrt{a_x^2 + a_y^2} = \sqrt{2^2 + (-12)^2} = 2\sqrt{37}\,(\mathrm{m/s^2})$

▌예제 3.1.3 평면 위를 움직이는 점 P(x, y)의 시간 t에서의 좌표가 $x = \sin t$, $y = 2\cos t$일 때, $t = \dfrac{\pi}{3}$에서의 점 P의 속도 $\vec{v}$와 가속도 $\vec{a}$를 구하여라. t의 단위는 초이고, x, y의 단위는 m이다.

▶풀이 (1) 속도 $\vec{v} = v_x\vec{i} + v_y\vec{j}\,(\mathrm{m/s})$로 하면 속도 성분

$$v_x = \frac{dx}{dt} = \frac{d}{dt}(\sin t) = \cos t$$

$$v_y = \frac{dy}{dt} = \frac{d}{dt}(2\cos t) = -2\sin t$$

이므로 $t = \frac{\pi}{3}$일 때 $v_x = \frac{1}{2}$, $v_y = -\sqrt{3}$이고

$$\vec{v} = v_x\vec{i} + v_y\vec{j} = \frac{1}{2}\vec{i} - \sqrt{3}\,\vec{j}\ (\mathrm{m/s})$$

이다.

(2) 가속도 $\vec{a} = a_x\vec{i} + a_y\vec{j}\ (\mathrm{m/s^2})$로 하면 가속도 성분

$$a_x = \frac{dv_x}{dt} = \frac{d}{dt}(\cos t) = -\sin t$$

$$a_y = \frac{dv_y}{dt} = \frac{d}{dt}(-2\sin t) = -2\cos t$$

이므로 $t = \frac{\pi}{3}$일 때 $a_x = -\frac{\sqrt{3}}{2}$, $a_y = -1$이고

$$\vec{a} = a_x\vec{i} + a_y\vec{j} = -\frac{\sqrt{3}}{2}\vec{i} - \vec{j}\ (\mathrm{m/s^2})$$

이다.

예제 3.1.4 자동차 A는 동쪽으로 시속 60km, 자동차 B는 북쪽으로 시속 80km로 달리고 있다. A에서 본 B의 상대속도 크기와 운동 방향을 구하여라.

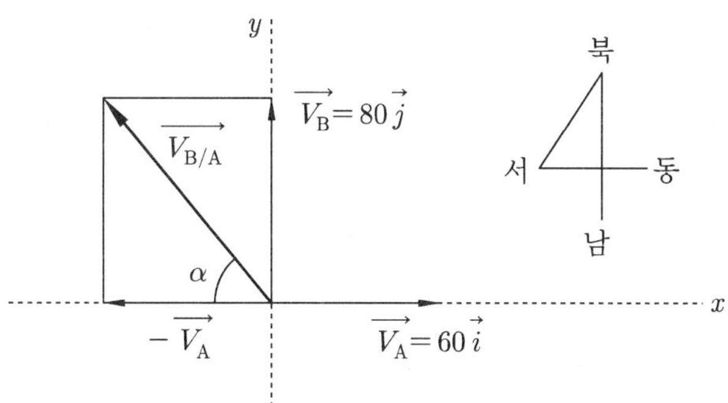

[그림 3.10]

▶**풀이** 동쪽을 $+x$, 북쪽을 $+y$로 좌표계를 정하면([그림 3.10]) A와 B의 속도는 각각

$$\overrightarrow{V_A} = 60\vec{i}\,(\mathrm{km/h}),\ \ \overrightarrow{V_B} = 80\vec{j}\,(\mathrm{km/h})$$

이다. 따라서 A에서 본 B의 상대속도

$$\overrightarrow{V_{B/A}} = \overrightarrow{V_B} - \overrightarrow{V_A} = -60\vec{i} + 80\vec{j}\,(\mathrm{km/h})$$

이므로 상대속도 크기와 방향각은

$$|\overrightarrow{V_{B/A}}| = \sqrt{V_x^2 + V_y^2} = \sqrt{(-60)^2 + 80^2} = 100\,(\mathrm{km/h})$$

$$\tan\alpha = \frac{80}{60} \quad \therefore\ \alpha = \tan^{-1}\left(\frac{80}{60}\right) = 53.13°$$

이다. 즉, A에서 보았을 때 자동차 B는 시속 100km 속도로 서북 방향으로 53.13° 각도로 달리고 있다.

▌예제 3.1.5 [합성속도] 잔잔한 물에서 $\overrightarrow{V_A} = 8\,\mathrm{m/s}$로 달리는 배가 물살의 속도가 $\overrightarrow{V_B} = 2\,\mathrm{m/s}$인 강을 건널 때([그림 3.11]) 강의 바로 맞은편에 도달하려면 뱃머리를 어느 쪽으로 향해야 하는가? 또, 강의 폭이 800m이면 강을 건너는 데 걸리는 시간은 얼마인가?

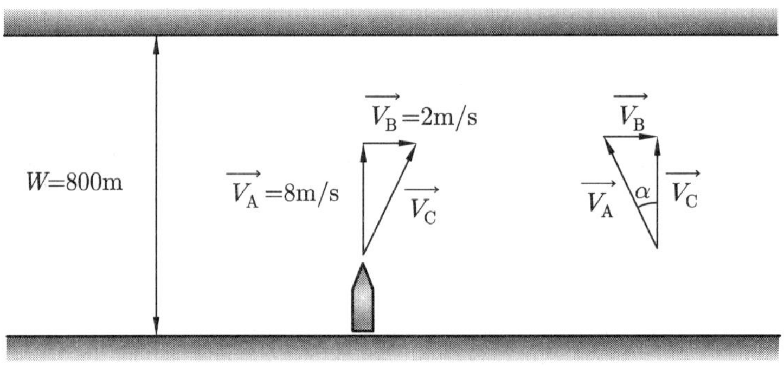

[그림 3.11]

▶풀이 강가에 서 있는 사람에게 보이는 배의 속도는 [그림 3.11(a)]와 같이 강물의 속도와 잔잔한 물에서의 배의 속도의 합성속도 $\overrightarrow{V_C} = \overrightarrow{V_A} + \overrightarrow{V_B}$이고, 배는 $\overrightarrow{V_C}$ 방향으로 흘러간다. 따라서 강의 바로 맞은편에 도달하려면 [그림 3.11(b)]와 같이 뱃머리를 상류 쪽으로 향해야 한다. 여기에서 각도

$$\sin\alpha = \frac{V_B}{V_A} \quad \therefore \ \alpha = \sin^{-1}\left(\frac{V_B}{V_A}\right) = \sin^{-1}\left(\frac{2}{8}\right) = 14.5°$$

이다. 이때 지면에 대한 배의 속력

$$V_C = \sqrt{V_A^2 - V_B^2} = \sqrt{8^2 - 2^2} = 7.746\,(\mathrm{m/s})$$

이므로 강을 건너는 데 걸리는 시간은

$$t = \frac{W}{V_C} = \frac{800}{7.746} = 103.3\,(\mathrm{s})$$

이다.

▌예제 3.1.6 수직선 위에서 움직이는 점 P의 t초 후의 위치가 $x(t) = t^3 - 3t\,(\mathrm{m})$일 때 $t = 2$초에서의 점 P의 속도와 가속도를 구하여라.

▶풀이 직선운동에서 $v(t) = \frac{dx}{dt} = 3t^2 - 3$, $a(t) = \frac{dv}{dt} = 6t$

$$\therefore \ t = 2\text{일 때 } v(2) = 9\,(\mathrm{m/s}),\ a(2) = 12\,(\mathrm{m/s^2})$$

▌예제 3.1.7 직선 위에서 움직이는 어떤 물체의 시간 t초에서의 가속도가 $a = -6t + 10$ $(\mathrm{m/s^2})$일 때 $t = 0$에서 $t = 2$초 사이의 변위를 구하여라. 단, $t = 0$에서의 물체의 속도는 $4\,\mathrm{m/s}$이다.

▶풀이 가속도의 정의 $a = \frac{dv}{dt}$에서 $dv = adt$이고, $t = 0$일 때 $v_0 = 4\,\mathrm{m/s}$이다. 따라서 $t = 0$에서 t초까지 $dv = adt$를 적분하면

$$\int_{v_0}^{v} dv = \int_0^t a\,dt = \int_0^t (-6t + 10)dt = -3t^2 + 10t\ (\mathrm{m/s})$$

$$v - v_0 = -3t^2 + 10t\,(\mathrm{m/s})$$

$$\therefore \ v = -3t^2 + 10t + v_0 = -3t^2 + 10t + 4\,(\mathrm{m/s})$$

이다. 속도의 정의 $v = \frac{ds}{dt}$에서 $ds = vdt$이므로 $t = 0$, 2일 때 물체의 위치를 각각 s_0, s_1으로 하고 적분하면

$$\int_{s_0}^{s_1} ds = \int_0^2 (-3t^2 + 10t + 4)dt = \left[-t^3 + 5t^2 + 4t\right]_0^2$$

$$= -2^3 + 5 \times 2^2 + 4 \times 2 = 20\,(\mathrm{m})$$

$$\therefore \text{ 변위 } (s_1 - s_0) = 20\,(\mathrm{m})$$

이다.

✱ $a = \dfrac{dv}{dt}$ 에서 $v = \int a\,dt = \int (-6t + 10)dt = -3t^2 + 10t + C\,(\mathrm{m/s})$ 이다. 여기서 $t = 0$ 일 때 $v_0 = 4\,\mathrm{m/s}$ 이므로 적분상수 $C = 4$ 이다.

❙ 예제 3.1.8 $t = 0$ 에서 출발하여 직선운동을 하는 물체의 속도와 시간의 관계가 [그림 3.12]와 같이 직선으로 나타날 때 다음을 구하여라.

(1) 물체의 가속도

(2) 6초 후의 물체의 변위

(3) 6초 동안에 물체가 이동한 거리

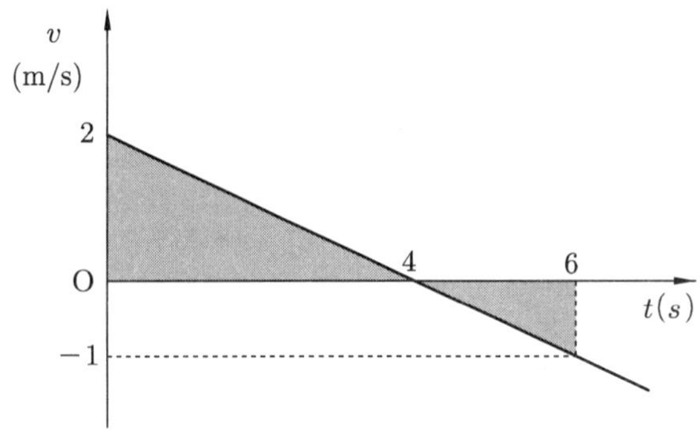

[그림 3.12]

▶풀이 (1) 직선운동에서 $a = \dfrac{dv}{dt}$ 이므로 $v - t$ 그래프에서 가속도는 직선의 기울기가 된다.

$$\therefore a = -\frac{2}{4} = -\frac{1}{2}\,(\mathrm{m/s^2}) \text{인 등가속도 운동이다.}$$

(2) 그래프에서 $v(t) = -\dfrac{1}{2}t + 2\,(\mathrm{m/s})$ 이다. $t = 0$, 6일 때 물체의 위치를 각각 s_0, s_1 으로 하고 $ds = vdt$ 를 적분하면

$$\int_{s_0}^{s_1} ds = \int_0^6 \left(-\frac{1}{2}t + 2\right)dt = \left[-\frac{1}{4}t^2 + 2t\right]_0^6 = 3\,(\mathrm{m})$$

$$\therefore \text{ 변위 } (s_1 - s_0) = 3\,(\mathrm{m})$$

이다.

(3) 이동거리 $s = \int_{t_1}^{t_2} |v|dt$로 $v-t$ 그래프에서 면적이 된다.

$$\therefore \text{ 이동거리 } s = \left(\frac{1}{2}\times 4\times 2\right) + \left(\frac{1}{2}\times 2\times 1\right) = 5\,(\mathrm{m})$$

* 직선운동에서 오른쪽 방향을 양(+)으로 잡으면 속도가 양인 $0 < t < 4$에서는 오른쪽으로 4m 이동하고, 속도가 음인 $t > 4$에서는 왼쪽으로 1m 이동한다. 따라서 이동거리는 5m이고, 변위는 3m이다.

| 예제 3.1.9 72km/h로 달리고 있는 자동차에 브레이크를 걸었을 때 차가 50m 미끄러진 후에 정지하였다. 이때 차의 가속도와 정지할 때까지 걸린 시간을 구하여라.

▶풀이 처음 속도 $v_0 = 72\mathrm{km/h} = \dfrac{72\times 1000\,\mathrm{m}}{3600\mathrm{s}} = 20\,\mathrm{m/s}$이고 정지했을 때의 최종속도 $v_1 = 0$이며, 이동거리 $s = 50\,\mathrm{m}$다. $v^2 - v_0^2 = 2as$에서

$$v_1^2 - v_0^2 = 2as$$

$$0 - 20^2 = 2a\times 50$$

$$\therefore\ a = -\frac{20^2}{2\times 50} = -4\,(\mathrm{m/s^2})$$

이고, $v = v_0 + at$에서

$$v_1 = v_0 + at$$

$$0 = v_0 + at$$

$$\therefore\ t = -\frac{v_0}{a} = -\frac{20}{(-4)} = 5\,(\mathrm{s})$$

이다. 즉, 차의 가속도는 $-4\,\mathrm{m/s^2}$, 정지할 때까지 걸린 시간은 5초이다.

[요약] (1) 질점의 위치벡터 $\vec{r}$, 속도 $\vec{v}$, 가속도 $\vec{a}$의 관계식

$$\vec{v} = \frac{d\vec{r}}{dt},\ \vec{a} = \frac{d\vec{v}}{dt} = \frac{d^2\vec{r}}{dt^2} \Leftrightarrow \vec{r} = \int \vec{v}\,dt,\ \vec{v} = \int \vec{a}\,dt$$

(2) 직선운동에서의 위치 s, 속도 v, 가속도 a의 스칼라 식

$$v = \frac{ds}{dt},\ a = \frac{dv}{dt} = \frac{d^2s}{dt^2} \Leftrightarrow s = \int vdt,\ v = \int adt$$

$t = t_0$에서의 처음 위치, 처음 속도를 각각 s_0, v_0라 하면

$$s(t) = \int_{t_0}^{t} vdt + s_0,\ v(t) = \int_{t_0}^{t} adt + v_0$$

연습문제 3.1

1. 질점 P가 처음 위치 $\vec{r} = 4\vec{i} + 3\vec{j}$ (m)에서 2초 후에 $\vec{r} = 2\vec{i} - 7\vec{j}$ (m)로 이동하였다. 2초 동안의 평균속도를 구하여라.

2. 어떤 물체의 시간 t에서의 위치벡터가 $\vec{r} = (4t - t^2)\vec{i} + (-3t + t^2)\vec{j}$ (m)일 때 다음을 구하여라. t의 단위는 초이다.
   (1) $t = 1$일 때 물체 위치
   (2) $t = 1$에서의 속도 $\vec{v}$와 속도의 방향각(방향과 x축 사이의 각)
   (3) $t = 1$에서의 가속도 $\vec{a}$와 가속도 크기

3. 질점의 위치가 시간(t)의 함수로 다음과 같이 주어질 때 시간 t에서의 속도와 가속도의 크기를 각각 구하여라. t의 단위는 초이고, $\vec{r}$의 단위는 m이다.

$$\vec{r} = r(\cos\omega t\,\vec{i} + \sin\omega t\,\vec{j}) \quad (r > 0,\ \omega > 0)$$

   (✱ $\frac{d}{dt}(\cos\omega t) = -\omega\sin\omega t$, $\frac{d}{dt}(\sin\omega t) = \omega\cos\omega t$)

4. 평면 위에서 운동하는 점 P(x, y)의 시간 t초에서의 좌표가 $x = \cos t$ (m), $y = 4 - \sin t$ (m)일 때 다음을 구하여라.
   (1) $t = 0$에서의 속도 $\vec{v}$와 속도 크기
   (2) $t = 0$에서의 가속도 $\vec{a}$와 가속도 크기

5. 바람이 없는 공기 중에서의 속력이 900km/h인 비행기가 동쪽으로 1000km 떨어진 목적지로 출항한다. 비행기가 날아가는 경로에는 200km/h의 북풍이 불고 있다면 비행기는 어떤 방향으로 날아야 하는가? 또, 이때 목적지까지 가는 데 걸리는 시간은 얼마인가?

6. 어떤 물체의 속도가 처음 속도 $\vec{v} = -4\vec{i} + 2\vec{j}$ (m/s)에서 4초 후에 $\vec{v} = 16\vec{i} - 10\vec{j}$ (m/s)로 변하였다. 4초 동안의 평균가속도를 구하여라.

7. 어떤 물체가 일정가속도 $\vec{a} = 2\vec{i} + 3\vec{j}\,(\mathrm{m/s^2})$로 4초 동안 가속되어 속도가 $\vec{v} = 5\vec{i} - 6\vec{j}\,(\mathrm{m/s})$로 변하였다. 가속되기 직전의 속도를 구하여라.

8. 정지해있던 자동차가 출발한 지 10초 후에 속력이 72km/h가 되었다. 평균가속도 $(\mathrm{m/s^2})$의 크기를 구하여라.

9. 동쪽으로 시속 108km로 달리는 차가 속도를 바꾸어 5초 후에 북쪽으로 시속 54km로 달리고 있다. 5초 동안의 차의 평균가속도$(\mathrm{m/s^2})$ 크기를 구하여라.

10. 직선운동을 하는 질점의 시간 t초에서의 위치가 $s = t^3 + 3t^2 + t\,(\mathrm{m})$일 때 $t = 2$초에서의 속도와 가속도의 크기를 구하여라.

11. 정지상태$(s_0 = 0,\ v_0 = 0)$에서 출발하여 $0.4\,\mathrm{m/s^2}$의 일정가속도로 달리는 자동차의 10초 후의 위치와 속도를 구하여라.

12. 수직선 위에서 점 P가 $v = 4 - 2t\,(\mathrm{m/s})$의 속도로 운동하고 있다. $t = 0$에서 $t = 3$초까지의 점 P의 이동거리를 구하여라.

13. 시간 t(초)에서의 질점의 가속도가 $a(t) = kt\,(\mathrm{m/s^2})$로 직선운동을 하고 있다. 다음을 구하여라.
    (1) $t = 0$에서의 속도가 $2\,\mathrm{m/s}$이고 $t = 1$초에서의 속도가 $6\,\mathrm{m/s}$일 때 $t = 2$초에서의 속도
    (2) $t = 0$에서 질점의 위치 $s = 0$일 때 $t = 3$초에서의 위치

14. 달리는 차에 브레이크를 걸었을 때 t초 후의 속도가 $v(t) = 10 - 2t\,(\mathrm{m/s})$이다. 브레이크를 건 후 정지할 때까지 걸린 시간과 이동거리를 구하여라.

15. 수직선 위에서 속도 $v(t) = 6t - 3t^2\,(\mathrm{m/s})$으로 운동하는 물체가 있다. 다음을 구하여라.
    (1) $t = 0$에서 물체의 위치 $s = 0$일 때 $t = 3$초에서의 위치
    (2) $t = 0$에서 $t = 3$초까지 물체가 이동한 거리

16. 자동차가 정지상태에서 출발하여 일정한 가속도로 500 m의 거리를 10초에 주파하였다. 가속도와 500 m 거리를 주파할 때의 속도를 구하여라.

17. 시속 72km로 달리고 있는 차의 브레이크를 밟아서 2초 후에 정지시켰다. 브레이크를 밟은 후의 차의 가속도와 이동거리를 구하여라.

18. 그래프는 직선운동을 하는 물체의 속도와 시간의 관계를 나타낸 것이다. 다음을 구하여라.

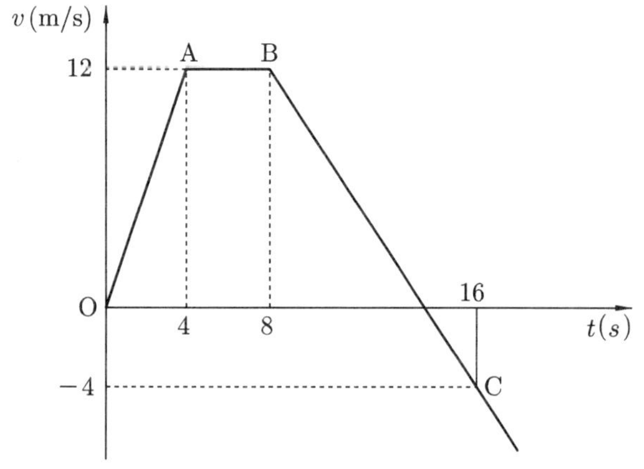

[문제 3.1.18]

(1) 0초에서 4초까지의 가속도

(2) 0초에서 8초까지의 평균가속도

(3) 0초에서 8초까지의 평균속도

(4) 0초에서 16초까지의 변위

(5) 0초에서 16초까지의 이동거리

19. 두 식 $v = v_0 + at$, $s = v_0 t + \frac{1}{2}at^2$으로부터 식 $v^2 - v_0^2 = 2as$를 유도하여라.

3.2 중력장 내에서의 운동

물체에는 지구 중심 방향으로 인력이 작용하는데 이것을 중력이라 하며, 중력에 의해 생기는 가속도를 중력가속도(g)라 한다. 중력가속도의 값은 장소에 따라 조금씩 다르지만 일반적으로 $g = 9.8\,\mathrm{m/s^2}$으로 한다. 중력가속도의 방향은 언제나 연직 아래 방향이다.

1. 중력장 내의 직선운동

(1) 자유낙하운동([그림 3.13(a)]) : 무거운 물체를 들고 있다가 가만히 놓을 때와 같이 정지상태에서 중력의 영향만으로 낙하하는 물체의 운동을 자유낙하운동이라 한다. 이때의 운동은 처음 속도 $v_0 = 0$이고 가속도는 중력가속도 g인 등가속도 직선운동이다. 물체의 처음 위치를 원점으로 하고 아래 방향을 양(+)으로 잡으면 t초 후의 속도 v와 물체의 이동거리 h의 관계식은 다음과 같다.

$$v = gt,\ \ h = \frac{1}{2}gt^2,\ \ v^2 = 2gh$$

(2) 연직 아래 방향으로 v_0의 속력으로 던질 때([그림 3.13(b)]) : 아래 방향을 양(+)으로 잡으면 처음 속도와 중력가속도의 방향이 같으므로 가속도 $a = g$이다.

$$v = v_0 + gt,\ \ h = v_0 t + \frac{1}{2}gt^2,\ \ v^2 - v_0^2 = 2gh$$

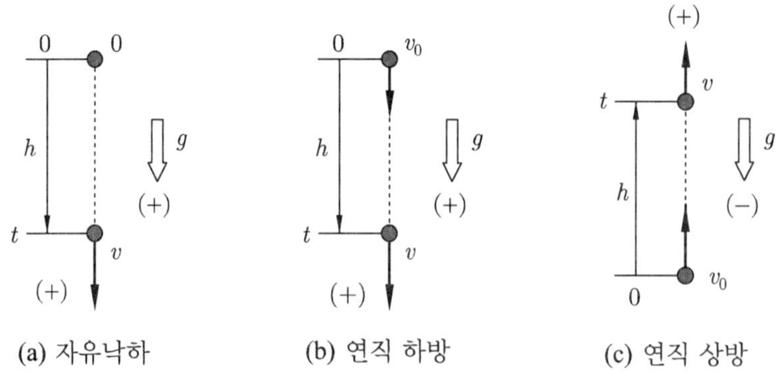

(a) 자유낙하 (b) 연직 하방 (c) 연직 상방

[그림 3.13]

(3) 연직 위쪽으로 v_0의 속력으로 던질 때([그림 3.13(c)]) : 위 방향을 양(+)으로 잡으면 처음 속도와 중력가속도의 방향은 반대가 되므로 가속도 $a=-g$이다. 이때는 중력이 처음 속도와 반대방향으로 작용하므로 최고 높이에 도달할 때까지는 속력이 점점 느려지는 운동을 한다.

$$v=v_0-gt,\ \ h=v_0t-\frac{1}{2}gt^2,\ \ v^2-v_0^2=-2gh$$

2. 포물선운동

물체를 임의 각도로 경사지게 던졌을 때, 물체의 운동은 수평방향과 수직방향으로 나누어 생각할 수 있다. 공기저항을 무시하면 물체는 연직 아래 방향(+)으로 일정한 크기의 중력을 받아서 가속도 $a=g$의 등가속도 운동을 하고 수평방향의 속도는 변하지 않는다. 이로 인하여 물체의 운동 경로는 포물선을 그리게 되는데 이와 같은 운동을 포물선운동이라 한다.

3. 수평방향으로 던진 물체의 운동

지면으로부터 높이 H인 곳에서 수평방향으로 v_0의 속력으로 던진 물체의 운동을 고려한다([그림 3.14]). 물체의 운동을 수평(x) 성분과 수직(y) 성분으로 분해하면 수평방향으로는 등속도 운동이고, 연직방향으로는 중력가속도 $a=g$의 등가속도 운동이다([표 3.1]).

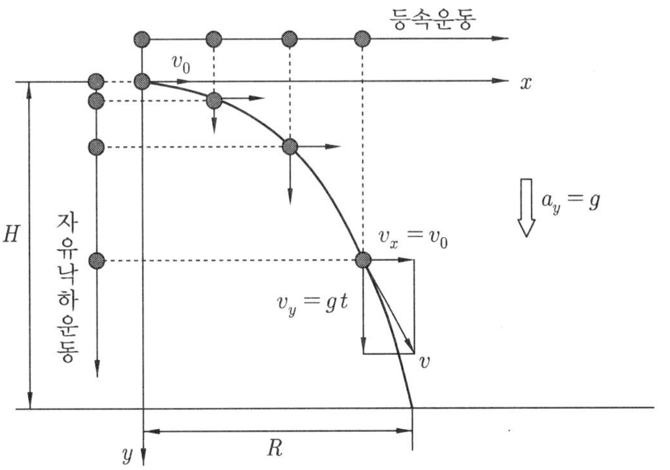

[그림 3.14]

[표 3.1]

	수평방향	연직방향
처음 속도(v_0)	$v_{0x} = v_0$	$v_{0y} = 0$
가속도(a)	$a_x = 0$	$a_y = g$
t초 후의 속도(v)	$v_x = v_{0x} + a_x t = v_0$	$v_y = v_{0y} + a_y t = gt$
t초 후의 위치(x, y)	$x = v_0 t$	$y = v_{0y} t + \frac{1}{2} a_y t^2 = \frac{1}{2} g t^2$

(1) 낙하시간 : 지면에 떨어질 때까지 걸린 시간은 자유낙하한 시간과 같다.

$$H = \frac{1}{2} g t_1^2 \quad \therefore \text{ 낙하시간 } t_1 = \sqrt{\frac{2H}{g}}$$

(2) 수평 도달 거리 : 낙하시간 t_1 동안에 수평방향으로 일정속도 v_0의 등속운동을 하므로 수평 도달 거리는 다음과 같다.

$$R = v_0 t_1 = v_0 \sqrt{\frac{2H}{g}}$$

(3) 지면에 떨어졌을 때의 물체의 속도 크기 : 지면에 도달했을 때 속도의 x 성분은 $v_x = v_0$이고, y 성분은 $v_y = g t_1 = \sqrt{2gH}$ 이므로 속도 크기는

$$v = \sqrt{v_x^2 + v_y^2} = \sqrt{v_0^2 + 2gH}$$

이다.

(4) 물체의 운동경로 : 수평방향 변위 $x = v_0 t$와 연직방향 변위 $y = \frac{1}{2} g t^2$에서 t를 소거하여 정리하면 운동경로는 $y = \frac{g}{2 v_0^2} x^2$이다.

4. 비스듬히 위로 던진 물체의 운동

[그림 3.15]와 같이 수평면과 α의 각도로 위로 던져진 물체의 운동은 수평방향으로는 등속도 운동이고, 연직방향으로는 중력가속도 $a = -g$의 등가속도 운동이다([표 3.2]).

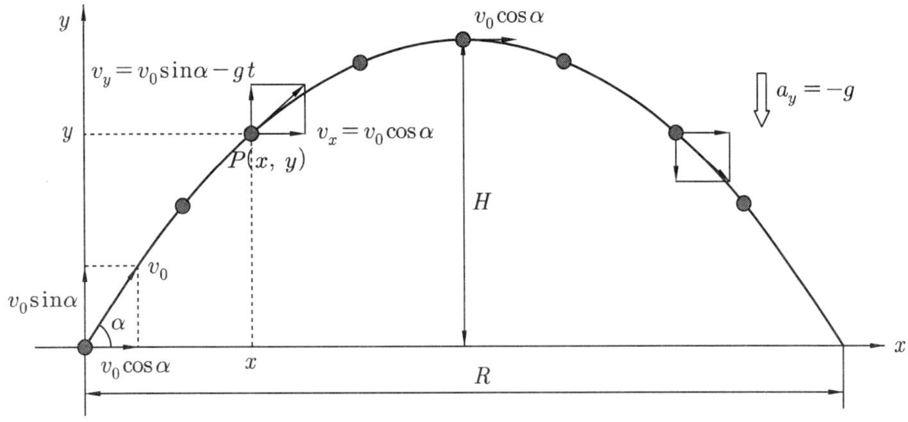

[그림 3.15]

[표 3.2]

	수평방향	연직방향
처음 속도(v_0)	$v_{0x}=v_0\cos\alpha$	$v_{0y}=v_0\sin\alpha$
가속도(a)	$a_x=0$	$a_y=-g$
t초 후의 속도(v)	$v_x=v_{0x}+a_xt=v_0\cos\alpha$	$v_y=v_{0y}+a_yt=v_0\sin\alpha-gt$
t초 후의 위치(x, y)	$x=(v_0\cos\alpha)t$	$y=v_{0y}t+\frac{1}{2}a_yt^2$ $=(v_0\sin\alpha)t-\frac{1}{2}gt^2$

(1) 최고점 : 연직방향 속도 $v_y=0$이고 수평방향 속도만 존재한다. $v_y=0$에서 도달 시간 t_1은

$$v_y=v_0\sin\alpha-gt_1=0 \quad \therefore\ t_1=\frac{v_0\sin\alpha}{g}$$

이고, 최고점의 높이

$$H=(v_0\sin\alpha)t_1-\frac{1}{2}gt_1^2=\frac{v_0^2\sin^2\alpha}{2g}$$

이다.

(2) 수평 도달 거리 : 최고점 도달 시간의 2배가 되는 시간 동안 수평방향으로 일정속도 $v_0\cos\alpha$의 등속운동을 하므로 수평 도달 거리는 다음과 같다.

$$R=(v_0 \cos \alpha)\cdot(2t_1)=v_0 \cos \alpha \times \frac{2v_0 \sin \alpha}{g}=\frac{v_0^2 \sin 2\alpha}{g}$$

따라서 $2\alpha=90°$, 즉 발사각 $\alpha=45°$일 때 수평 도달 거리가 최대가 된다.

(3) 물체의 운동경로 : 수평방향 위치 $x=(v_0 \cos \alpha)t$에서 $t=\dfrac{x}{v_0 \cos \alpha}$를 구하여 연직방향 위치 $y=(v_0 \sin \alpha)t-\dfrac{1}{2}gt^2$에 대입하여 정리하면 운동경로는

$$y=x \tan \alpha-\frac{g}{2v_0^2 \cos^2\alpha}x^2$$

이다. $(\tan \alpha=\sin \alpha/\cos \alpha)$

▌예제 3.2.1 높이 $h=50\,\text{m}$인 건물 옥상에서 어떤 물체를 자유낙하시켰을 때 물체가 바닥에 떨어질 때까지 걸린 시간과 이때의 물체 속도를 구하여라.

▶풀이 자유낙하에서 $h=\dfrac{1}{2}gt^2$이므로 땅에 떨어질 때까지 걸린 시간

$$t=\sqrt{\frac{2h}{g}}=\sqrt{\frac{2\times 50}{9.8}}=3.19\,(\text{s})$$

이고, 이때의 속도

$$v=gt=9.8\times 3.19=31.3\,(\text{m/s})$$

이다. [또는 $v=\sqrt{2gh}=\sqrt{2\times 9.8\times 50}=31.3\,(\text{m/s})$]

▌예제 3.2.2 높이 H인 건물 옥상에서 어떤 물체를 연직 아래 방향으로 $4\,\text{m/s}$의 속도로 던졌더니 3초 후에 지면에 떨어졌다. 건물의 높이 H를 구하여라.

▶풀이 낙하거리 $h=v_0t+\dfrac{1}{2}gt^2$에서 $v_0=4\,(\text{m/s})$, $t=3\,(\text{s})$이므로 건물의 높이

$$H=4\times 3+\frac{1}{2}\times 9.8\times 3^2=56.1\,(\text{m})$$

이다.

▌예제 3.2.3 어떤 물체를 $v_0=100\,\text{m/s}$의 속력으로 연직 위 방향으로 던졌을 때 물체가 최고점에 도달할 때까지 걸린 시간과 최고점의 높이를 구하여라.

▶**풀이** 최고점에서 물체의 속도 $v=0$이므로

$$v = v_0 - gt = 0$$

$$\therefore\ t = \frac{v_0}{g} = \frac{100}{9.8} = 10.2\,(\mathrm{s})$$

이고, 최고점의 높이를 $h_{\max}$라 하면

$$v^2 - v_0^2 = -2g\,h_{\max}$$

$$0 - v_0^2 = -2gh_{\max}$$

$$\therefore\ h_{\max} = \frac{v_0^2}{2g} = \frac{100^2}{2\times 9.8} = 510.2\,(\mathrm{m})$$

이다.

❙ 예제 3.2.4 [그림 3.16]과 같이 80 m 높이에서 물체를 수평방향으로 $v_0 = 30\,\mathrm{m/s}$의 속력으로 던졌을 때 물체가 바닥에 떨어질 때까지 걸린 시간과 수평방향으로 날아간 거리(R)를 구하여라.

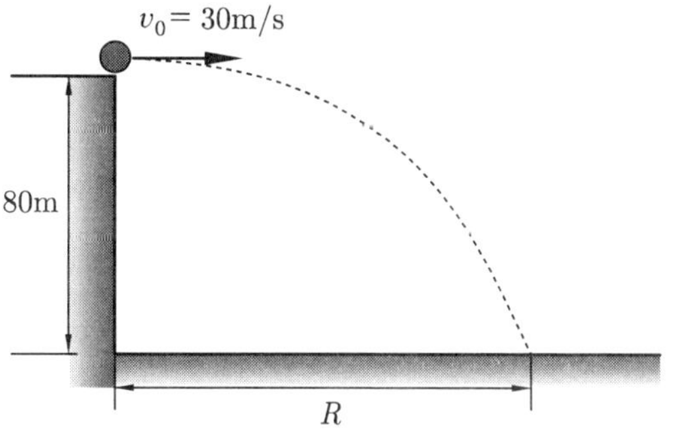

[그림 3.16]

▶**풀이** 연직방향으로는 자유낙하이므로 낙하거리 $y = \frac{1}{2}gt^2$에서 바닥에 떨어질 때까지 걸린 시간은 $y = 80\,\mathrm{m}$를 대입하면

$$t = \sqrt{\frac{2y}{g}} = \sqrt{\frac{2\times 80}{9.8}} = 4.04\,(\mathrm{s})$$

이고, 이때 수평방향(등속운동)으로 날아간 거리

$$R = v_0 t = 30 \times 4.04 = 121.2\,(\mathrm{m})$$

이다.

▌예제 3.2.5 처음 속도 500 m/s, 수평선과 30° 각도로 위로 발사된 포탄이 올라갈 수 있는 최고점의 높이와 발사점으로부터 낙하점까지의 수평거리를 구하여라. 단, 발사점과 낙하점은 같은 고도에 있고, 공기저항은 없다.

▶풀이 최고점의 높이

$$H = \frac{v_0^2 \sin^2\alpha}{2g} = \frac{(500)^2 \times \sin^2 30°}{2 \times 9.8} = 3188.8\,(\mathrm{m})$$

발사점으로부터 낙하점까지의 수평거리

$$R = \frac{v_0^2 \sin 2\alpha}{g} = \frac{(500)^2 \times \sin(2 \times 30°)}{9.8} = 22092\,(\mathrm{m}) = 22.09\,(\mathrm{km})$$

▌예제 3.2.6 해수면으로부터 높이 100 m에 설치되어 있는 해안포에서 처음 속도 200 m/s, 수평선과 30° 각도로 포탄이 발사되었다. 공기저항을 무시할 때 다음을 구하여라.

(1) 포탄이 최고점에 도달할 때까지 걸린 시간과 발사점으로부터 최고점까지의 높이

(2) 포탄이 해수면에 떨어질 때까지 걸린 시간과 발사 지점으로부터 낙하점까지의 수평거리

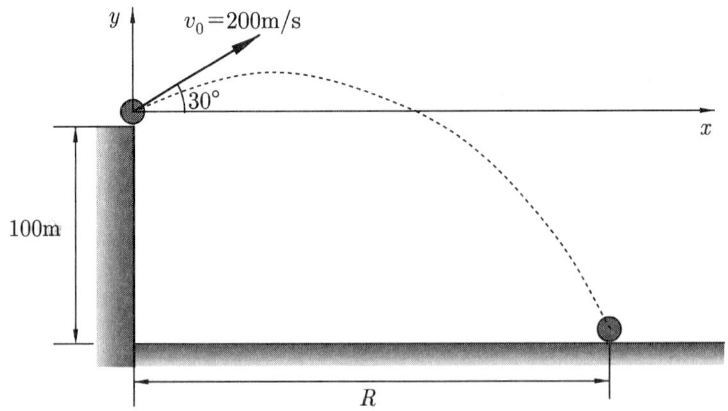

[그림 3.17]

▶**풀이** [그림 3.17]과 같이 발사점을 원점으로 하여 좌표축을 잡고 포탄의 위치와 속도를 각각 x, y 성분으로 분해하여 해석한다. 포탄의 처음 위치 $x_0 = 0$, $y_0 = 0$이고, 처음 속도의 성분은

$$v_{0x} = 200\cos 30° = 173.2\,(\mathrm{m/s})$$
$$v_{0y} = 200\sin 30° = 100\,(\mathrm{m/s})$$

이다. 수평방향으로는 등속운동이므로 시간 t에서의 포탄의 위치와 속도의 x 성분은

$$v_x = v_{0x} = 173.2\,(\mathrm{m/s})$$
$$x = v_{0x}t = 173.2t\,(\mathrm{m})$$

이고, 수직방향으로는 $a = -g$의 등가속도 운동이므로 y 성분은

$$v_y = v_{0y} - gt = 100 - 9.8t\,(\mathrm{m/s})$$
$$y = v_{0y}t - \frac{1}{2}gt^2 = 100t - 4.9t^2\,(\mathrm{m})$$

이다.

(1) 포탄이 최고점에 도달했을 때 연직방향 속도 $v_y = 0$에서 최고점까지의 도달 시간은

$$v_y = 100 - 9.8t = 0$$
$$\therefore\ t = \frac{100}{9.8} = 10.2\,(\mathrm{s})$$

이고, 이때 최고점의 높이

$$y_{\max} = 100t - 4.9t^2 = 100 \times 10.2 - 4.9 \times (10.2)^2 = 510.2\,(\mathrm{m})$$

이다.

(2) 포탄이 해수면에 떨어졌을 때 포탄의 위치 $y = -100\,\mathrm{m}$이다. 따라서

$$y = 100t - 4.9t^2 = -100$$

에서

$$4.9t^2 - 100t - 100 = 0$$
$$\therefore\ t = \frac{100 + \sqrt{(-100)^2 + 4 \times 4.9 \times 100}}{2 \times 4.9} = 21.36\,(\mathrm{s})\quad (\because\ t > 0)$$

이다. 즉, 포탄이 해수면에 떨어질 때까지 걸린 시간은 21.36초이고, 이때 발사 지

점으로부터 낙하점까지의 수평거리

$$x = 173.2t = 173.2 \times 21.36 = 3699.6\ (\mathrm{m})$$

이다.

▌예제 3.2.7 600m/s로 발사하는 대포를 사용하여 중간에 있는 높이 2km 산 너머 수평거리 25km에 있는 목표물을 타격하려면([그림 3.18]) 어떤 각도로 포탄을 발사해야 하는가? 단, 포와 목표물의 고도는 같고 공기저항은 무시한다.

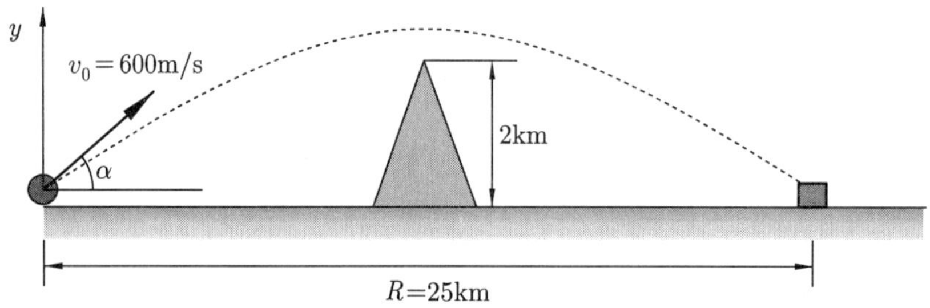

[그림 3.18]

▶풀이 발사각이 α일 때 포탄의 낙하점까지의 수평거리

$$R = \frac{v_0^2 \sin 2\alpha}{g}$$

에서 $R = 25\mathrm{km}$, $v_0 = 600\,\mathrm{m/s}$이다. α에 대하여 풀면

$$\sin 2\alpha = \frac{gR}{v_0^2}$$

$$2\alpha = \sin^{-1}\left(\frac{gR}{v_0^2}\right) = \sin^{-1}\left(\frac{9.8 \times 25 \times 1000}{600^2}\right) = 42.89°$$

$$\therefore\ \alpha = 21.44°$$

이다. 발사각 $\alpha = 21.44°$일 때 포탄의 최고점 높이

$$H = \frac{v_0^2 \sin^2\alpha}{2g} = \frac{(600)^2 \times \sin^2 21.44°}{2 \times 9.8} = 2454\ (\mathrm{m}) = 2.45\ (\mathrm{km})$$

이므로 포탄은 중간에 있는 높이 2km 산을 넘어서 목표물을 타격한다.

연습문제 3.2

1. 건물의 옥상에서 가만히 떨어뜨린 공이 4초 후에 지면에 도달한다면 건물의 높이는 얼마인가?

2. 자유낙하한 물체가 400 m 아래로 떨어지는 데 걸린 시간과 이때의 물체 속력을 구하여라.

3. 자유낙하한 공이 처음 3초 동안 낙하한 거리와 그 이후 2초 동안 낙하한 거리를 구하여라.

4. 그래프는 연직 위로 던진 물체의 속도와 시간의 관계를 나타낸 것이다. 물체가 올라간 최고점의 높이와 그때까지 걸린 시간을 구하여라.

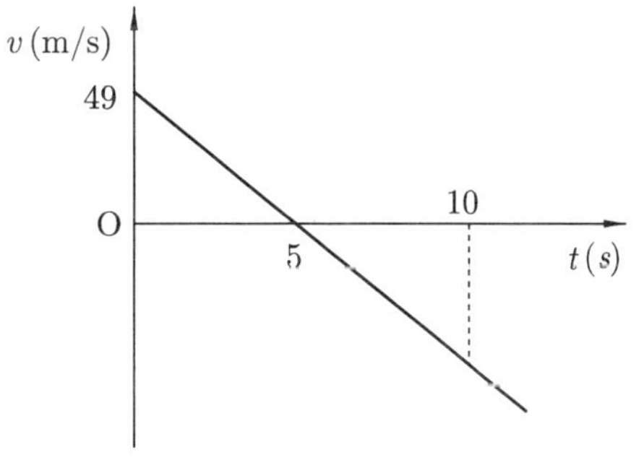

[문제 3.2.4]

5. 연직 위로 던진 공의 최고점 높이가 20 m이면 공의 처음 속도는 얼마인가?

6. 처음 속도 60 m/s로 연직 위로 쏘아 올린 공이 도달할 수 있는 최대 높이와 그때까지 걸린 시간을 구하여라.

7. 높이 $h = 80$ m에서 공을 자유낙하시키는 것과 동시에 지면에서 다른 공을 연직 위로 쏘아 올렸다. 두 개의 공이 높이 30 m에서 충돌하게 하려면 지면에서 쏘아올린 공의 처음 속도를 얼마로 해야 하는가?

8. 그림과 같이 높이 $H=200\,\text{m}$에서 속도 v_0로 물체 A를 연직 아래로 던지고, 이와 동시에 지면에서 물체 B를 연직 위로 속도 v_0로 던져 올렸을 때 4초 후에 두 물체가 만났다면 처음 속도 v_0는 얼마인가?

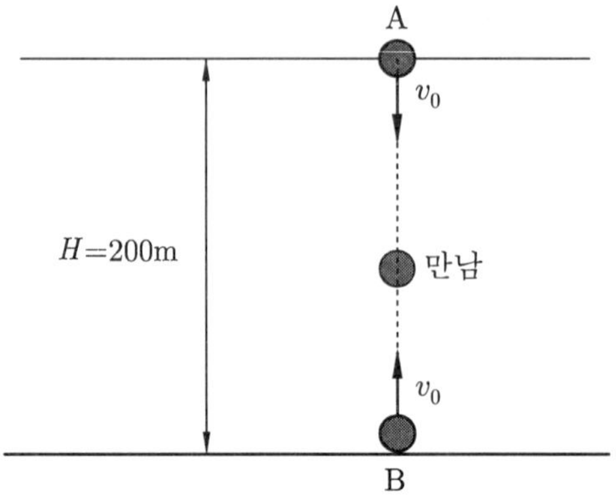

[문제 3.2.8]

9. 그림과 같이 높이 $H=80\,\text{m}$인 건물 옥상에서 $v_0=30\,\text{m/s}$의 속력으로 물체를 연직 위 방향으로 쏘아 올렸을 때 다음을 구하여라.

(1) 물체가 지면에 떨어지는 순간의 속력

(2) 지면에 떨어질 때까지 물체가 이동한 거리

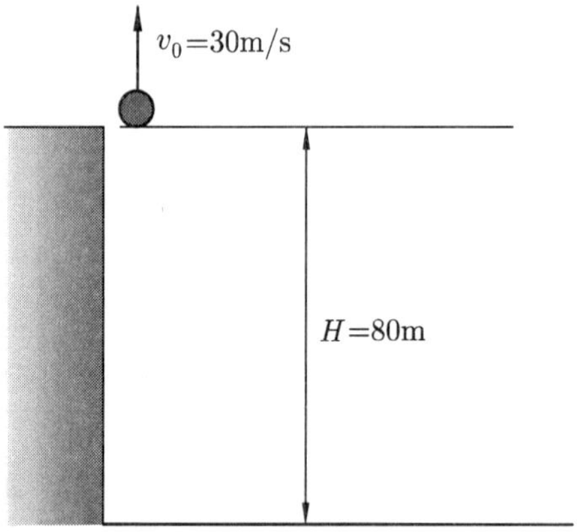

[문제 3.2.9]

10. 지면으로부터 높이 $40\,\text{m}$인 지점에서 물체를 연직 위 방향으로 $20\,\text{m/s}$의 속력으로 던졌을 때 물체가 지면에 떨어질 때까지 걸린 시간을 구하여라.

11. 1400 m 상공에서 수평방향으로 500km/h의 속력으로 쏜 물체가 지면에 도달할 때까지 걸린 시간과 수평방향의 이동거리를 구하여라.

12. 1000 m 상공에서 수평방향으로 30 m/s로 공을 던졌을 때 4초 후의 공의 속도 크기와 공의 운동 방향이 수평선과 이루는 각을 구하여라.

13. 그림과 같이 높이 H에서 수평방향으로 $v_0 = 40$ m/s의 속력으로 물체를 던졌을 때 6초 후에 물체가 지면에 떨어졌다. 높이 H와 수평방향으로 이동한 거리(R)를 구하여라.

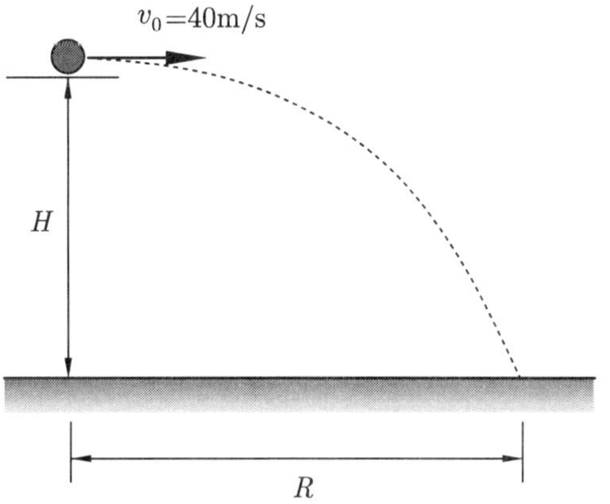

[문제 3.2.13]

14. 처음 속도 48 m/s, 수평선과 60° 각도로 경사지게 위로 발사한 물체가 있다. 다음을 구하여라.
   (1) 2초 후의 물체 높이와 수평방향과 수직방향의 속도 성분
   (2) 6초 후의 물체 높이와 수평방향과 수직방향의 속도 성분

15. 처음 속도 80 m/s, 수평선과 30° 각도로 경사지게 위로 발사한 물체가 올라갈 수 있는 최고점의 높이와 지면에 떨어질 때까지 날아간 수평거리를 구하여라. 단, 지면의 고도는 일정하다.

16. 야구선수가 수평면에서 위로 20° 각도로 공을 쳐서 공의 비거리가 140 m 이상이 되게 하려면 공의 처음 속도가 얼마 이상이 되게 해야 하는가? 비거리는 공이 날아가서 지면에 떨어진 곳까지의 변위를 말하며, 운동장은 수평으로 만들어져 있다.

17. 처음 속도 $v_0 = 40\,\mathrm{m/s}$로 비스듬히 쏘아 올린 물체가 5초 후에 지면에 떨어졌을 때 발사각 α(속도의 방향과 지면 사이의 각도)를 구하여라.

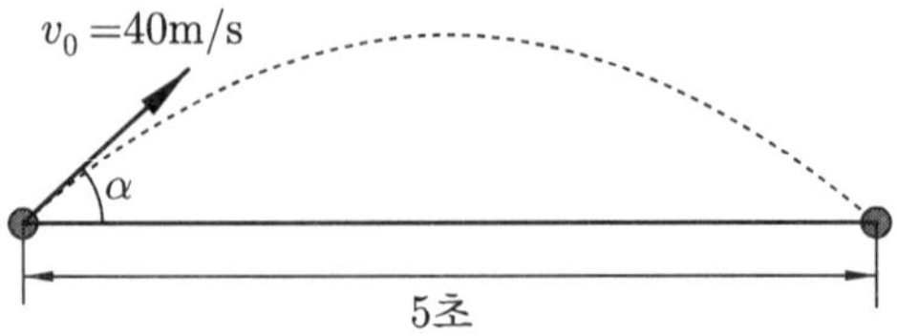

[문제 3.2.17]

18. 바다 위의 군함에서 $300\,\mathrm{m/s}$로 발사할 수 있는 포를 사용하여 포로부터 수평거리 4km에 있는 적함을 타격하려면 포신의 각도를 어떻게 조절해야 하는가? 단, 배는 모두 정지해있고, 배의 높이와 공기저항은 무시한다.

19. 물체 A를 수평방향으로 v_0의 속력으로 발사하는 것과 동시에 같은 고도에 있는 물체 B를 자유낙하시킨다. B의 연직 아래에 있는 어떤 점 P에서 두 물체가 충돌할 수 있는지를 검토해보아라. 단, 두 물체는 동일 평면에서 운동하고, 공기저항은 무시한다.

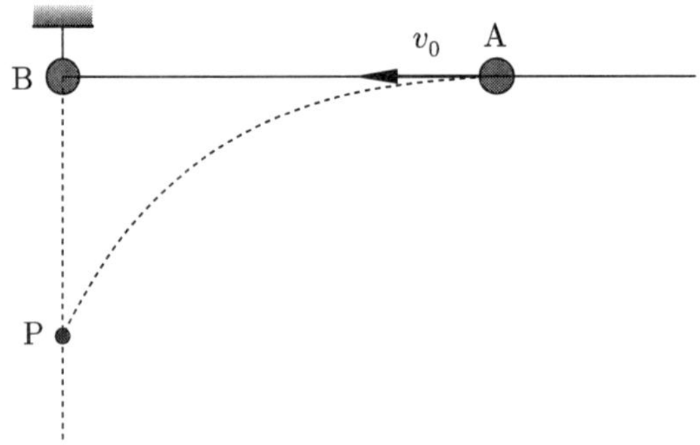

[문제 3.2.19]

3.3 운동 법칙

1. 운동 제1법칙(뉴턴 제1법칙)

모든 물체는 운동 상태를 변화시키려는 외부로부터의 힘이 작용하지 않으면, 등속도 운동을 하는 물체는 등속도 운동을 계속하고 정지해있는 물체는 계속 정지해있다.

설명 물체의 모양이나 운동 상태를 변화시키는 원인을 힘이라 한다. 물체에 작용하는 힘의 합 $\sum F=0$이면 가속도 $a=\dfrac{dv}{dt}=0$이므로 물체의 속도 '$v=$일정'하게 된다. 정지 상태는 $v=0$인 경우로서 '$v=$일정'에 포함된다. 따라서 정지 상태에 있으면 계속 정지해있고, 등속도 운동을 하고 있으면 계속 등속도 운동을 유지한다. 즉, 외부로부터 물체에 작용하는 순 힘(net force)이 0이면 물체는 현재의 운동 상태를 유지한다. 이와 같이 물체가 현재의 운동 상태를 유지하려는 성질을 관성이라 하며, 운동 제1법칙을 관성의 법칙이라고 한다.

2. 운동 제2법칙(뉴턴 제2법칙)

(1) 일반식 : 물체에 작용하는 외력의 합($\sum \vec{F}$)은 물체의 운동량($m\vec{v}$)의 시간변화율과 같다.

$$\sum \vec{F}=\frac{d}{dt}(m\vec{v})$$

(2) 질량이 일정할 때 : 외부로부터 물체에 힘이 작용하면 힘의 방향으로 가속도($\vec{a}$)가 생기며 질량이 일정할 때 가속도의 크기는 힘의 크기에 비례하고 물체의 질량에 반비례한다.

$$\sum \vec{F}=m\vec{a}$$

이 식에서 가속도의 각 성분에 대해 스칼라량으로 표현된 운동 제2법칙은 다음과 같다.

$$\sum F_x=ma_x,\ \sum F_y=ma_y,\ \sum F_z=ma_z$$

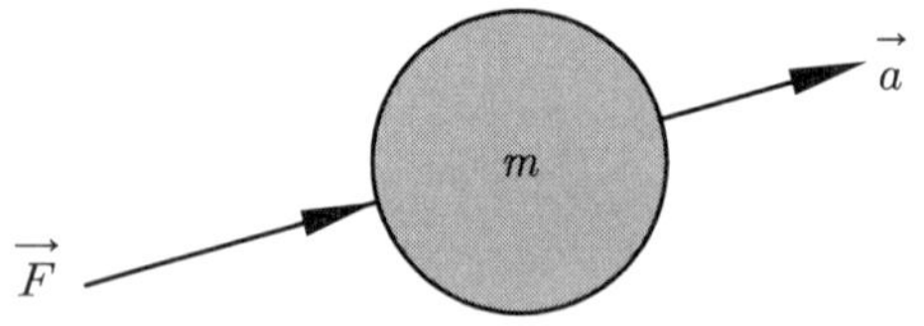

[그림 3.19]

힘 $\vec{F}$의 방향과 가속도 $\vec{a}$의 방향은 같다([그림 3.19]).

설명 물체에 힘이 작용하면 운동 상태가 변할 수 있는데 운동 제2법칙은 이와 같은 힘과 운동의 변화 사이의 관계를 정량화한 것이다. 운동량($\vec{p}$)은 운동 중인 물체의 운동 정도 또는 운동의 양을 나타내는 물리량으로 물체의 질량(m)과 속도($\vec{v}$)의 곱으로 정의되는 벡터이다.

$$\vec{p} = m\vec{v} \ \text{[SI 단위 : kg · m/s]}$$

운동 제2법칙은 물체의 운동량의 시간변화율과 순 힘의 관계이다. 운동의 변화를 결정하는 것은 물체에 작용하는 여러 힘들의 합(순 힘)이라는 것을 유념해야 한다. 일반적인 운동 제2법칙은

$$\sum \vec{F} = \frac{d\vec{p}}{dt} = \frac{d(m\vec{v})}{dt}$$

인데, 질량이 일정한 경우

$$\sum \vec{F} = \frac{d(m\vec{v})}{dt} = m\frac{d\vec{v}}{dt} = m\vec{a}$$

가 된다. 즉, 물체에 힘이 작용하면 힘의 방향으로 가속도($\vec{a}$)가 생기며 가속도의 크기는 힘의 크기에 비례한다. 뉴턴 제2법칙의 일반적인 형태는 $\sum \vec{F} = \frac{d}{dt}(m\vec{v})$이지만 물체의 질량이 일정한 경우에 대한 운동을 많이 취급하므로 $\sum \vec{F} = m\vec{a}$가 더 알려져 있다. 특히 일차원인 경우 스칼라 형태로 나타낼 때 물체에 작용하는 외력의 합을 F라 하면 운동 제2법칙은

$$F = ma$$

가 된다. 여기에서 $a \propto F$, $a \propto 1/m$임을 알 수 있으며 이 식을 가속도의 법칙이라고도 한다. 또 뉴턴 제2법칙에서 $\sum \vec{F} = 0$이면 가속도 $\vec{a} = 0$이 되므로 이것은 물체의

속도가 변하지 않는 것을 의미한다. 즉, 운동 제2법칙은 1법칙을 포함하는 개념이라 할 수 있다.

예 중력장하에서 질량 m의 물체에는 중력에 의한 $F=mg$의 힘이 지구 중심으로 작용한다. 물체의 가속도를 a라 하면 운동 제2법칙에 의해

$$F=ma=mg \quad \therefore\ a=g(\downarrow)$$

이다. 즉, 중력장에서 낙하하는 물체의 가속도는 중력가속도이다.

3. 운동 제3법칙(뉴턴 제3법칙)

물체 A가 B에게 힘을 가하면 B는 작용선과 크기가 같고 방향이 반대인 힘을 A에게 가한다.

설명 운동 제3법칙은 물체들 사이의 힘들에 관한 것이다. 배를 타고 벽을 밀면 배는 벽으로부터 반대 방향의 힘을 받아서 뒤로 밀리게 된다. 실험에 의하면 물체 A가 물체 B에 힘을 가하면 B도 A에 힘을 가한다. 두 힘은 크기가 같고 방향이 반대이다. 이때 한쪽 힘을 작용, 다른 쪽을 반작용이라고 하며 제3법칙을 작용·반작용의 법칙이라고도 한다. 작용과 반작용은 두 물체 사이에 작용하는 상호 작용력이다. 따라서 운동 제3법칙에 나타나는 한 쌍의 힘들은 다른 물체에 작용한다는 것을 유념해야 한다. 이와 같은 개념은 특히 큰 물체를 여러 물체루 분리하여 분리된 물체에 대한 자유물체도를 그릴 때 중요하다. 예를 들어 한 물체를 두 물체 A, B로 분리할 때 A가 B에게 가하는 힘이 $\vec{F}$이면 크기가 같고 방향이 반대인 힘 $-\vec{F}$를 같은 작용선상에서 B가 A에게 가하게 된다.

예 질량 m의 물체에 지면과 θ의 각도로 P의 힘이 일정하게 작용하고 있을 때([그림 3.20]) 물체가 수평방향으로 가속도 a의 등가속도 직선운동을 하는 경우를 해석하면 다음과 같다.

먼저 운동 제3법칙(작용·반작용의 법칙)을 적용하여 물체를 지면에서 분리하여 물체에 대한 자유물체도를 그린다([그림 3.20(b)]). 물체에는 힘 P, 중력 mg, 마찰력 f 외에 지면으로부터의 반력 N이 작용한다. 마찰력의 방향은 운동 방향과 반대 방향이다. 여기에서 지면을 x축, 지면과 수직방향을 y축으로 하여 좌표계를 잡으면 x 방향

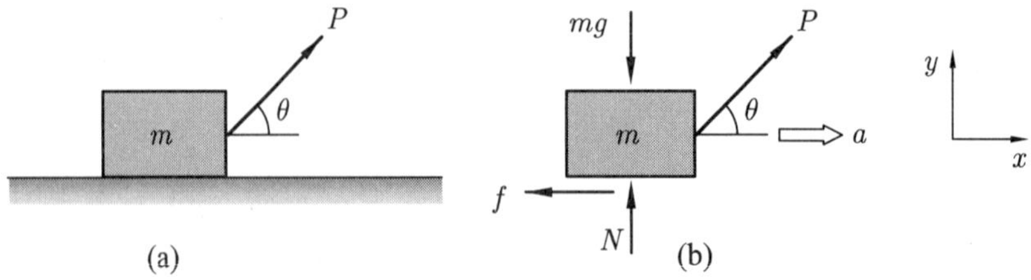

[그림 3.20]

가속도 $a_x = a$이고 y 방향 가속도는 $a_y = 0$이다. 물체에 대하여 운동 제2법칙을 적용하면

$$x \text{ 방향 : } \sum F_x = ma_x \quad \therefore\ P\cos\theta - f = ma$$

$$y \text{ 방향 : } \sum F_y = ma_y \quad \therefore\ N - mg + P\sin\theta = 0$$

이다. 이 식으로부터 지면에서의 반력 N과 마찰력 f를 구할 수 있다.

4. 미끄럼마찰(sliding friction)

(1) 마찰력 : 마찰은 두 물체의 접촉면 사이에서 물체의 운동을 방해하는 현상으로 이때 발생하는 힘을 마찰력이라 한다.

(2) 정지마찰력 : 물체에 힘을 가해도 물체가 움직이지 않을 때의 마찰력(f_s)을 말하며 물체에 가해진 외력(P)의 크기와 같다.

$$f_s = P$$

(3) 최대정지마찰력 : 정지상태의 물체에 힘을 가했을 때 물체가 움직이기 시작하는 순간의 마찰력을 최대정지마찰력($f_{s,\ \max}$)이라 한다. 정지마찰계수를 μ_s, 수직반력을 N이라 하면 최대정지마찰력은 다음과 같다.

$$f_{s,\ \max} = \mu_s N$$

(4) 운동마찰력 : 운동하고 있는 물체가 받는 마찰력(f_k)으로 외력에 관계없이 일정한 값을 갖는다. 운동마찰계수를 μ_k, 수직반력을 N이라 하면 운동마찰력은 다음과 같다.

$$f_k = \mu_k N$$

(5) 마찰각과 정지마찰계수 : 수평면 위에 물체를 올려놓고 경사각 ϕ를 점점 크게 해주면

어느 순간 물체가 빗면을 따라 미끄러져 내려간다. 이때의 경사각을 마찰각이라 하고, 정지마찰계수는 다음과 같이 구해진다.

$$\mu_s = \tan\phi$$

설명 수평면에 정지해있는 물체를 수평방향으로 서서히 잡아당기는 경우를 살펴본다([그림 3.21]). 작은 힘으로 물체를 당기면 물체는 움직이지 않으며, 이것은 접촉면에서의 마찰력(f_s)이 물체에 가한 힘(P)과 평형을 이루고 있기 때문이다. 이때의 마찰력을 정지마찰력(static frictional force)이라 하고, 정지마찰력은 작용하는 힘과 크기가 같고($f_s = P$) 방향이 반대이다. 그러나 당기는 힘을 서서히 증가시키면 어느 순간 물체가 미끄러지기 시작한다. 이때 마찰력은 크기가 최대가 되는데 이것을 최대정지마찰력($f_{s,\,\max}$)이라 한다. 최대정지마찰력의 크기는 정지마찰계수(μ_s)와 수직반력(N)의 곱($f_{s,\,\max} = \mu_s N$)으로 정의된다. 그런데 일단 물체가 움직이기 시작하면 마찰력은 감소하게 되며 이때의 마찰력을 운동마찰력(kinetic frictional force)이라 한다. 운동마찰력(f_k)의 크기는 운동마찰계수(μ_k)와 수직반력의 곱($f_k = \mu_k N$)으로 정의된다. 마찰력의 방향은 접촉면의 접선방향이고 물체의 운동을 방해하는 방향이며, 최대정지마찰력의 크기는 접촉면의 면적과 관계가 없다[쿨롱의 마찰법칙(Coulomb's law of dry friction)]. 이상에서 설명한 마찰력과 물체에 가한 힘의 관계를 요약하면 [그림 3.21(b)]와 같다. 운동마찰력의 크기는 거의 일정하다.

각도 ϕ의 경사면 위에 물체가 있을 때 연직 아래 방향으로 작용하는 물체의 무게($W = mg \downarrow$)를 빗면 방향과 빗면에 수직한 방향으로 분해하여 자유물체도를 그리면 [그림 3.22]와 같다. 여기에서 빗면에 수직한 방향의 힘의 평형에 의해 수직반

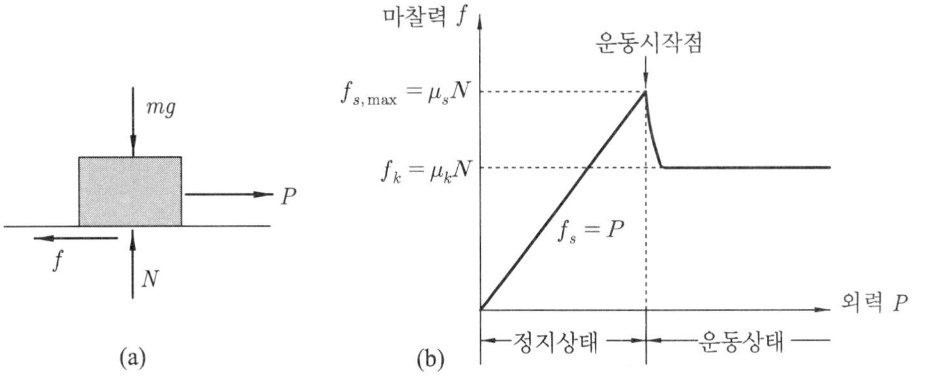

[그림 3.21]

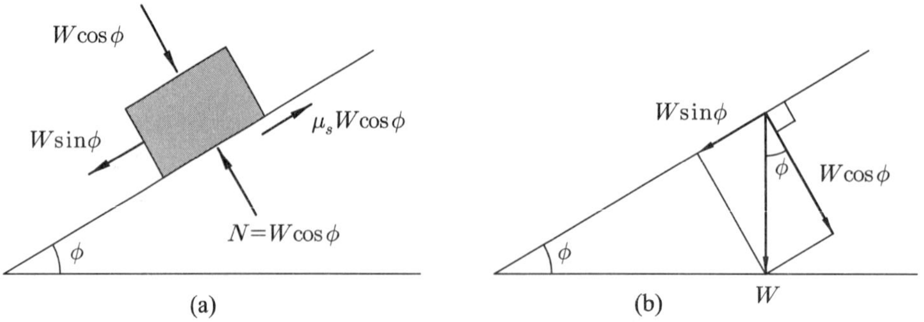

[그림 3.22]

력 $N = W\cos\phi$이므로 최대정지마찰력

$$f_s = \mu_s N = \mu_s W \cos\phi$$

이고, 경사면을 따라 물체를 미끄러져 내려오게 하는 힘은 중력의 빗면 성분으로 $W\sin\phi$이다. 물체가 경사면을 미끄러져 내려가는 순간에는 두 힘이 같아진다. 따라서

$$W\sin\phi = \mu_s W\cos\phi$$

$$\therefore \ \mu_s = \frac{\sin\phi}{\cos\phi} = \tan\phi$$

이다.

5. 구름마찰

두 물체 중에서 어느 한 물체가 굴러갈 때의 마찰을 구름마찰(rolling friction)이라 한다. 일반적으로 롤러나 바퀴 등이 굴러갈 때에도 운동을 방해하는 약간의 저항력이 있는데 이것은 물체의 무게에 의한 접촉면의 변형에 의해 발생하는 것이다.

6. 탄성력, 용수철

(1) 탄성력 : 물체에 힘을 가하여 변형시켰을 때 물체가 본래 상태로 되돌아가려는 힘을 탄성력이라 한다.

(2) 용수철(스프링) : 용수철은 변형된 길이와 힘의 크기가 비례하는 선형 용수철과 그렇지 않은 비선형 용수철이 있다. 용수철의 길이가 늘어나면 줄어들려는 방향으로 힘이

생기고, 용수철이 압축되면 늘어나려는 방향으로 힘이 발생한다.

(3) 훅(Hook)의 법칙 : x축을 용수철의 길이 방향과 평행하게 잡고, 평형상태의 위치를 원점($x=0$)으로 잡으면

$$F = -kx$$

이다. 이 식에서 음의 부호는 변위 x와 복원력 F의 방향이 반대라는 것을 나타내고, k를 용수철상수(스프링상수) 또는 탄성계수라 한다. k의 SI 단위는 $\mathrm{N/m}$이다.

▌예제 3.3.1 마찰 없는 수평면에서 질량 10 kg의 물체에 수평방향으로 40N의 일정한 힘을 가하면([그림 3.23]) 물체의 가속도는 몇 $\mathrm{m/s^2}$인가?

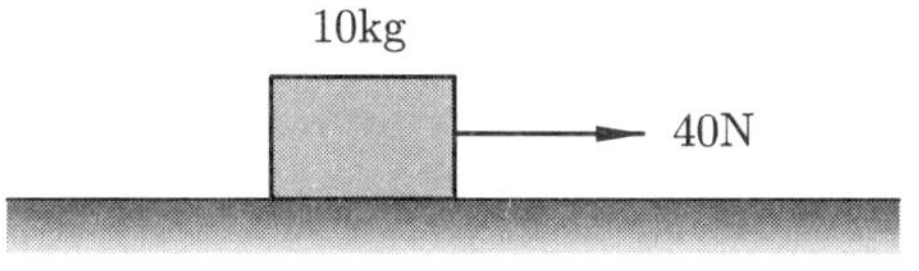

[그림 3.23]

▶풀이 운동 제2법칙 $F=ma$에서 가속도

$$a = \frac{F}{m} = \frac{40\mathrm{N}}{10\,\mathrm{kg}} = 4\left(\mathrm{kg}\cdot\frac{\mathrm{m}}{\mathrm{s}^2}\right)\times\frac{1}{\mathrm{kg}} = 4\,\frac{\mathrm{m}}{\mathrm{s}^2}$$

▌예제 3.3.2 정지해있는 질량 40 kg의 물체에 일정한 힘이 작용하여 10초 후에 물체의 속력이 2 m/s가 되었다. 물체가 받은 힘을 구하여라.

▶풀이 처음 속도 $v_1 = 0$이고, 10초 후의 속도 $v_2 = 2\,\mathrm{m/s}$이다.

$$\therefore\ F = ma = m\frac{v_2 - v_1}{\Delta t} = 40\,\mathrm{kg}\times\frac{(2-0)\mathrm{m/s}}{10\mathrm{s}} = 8\,\mathrm{kg}\cdot\frac{\mathrm{m}}{\mathrm{s}^2} = 8\,(\mathrm{N})$$

▌예제 3.3.3 질량 100 kg의 물체가 40 m/s의 속도로 등속 직선운동을 하고 있다. 운동방향과 반대 방향으로 200N의 일정한 힘을 물체에 가하면 몇 초 후에 물체가 정지하는가?

▶풀이 처음 속도 $v_0 = 40\,\mathrm{m/s}$의 방향을 양(+)으로 잡으면 힘 200N의 방향은 음(−)이다. $F=ma$에서 가속도

$$a = \frac{F}{m} = \frac{-200\text{N}}{100\,\text{kg}} = -2\,\frac{\text{m}}{\text{s}^2}$$

이고, 정지$(v = 0)$하는 데 걸리는 시간은

$$v = v_0 + at$$

$$\therefore\ t = -\frac{v_0}{a} = -\frac{40\,\text{m/s}}{-2\,\text{m/s}^2} = 20\,\text{s}$$

이다.

▌예제 3.3.4 케이블에 매달려 있는 $m = 800\,\text{kg}$의 승강기가 케이블에 끌려 연직 위쪽으로 $a = 1.2\,\text{m/s}^2$의 일정가속도로 올라가고 있다([그림 3.24]). 케이블의 무게를 무시할 때 케이블에 걸리는 장력을 구하여라.

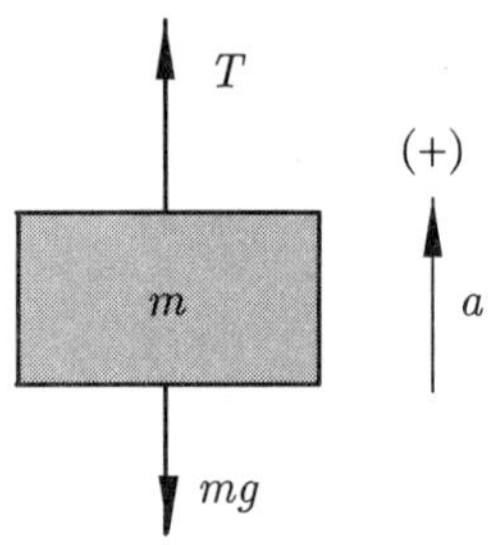

[그림 3.24]

▶풀이 승강기에 작용하는 외력은 케이블의 장력과 승강기의 무게이다. 승강기는 직선운동을 하므로 가속도 방향과 같은 방향(위쪽)을 양$(+)$으로 잡고 운동 제2법칙 $\sum F = ma$를 적용하면

$$T - mg = ma$$

$$\therefore\ \text{장력}\ \ T = m(a+g) = 800(1.2 + 9.8) = 8800\,(\text{N})$$

이다.

▌예제 3.3.5 원점(O)에 정지해있는 질량 $2\,\text{kg}$의 물체에 $\vec{F} = 2\vec{i} + 6\vec{j}\,(\text{N})$의 힘이 일정하게 작용할 때 다음을 구하여라.

(1) 물체의 가속도

(2) 힘이 작용한 후 4초 후의 물체 위치와 속력(속도의 크기)

▶**풀이** (1) 운동 제2법칙 $\vec{F} = m\vec{a}$ 에서

$$\vec{a} = \frac{\vec{F}}{m} = \frac{(2\vec{i}+6\vec{j})\mathrm{N}}{2\,\mathrm{kg}} = \vec{i}+3\vec{j}\,(\mathrm{N/kg}) = \vec{i}+3\vec{j}\,(\mathrm{m/s^2})$$

(2) $t=0$에서 원점에 정지해있으므로 $\vec{r_0}=0$, $\vec{v_0}=0$이다.

$\vec{a} = \frac{d\vec{v}}{dt}$에서 $d\vec{v} = \vec{a}\,dt$를 적분하면

$$\vec{v} = \int_0^t (\vec{i}+3\vec{j})dt = t\vec{i}+3t\vec{j}\,(\mathrm{m/s})$$

이고, $\vec{v} = \frac{d\vec{r}}{dt}$에서 $d\vec{r} = \vec{v}\,dt$를 적분하면

$$\vec{r} = \int_0^t (t\vec{i}+3t\vec{j})dt = \frac{1}{2}t^2\vec{i} + \frac{3}{2}t^2\vec{j}\,(\mathrm{m})$$

이다. $t=4$에서의 물체 위치와 속도는

$$\vec{r} = 8\vec{i}+24\vec{j}\,(\mathrm{m})$$
$$\vec{v} = 4\vec{i}+12\vec{j}\,(\mathrm{m/s})$$

이고, 물체의 속력

$$v = \sqrt{v_x^2+v_y^2} = \sqrt{4^2+12^2} = 12.65\,(\mathrm{m/s})$$

이다.

▌예제 3.3.6 경사각 $\theta = 30°$인 빗면 위에서 질량 m의 물체가 중력에 의해 일정한 가속도 a로 미끄러져 내려오고 있을 때 물체의 가속도를 구하여라([그림 3.25]). 단, 운동마찰계수 $\mu_k = 0.2$이다.

▶**풀이** 연직 아래 방향으로 작용하는 중력에 의한 힘(mg)을 빗면 방향과 빗면에 수직한 방향으로 분해하면 각각 $mg\sin\theta$, $mg\cos\theta$이다. 따라서 반력과 마찰력은

$$N = mg\cos\theta,\ f = \mu_k N = \mu_k mg\cos\theta$$

이므로, 물체에 작용하는 운동 방향(a)의 힘은

$$mg\sin\theta - \mu_k mg\cos\theta$$

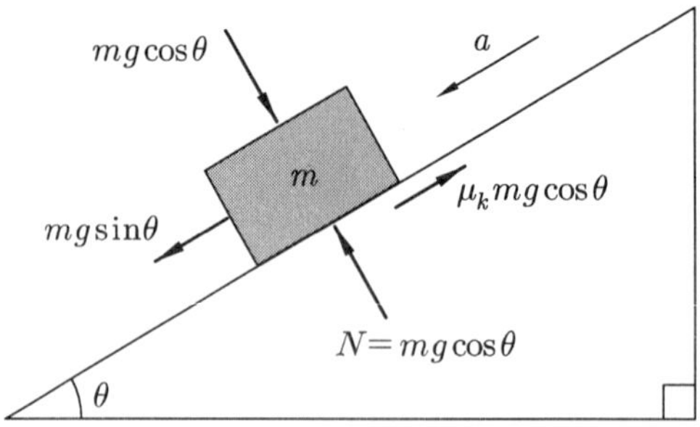

[그림 3.25]

이다. 운동 제2법칙($\sum F = ma$)을 적용하면

$$mg\sin\theta - \mu_k mg\cos\theta = ma$$

$$\therefore\ a = g(\sin\theta - \mu_k\cos\theta) = 9.8(\sin 30° - 0.2\cos 30°) = 3.2\,(\mathrm{m/s^2})$$

이다.

▌예제 3.3.7 질량 $m = 2\,\mathrm{kg}$과 $M = 8\,\mathrm{kg}$의 물체가 도르래(pulley)를 지나는 줄로 연결되어 일정한 가속도로 운동하고 있다([그림 3.26]). 줄의 무게와 도르래의 마찰력을 무시할 때 물체의 가속도와 줄에 걸리는 장력을 구하여라.

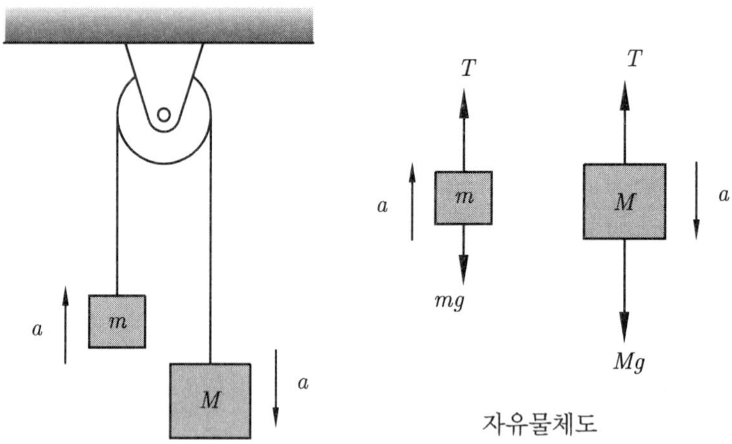

[그림 3.26]

▶풀이 줄에 걸리는 장력을 T, 가속도를 a로 놓고 각각의 물체에 대한 자유물체도를 그려 문제를 해석한다. 줄로 연결된 두 물체는 무거운 물체가 낙하하는 방향으로 운동한다. 질

량 m의 물체는 위로 운동하므로 이 방향(↑)을 양(+)으로 잡고 운동 제2법칙을 적용하면

$$T - mg = ma \qquad \cdots ①$$

이고, 질량 M의 물체는 아래로 운동하므로 이 방향(↓)을 양(+)으로 잡고 운동 제2법칙을 적용하면

$$Mg - T = Ma \qquad \cdots ②$$

이다. ①+②에서

$$Mg - mg = ma + Ma$$

$$\therefore\ a = \frac{M-m}{M+m}g \qquad \cdots ③$$

이고, ③을 ①에 대입하면 인장력

$$T = \frac{2mM}{M+m}g \qquad \cdots ④$$

이다. ③, ④로부터 $m = 2\,\mathrm{kg}$, $M = 8\,\mathrm{kg}$일 때 가속도와 장력은 다음과 같다.

$$a = \frac{M-m}{M+m}g = \frac{(8-2)\,\mathrm{kg}}{(8+2)\,\mathrm{kg}} \times 9.8\,\mathrm{m/s^2} = 5.88\,\mathrm{m/s^2}$$

$$T = \frac{2mM}{M+m}g = \frac{2\cdot(2\,\mathrm{kg})\cdot(8\,\mathrm{kg})}{8\,\mathrm{kg}+2\,\mathrm{kg}} \cdot 9.8\,\mathrm{m/s^2} = 31.36\,\mathrm{N}$$

❙ 예제 3.3.8 질량 $m = 4\,\mathrm{kg}$과 $M = 10\,\mathrm{kg}$의 물체가 도르래에 걸린 줄로 연결되어 m의 무게에 의해 일정한 가속도로 운동하고 있다([그림 3.27]). M의 물체와 수평으로 놓인 바닥과의 운동마찰계수 $\mu_k = 0.2$일 때 물체의 가속도와 줄에 걸리는 장력을 구하여라. 단, 줄의 무게와 도르래의 마찰력은 무시한다.

▶풀이 질량 M의 물체와 바닥과의 마찰력을 f_k, 줄에 걸리는 장력을 T, 가속도를 a로 한다. m의 물체는 아래로 운동하므로 이 방향(↓)을 양(+)으로 잡고 운동 제2법칙을 적용하면

$$mg - T = ma \qquad \cdots ①$$

이고, M의 물체는 오른쪽으로 운동하므로 이 방향(→)을 양(+)으로 잡고 운동 제2법칙을 적용하면

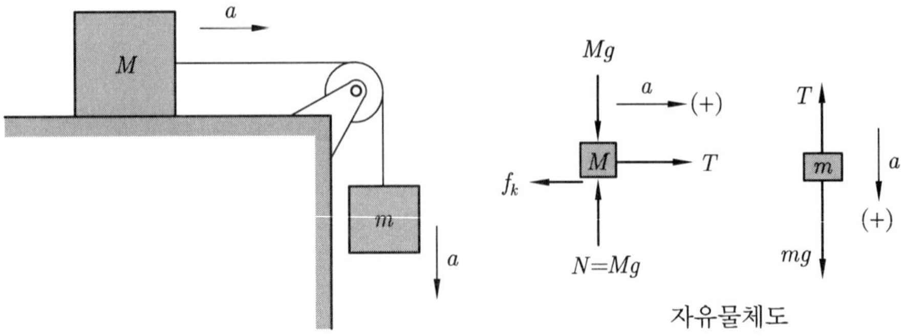

[그림 3.27]

$$T - f_k = Ma \qquad \cdots ②$$

이다. ①+②에서

$$mg - f_k = ma + Ma$$

$$\therefore\ a = \frac{mg - f_k}{M+m} \qquad \cdots ③$$

이다. 물체 M에서 지면에 수직한 방향의 가속도는 0이므로 수직반력 $N = Mg$이고, 마찰력

$$f_k = \mu_k N = \mu_k Mg \qquad \cdots ④$$

이다. 따라서 ④를 ③에 대입하면 가속도

$$a = \frac{mg - \mu_k Mg}{M+m} = \frac{(m - \mu_k M)g}{M+m} \qquad \cdots ⑤$$

이고, ⑤와 ②로부터 인장력

$$T = Ma + f_k = M\frac{(m - \mu_k M)g}{M+m} + \mu_k Mg$$

$$= \frac{Mmg(1+\mu_k)}{M+m} \qquad \cdots ⑥$$

이다. ⑤, ⑥으로부터 $m = 4\,\text{kg}$, $M = 10\,\text{kg}$일 때 가속도와 장력은 다음과 같다.

$$a = \frac{(m - \mu_k M)g}{M+m} = \frac{(4\,\text{kg} - 0.2 \cdot 10\,\text{kg}) \times 9.8\,\text{m/s}^2}{10\,\text{kg} + 4\,\text{kg}} = 1.4\,\text{m/s}^2$$

$$T = \frac{Mmg(1+\mu_k)}{M+m} = \frac{(10\,\mathrm{kg})(4\,\mathrm{kg})(9.8\,\mathrm{m/s^2})(1+0.2)}{10\,\mathrm{kg}+4\,\mathrm{kg}} = 33.6\,\mathrm{N}$$

▌예제 3.3.9 단진자는 질량 m의 추와 질량이 없고 늘어나지 않는 길이 L의 실로 구성되어 있다([그림 3.28]). 추는 매단 점을 지나는 수직선의 좌우로 진동한다. 마찰에 의한 손실이 없을 때 각변위 $\theta(t)$에 대한 미분방정식을 유도하여라.

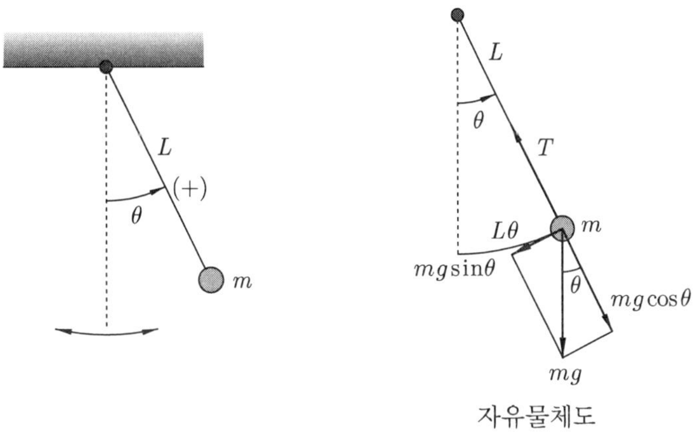

[그림 3.28]

▶풀이 공기저항을 무시하면 추에 작용하는 힘은 추의 무게(mg)와 실의 장력(T)이다. 먼저 추의 무게를 추의 운동 방향(접선방향)과 이에 수직인 방향으로 분해하여 자유물체도를 그린다. 여기에서 접선방향(θ방향)으로 뉴턴 운동법칙($F=ma$)을 적용하면 접선방향의 가속도

$$a = \frac{d^2(L\theta)}{dt^2} = L\frac{d^2\theta}{dt^2}$$

이고, 이 방향으로 작용하는 힘은 $-mg\sin\theta$이므로

$$mL\frac{d^2\theta}{dt^2} = -mg\sin\theta$$

$$\therefore\ \frac{d^2\theta}{dt^2} + \frac{g}{L}\sin\theta = 0$$

이 된다. 여기에서 θ가 작을 때($\theta \simeq 0$) 근사적으로 $\sin\theta \approx \theta$로 하면 $\theta(t)$에 대한 미분방정식

$$\theta'' + \omega^2\theta = 0 \quad (\omega = \sqrt{g/L})$$

이 유도된다. [✱이 미분방정식을 풀어서 $\theta(t) = A\cos(\omega t - \delta)$ (A, δ는 상수)를 구할 수 있고, 이 식으로부터 진폭이 작을 때의 단진자의 각진동수 $\omega = \sqrt{g/L}$ 와 주기 $T = \dfrac{2\pi}{\omega} = 2\pi\sqrt{\dfrac{L}{g}}$ 이 얻어진다.]

▍예제 3.3.10 용수철상수 k의 용수철에 매달린 질량 m의 물체가 마찰 없는 수평면에서 구동력 $F(t) = F_0 \sin\omega t$ ($F_0 > 0$, $\omega > 0$)를 받고 강제진동을 하고 있다([그림 3.29]). 평형상태로부터의 변위를 $x(t)$라 할 때 $x(t)$에 대한 미분방정식을 유도하여라.

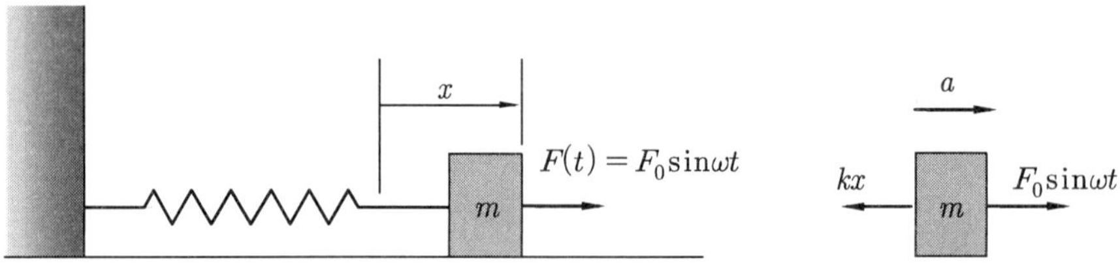

(a) (b) 자유물체도

[그림 3.29]

▶풀이 정적 평형상태로부터 늘어난 용수철의 길이를 x라 하면 훅의 법칙에 의해 물체에는 용수철이 늘어난(또는 줄어든) 방향과 반대 방향으로 kx의 힘이 작용한다. 따라서 운동 제2법칙($\sum F = ma$)에 의해

$$ma = -kx + F_0 \sin\omega t$$

이고, 가속도는 $a = \dfrac{d^2x}{dt^2}$ 이므로 물체의 운동에 대한 미분방정식은 다음과 같다.

$$m\frac{d^2x}{dt^2} = -kx + F_0\sin\omega t$$

$$\frac{d^2x}{dt^2} + \frac{k}{m}x = \frac{F_0}{m}\sin\omega t$$

$$\therefore\ x'' + \omega_n^2 x = \frac{F_0}{m}\sin\omega t \quad (\omega_n = \sqrt{k/m}) \qquad \cdots (*)$$

여기에서 $\omega_n/2\pi$을 계의 고유주파수(natural frequency)라 한다.

† 미분방정식 (*)를 풀어서 $x(t)$를 구할 수 있다. $\omega_n \neq \omega$일 때 (*)의 일반해는

$$x(t) = A\cos\omega_n t + B\sin\omega_n t + \frac{F_0}{m(\omega_n^2 - \omega^2)}\sin\omega t$$

이고, 초기조건이 $x(0) = 0$, $x'(0) = 0$이면

$$x(t) = \frac{F_0}{m\omega_n(\omega_n^2 - \omega^2)}(-\omega\sin\omega_n t + \omega_n\sin\omega t)$$

이다. $\omega_n = \omega$인 경우 일반해

$$x(t) = A\cos\omega_n t + B\sin\omega_n t + \frac{F_0}{m(\omega_n^2 - \omega^2)}\sin\omega t$$

이고, 초기조건 $x(0) = 0$, $x'(0) = 0$을 적용하면

$$x(t) = \frac{F_0}{m\omega_n(\omega_n^2 - \omega^2)}(-\omega\sin\omega_n t + \omega_n\sin\omega t)$$

이다. 이와 같은 진동을 비감쇠강제진동이라 한다. 특히 입력주파수와 고유주파수가 같아지는 경우($\omega_n = \omega$)를 공진(resonance)이라 하는데 이 경우에는 시간이 갈수록 진동의 진폭이 점점 커짐을 알 수 있다($\omega t\cos\omega t$항). 즉, 초기에는 매우 작은 진폭의 진동도 $t\to\infty$로 가면 계를 파괴할 수 있는 큰 진동을 겪을 수 있다는 것을 보여준다. 공진은 공학에서 매우 중요한 현상이다.

예제 3.3.11 [그림 3.30]과 같은 질량-용수철 계에서 구동력 $F(t)$를 받고 있는 물체를 감쇠상수(damping coefficient)가 β인 점성 감쇠장치에 연결하였다. 평형상태로부터의 변위를 $x(t)$라 할 때 $x(t)$에 대한 미분방정식을 유도하여라.

▶**풀이** 감쇠장치에서 물체의 운동 방향과 반대 방향으로 속도에 비례하는 저항력 $\beta\frac{dx}{dt}$가 발생하고, 용수철에 의해 용수철이 늘어난 방향과 반대 방향으로 kx의 힘이 작용한다. 따라서 물체에 작용하는 힘은

$$-kx - \beta\frac{dx}{dt} + F(t)$$

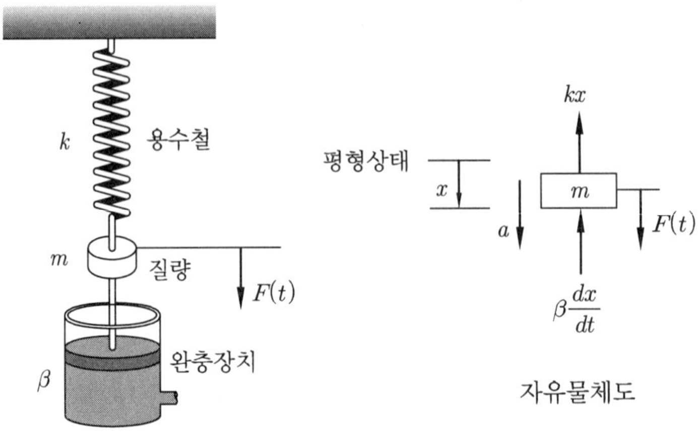

[그림 3.30]

이고, 물체의 가속도는 $a=\dfrac{d^2x}{dt^2}$이므로 운동 제2법칙($\sum F=ma$)에 의해 물체의 운동에 대한 미분방정식은

$$m\frac{d^2x}{dt^2}=-kx-\beta\frac{dx}{dt}+F(t)$$

$$mx''+\beta x'+kx=F(t)$$

이다. (✱평형상태는 물체의 무게 $mg(\downarrow)$와 이에 의해 늘어난 스프링의 길이 s_0에 의한 복원력 $ks_0(\uparrow)$이 평형을 이루고 있는 상태를 말한다. 즉 $ks_0=mg$이므로 평형상태로부터의 변위를 x라 하면 중력항이 없어지고 그림과 같은 자유물체도가 구성된다.)

† 뉴턴 운동법칙 ($\sum\vec{F}=m\vec{a}$)은 기계공학에서 가장 기본이 되는 법칙이므로 이 방정식에 대한 개념을 잘 파악해두도록 한다.

연습문제 3.3

1. 질량 2 kg의 물체에 4000 dyne의 힘을 일정하게 가하면 물체의 가속도는 몇 cm/s^2가 되는가?

2. 어떤 물체에 1.4N의 힘을 가하였을 때 물체의 가속도가 $25 mm/s^2$이면 질량은 몇 kg 인가?

3. 질량 $m = 2$ kg의 물체가 마찰 없는 수평면 위에서 그림과 같은 힘을 받고 운동하고 있을 때 다음을 구하여라.

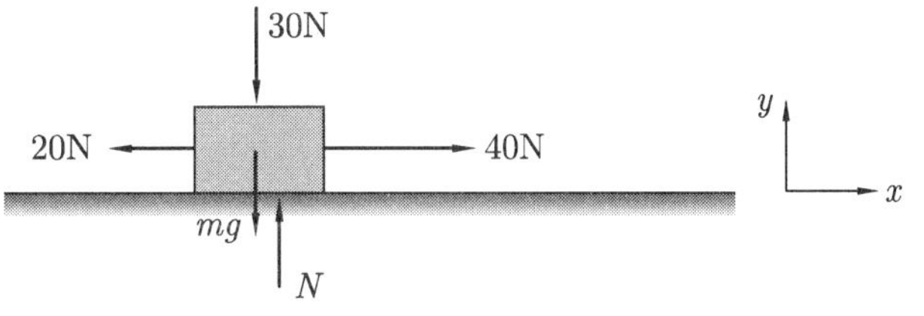

[문제 3.3.3]

(1) 바닥으로부터 받는 수직반력
(2) 물체의 가속도
(3) 정지상태에서 출발하였을 때 4초 후의 변위

4. 질량이 각각 $m_A = 3$ kg, $m_B = 7$ kg인 두 개의 블록 A, B가 마찰 없는 수평면 위에서 가벼운 줄로 연결되어 있다. 블록 B를 오른쪽으로 $F = 40$N의 힘으로 당길 때 블록의 가속도와 연결 줄에 걸리는 장력을 구하여라.

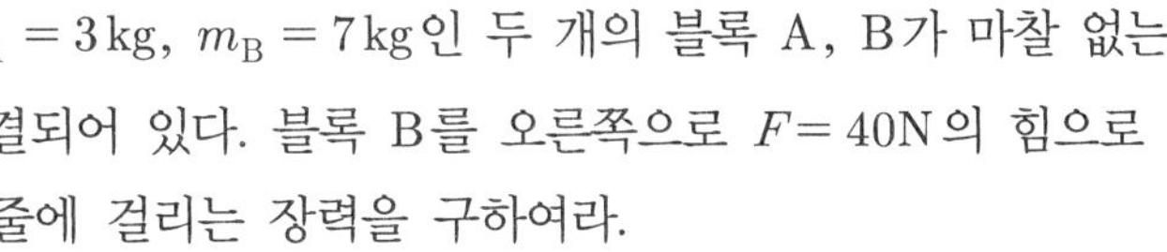

[문제 3.3.4]

5. 정지해있는 1000 kg의 승용차가 등가속도 직선운동을 하여 4초 만에 72 km/h로 가속되었다. 차의 가속도와 차가 받은 추진력을 구하여라.

6. 10 m/s 의 속도로 등속 직선운동을 하는 있는 20 kg의 물체에 일정한 힘을 작용하여 4초 후에 정지시키려면 가해야 할 힘의 크기는 몇 N 인가?

7. 케이블에 매달려 있는 100 kg의 물체가 연직 아래쪽으로 2.8 m/s^{2}의 일정가속도로 하강하고 있다. 케이블의 무게를 무시할 때 케이블에 걸리는 장력을 구하여라.

8. 마찰 없는 수평면 위에 놓여 있는 40 kg의 물체에 500N 의 힘을 수평선과 30° 각도로 일정하게 가할 때 물체의 가속도를 구하여라.

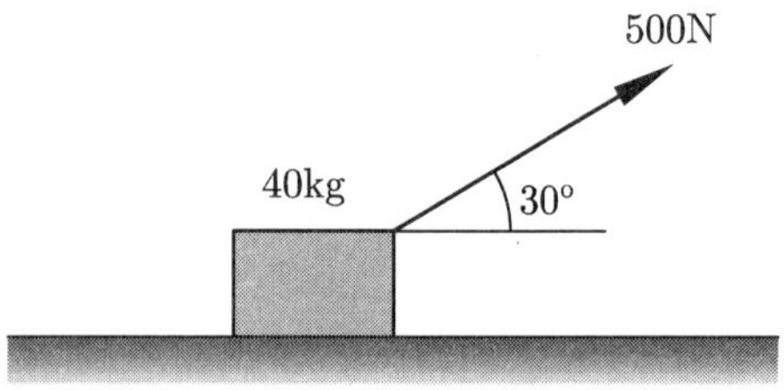

[문제 3.3.8]

9. 질량 $m = 4$ kg의 물체가 수평면 위에서 그림과 같은 힘을 받고 운동하고 있다. 동마찰계수 $\mu_k = 0.2$일 때 다음을 구하여라.

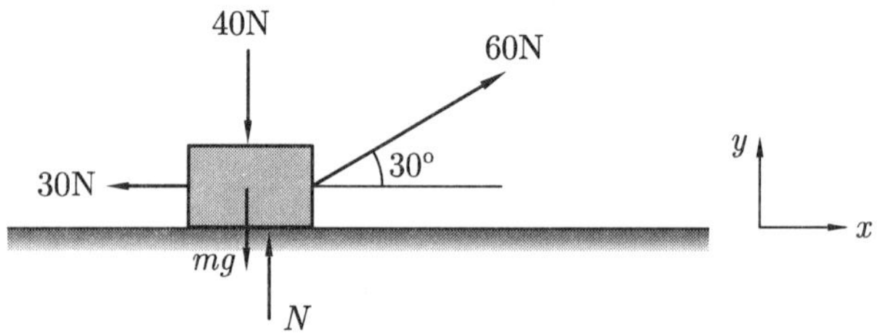

[문제 3.3.9]

(1) 바닥으로부터 받는 수직반력
(2) 물체의 가속도
(3) 정지상태에서 출발하였을 때 2초 후의 변위

10. 미끄럼마찰에서 마찰각이 20° 이면 정지마찰계수는 얼마인가?

11. 정지마찰계수가 0.25 이면 마찰각은 얼마인가?

12. 어떤 물체가 경사각 $10°$의 빗면을 따라 일정한 속도로 미끄러져 내려오고 있을 때 운동마찰계수를 구하여라.
(✱등속운동이므로 $\sum F = 0$이다.)

13. 경사각 $\theta = 30°$인 빗면 위에서 질량 m의 물체가 일정가속도 a로 미끄러져 내려오고 있을 때 물체의 가속도를 구하여라. 단, 운동마찰계수 $\mu_k = 0.3$이다.

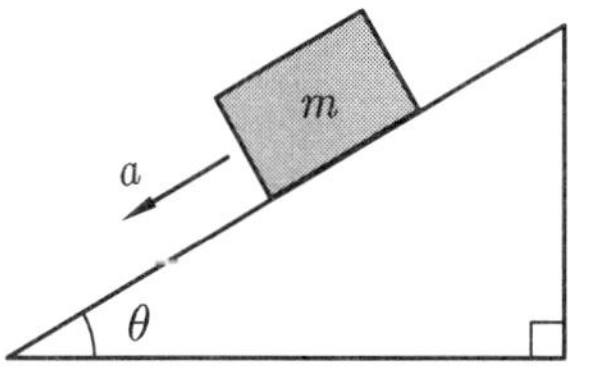

[문제 3.3.13]

14. 질량 $m = 4\,\text{kg}$과 $M = 10\,\text{kg}$의 물체가 도르래를 지나는 줄로 연결되어 있다. 질량 m의 물체를 연직 아래 방향으로 $P = 30\text{N}$의 힘으로 당길 때 물체의 가속도와 줄에 걸리는 장력을 구하여라. 단, 줄의 무게와 마찰력은 무시한다.

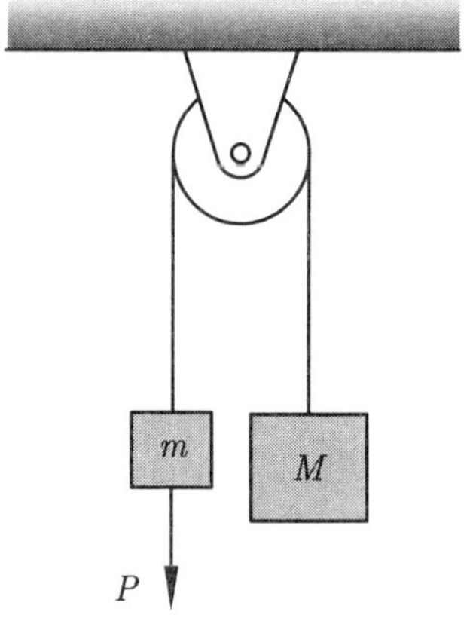

[문제 3.3.14]

15. 질량 m과 M의 물체가 도르래에 걸린 줄로 연결되어 일정속도 또는 일정가속도로 운동하고 있다. 다음을 구하여라.

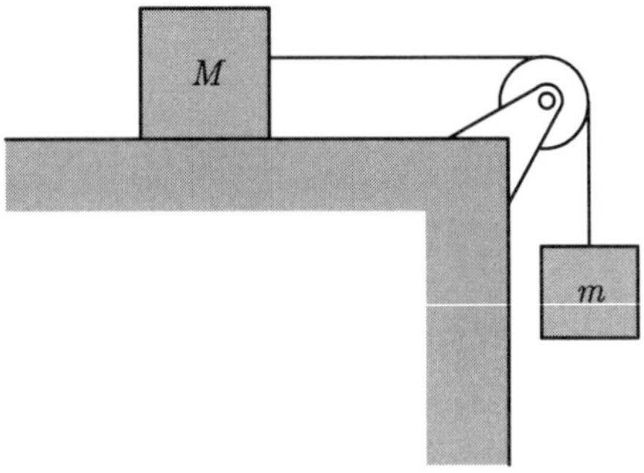

[문제 3.3.15]

(1) $m = 2\,\text{kg}$, $M = 3\,\text{kg}$이고 마찰이 없을 때 물체의 가속도와 줄에 걸리는 장력

(2) $m = 3\,\text{kg}$, $M = 8\,\text{kg}$이고, 두 물체가 일정속도로 운동하고 있을 때 M의 물체와 수평으로 놓인 바닥과의 운동마찰계수

(3) $m = 4\,\text{kg}$, $M = 6\,\text{kg}$이고, M의 물체와 바닥과의 운동마찰계수 $\mu_k = 0.2$일 때 물체의 가속도

(4) $m = 2\,\text{kg}$, $M = 4\,\text{kg}$이고, 두 물체가 일정가속도 $1.3\,\text{m/s}^2$로 운동하고 있을 때 M의 물체와 바닥과의 운동마찰계수

16. 물체 A와 B의 질량은 각각 $m_A = 8\,\text{kg}$, $m_B = 2\,\text{kg}$이고 마찰 없는 도르래 위로 연결되어 일정한 가속도로 운동하고 있다. A와 경사면 사이의 운동마찰계수 $\mu_k = 0.2$, 경사각 $\theta = 40°$일 때 A의 가속도와 줄에 걸리는 장력을 구하여라.

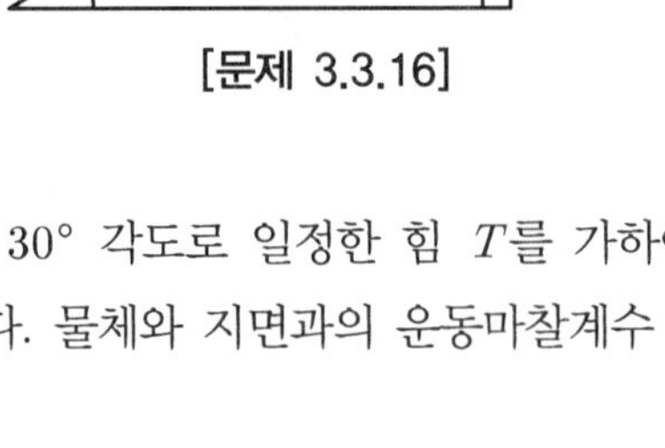

[문제 3.3.16]

17. 그림과 같이 수평면과 $\alpha = 30°$ 각도로 일정한 힘 T를 가하여 질량 $m = 40\,\text{kg}$의 물체를 일정한 속도로 끌고 있다. 물체와 지면과의 운동마찰계수 $\mu_k = 0.1$일 때 끄는 힘 T를 구하여라.

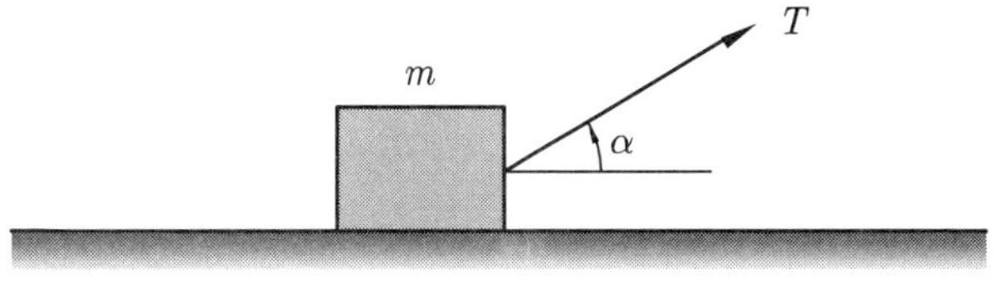

[문제 3.3.17]

18. 두 개의 블록 A와 B의 질량은 각각 $m_A = 4\,\text{kg}$, $m_B = 2\,\text{kg}$이고 마찰 없는 도르래 위로 연결되어 일정한 가속도로 운동하고 있다. B와 수평면 사이의 운동마찰계수 $\mu_k = 0.3$이고 경사면은 마찰 없는 면이다. 경사각 $\theta = 30°$일 때 블록의 가속도를 구하여라.

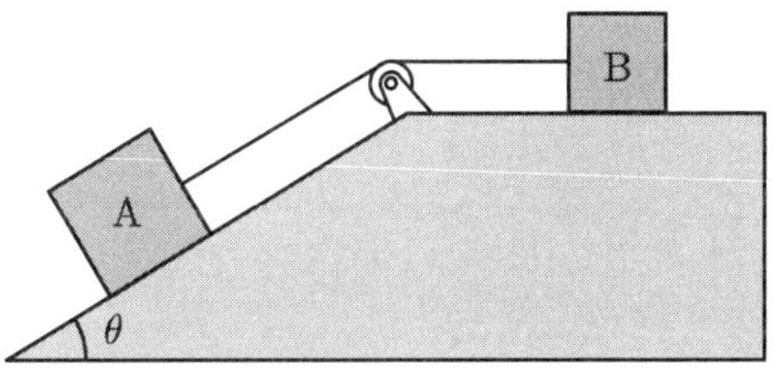

[문제 3.3.18]

19. 그림과 같은 용수철 진자가 연직방향으로 자유진동을 하고 있다. 용수철상수가 k, 물체의 질량이 m일 때 정적 평형상태로부터의 물체의 변위 $x(t)$에 대한 미분방정식을 유도하고, 이 식으로부터 각신동수와 주기를 구하여라.

[✱$x'' + \omega^2 x = 0$의 해는 $x(t) = A\cos(\omega t - \delta)$이다. ω, A, δ는 상수]

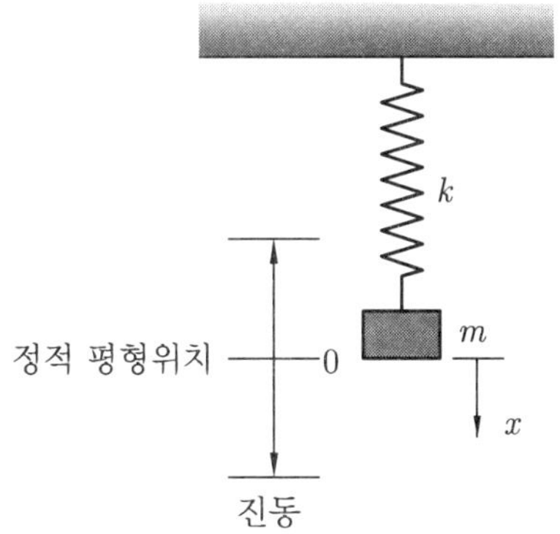

[문제 3.3.19]

3.4 회전운동

강체가 운동하는 동안에 강체 내의 모든 점들이 원래 위치와 평행을 유지하면서 이동하는 경우를 병진운동이라 하고, 강체 내의 질점들이 어떤 축(회전축)을 중심으로 원형 경로를 따라 움직이는 경우를 회전운동이라 한다. 회전축은 강체 내에 있거나 강체 밖에 있을 수 있으며 회전축 상에 위치한 질점의 속도와 가속도는 0이다. 병진운동의 속도, 가속도, 힘에 대응하는 회전운동의 물리량은 각속도, 각가속도, 모멘트(토크)이다.

1. 각위치

회전축이 z축이라 할 때 동경 OP와 기준선(x축)이 이루는 각도(θ)를 질점 P의 각위치(angular position)라 한다.

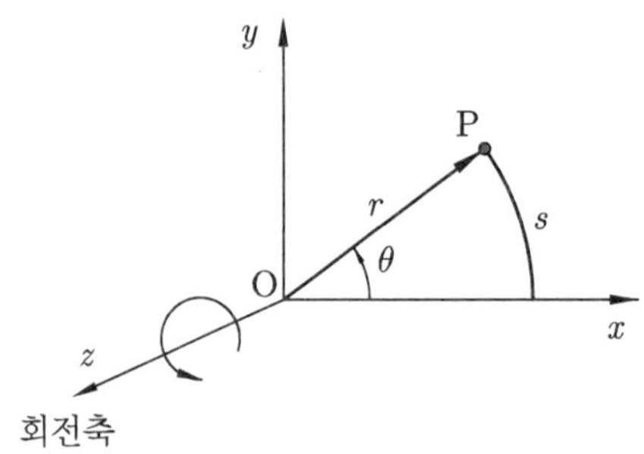

[그림 3.31]

설명 회전축 상의 점으로부터 회전축에 수직인 선을 따라 질점(P)까지의 거리를 r이라 할 때 기준선과 선분 r이 이루는 각도를 각위치라 한다. x축으로부터 점 P까지의 원호의 길이를 s라 하면

$$s = r\theta,\ \theta = \frac{s}{r}$$

이다. 각도는 차원이 없으며 기본단위는 라디안(radian)이고, 일반적으로 반시계 방향을 양(+)의 방향으로 잡는다. 수직선 위에서 병진운동을 하는 경우에는 물체의 위치 $x(t)$를 알면 물체의 운동을 알 수 있다. 이와 마찬가지로 회전운동을 하는 경우에는 각위치 $\theta(t)$를 알면 그 물체의 회전운동 상태를 파악할 수 있다.

2. 각변위

강체가 회전하여 각위치가 θ_1에서 θ_2로 변하면 각변위(angular displacement)는 다음과 같다.

$$\Delta\theta = \theta_2 - \theta_1$$

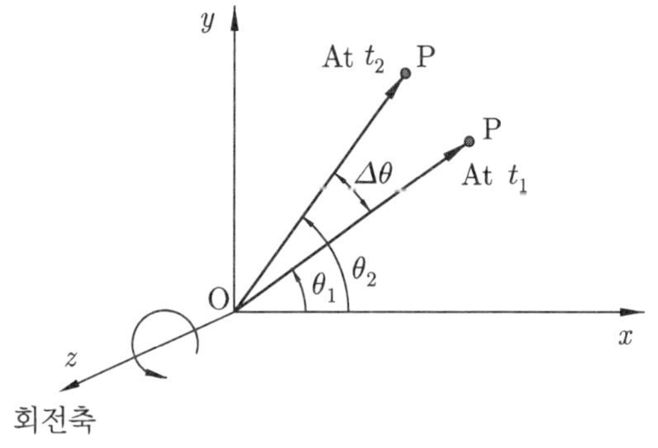

[그림 3.32]

설명 그림에서 시간 t_1, t_2에서의 각위치는 각각 θ_1, θ_2이다. $\Delta\theta = \theta_2 - \theta_1$은 $\Delta t = t_2 - t_1$ 동안의 각변위를 나타낸다. 병진운동과 마찬가지로 각변위도 양(+) 또는 음(−)의 값을 갖는다. 일반적으로 반시계 방향을 양, 시계 방향을 음으로 정의한다.

3. 각속도

회전체의 각위치가 시간 t_1에서 θ_1이고, t_2에서 θ_2일 때 t_1과 t_2 사이의 평균각속도는

$$\omega_{avg} = \frac{\theta_2 - \theta_1}{t_2 - t_1} = \frac{\Delta\theta}{\Delta t}$$

이다. 순간각속도 ω는 Δt가 0으로 접근하는 극한값으로

$$\omega = \lim_{\Delta t \to 0} \frac{\Delta\theta}{\Delta t} = \frac{d\theta}{dt}$$

이다. 순간각속도를 일반적으로 각속도(angular velocity)라 한다.

설명 각속도는 단위시간에 회전한 각도를 나타내며 SI 단위는 rad/s이다. 공작기계나 펌프 등에서 많이 사용하는 각속도의 단위는 rpm인데 이것은 분당 회전수(rev/min)

를 나타낸다. 한 바퀴는 2π(rad)이므로 N(rpm)은 $\frac{2\pi N}{60}$(rad/s)이 된다. 직선운동에서의 속도와 마찬가지로 각속도도 양(+) 또는 음(−)의 값을 갖는다. 각속도의 크기를 각속력이라 한다.

4. 각가속도

시간 t_1, t_2에서의 각속도가 각각 ω_1, ω_2라 하면 $\Delta t = t_2 - t_1$ 동안의 평균각가속도는

$$\alpha_{avg} = \frac{\omega_2 - \omega_1}{t_2 - t_1} = \frac{\Delta\omega}{\Delta t}$$

이다. 순간각가속도 α는 Δt가 0으로 접근하는 극한값으로

$$\alpha = \lim_{\Delta t \to 0} \frac{\Delta\omega}{\Delta t} = \frac{d\omega}{dt}$$

이다. 순간각가속도를 일반적으로 각가속도(angular acceleration)라 한다.

설명 회전체의 각속도가 변화하면 각가속도를 갖게 된다. 각가속도의 SI 단위는 rad/s^{2}이다.

5. 등각가속도 운동

각속도가 일정한 운동을 등각가속도 운동이라 하며 병진운동의 등가속도 운동과 회전운동의 등각가속도 운동은 [표 3.3]과 같이 유사한 관계식을 갖는다. 표에서 s_0, v_0, θ_0, ω_0는 각각 $t=0$에서의 위치, 속도, 각위치, 각속도를 나타낸다.

[표 3.3]

병진운동	회전운동
$v = v_0 + at$	$\omega = \omega_0 + \alpha t$
$s = s_0 + v_0 t + \frac{1}{2}at^2$	$\theta = \theta_0 + \omega_0 t + \frac{1}{2}\alpha t^2$
$v^2 - v_0^2 = 2a(s - s_0)$	$\omega^2 - \omega_0^2 = 2\alpha(\theta - \theta_0)$
$s = s_0 + \frac{1}{2}(v_0 + v)t$	$\theta = \theta_0 + \frac{1}{2}(\omega_0 + \omega)t$

6. 병진운동 변수와 회전운동 변수의 관계

(1) 속력 : 회전체의 각속력이 ω일 때 회전축으로부터 r만큼 떨어진 점에서의 (선)속력은 다음과 같다.

$$v = r\omega$$

(2) 가속도 : 회전체의 각가속도가 α일 때 회전축으로부터 r만큼 떨어진 점에서의 가속도의 각도 방향 성분(접선 성분)을 a_t, 회전축을 향하는 반경 방향 성분을 a_r로 하면

$$a_t = r\alpha, \quad a_r = \frac{v^2}{r} = r\omega^2$$

이다.

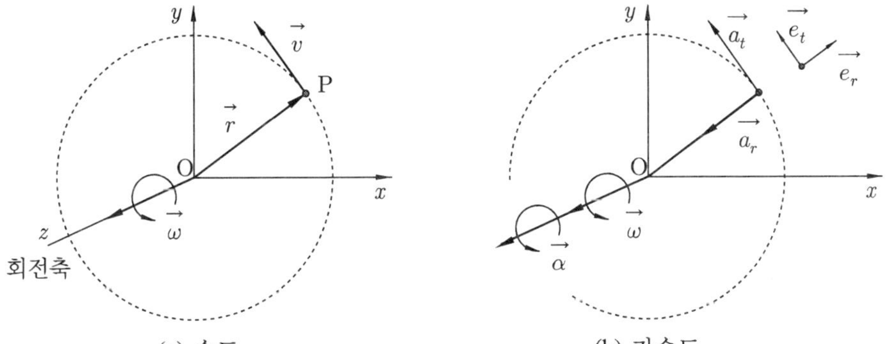

[그림 3.33]

설명 (1) 각속도 $\vec{\omega}$로 회전하는 강체에서 회전축으로부터의 위치가 $\vec{r}$인 점에서의 (선)속도는

$$\vec{v} = \vec{\omega} \times \vec{r}$$

이다. 여기에서 속도의 크기를 스칼라로 나타내면 $v = \omega r$이 된다.

(✱회전축으로부터 r만큼 떨어진 질점이 θ만큼 회전하면 질점의 이동거리는 원호의 길이인

$$s = r\theta$$

이다. 이 식을 시간 t에 대해 미분하면

$$\frac{ds}{dt} = r\frac{d\theta}{dt} = r\omega$$

$$\therefore\ v = r\omega$$

가 된다.)

(2) 가속도는 속도를 시간에 대해 미분한 것으로

$$\vec{a} = \frac{d\vec{v}}{dt} = \frac{d}{dt}(\vec{\omega}\times\vec{r}) = \frac{d\vec{\omega}}{dt}\times\vec{r} + \vec{\omega}\times\frac{d\vec{r}}{dt}$$

이다. 여기에서 $d\vec{\omega}/dt = \vec{\alpha}$, $d\vec{r}/dt = \vec{v} = \vec{\omega}\times\vec{r}$ 이므로

$$\vec{a} = \vec{\alpha}\times\vec{r} + \vec{\omega}\times(\vec{\omega}\times\vec{r})$$

이 된다. 이 식에서 첫째 항은 가속도 벡터의 접선 성분(각도 방향 성분) $\vec{a_t}$, 둘째 항은 법선 성분(반경 방향 성분) $\vec{a_r}$을 나타낸다.

$$\vec{a_t} = \vec{\alpha}\times\vec{r}$$
$$\vec{a_r} = \vec{\omega}\times(\vec{\omega}\times\vec{r}) = -\omega^2\vec{r}$$

따라서 평면운동에서 가속도 크기를 스칼라 식으로 나타내면

$$a_t = \alpha r,\ a_r = \omega^2 r$$

이다. 반경 방향 가속도는 회전축을 향한다.

(✱각도 방향과 반경 방향의 단위벡터를 각각 $\vec{e_t}$, $\vec{e_r}$로 하면

$$\vec{a_t} = \vec{\alpha}\times\vec{r} = \alpha r\vec{e_t}$$
$$\vec{a_r} = \vec{\omega}\times(\vec{\omega}\times\vec{r}) = -\omega^2 r\vec{e_r}$$

이다.)

7. 질량관성모멘트, 회전운동에너지

기준점(O)으로부터의 거리가 r인 점에서의 질량을 dm이라 할 때 다음과 같이 정의되는 물리량

$$I = \int r^2\,dm\ \ [\text{SI 단위 : kg}\cdot\text{m}^2]$$

을 점 O에 대한 질량관성모멘트(mass moment of inertia), 관성모멘트(moment of inertia)

또는 회전관성(rotational inertia)이라 한다. 각속도 ω로 회전하고 있는 질량관성모멘트 I인 강체의 회전운동에너지는 다음과 같다.

$$E_k = \frac{1}{2} I \omega^2$$

(† 일반 물리학에서는 '회전관성'이란 용어를 주로 사용하고, 기계공학의 동역학에서는 '질량관성모멘트'란 용어를 주로 사용한다.)

설명 어떤 물체가 질량 m_1, m_2, $\cdots$인 여러 입자들로 구성되어 있을 때 물체의 운동에너지는 입자들의 운동에너지의 합으로

$$E_k = \frac{1}{2} m_1 v_1^2 + \frac{1}{2} m_2 v_2^2 + \cdots = \sum \left(\frac{1}{2} m_i v_i^2 \right)$$

이다. m_i, v_i는 각각 i번째 입자의 질량과 속력을 나타낸다. 물체가 강체인 경우 강체의 각속력 ω는 모든 입자들에 대해 동일하므로 회전축으로부터 각 입자까지의 거리를 r_i라 하면 $v_i = r_i \omega$이다. 이때

$$E_k = \sum \left(\frac{1}{2} m_i v_i^2 \right) = \frac{1}{2} \left(\sum m_i r_i^2 \right) \omega^2$$

이다. 여기에서

$$I = \sum m_i r_i^2$$

으로 정의하면 운동에너지

$$E_k = \frac{1}{2} I \omega^2$$

이다. 물체가 유한한 개수의 입자로 구성되어 있을 때는 $I = \sum m_i r_i^2$으로 관성모멘트를 구할 수 있다. 그러나 물체가 물질의 연속적인 분포로 되어 있다면 다음과 같이 무한히 작은 질량요소 dm에 대한 관성모멘트 $r^2 dm$을 물체 전체에 대해 적분하여 구한다.

$$I = \int r^2 \, dm$$

[표 3.4]에 몇 가지 물체들의 질량중심(G)을 지나는 축에 대한 관성모멘트를 나타내었다.

[표 3.4] 질량관성모멘트(회전관성)

물체	질량관성모멘트
1. 원통셸(속이 빈 원기둥) 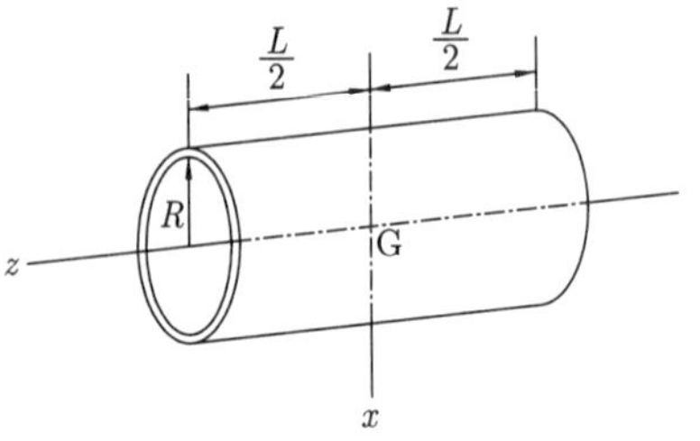	$I_x = \frac{1}{2}mR^2 + \frac{1}{12}mL^2$ $I_z = mR^2$
2. 원통(속이 찬 원기둥) 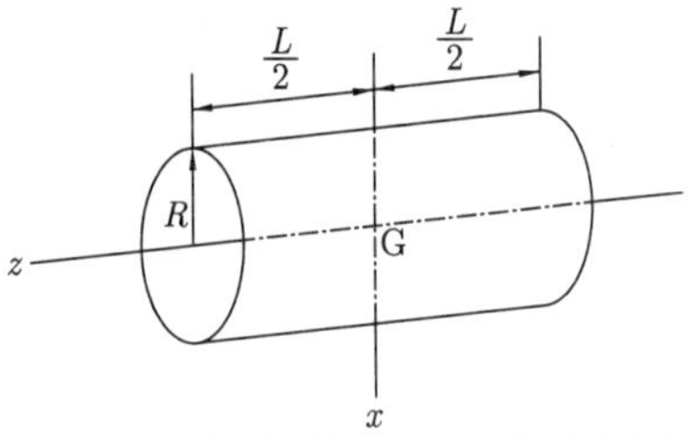	$I_x = \frac{1}{4}mR^2 + \frac{1}{12}mL^2$ $I_z = \frac{1}{2}mR^2$
3. 직육면체(직사각 기둥) 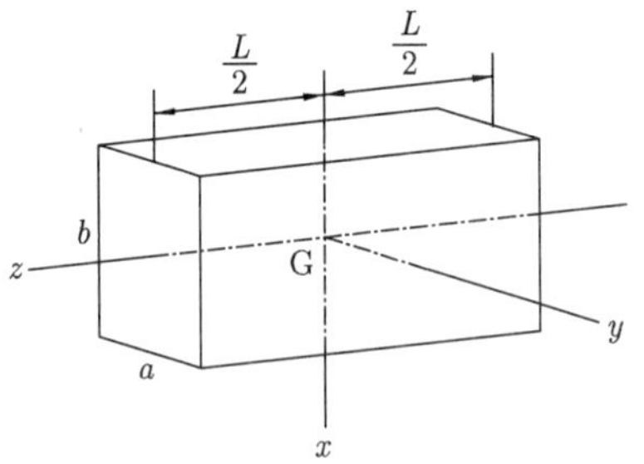	$I_x = \frac{1}{12}m(a^2 + L^2)$ $I_y = \frac{1}{12}m(b^2 + L^2)$ $I_z = \frac{1}{12}m(a^2 + b^2)$
4. 구형(sphere) 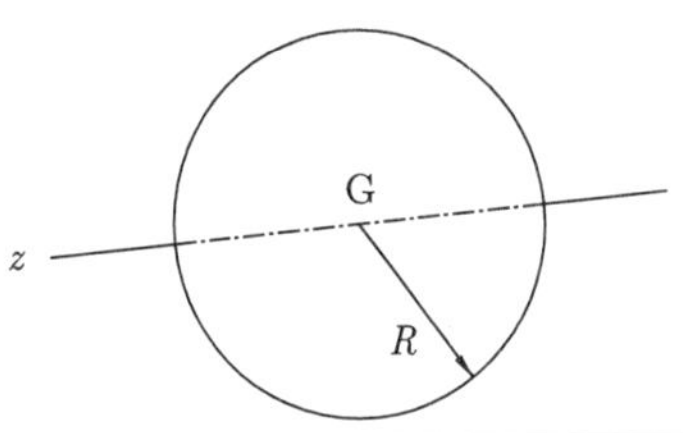	(1) 구형셸(속이 빈 구 껍질) $I_z = \frac{2}{3}mR^2$ (2) 구(속이 찬 구) $I_z = \frac{2}{5}mR^2$
5. 가는 막대 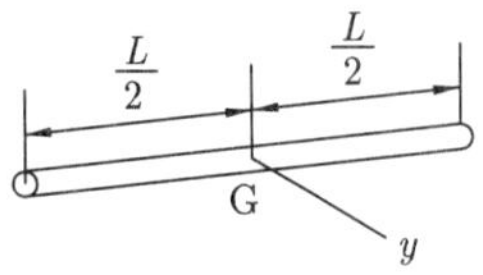	$I_y = \frac{1}{12}mL^2$

∗ 평행축 정리 : 회전축(O)이 물체의 질량중심을 지나는 축(C)과 평행하고 회전축으로부터 질량중심까지의 수직거리가 h일 때 질량관성모멘트

$$I_O = I_C + mh^2$$

이다. 여기에서 m은 물체의 질량이고, I_C는 물체의 질량중심을 지나는 회전축에 대한 관성모멘트이다. 관성모멘트는 힘의 모멘트와 마찬가지로 반드시 기준축이 있다. I_O는 축 O를 기준으로 한 것을 나타낸다. 질량 m, 반지름 R인 속이 찬 구의 중심을 지나는 축에 대한 관성모멘트 $I_C = \frac{2}{5}mR^2$이다. 중심으로부터 구 표면까지의 거리는 R이므로 구 표면에 접하는 축에 대한 관성모멘트

$$I = I_C + mh^2 = \frac{2}{5}mR^2 + mR^2 = \frac{7}{5}mR^2$$

이 된다.

8. 회전반경

관성모멘트 I인 축에 대한 질량 m의 회전반경(radius of gyration, 자이로 반경) k는 다음과 같이 정의된다.

$$k = \sqrt{\frac{I}{m}} \quad \text{또는} \quad I = mk^2$$

k는 길이의 차원을 갖고 SI 단위는 m이다.

9. 회전에 대한 운동법칙

모멘트($\vec{M}$)에 의해 질량관성모멘트 I의 물체에 발생하는 각가속도 $\vec{\alpha}$는 다음 관계식을 따른다.

$$\boxed{\sum \vec{M} = I\vec{\alpha}}$$

여기에서 I와 $\vec{M}$은 각각 같은 회전축에 대한 질량관성모멘트와 힘의 모멘트이고, $\sum \vec{M}$은 물체에 작용하는 순모멘트(net moment, 알짜 돌림힘)를 나타낸다. 강체가 xy평면에서 회전운동을 할 때 모멘트와 각가속도의 크기를 각각 M, α라 하면

$$\sum M = I\alpha$$

이다. 3차원 공간에서 운동모멘트와 각가속도의 각 성분에 대해 스칼라량으로 표현된 일반적인 운동법칙은 다음과 같다.

$$\sum M_x = I\alpha_x, \ \sum M_y = I\alpha_y, \ \sum M_z = I\alpha_z$$

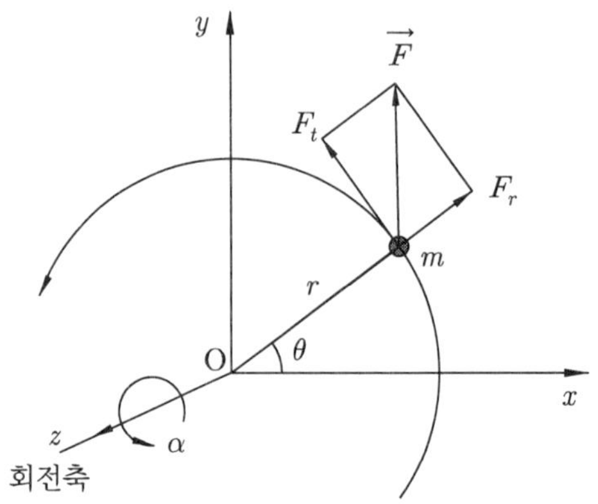

[그림 3.34]

설명 [그림 3.34]와 같이 질량이 없는 길이 r의 막대 끝에 있는 질량 m의 입자를 고려한다. 막대의 한 끝은 지면에 수직인 축에 고정되어 물체는 원 궤도를 따라 회전운동을 할 수 있다. 임의의 힘 $\vec{F}$가 물체에 작용할 때 입자가 원 궤도를 따라 움직일 수 있으므로 힘의 접선 성분 F_t에 의해 접선방향으로 입자가 가속된다. 접선방향의 가속도를 a_t라 하면 뉴턴 제2법칙에 의해

$$F_t = ma_t$$

이다. 여기서 입자에 작용하는 힘의 모멘트 $M = F_t r$이고, 가속도 $a_t = \alpha r$이므로

$$M = F_t r = (ma_t)r = m(\alpha r)r = (mr^2)\alpha$$

$$\therefore \ M = I\alpha$$

이다. 이 식을 물체에 작용하는 힘이 여러 개인 경우로 일반화시키면

$$\sum \vec{M} = I\vec{\alpha}$$

가 된다.

10. 일, 일률

힘의 모멘트(M)에 의해 각위치가 θ_1에서 θ_2로 이동하였을 때 한 일

$$W = \int_{\theta_1}^{\theta_2} M d\theta$$

이다. 모멘트가 일정할 때 각변위 $\Delta\theta = \theta_2 - \theta_1$이면 일

$$W = M\Delta\theta$$

이고, 일률(동력, power) P는 다음과 같다.

$$P = \frac{dW}{dt} = M\frac{d\theta}{dt} = M\omega$$

✱ 병진운동과 회전운동의 관계식을 요약하면 [표 3.5]와 같다. 병진운동의 질량과 힘은 각각 회전운동의 질량관성모멘트와 힘의 모멘트에 대응된다.

[표 3.5]

병진운동(직선운동)		회전운동	
위치	$x(t)$	각위치	$\theta(t)$
속도	$v = \frac{dx}{dt}$	각속도	$\omega = \frac{d\theta}{dt}$
가속도	$a = \frac{dv}{dt} = \frac{d^2x}{dt^2}$	각가속도	$\alpha = \frac{d\omega}{dt} = \frac{d^2\theta}{dt^2}$
질량	m	질량관성모멘트	$I = \int r^2 dm$
운동법칙	$\sum F = ma$	운동법칙	$\sum M = I\alpha$
운동에너지	$E_k = \frac{1}{2}mv^2$	운동에너지	$E_k = \frac{1}{2}I\omega^2$
일	$W = \int F ds$	일	$W = \int M d\theta$
일률	$P = Fv$	일률	$P = M\omega$

† 스칼라량으로 표현할 때 모멘트 기호 M 대신 토크(torque) 기호 T를 사용하여 일률 $P = T\omega$로 많이 나타낸다.

▌예제 3.4.1 시간 $t=0$에서의 각속도 $\omega_0 = -4\,\mathrm{rad/s}$, $\theta_0 = 0$이고, 각가속도 $\alpha = 0.2\,\mathrm{rad/s^2}$으로 회전하는 물체가 있다. 여기서 부호는 반시계 방향을 양(+)으로 잡았다.

(1) 물체가 일시적으로 정지하는 시간을 구하여라.

(2) 물체가 처음 위치로부터 반시계 방향으로 10바퀴 회전하는 데 걸리는 시간을 구하여라.

▶풀이 (1) 처음에 시계 방향으로 회전하는 물체($\omega_0 < 0$)가 점점 반시계 방향으로 가속($\alpha > 0$)되고 있다. 물체가 정지하는 순간에 $\omega = 0$이므로

$$\omega = \omega_0 + \alpha t$$

$$\therefore\ t = \frac{\omega - \omega_0}{\alpha} = \frac{0-(-4)}{0.2} = 20\,(\mathrm{s})$$

(2) 각가속도가 일정할 때 각변위

$$\theta - \theta_0 = \omega_0 t + \frac{1}{2}\alpha t^2$$

에서 $\theta - \theta_0 = 10 \times 2\pi = 20\pi$, $\omega_0 = -4\,\mathrm{rad/s}$, $\alpha = 0.2\,\mathrm{rad/s^2}$을 대입하면

$$20\pi = -4t + \frac{1}{2}\cdot(0.2)t^2$$

$$t^2 - 40t - 200\pi = 0$$

$$\therefore\ t = 20 + \sqrt{20^2 + 200\pi} = 52.07\,(\mathrm{s})\quad (\because\ t > 0)$$

이다.

▌예제 3.4.2 정지상태로부터 일정한 각가속도로 가속되어 20초 후에 물체의 각속도가 $4\,\mathrm{rad/s}$가 되었다. 회전축으로부터 $5\,\mathrm{m}$ 떨어진 지점에서의 접선 방향 가속도의 크기를 구하여라.

▶풀이 각가속도가 일정할 때 가속도의 접선 성분

$$a_t = r\alpha = r\cdot\frac{\omega - \omega_0}{t} = 5\,\mathrm{m}\cdot\frac{(4-0)\mathrm{rad/s}}{20\mathrm{s}} = 1\,\mathrm{m/s^2}$$

▌예제 3.4.3 일정한 속도로 회전하고 있는 강체에서 회전축으로부터 $10\,\mathrm{m}$ 떨어진 지점의 반경 방향 가속도의 크기가 $40\,\mathrm{m/s^2}$일 때 강체의 각속도를 구하여라.

▶**풀이** 각속도가 일정할 때

$$a_r = r\omega^2$$

$$\therefore\ \omega = \sqrt{\frac{a_r}{r}} = \sqrt{\frac{40(\mathrm{m/s^2})}{10\,\mathrm{m}}} = 2\,\mathrm{rad/s}$$

▌예제 3.4.4 질량 $M = 4\,\mathrm{kg}$, 반지름 $R = 10\,\mathrm{cm}$인 원판에 $m = 2\,\mathrm{kg}$인 물체가 원판의 테두리에 감긴 줄로 연결되어 있다([그림 3.35]). m의 무게에 의해 원판의 중심을 지나는 지면에 수직한 축에 대하여 원판이 회전할 때 다음을 구하여라. 단, 줄은 미끄러지지 않으며 회전축과 원판 사이에 마찰은 없다.

(1) 원판의 각가속도

(2) 줄에 걸리는 장력

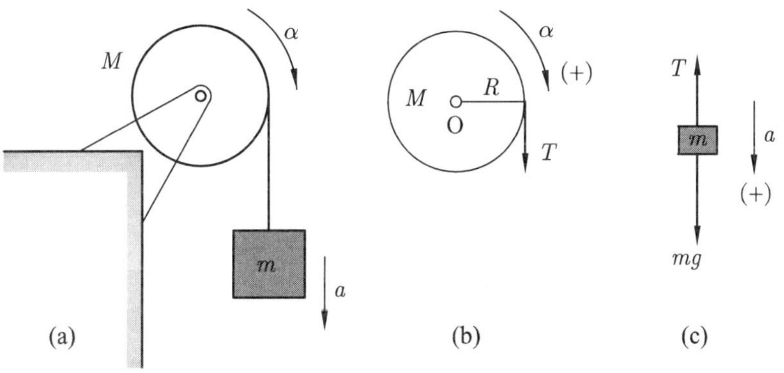

[그림 3.35]

▶**풀이** (a)와 같이 m이 연직 아래 방향으로 낙하하면 원판은 시계 방향으로 회전하게 되므로, 가속도 a는 연직 아래 방향을 (+), 각가속도 α는 시계 방향을 (+)로 잡는다. 줄에 걸리는 장력 T는 M에서는 아래 방향, m에서는 위 방향으로 작용한다.

(b)에서 원판의 중심(O)에 대한 관성모멘트 $I_O = MR^2/2$, 모멘트 $M_O = TR$이므로 원판에 대하여 운동법칙($\sum Moment = I\alpha$)을 적용하면

$$M_O = I_O\,\alpha,\ \ TR = \left(\frac{MR^2}{2}\right)\alpha$$

$$\therefore\ T = \frac{MR\alpha}{2} = \frac{Ma}{2}\ \ (\because\ a = R\alpha) \qquad \cdots ①$$

이다. 그리고 (c)에서 운동법칙($\sum F = ma$)을 적용하면

$$mg - T = ma \qquad \cdots ②$$

이다. ①의 T를 ②에 대입하여 a를 구하면

$$a = \frac{mg}{m + M/2} = \frac{2 \cdot (9.8)}{2 + 4/2} = 4.9\,(\mathrm{m/s^2})$$

이고, 각가속도

$$\alpha = \frac{a}{R} = \frac{4.9}{0.1} = 49\,(\mathrm{rad/s^2})$$

이 된다. 그리고 줄에 걸리는 장력

$$T = \frac{1}{2}Ma = \frac{1}{2} \cdot (4) \cdot (4.9) = 9.8\,(\mathrm{N})$$

이다.

▌예제 3.4.5 질량 M, 길이 L인 가느다란 막대의 한 끝을 지나고 막대에 수직인 축에 대한 막대의 질량관성모멘트를 구하여라.

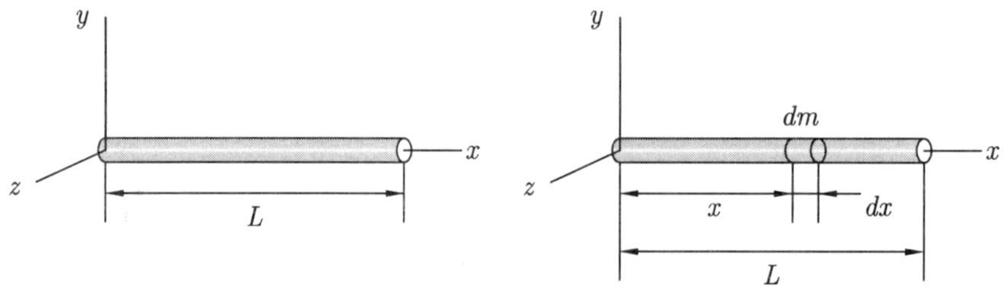

[그림 3.36]

▶풀이 두께를 무시할 수 있는 가느다란 막대의 단위 길이당 질량은 M/L이다. [그림 3.36]과 같이 길이 dx의 미소질량 요소 dm을 선정하면

$$dm = \frac{M}{L}dx$$

$$\therefore\ I_y = \int x^2\,dm = \int_0^L x^2 \cdot \frac{M}{L}dx = \frac{M}{L}\int_0^L x^2 dx$$

$$= \frac{M}{L}\left[\frac{1}{3}x^3\right]_0^L = \frac{ML^2}{3}$$

이다.

예제 3.4.6 질량관성모멘트가 $4\,\text{kg}\cdot\text{m}^2$인 물체가 $20\,\text{rad/s}$의 각속도로 회전하고 있을 때 물체가 가지고 있는 운동에너지를 구하여라.

▶**풀이** 회전운동에너지

$$E_k = \frac{1}{2}I\omega^2 = \frac{1}{2}\cdot(4\,\text{kg}\cdot\text{m}^2)\cdot(20/\text{s})^2$$
$$= 800\,\frac{\text{kg}\cdot\text{m}^2}{\text{s}^2} = 800\left(\text{kg}\cdot\frac{\text{m}}{\text{s}^2}\right)\cdot\text{m}$$
$$= 800\,\text{N}\cdot\text{m} = 800\,\text{J}$$

[*각도(rad)는 단위가 없으므로 각속도의 SI 단위는 1/s이다.]

예제 3.4.7 지름 200mm의 도르래의 원주에 4kN의 힘이 작용하여 300rpm의 회전속도로 동력을 전달하고 있다. 회전축에 걸리는 모멘트와 전달동력을 구하여라.

▶**풀이** 회전축으로부터 힘의 작용선까지의 거리는 도르래의 반지름이므로 축에 걸리는 모멘트

$$M = Fr = (4\times10^3\text{N})\cdot\left(\frac{200\times10^{-3}\text{m}}{2}\right) = 400\,\text{N}\cdot\text{m}$$

이고, 동력

$$P = M\omega = (400\text{N}\cdot\text{m})\cdot\left(\frac{2\pi\times300}{60\text{s}}\right) = 12570\,\text{W} = 12.57\,\text{kW}$$

이다. [*회전속도 N(rpm)일 때 각속도 $\omega = 2\pi N/60\,(\text{rad/s})$]

연습문제 3.4

1. 자동차 바퀴가 3000 rpm 으로 회전하고 있다. 바퀴의 각속도(rad/s)와 회전축으로부터 20 cm 떨어진 지점의 (선)속력(m/s)을 구하여라.

2. 2000 rpm 으로 회전하고 있는 바퀴가 일정한 각가속도로 감속되어 30초 후에 정지하였다. 바퀴가 정지할 때까지 굴러간 회전수(rev)를 구하여라.

3. 질량 m_1, m_2의 두 물체가 미끄러짐이 없는 도르래를 지나는 줄로 연결되어 있다. 도르래는 속이 찬 원판(disk)형이며 도르래와 회전축 사이에 마찰이 없고, m_2와 바닥 사이에도 마찰이 없다. m_1의 무게에 의해 가속도 $a = g/2$의 등가속도 운동을 할 때 아래쪽 줄에 걸리는 장력 $T_1 = 40\,\mathrm{N}$이고 위쪽 줄에 걸리는 장력 $T_2 = 20\,\mathrm{N}$이다. 도르래와 물체의 질량(kg)을 구하여라.

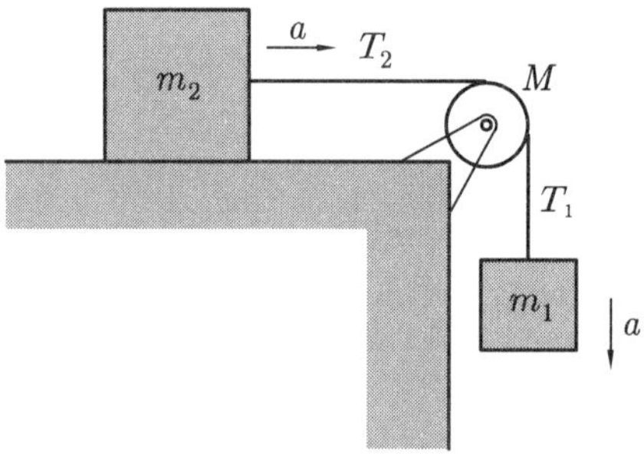

[문제 3.4.3]

4. 일정한 각속도 10 rad/s 로 회전하고 있는 강체에서 회전축으로부터 80 cm 떨어진 지점의 반경 방향 가속도($\mathrm{m/s^2}$)의 크기를 구하여라.

5. 지름 60 cm 의 바퀴가 0.4 $\mathrm{rad/s^2}$ 으로 감속되어 감속이 시작된 지 10회전 후에 정지하였다. 바퀴 테두리의 접선 방향 가속도($\mathrm{m/s^2}$)와 처음 각속도(rad/s)를 구하여라.

6. 경사각 $\theta = 30°$인 경사면에서 중력에 의해 농구공이 굴러 내려가고 있다. 공이 정지상태에서 출발하였을 때 경사면을 따라 10 m 지점을 지날 때의 공의 속력을 구하여라.

단, 농구공은 미끄러지지 않으며 공의 속은 비어 있다. (✱공의 질량을 m, 반지름을 R이라 하면 공의 중심에 대한 관성모멘트는 $2mR^2/3$이고 평행축 정리는 $I = I_C + mh^2$이다.)

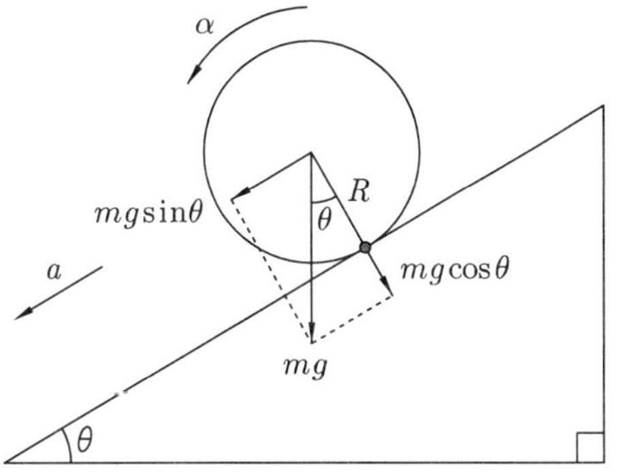

[문제 3.4.6]

7. 질량 M, 반지름 R인 구와 원판의 중심축에 대한 관성모멘트는 kMR^2(k는 상수)으로 쓸 수 있다. 구 또는 원판이 높이 h의 경사면에서 정지상태로부터 출발하여 미끄럼 없이 굴러 내려갈 때 최종 속력을 구하여라. (✱회전운동에너지 $E_k = I\omega^2/2$이다.)

8. 질량관성모멘트 $0.2\,\text{kg}\cdot\text{m}^2$인 물체에 $12\,\text{N}\cdot\text{m}$의 모멘트를 일정하게 가하면 물체의 각가속도는 얼마가 되는가? 질량관성모멘트와 힘의 모멘트의 기준축은 같다.

9. 질량관성모멘트 $0.4\,\text{kg}\cdot\text{m}^2$인 물체가 $100\,\text{rad/s}$로 회전하고 있을 때 운동에너지는 몇 J인가?

10. 4000 rpm으로 회전하는 자동차 엔진에 걸리는 모멘트가 $100\,\text{N}\cdot\text{m}$이면 전달동력은 몇 kW인가?

11. 질량 m, 반지름 R인 균일한 재질의 구의 중심을 지나는 축에 대한 회전반경을 구하여라.

제4장 재료역학

4.1 응력과 변형률

4.2 보의 내력과 굽힘응력 및 처짐

4.1 응력과 변형률

정역학과 동역학에서는 물체가 힘을 받아도 변형되지 않는 강체(rigid body)로 생각하고 평형방정식이나 운동방정식을 적용하였다. 그러나 실제로 사용하는 물체는 힘에 의해 변형된다. 따라서 모든 기계나 구조물을 구성하는 요소(부품)들은 외부에서 작용하는 힘(외력)을 받고 있으므로 이와 같은 힘과 변형의 관계를 아는 것이 중요하다. 기계공학의 기본 과목 가운데 하나인 재료역학에서는 변형되는 재료가 힘을 받았을 때 생기는 응력과 변형을 주로 다룬다. 재료역학은 고체역학 또는 재료강도학이라고도 한다.

1. 작용상태에 따른 하중의 분류

(1) 인장하중(tensile load) : 재료를 양쪽에서 잡아당기도록 작용하는 하중
(2) 압축하중(compressive load) : 재료를 양쪽에서 누르도록 작용하는 하중
(3) 전단하중(shearing load) : 재료를 미끄러뜨려서 자르도록 작용하는 하중
(4) 굽힘하중(bending load) : 재료가 휘어지도록 작용하는 하중
(5) 비틀림하중(torsional load) : 재료가 비틀어지도록 작용하는 하중

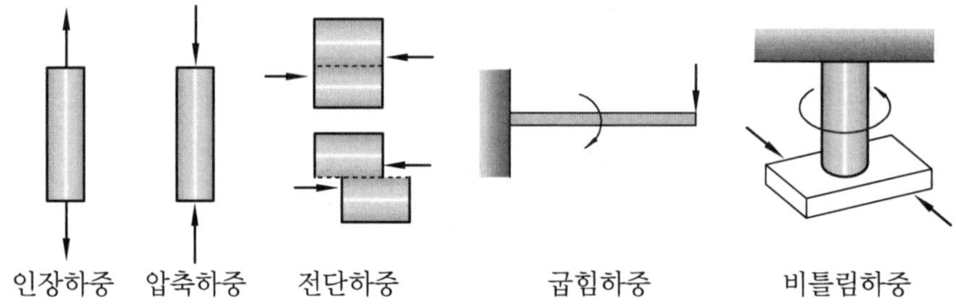

[그림 4.1] 하중의 종류

보충설명 물체에 작용하는 외력을 하중(load, 부하)이라고 하며 하중의 작용상태에 따라 위와 같이 분류한다([그림 4.1]). 여기에서 인장하중과 압축하중을 총칭하여 수직하중 또는 세로하중이라 하고, 전단하중을 가로하중이라고도 한다. 한편 하중이 가해지는 속도에 따라 정하중(static load)과 동하중(dynamic load)으로 나눈다. 정하중은 정지상태에서 변화하지 않는 하중 또는 매우 느린 속도로 조금씩 증가하면서 작용하

는 하중을 말하며, 동하중은 하중이 가해지는 속도가 빠르고 시간에 따라 크기, 방향, 작용점 등이 변하는 하중을 말한다. 동하중에는

(1) 반복하중(repeated load) : 힘의 방향은 변하지 않고 주기적으로 반복하여 작용하는 하중
(2) 교번하중(alternative load) : 힘의 크기와 방향이 주기적으로 변하는 하중
(3) 충격하중(impact load) : 순간적인 매우 짧은 시간에 작용하는 하중

등이 있다.

2. 응력

물체가 외부로부터 힘(외력)을 받으면 물체 내부에는 그 외력에 저항하는 힘이 생기는데 이 저항력을 내력(internal force)이라 하고, 단위 면적당의 내력을 응력(stress)이라 한다.

$$응력 = \frac{내력}{단면적} \quad (\mathrm{SI}\ 단위 : \mathrm{N/m^2})$$

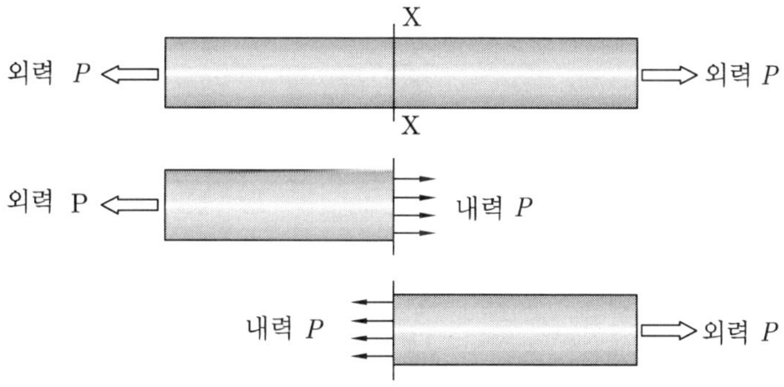

[그림 4.2]

설명 고무줄의 양끝을 손으로 잡아당기면 고무줄도 손의 힘과 같은 크기의 힘으로 손을 당기는 것을 느낄 수 있다. 이와 같이 모든 물체는 외부에서 힘을 작용하면 그 내부에는 이 힘에 저항하는 힘이 생기는데 이것을 내력이라 한다. [그림 4.2]와 같이 단면 X－X를 잘랐을 때 각 단면에는 외력 P와 평형을 이루는 내력 P가 발생한다. 작용-반작용 법칙에 의해 내력은 외력과 크기가 같고, 반대 방향으로 작용하며, 외력을 제거하면 없어진다. 물체에 작용하는 외력에 의해 발생하는 내력은 외력의 증가와 함께 증가하고, 재료가 견딜 수 있는 어느 한도 이상이 되면 외력에 저항할 수

없게 되어 그 재료는 마침내 파괴된다. 같은 크기의 하중이 단면적이 다른 재료에 작용하는 경우 재료에 발생하는 내력은 같다. 그러나 하중이 커질 때 단면적이 큰 재료는 파괴되지 않아도 단면적이 작은 재료는 파괴될 수 있다. 이것은 단면적이 작은 재료는 단위 면적이 지탱해야 할 힘이 커지기 때문이다. 따라서 재료의 강도(strength)를 판단하기 위해서는 재료의 단위 면적당 저항력을 고려해야 하는데 이것을 응력(stress) 또는 응력도(intensity of stress)라 한다. 외력에 의한 재료의 파손이 주 관심사가 되는 재료역학의 주요 물리량은 내력에 의한 응력이라고 할 수 있다. 응력의 단위로는 $\mathrm{N/mm^2}$, MPa 등이 사용된다.

3. 수직응력

재료의 단면에 수직으로 하중이 작용할 때 발생하는 응력을 수직응력(normal stress)이라 하며 인장응력과 압축응력으로 구분한다([그림 4.3]). 재료의 단면적을 A, 하중을 P라 하면 수직응력

$$\sigma = \frac{P}{A}$$

이다.

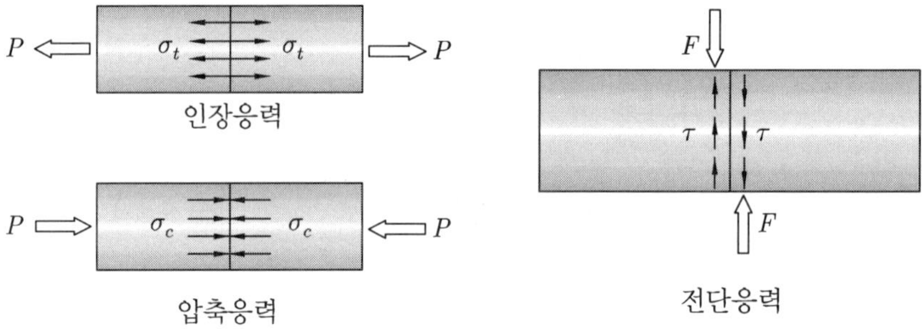

[그림 4.3]

설명 재료의 강도는 하중의 종류에 따라 서로 다르다. 예를 들어 목재는 압축력에는 강하고 인장력에는 상대적으로 약하다. 따라서 수직응력을 두 종류의 응력으로 구분하여 [그림 4.3]과 같이 인장하중과 압축하중에 의해 발생하는 응력을 각각 인장응력(tensile stress), 압축응력(compressive stress)이라 한다. 일반적으로 인장응력을 σ_t, 압축응력을 σ_c로 나타내고, 응력에 부호를 붙여서 계산할 때는 인장응력을 양(+), 압축응력을 음(−)으로 하여 계산한다.

4. 전단응력

재료의 단면에 평행하게 하중이 작용할 때 단면에 발생하는 응력을 전단응력(shear stress)이라 한다([그림 4.3]). 재료의 단면적을 A, 하중을 F라 하면 전단응력

$$\tau = \frac{\text{전단하중}}{\text{전단되는 단면의 면적}} = \frac{F}{A}$$

이다.

설명 재료를 절단하려는 전단하중에 의해 절단면에 발생하는 절단방향의 응력을 전단응력이라 한다. 전단응력은 단면에 평행하게 발생하는 응력이므로 접선응력(tangential stress)이라고도 한다. [그림 4.3]에서 재료를 가로방향으로 미끄러뜨려서 자르도록 작용하는 전단하중 F가 단면적 A에 작용하면 전단응력 $\tau = F/A$이다.

5. 변형률

하중에 의한 재료의 변형량과 원래 치수와의 비를 변형률(strain)이라 한다.

$$\text{변형률} = \frac{\text{변형량}}{\text{처음 치수}}$$

변형률에는 세로변형률, 가로변형률, 전단변형률이 있다.

설명 재료에 외력이 가해지면 내부에 응력이 발생하고, 이에 따라 재료를 구성하는 원자나 분자의 상대적 위치가 변화하여 재료가 변형된다. 변형된 양은 물체의 크기에 따라 다르며, 같은 응력이 발생하는 경우에는 큰 물체일수록 변형량이 커진다. 따라서 변형량과 원래 치수와의 비를 정의하여 사용한다. 변형률은 차원이 없는 무차원량이다.

6. 세로변형률, 가로변형률

(1) 세로변형률(longitudinal strain) : 재료에 축방향으로 수직하중을 가할 때 일어나는 축방향의 변형량을 재료의 처음 길이로 나눈 것을 세로변형률 또는 수직변형률이라 한다. 재료의 처음 길이와 하중을 받은 후의 나중 길이를 각각 l_0, l로 하면 세로변형률

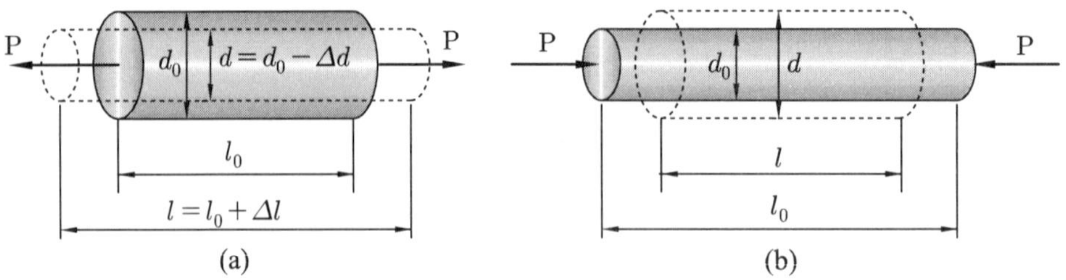

[그림 4.4]

ϵ은 다음과 같다.

$$\epsilon=\frac{l-l_0}{l_0}=\frac{\Delta l}{l_0}$$

여기에서 $\Delta l=l-l_0$는 축방향의 재료의 변형량을 나타낸다([그림 4.4(a)]).

(2) 가로변형률(lateral strain) : 재료에 축방향으로 수직하중을 가할 때 일어나는 가로방향의 변형량을 가로방향의 처음 치수로 나눈 것을 가로변형률 또는 횡방향변형률(transverse strain)이라 한다. 하중을 받기 전의 재료의 처음 굵기를 d_0, 변형 후의 굵기를 d로 하면 가로변형률 ϵ'은 다음과 같다.

$$\epsilon'=\frac{d-d_0}{d_0}=\frac{\Delta d}{d_0}$$

여기에서 $\Delta d=d-d_0$는 가로 방향의 재료의 변형량을 나타낸다.

설명 [그림 4.4(a)]와 같이 인장하중을 받으면 재료의 길이가 Δl만큼 늘어난다. 이때의 인장변형률 $\epsilon=\Delta l/l_0$은 양(+)의 값을 갖는다. 반면 (b)와 같이 압축하중을 받으면 수축하기 때문에 Δl은 음(−)의 값을 갖고 압축변형률 $\epsilon=\Delta l/l_0$도 음이 된다. 이와 같이 재료가 수직하중을 받을 때의 인장변형률과 압축변형률을 총칭하여 세로변형률이라 한다. 한편 금속 재료의 밀도는 거의 일정하므로 재료의 축방향(길이 방향)으로 인장하중을 받으면 재료의 길이가 늘어나지만 가로방향으로는 가늘어진다([그림 4.4(a)]). 이와 반대로 압축하중을 받으면 길이가 짧아지고 가로방향으로는 굵어진다([그림 4.4(b)]). 가로변형률 ϵ'은 이와 같은 재료의 가로변형량(Δd)을 처음 지름 d_0로 나눈 값 $\epsilon'=\Delta d/d_0$로 정의한다.

7. 전단변형률

[그림 4.5]와 같이 사각형 요소에 전단하중이 작용하여 상하면에 λ만큼 상대적 변형이 발생하였을 때 양단간의 수직거리를 l이라 하면 전단변형률(shearing strain) γ는 다음과 같이 정의된다.

$$\gamma = \frac{\lambda}{l} = \tan\phi \approx \phi$$

여기에서 각 ϕ를 전단각이라 한다.

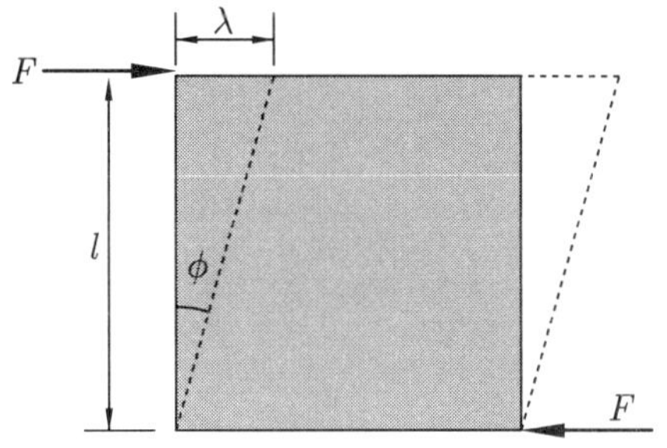

[그림 4.5]

설명 [그림 4.5]와 같이 거리 l만큼 떨어진 두 평형면이 수평방향으로 전단하중을 받아서 사각형 요소가 점선 모양으로 변형되었을 때 λ를 거리 l에 대한 변형량이라 한다. 이와 같은 변형을 미끄럼 변형이라 하며, 단위 길이에 대한 미끄럼 변형을 전단변형률로 정의한다. 여기에서 수평방향으로 λ만큼 변형됨으로써 수직한 면이 ϕ의 각도로 기울어지게 되었다고 할 때 이 각도를 전단각이라 한다. 따라서 전단변형률 $\gamma = \lambda / l = \tan\phi$이고, ϕ가 아주 작을 때 $\tan\phi \approx \phi$로 근사시킬 수 있다.

8. 훅의 법칙, 탄성계수

'재료 내부에 발생하는 응력이 변형률에 정비례한다'는 것을 훅(Hook)의 법칙이라 한다.

$$\text{응력} = \text{비례상수} \times \text{변형률}$$

여기에서 비례상수를 탄성계수(modulus of elasticity)라고 부른다. 탄성계수는 응력과 같은 단위를 갖고 $\mathrm{N/mm^2}$, GPa 등이 많이 사용된다.

[표 4.1] 금속 재료의 탄성계수 : $\mathrm{GPa} = 10^9\,\mathrm{Pa} = 10^9\,\mathrm{N/m^2} = 10^3\,\mathrm{N/mm^2}$

재료	세로탄성계수 E(GPa)	가로탄성계수 G(GPa)
연강(강철)	210	81
경강	210	81 ~ 84
스프링강	210	86
니켈강	205	82
주강	215	83
주철	100	38
황동	80	29
청동	79	28
알루미늄	70 ~ 79	26 ~ 30
두랄루민	71	26

설명 힘을 받으면 변형되고 그 힘을 제거하면 원래 형태로 되돌아가는 물체를 탄성체라 한다. 금속의 경우 응력과 변형률이 작은 영역에서는 대부분 이와 같은 거동을 보인다. 특히 이러한 탄성체 가운데 응력이 변형률에 정비례하는 것을 훅의 탄성체라 한다. 그러나 금속도 응력이나 변형률이 어느 한도를 넘어서면 영구 변형 등을 동반하는 소성 등의 성질이 나타나므로, 이때는 훅의 탄성체로 취급할 수 없다. 탄성체를 주로 취급하는 기초적인 재료역학에서는 비례한도 내에서의 문제를 주로 다룬다. 따라서 훅의 법칙은 재료역학 및 탄성학의 기초가 되는 기본적인 법칙 중의 하나이다. 탄성계수에는 세로탄성계수, 가로탄성계수 등이 있고, 재료마다 다른 값을 갖는다. [표 4.1]에 몇 가지 금속재료에 대한 탄성계수의 값을 나타내었다.

9. 세로탄성계수

인장 또는 압축하중을 받을 때 발생하는 수직응력 σ와 축방향의 변형률 ϵ과의 비를 세로탄성계수(modulus of longitudinal elasticity) 또는 영계수(Young's modulus)라 하고 일반적으로 E로 표시한다.

$$E = \frac{\sigma}{\epsilon} \qquad \therefore\ \sigma = E\epsilon$$

예 세로탄성계수 E, 길이 L, 단면적 A의 재료에 축방향하중 P를 가했을 때의 변형량 ΔL은 다음과 같이 계산된다. 응력과 변형률의 정의에 의해

$$\sigma = \frac{P}{A}, \quad \epsilon = \frac{\Delta L}{L}$$

이고, $\sigma = E\epsilon$이므로

$$\frac{P}{A} = E \cdot \frac{\Delta L}{L}$$

$$\therefore \ \Delta L = \frac{PL}{AE}$$

* 일반적으로 훅의 법칙을 $\sigma = E\epsilon$으로 많이 나타내며, 세로탄성계수 E는 응력-변형률 선도에서 비례한도 이내의 직선 부분의 기울기가 된다. 금속과 같이 탄성변형을 일으키는 데 큰 응력이 요구되는 재료는 큰 세로탄성계수 값을 갖고, 고무와 같이 잘 늘어나는 재료는 작은 값을 갖는다. 강철의 세로탄성계수는 약 210 GPa이다.

10. 전단탄성계수(가로탄성계수)

전단하중을 받을 때 발생하는 전단응력 τ와 전단변형률 γ와의 비를 전단탄성계수(modulus of elasticity in shear), 가로탄성계수(modulus of lateral elasticity) 또는 강성계수(modulus of rigidity)라 하고 일반적으로 G로 표시한다.

$$G = \frac{\tau}{\gamma} \quad \therefore \ \tau = G\gamma$$

예 [그림 4.6]과 같이 거리 L만큼 떨어진 단면적 A의 두 면에 전단하중 F가 작용하였을 때 발생하는 미끄럼 변형량 λ와 전단각 ϕ는 다음과 같이 계산된다. 전단응력과 전단변형률의 정의에 의해

$$\tau = \frac{F}{A}, \quad \gamma = \frac{\lambda}{L}$$

이고, $\tau = G\gamma$이므로

$$\frac{F}{A} = G \cdot \frac{\lambda}{L} \quad \therefore \ \lambda = \frac{FL}{AG}$$

이다. 여기에서 전단각 ϕ가 작을 때 $\lambda / L = \tan\phi \approx \phi$이므로

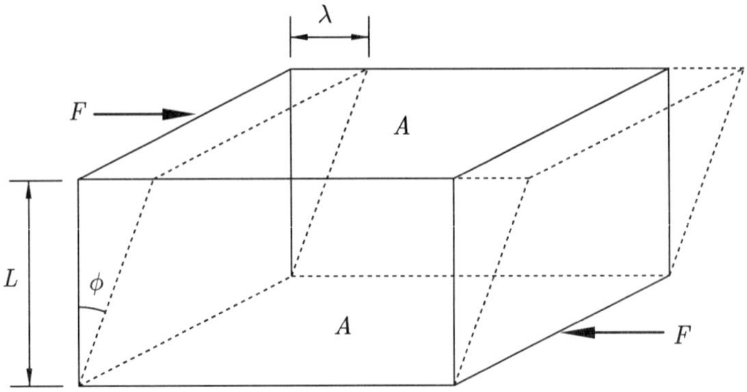

[그림 4.6]

$$\phi = \frac{F}{AG}$$

이다.

11. 푸아송비, 푸아송수

가로변형률을 ϵ', 세로변형률을 ϵ이라 하면 푸아송비(Poisson's ratio) ν는 다음과 같이 정의된다.

$$\nu = \left| \frac{\epsilon'}{\epsilon} \right| = -\frac{\epsilon'}{\epsilon}$$

푸아송비의 역수 $m = \frac{1}{\nu} = \left| \frac{\epsilon}{\epsilon'} \right|$을 푸아송수(Poission's number)라 한다.

설명 [그림 4.4]와 같이 수직하중을 받으면 세로와 가로방향으로의 변형이 동시에 발생한다. 실험에 의하면 세로변형률 ϵ과 가로변형률 ϵ'의 비는 응력이 어느 한계 값 이하일 때는 각 재료마다 고유의 값을 갖는다는 것이 알려져 있다. 이에 따라 푸아송비를 정의하였고, 이것은 탄성계수와 함께 중요한 재료 상수로 사용되고 있다. 세로변형률과 가로변형률의 부호가 서로 반대이기 때문에 ϵ'/ϵ은 음(−)의 부호를 갖는다. 그런데 실제로 각각의 변형률은 절댓값을 많이 사용하므로 일반적으로 ϵ'/ϵ의 부호는 무시하며 푸아송비 $\nu = |\epsilon'|/|\epsilon|$으로 정의하여 사용한다. 일반적으로 금속 재료인 경우 ν의 범위는 $0.25 \sim 0.35$ 정도이다. 푸아송비의 이론적 최댓값은 0.5이고, 고무의 값이 이에 가깝다. 몇 가지 재료에 대한 푸아송비를 [표 4.2]에 나

타내었다. (✱푸아송비가 언제나 [표 4.2]의 값으로 일정한 것은 아니다. 응력과 변형률이 작을 때 일정한 값을 갖지만 재료의 변형률이 어느 한계 값을 넘어서면 푸아송비가 변한다.)

[표 4.2] 푸아송비

재료	ν	재료	ν
알루미늄	0.33	경강	0.3
황동	0.34	니켈	0.3
청동	0.34	금	0.42
주철	0.2 ~ 0.3	납	0.45
연강	0.27 ~ 0.30	고무	0.45 ~ 0.5

† 재료의 세로탄성계수 E, 가로탄성계수 G, 푸아송비 ν는 이론적으로 다음과 같은 관계를 갖는다.

$$G = \frac{E}{2(1+\nu)}$$

이 관계식으로부터 어느 한 값을 알면 다른 값을 구할 수 있다. 여기에서 $\nu > 0$이므로 E의 값은 G의 값보다 두 배 이상이라는 것을 알 수 있다.

[재료의 성질] 응력-변형률 선도

인장, 압축, 굽힘하중 등과 같은 외력에 대하여 재료가 저항하는 성질을 재료의 기계적 성질이라 한다. 기계적 성질에는 인장강도, 항복강도, 굽힘강도, 비틀림강도, 경도 등이 있고, 재료시험은 이러한 재료의 기계적 성질을 조사하는 것이다. 정하중하에서의 재료 강도 시험법에는 인장시험, 굽힘시험, 비틀림시험, 경도시험 등이 있다. 응력-변형률 선도(stress-strain diagram)는 재료의 성질을 설명하는 가장 기본적인 것 중의 하나인데 이 선도는 인장시험을 통하여 얻어진다.

[그림 4.7]과 같은 원형 단면의 봉에 인장하중을 가하고 이 봉의 길이방향과 가로방향의 변화를 실험적으로 측정한다. 시험편의 지름 $D = 14\,\text{mm}$, 표점거리 $L = 50\,\text{mm}$, 평행부의 길이 $P \approx 60\,\text{mm}$, 어깨부의 반지름 $R = 15\,\text{mm}$ 이상으로 한다. 시험편에 걸리는 하중을 시험편의 단면적으로 나눈 응력(σ)을 구하고, 처음의 시험편에 표시해둔 표점길이 L에 대하여 하중이 가해짐에 따라 늘어난 길이 ΔL과의 비(변형률 ϵ)를 구한 후 σ와 ϵ의 관계를 선도

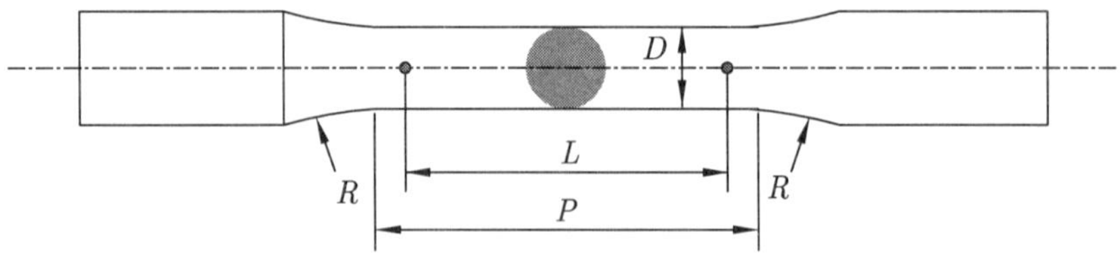

[그림 4.7]

로 나타내면 재료의 응력과 변형률의 관계를 알 수 있다. 이와 같이 구한 응력-변형률 선도는 재료의 특성을 설명하는 데 있어서 유용하게 사용된다. 한편 응력에는 기준이 되는 면적에 따라 다음과 같은 공칭응력과 진응력이 있다.

(1) 공칭응력(normal stress) : 일반적으로 인장하중을 가하면 단면적이 감소하지만 이 감소량이 아주 작으므로 하중 P를 처음 단면적 A_0로 나눈 응력

$$\sigma = \frac{P}{A_0}$$

를 공칭응력 또는 공업응력이라 한다. 설계에서 일반적으로 많이 사용하는 것은 공칭응력이다.

(2) 진응력(true stress, 실제응력) : 하중에 의해 변형된 상태의 단면적 A'으로부터 구한 응력

$$\sigma_t = \frac{P}{A'}$$

를 진응력이라 한다.

[그림 4.8]은 연강의 응력-변형률 선도이다. 그림에서 점선은 진응력과 변형률의 관계를 나타내고, 실선은 공칭응력과 변형률의 관계를 나타낸다. 일반적으로 재료의 기계적 성질을 나타낼 때 공칭응력-변형률 선도를 많이 사용하므로 이 선도를 통하여 재료의 기계적 성질을 알아본다.

(1) OB 구간 : 변형률이 작을 때 점 A까지는 응력이 변형률에 비례하여 증가하므로 점 A의 응력을 비례한도(proportional limit)라 한다. 그리고 점 A보다 약간 더 큰 응력 B까지는 가한 하중을 제거하면 재료가 처음 상태로 되돌아온다. 이러한 재료의 성질을 탄성(elasticity)이라 하고, 점 B의 응력을 탄성한도(elastic limit)라 한다. 대부분의 재료에서는 비례한도와 탄성한도의 값이 거의 같다.

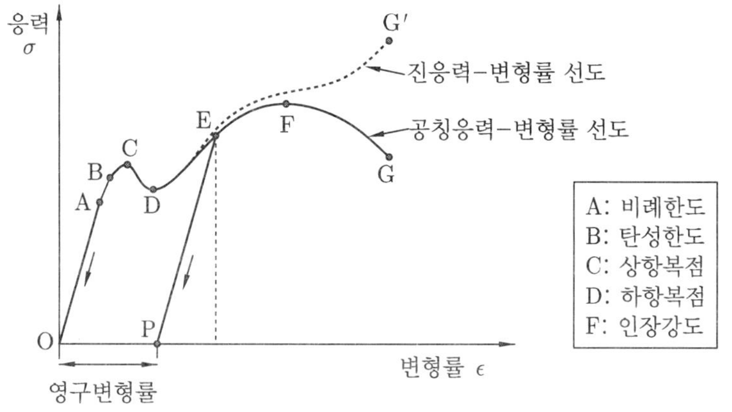

[그림 4.8]

(2) CD 구간 : 응력이 점 B를 지나 점 C에 도달하면 하중을 증가시키지 않아도 변형률이 갑자기 커지면서 점 D에 도달한다. 이러한 현상을 재료의 항복(yield)이라 하고, 점 C, D의 응력을 각각 상항복점(upper yield point), 하항복점(lower yield point)이라 한다.

(3) DF 구간 : 하항복점을 지나 점 E까지 하중을 증가시킨 후 점 E에서 하중을 감소시키면 직선 OA와 거의 평행한 선 EP를 따라 변화한다. 그리고 하중을 완전히 제거하여도($\sigma = 0$) 시험편에는 점 P에 해당하는 변형률이 남고 처음 상태(O)로 돌아가지 않는다. 이와 같이 응력이 0이 되어도 남아 있는 변형률을 영구변형률(permanent strain) 또는 잔류변형률(residual strain)이라 한다. 영구변형을 일으키는 변형을 소성변형이라 하고 영구변형이 생기는 재료의 성질을 소성(plasticity)이라 한다.

(4) FG 구간 : 공칭응력이 최대가 되는 점 F 부근에서는 시험편에 국부적으로 심한 단면축소 현상(necking 현상)이 일어난다. 따라서 점 F를 지나면 단면적 감소로 인하여 진응력(실제응력)이 급격하게 커진다. 그러나 공칭응력은 서서히 감소하고, 이후 넥킹(necking)이 계속 진행되면 마침내 파단에 이르게 된다(점 G). 여기에서 응력-변형률 선도의 최고점인 점 F의 응력을 극한강도(ultimate strength)라 한다. 극한강도는 인장인 경우 인장강도, 압축인 경우 압축강도, 전단인 경우에는 전단강도라 한다.

인장시험에서 시험값은 다음과 같이 계산한다.

(1) 인장강도(tensile strength) : 시험편이 파단될 때까지 걸리는 최대인장하중 $P_{\max}$을 시험편의 원단면적 A_0로 나눈 값을 인장강도($\sigma_{\max}$)라 한다.

$$\sigma_{max} = \frac{P_{max}}{A_0}$$

(2) 항복강도(yield strength) : 항복점의 하중값 P_y를 시험편의 원단면적 A_0로 나눈 값을 항복강도(σ_y)라 한다.

$$\sigma_y = \frac{P_y}{A_0}$$

(3) 연신율(elongation ratio), 단면수축률 : 시험편이 파괴되기 직전의 표점거리 L_1과 원표점 거리 L_0와의 차이 $L_1 - L_0$를 변형량이라 하고, 변형량을 원표점 거리에 대한 백분율로 나타낸 것을 연신율(ε) 또는 신장률이라 한다.

$$\varepsilon = \frac{L_1 - L_0}{L_0} \times 100(\%)$$

시험편이 파괴되기 직전의 최소단면적 A_1과 시험 전의 원단면적 A_0의 차이 $A_0 - A_1$이 단면변형량이고, 단면변형량을 원단면적에 대한 백분율로 나타낸 것을 단면수축률(η)이라 한다.

$$\eta = \frac{A_0 - A_1}{A_0} \times 100(\%)$$

연성재료는 인장하중을 받을 때 항복강도점을 지나면서 중앙 부분이 서서히 가늘어지며, 인장강도점을 지나면 [그림 4.9]와 같이 오목하게 넥킹이 일어난 후 파단된다. 연신율과 단면수축률은 재료의 소성변형 능력을 나타내는 척도가 된다.

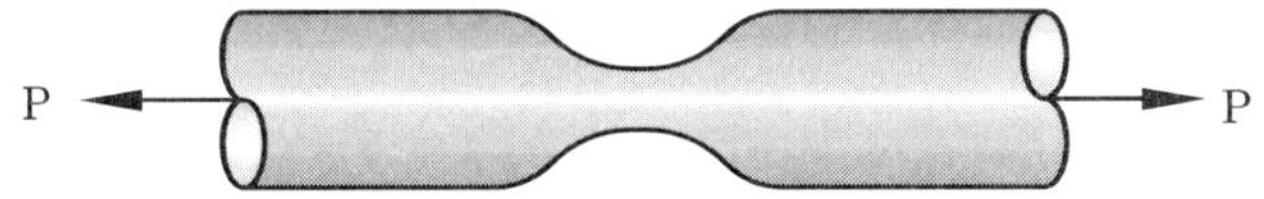

[그림 4.9]

✱ 연강은 [그림 4.8]과 같은 응력-변형률 선도를 보이지만 다른 재료(주철, 합금강, 황동 등)인 경우에는 이와 같은 특성이 나타나지 않는 것이 많다. 즉, 재료마다 독특한 강도 특성을 갖는다고 할 수 있다.

[재료의 성질] 허용응력과 안전율

기계나 구조물이 파손되지 않고 제 기능을 수행하기 위해서는 그것에 생기는 응력이 재료가 지탱할 수 있는 응력을 넘지 않아야 한다. 그 외에 온도나 하중의 종류 등 여러 요인이 복합적으로 영향을 미치므로 기계나 기계요소를 설계할 때는 이러한 요인들을 종합적으로 고려해야 한다.

(1) 사용응력, 허용응력, 설계응력 : 기계나 구조물을 실제로 사용할 때 재료에 발생하는 응력을 사용응력(σ_w, working stress)이라 하고, 재료의 안전성을 생각하여 사용하는 재료에 허용되는 최대 응력을 허용응력(σ_a, allowable stress)이라 한다. 사용응력은 허용응력 이하($\sigma_w \leq \sigma_a$)가 되어야 한다. 한편 기계나 기계요소를 설계할 때 기준으로 사용하는 응력을 설계응력(σ_d, design stress)이라 하며 $\sigma_d \leq \sigma_a$가 된다. 재료의 경제적인 면을 고려하면 사용응력은 설계응력과 같은 것이 이상적이지만 안전을 위하여 실제로는 $\sigma_w \leq \sigma_d$이다. 따라서 세 응력은 다음 관계를 갖는다.

$$\sigma_w \leq \sigma_d \leq \sigma_a$$

(2) 기준강도 : 허용응력을 정할 때 기준이 되는 재료의 기준강도는 재료가 받는 하중의 종류나 사용 환경에 따른 파괴 형식에 바탕을 두고 선정한다. 상온에서 정하중을 받는 경우 기준강도는 극한강도(인장강도, 압축강도, 전단강도)가 되고, 반복하중에서는 피로강도를 기준강도로 한다.

(3) 안전율 : 허용응력은 재료에 따라 여러 가지 사용 조건을 복합적으로 고려해야 하므로 그 값을 정확하게 결정하기가 어렵다. 따라서 재료의 기준강도와 허용응력의 비로 나타내는 안전율(safety factor)을 알맞게 선정하여 결정한다. 기준강도를 σ, 허용응력을 σ_a라 하면 안전율 S는 다음과 같이 정의된다.

$$S = \frac{\sigma}{\sigma_a} \quad \left(\sigma_a = \frac{\sigma}{S}\right)$$

안전율은 기계요소가 위험하게 되는 응력값보다 허용응력을 더 낮게 잡아서 기계요소를 충분히 안전하게 사용할 수 있도록 기계요소를 설계하는 데에 필요한 값이다. 안전율은 1보다 크고, 이 값을 크게 잡을수록 안전하지만 너무 크게 잡으면 경제성이 떨어지게 되므로 많은 경험과 연구에 의해 그 값을 적절히 결정하게 된다.

❙ 예제 4.1.1 [수직응력] 지름 30 mm의 봉에 8 kN의 인장하중이 작용할 때 봉에 발생하는 인장응력은 몇 MPa인가?

▶풀이 인장응력 $\sigma = \dfrac{P}{A} = \dfrac{P}{\pi D^2/4} = \dfrac{4P}{\pi D^2} = \dfrac{4 \cdot (8 \times 10^3 \mathrm{N})}{\pi \cdot (30 \times 10^{-3} \mathrm{m})^2}$

$= 1.132 \times 10^7 \mathrm{N/m^2} = 11.32 \mathrm{MPa}$

❙ 예제 4.1.2 [전단응력] [그림 4.10]과 같은 리벳 이음에서 판에 가한 하중 $F = 2\mathrm{kN}$, 리벳의 지름 $D = 5\mathrm{mm}$일 때 리벳에 발생하는 전단응력은 몇 MPa인가?

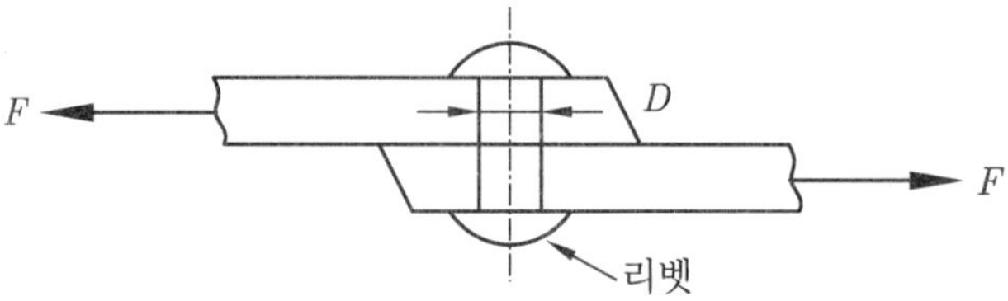

[그림 4.10]

▶풀이 전단응력 $\tau = \dfrac{F}{A} = \dfrac{F}{\pi D^2/4} = \dfrac{4F}{\pi D^2} = \dfrac{4 \cdot (2 \times 10^3 \mathrm{N})}{\pi \cdot (5 \times 10^{-3} \mathrm{m})^2}$

$= 101.86 \times 10^6 \mathrm{N/m^2} = 101.86 \mathrm{MPa}$

❙ 예제 4.1.3 [세로변형률] 길이 1 m의 막대가 인장하중을 받고 길이가 2 mm 늘어났을 때 막대의 세로변형률을 구하여라.

▶풀이 세로변형률 $\epsilon = \dfrac{\Delta l}{l_0} = \dfrac{2 \times 10^{-3} \mathrm{m}}{1 \mathrm{m}} = 2 \times 10^{-3} = 0.2(\%)$

❙ 예제 4.1.4 [세로변형률] 단면적이 일정한 봉을 압축하여 길이가 400 mm가 되었다. 압축에 의한 세로변형률의 크기가 0.01이면 변형 전의 길이는 얼마인가?

▶풀이 변형 전과 후의 길이를 각각 l_0, l로 하면 압축변형률의 크기

$$\epsilon = \frac{l_0 - l}{l_0}$$

이므로 변형 전의 길이

$$\epsilon = \frac{l_0 - l}{l_0} = 1 - \frac{l}{l_0}$$

$$\frac{l}{l_0} = 1 - \epsilon$$

$$\therefore\ l_0 = \frac{l}{1-\epsilon} = \frac{400\,\text{mm}}{1-0.01} = 404.04\,\text{mm}$$

이다.

❙ 예제 4.1.5 [가로변형률] 지름 20 mm인 둥근 봉이 인장하중을 받고 지름이 0.008 mm 줄었다. 봉의 가로변형률을 구하여라.

▶풀이 가로변형률 $\epsilon' = \frac{\Delta d}{d_0} = \frac{-0.008\,\text{mm}}{20\,\text{mm}} = -4 \times 10^{-4} = -0.04\,(\%)$

❙ 예제 4.1.6 [전단변형률] [그림 4.11]과 같이 전단 칼날 사이의 거리가 10 mm인 재료가 칼날에 의한 전단하중을 받고 0.05 mm의 상대적 변위가 발생하였다면 재료의 전단변형률은 얼마인가?

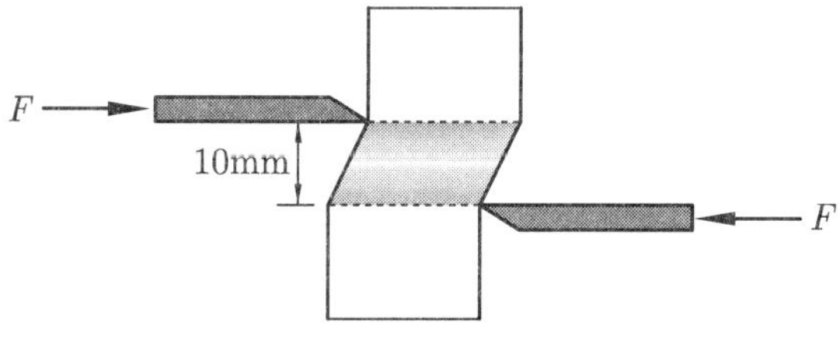

[그림 4.11]

▶풀이 전단변형률 $\gamma = \frac{\lambda}{l} = \frac{0.05\,\text{mm}}{10\,\text{mm}} = 0.005 = 0.5\,(\%)$

❙ 예제 4.1.7 [세로탄성계수] 길이 80 cm, 세로탄성계수 $E = 200\,\text{GPa}$인 연강봉이 300 MPa의 인장응력을 받을 때 늘어난 길이를 구하여라.

▶풀이 훅의 법칙에서

$$\sigma = E\epsilon = E \cdot \frac{\Delta L}{L_0}$$

이므로 늘어난 길이

$$\Delta L = \frac{\sigma L_0}{E} = \frac{(300\times 10^6)\cdot(0.8)}{200\times 10^9} = 1.2\times 10^{-3}(\mathrm{m}) = 1.2(\mathrm{mm})$$

이다.

▌예제 4.1.8 [전단탄성계수] 단면적 $50\,\mathrm{mm}^2$의 재료가 $8\,\mathrm{kN}$의 전단력을 받을 때 전단각이 $0.002\,\mathrm{Rad}$이면 재료의 전단탄성계수는 얼마인가?

▶풀이 전단탄성계수 $G = \frac{\tau}{\gamma} = \frac{F/A}{\gamma} = \frac{F}{\gamma A}$

$$= \frac{8\times 10^3\mathrm{N}}{(2\times 10^{-3})\cdot 50\times(10^{-3}\mathrm{m})^2} = 8\times 10^{10}\frac{\mathrm{N}}{\mathrm{m}^2}$$

$$= 80\,\mathrm{GPa}$$

▌예제 4.1.9 [푸아송비] 지름 $40\,\mathrm{mm}$, 길이 $400\,\mathrm{mm}$인 봉이 인장하중을 받고 길이가 $0.3\,\mathrm{mm}$ 늘어나고, 지름은 $0.01\,\mathrm{mm}$ 줄어들었다. 세로변형률, 가로변형률, 푸아송비를 구하여라.

▶풀이 세로변형률 $\epsilon = \frac{\Delta l}{l_0} = \frac{0.3\,\mathrm{mm}}{400\,\mathrm{mm}} = 7.5\times 10^{-4}$

가로변형률 $\epsilon' = \frac{\Delta d}{d_0} = \frac{-0.01\,\mathrm{mm}}{40\,\mathrm{mm}} = -2.5\times 10^{-4}$

푸아송비 $\nu = \left|\frac{\epsilon'}{\epsilon}\right| = \left|\frac{-2.5\times 10^{-4}}{7.5\times 10^{-4}}\right| = \frac{1}{3} \approx 0.33$

▌예제 4.1.10 [푸아송수] 푸아송수 m, 세로탄성계수 E, 지름 d_0인 봉에 인장하중이 작용하여 σ의 인장응력이 생겼을 때 봉 지름의 감소량을 구하여라.

▶풀이 훅의 법칙에서 $\sigma = E\epsilon$이므로 $\epsilon = \sigma/E$이다. 따라서 푸아송수의 정의에 의해

$$m = \frac{1}{\nu} = \left|\frac{\epsilon}{\epsilon'}\right| = \frac{\epsilon}{\Delta d/d_0} = \frac{\sigma/E}{\Delta d/d_0}$$

$$\therefore\ \Delta d = \frac{\sigma d_0}{mE}$$

가 구해진다.

❙ 예제 4.1.11 [무게에 의한 봉의 인장] 세로탄성계수 E, 길이 L, 단면적 A, 무게 W의 봉이 [그림 4.12]와 같이 매달려 있다. 봉의 무게에 의해 길이방향으로 늘어난 길이를 구하여라.

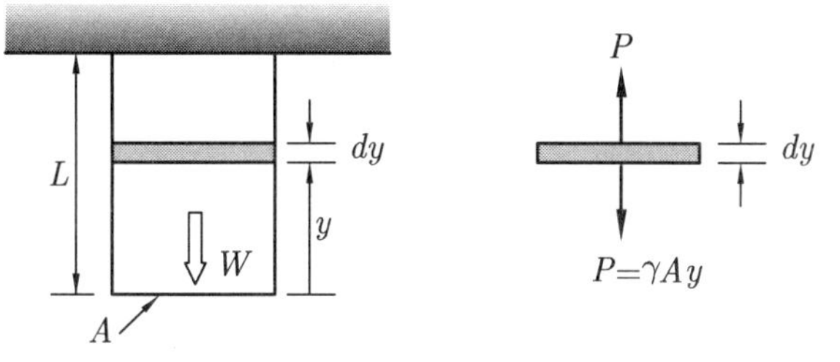

[그림 4.12]

▶풀이 그림과 같이 좌표계를 설정하고 아래 면으로부터 거리 y에 위치한 길이 dy의 미소요소를 잡는다. 봉의 단위 부피당 무게를 γ라 하면 미소요소에는 길이 y의 봉의 무게에 의해 γAy의 인장력이 작용하고, 이 인장력에 의해 길이 dy의 미소요소는

$$d(\Delta)=\frac{P(dy)}{AE}=\frac{(\gamma Ay)dy}{AE}=\frac{\gamma ydy}{E}$$

만큼 길이가 늘어나게 된다. 이것을 적분하면 봉의 전 신장량은

$$\Delta=\int_0^L\frac{\gamma ydy}{E}=\frac{\gamma}{E}\int_0^L y\,dy=\frac{\gamma L^2}{2E}$$

이다. 여기에서 $W=\gamma(AL)$이므로 $\gamma=W/AL$을 대입하면

$$\Delta=\frac{WL}{2AE}$$

이다. (✱ 전신장량은 무게의 1/2과 같은 하중이 봉의 끝에 작용할 때 늘어난 길이와 같다.)

❙ 예제 4.1.12 [안전율] 인장강도가 600 MPa인 재료가 있다. 안전율이 3이면 허용응력은 몇 MPa인가?

▶풀이 안전율의 정의 $S=\sigma/\sigma_a$로부터 허용응력

$$\sigma_a=\frac{\sigma}{S}=\frac{600\,\text{MPa}}{3}=200\,\text{MPa}$$

이다.

예제 4.1.13 [안전율] 200 kN의 인장하중을 받는 둥근 연강봉이 있다. 연강의 인장강도가 420 MPa, 안전율이 3일 때 봉의 지름을 구하여라.

▶풀이 안전율이 3이므로 허용응력

$$\sigma_a = \frac{\sigma}{S} = \frac{420\,\text{MPa}}{3} = 140\,\text{MPa}$$

이다. 따라서

$$\sigma_a = \frac{W}{A} = \frac{W}{\pi d^2/4}$$

$$\therefore\ d = \sqrt{\frac{4W}{\pi\sigma_a}} = \sqrt{\frac{4(200\times10^3\,\text{N})}{\pi(140\times10^6\,\text{N/m}^2)}} = 4.26\times10^{-2}\text{m} = 42.6\,\text{mm}$$

이다.

예제 4.1.14 [복합재료] [그림 4.13]과 같이 길이 L의 속이 빈 구리 튜브(1) 내에 강철 실린더(2)가 끼워져 압축력(P)을 받고 있다. 구리 튜브의 면적과 탄성계수는 각각 A_1, E_1이고, 강철 실린더의 면적과 탄성계수는 각각 A_2, E_2일 때 다음을 구하여라.

(1) 구리 튜브와 강철 실린더에 발생하는 응력
(2) 길이방향의 변형률
(3) 압축에 의해 줄어든 길이

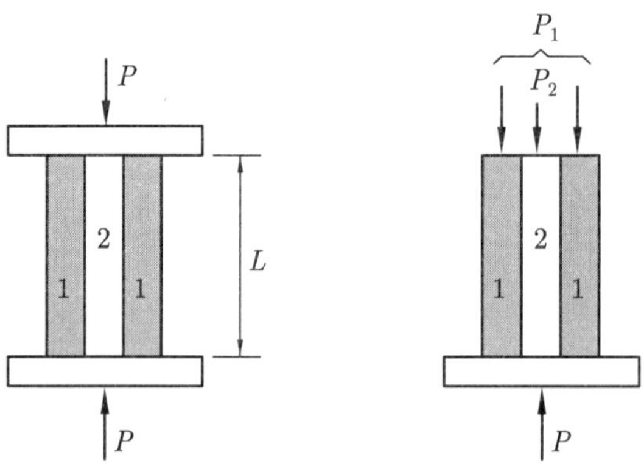

[그림 4.13]

▶**풀이** (1) 구리 튜브와 강철 실린더에 걸리는 하중을 각각 P_1, P_2라 하면 힘의 평형에 의해

$$P_1 + P_2 = P \qquad \cdots ①$$

이다. 구리 튜브는 P_1에 의해 P_1L/A_1E_1만큼 줄어들고, 강철 실린더는 P_2에 의해 P_2L/A_2E_2만큼 줄어든다. 따라서 두 재료의 줄어든 길이는 서로 같으므로

$$\frac{P_1L}{A_1E_1} = \frac{P_2L}{A_2E_2} \quad \therefore \ \frac{P_1}{A_1E_1} = \frac{P_2}{A_2E_2} \qquad \cdots ②$$

이다. ②에서 $P_2 = (A_2E_2/A_1E_1)P_1$을 구하여 ①에 대입하면

$$P_1 + \left(\frac{A_2E_2}{A_1E_1}\right)P_1 = P$$

$$\therefore \ P_1 = \frac{A_1E_1}{A_1E_1 + A_2E_2}P \qquad \cdots ③$$

이고,

$$P_2 = \frac{A_2E_2}{A_1E_1}P_1 = \frac{A_2E_2}{A_1E_1 + A_2E_2}P \qquad \cdots ④$$

이다. 따라서 두 재료에 발생하는 응력은 다음과 같다.

$$\sigma_1 = \frac{P_1}{A_1} = \frac{E_1P}{A_1E_1 + A_2E_2} \qquad \cdots ⑤$$

$$\sigma_2 = \frac{P_2}{A_2} = \frac{E_2P}{A_1E_1 + A_2E_2} \qquad \cdots ⑥$$

(2) 두 재료의 변형률은 같고 훅의 법칙에 의해

$$\epsilon = \frac{\sigma}{E} = \frac{P_1}{A_1E_1} = \frac{P}{A_1E_1 + A_2E_2} \qquad \cdots ⑦$$

이다.

(3) 복합재료의 줄어든 길이는 다음과 같다.

$$\Delta = \frac{P_1L}{A_1E_1} = \frac{PL}{A_1E_1 + A_2E_2} \qquad \cdots ⑧$$

✱(2)에서 $\epsilon = P_2/A_2E_2$, (3)에서 $\Delta = P_2L/A_2E_2$을 구해도 같은 값이 얻어진다.

연습문제 4.1

1. 지름이 20mm인 연강봉에 4kN의 인장하중이 작용하면 봉에 발생하는 인장응력은 몇 MPa인가?

   (* $\frac{N}{mm^2} = \frac{N}{(10^{-3}m)^2} = 10^6 \frac{N}{m^2} = 10^6 Pa = MPa$)

2. 그림과 같이 지름 d, $2d$의 환봉으로 구성된 재료에 압축하중 P가 작용할 때 재료 (a)와 (b)에 발생하는 압축응력의 비 σ_A/σ_B를 구하여라.

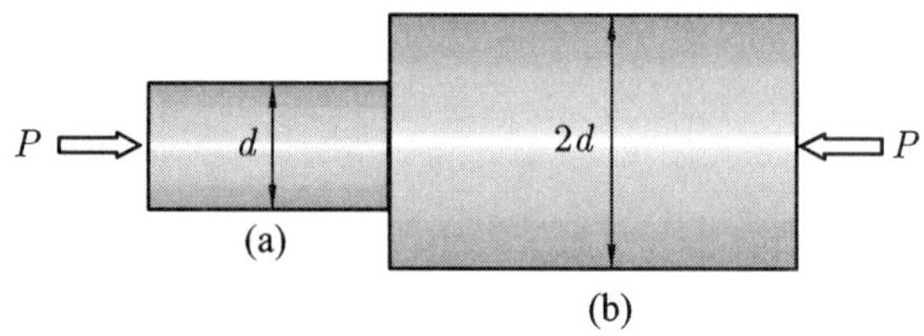

[문제 4.1.2]

3. 지름 $d = 20$mm, 머리 높이 $h = 25$mm인 그림과 같은 볼트에 $P = 4$kN의 하중이 작용하면 볼트 머리에 발생하는 전단응력은 몇 MPa인가?

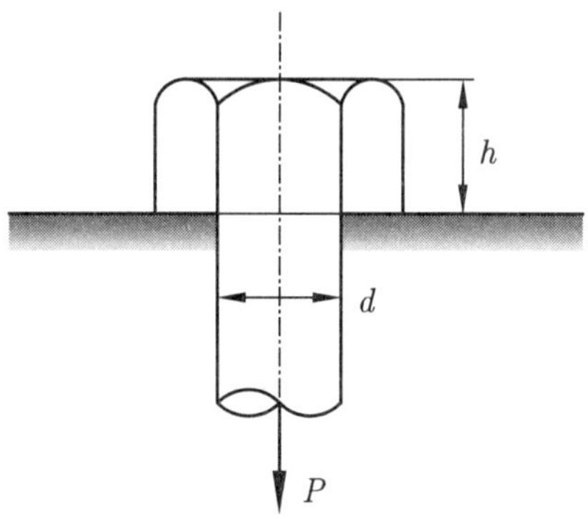

[문제 4.1.3]

4. 정육면체의 금속에 면에 수직한 방향으로 40kN의 인장하중이 작용할 때 발생하는 응력이 50MPa이면 정육면체 한 변의 길이는 몇 mm인가?

5. 바깥지름 80 mm, 안지름 50 mm 인 속이 빈 원통에 60 kN 의 압축하중이 작용할 때 원통에 발생하는 압축응력은 몇 MPa 인가?

6. 볼트의 축에 수직방향으로 8 kN 의 전단하중이 작용할 때 볼트에 발생하는 전단응력이 25 MPa 이면 볼트의 지름은 몇 mm 인가?

7. 그림과 같은 핀 이음에 인장하중 $F = 15\,\mathrm{kN}$ 이 작용할 때 핀에 발생하는 전단응력이 30 MPa 이면 핀의 지름(d)은 몇 mm 인가?

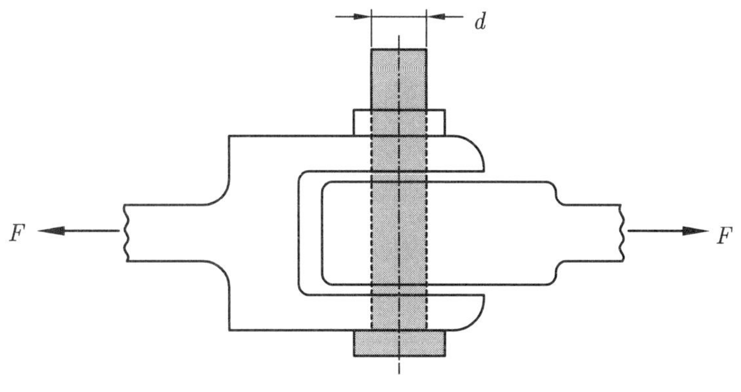

[문제 4.1.7]

8. 길이 500 mm 의 봉이 인장하중을 받고 길이가 2 mm 늘어났다면 봉의 세로변형률은 얼마인가?

9. 단면적이 일정한 봉에 인장하중을 가하였더니 길이가 300 mm 가 되었다. 인장에 의한 세로변형률이 0.005 이면 변형 전의 길이는 얼마인가?

10. 어떤 봉의 압축하중에 의한 수축률이 0.002 일 때 줄어든 길이가 0.8 mm 이면 변형 전의 봉의 길이는 얼마인가?
(✱수축률은 압축하중에서의 세로변형률의 크기를 말한다.)

11. 지름 20 mm 의 봉이 압축하중을 받고 지름이 0.008 mm 늘어났을 때 봉의 가로변형률을 구하여라.

12. 그림과 같은 사각형 요소가 전단하중을 받고 $\lambda = 0.4\,\text{mm}$의 미끄럼 변형이 발생하였다. $l = 100\,\text{mm}$일 때 전단변형률과 전단각을 구하여라.

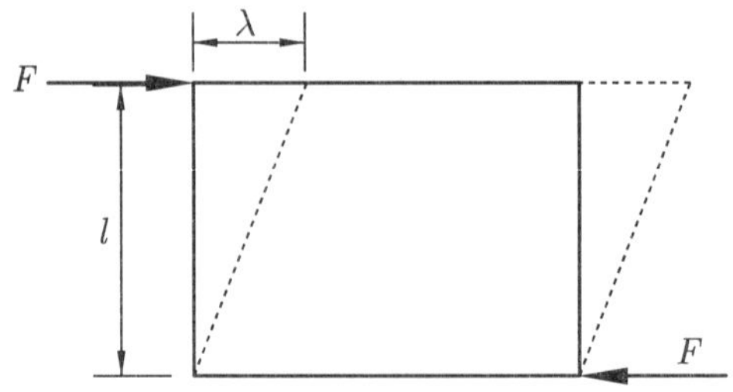

[문제 4.1.12]

13. 세로탄성계수 $E = 200\,\text{GPa}$, 길이 $200\,\text{mm}$인 봉이 인장하중을 받고 길이가 $200.3\,\text{mm}$가 되었을 때 봉에 발생한 인장응력을 구하여라.

14. 그림과 같은 하중을 받고 있는 봉에서 전체 신장량(늘어난 길이)을 구하여라. 단, 세로탄성계수 $E = 200\,\text{GPa}$, 단면적 $A_1 = 5\,\text{cm}^2$, $A_2 = 2\,\text{cm}^2$이다.

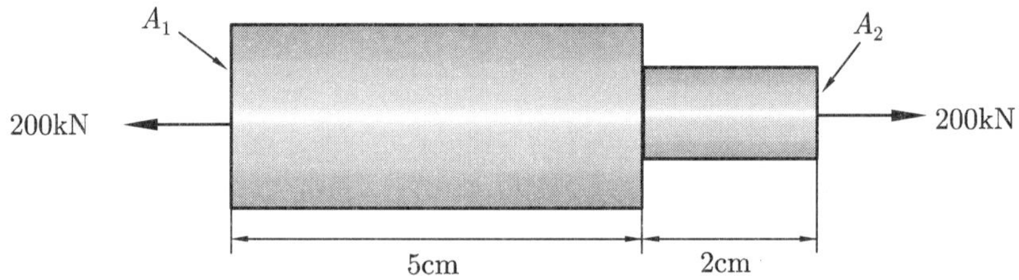

[문제 4.1.14]

15. 길이 $0.5\,\text{m}$, 세로탄성계수 $E = 200\,\text{GPa}$의 봉이 $100\,\text{MPa}$의 인장응력을 받을 때 늘어난 길이를 구하여라.

16. 지름 $10\,\text{mm}$인 금속 봉을 인장 시험기에 설치하고 $140\,\text{kN}$의 인장하중을 가하였더니 길이가 $500\,\text{mm}$에서 $505\,\text{mm}$로 늘어났다. 재료의 세로탄성계수를 구하여라.

17. 전단탄성계수 $G = 80\,\text{GPa}$, 단면적 $1000\,\text{mm}^2$인 재료가 $100\,\text{kN}$의 전단하중을 받을 때 발생하는 전단변형률을 구하여라.

18. 지름 20 mm의 재료가 25 kN의 전단하중을 받고 10^{-3}의 전단변형률이 발생하였을 때 재료의 전단탄성계수를 구하여라.

19. 전단탄성계수 $G = 80\,\text{GPa}$, 단면적 $10\,\text{cm}^2$인 재료에 단면 방향으로 전단하중을 가했을 때 발생하는 전단각이 10^{-3} rad이면 가한 하중은 몇 kN인가?

20. 푸아송비가 0.4이고 가로변형률이 0.001인 재료의 세로변형률은 얼마인가?
(✱일반적으로 변형률의 절댓값을 많이 사용한다.)

21. 지름 40 mm, 길이 500 mm인 봉이 인장하중을 받고 길이가 0.5 mm 늘어나고 지름이 0.01 mm 줄었을 때 재료의 푸아송비를 구하여라.

22. 한 변의 길이가 20 mm인 정육면체 모양의 재료에 50 kN의 인장하중을 작용시켰더니 하중과 직각 방향의 변의 길이가 4×10^{-3} mm만큼 줄어들었다. 재료의 세로탄성계수 $E = 200\,\text{GPa}$일 때 푸아송비를 구하여라.
[✱ $\sigma = F/A = E\epsilon$, $\nu = (\Delta a/a_0)/\epsilon$]

23. 인장시험에서 시험편의 평행부 지름이 10 mm이고, 최대 하중이 40 kN일 때 시험 재료의 인장강도는 몇 MPa인가?

24. 단면 20 mm × 50 mm인 목재가 압축하중을 받고 있다. 목재의 압축강도는 49 MPa, 안전율은 7일 때 목재의 허용응력과 목재에 작용시킬 수 있는 안전한 최대 압축하중을 구하여라.

25. 지름 8 mm인 연강 리벳 하나가 5 kN의 전단력을 받고 있다. 허용응력은 사용응력과 같고, 연강의 전단강도가 340 MPa일 때 안전율을 구하여라.

4.2 보의 내력과 굽힘응력 및 처짐

공학에서 사용하는 각종 부재 중 부재의 축에 수직한 방향의 힘을 지지하도록 설계된 기계요소나 구조물을 보(beam)라 한다. 보는 기계공학뿐만 아니라 토목, 건축 등의 여러 분야에서 사용되며 기초 재료역학에서 취급하는 가장 기본적인 구조물이라 할 수 있다. 보와 축방향하중을 받는 막대 및 비틀림하중을 받는 축과의 주된 차이점은 작용력의 방향이다. 일반적으로 보의 길이는 보의 단면 치수보다 매우 크다. 보는 굽힘하중, 전단력, 축력, 비틀림하중을 모두 받을 수 있지만 보의 응력과 변형은 주로 굽힘에 의해 발생한다.

보 단면의 도심(centroid)을 연결한 선을 도심축이라 하고, 이 도심축의 모양에 따라 보를 직선보와 곡선보로 나눌 수 있다. 직선의 도심축을 갖는 보가 횡하중을 받으면 곡선으로 변형되는데 이 곡선을 처짐 곡선(deflection curve)이라 한다. 여기에서는 축에 수직한 방향의 힘을 받는 직선보의 내력(전단력, 굽힘 모멘트)과 굽힘 모멘트에 따른 굽힘응력 및 처짐을 살펴본다.

1. 보의 종류

보를 지지하는 방법에 따라 보의 종류를 [그림 4.14]와 같이 (1) 단순보(단순 지지보), (2) 외팔보, (3) 내닫이보(내민보, 돌출보), (4) 다중 지지보(연속보), (5) 고정보, (6) 고정 지지보 등으로 분류한다.

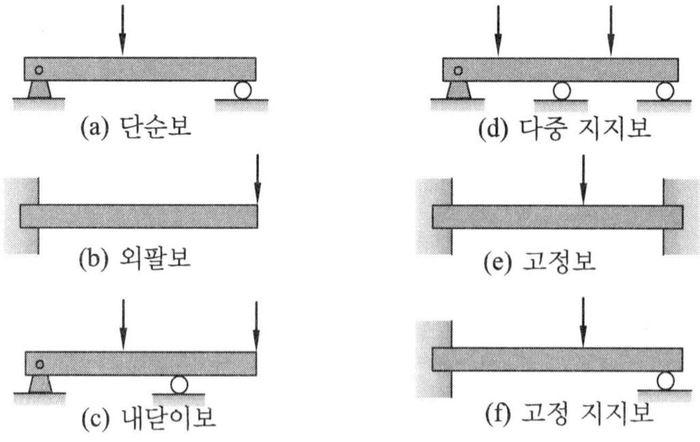

[그림 4.14] 보의 종류

설명 보를 받치고 있는 점을 받침점 또는 지점이라 하고, 두 받침점 사이의 거리를 스팬(span)이라 한다. 받침점에는 회전지점, 이동지점, 고정지점이 있다.

(1) 회전지점(핀 지점) : 보의 끝이 핀으로 고정되어 있어서 회전할 수 있는 지점으로 수평 및 수직방향 성분을 갖는 반력은 있지만 반력모멘트는 발생하지 않는 지점.
(2) 이동지점(롤러 지점) : 보의 끝이 마찰 없는 롤러로 지지되어 있어서 수평 반력과 반력모멘트가 없고 수직 반력만 존재하는 지점.
(3) 고정지점 : 보를 완전히 고정하여 수평 및 수직방향 성분을 갖는 반력과 반력모멘트가 모두 존재할 수 있는 지점.

보는 이와 같은 받침점의 조합에 따라 다음과 같이 분류한다.

(1) 단순보(simple beam) : 회전지점과 이동지점으로써 양끝이 모두 받쳐져 있는 보.
(2) 외팔보(cantilever beam) : 한쪽 끝은 벽에 고정되고, 다른 쪽 끝은 자유롭게 되어 있는 보.
(3) 내닫이보(overhanging beam) : 회전지점과 이동지점으로써 받쳐져 있고 보의 일부가 받침점 밖으로 나와 있는 보.
(4) 다중 지지보(multiply supported beam) : 3개 이상의 받침점을 갖는 보. 받침점 중 하나는 회전지점이고 나머지는 이동지점.
(5) 고정보(fixed beam) : 양끝이 모두 벽에 고정되어 있는 보.
(6) 고정 지지보(supported and fixed beam) : 한쪽 끝은 벽에 고정되고, 다른 쪽 끝은 이동지점으로써 받쳐져 있는 보.

단순보, 외팔보, 내닫이보 등은 정역학의 해석 방법으로 지점의 반력을 모두 구할 수 있으므로 정정보(statically determinate beam)라 한다. 반면 힘과 모멘트 평형조건($\sum \overrightarrow{F} = 0$, $\sum \overrightarrow{M} = 0$)만으로는 반력을 모두 구할 수 없고 하중과 보의 변형 관계까지 고려해야 하는 다중 지지보, 고정보, 고정 지지보 등을 부정정보(statically indeterminate beam)라 한다.

2. 보의 전단력과 굽힘 모멘트

(1) 전단력(shear force) : 보의 임의 단면에서 단면에 평행하게 작용하는 힘으로 단면을 절단하려 하는 힘을 전단력이라 한다([그림 4.15]).

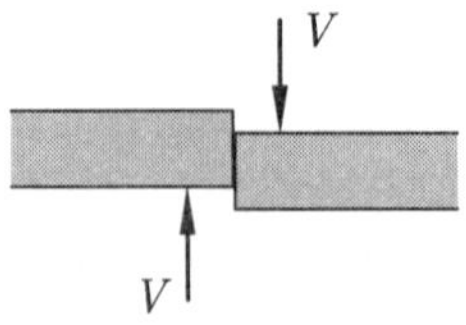

[그림 4.15] 전단력

(2) 굽힘 모멘트 : 하중에 의해 보를 휘게 하려는 작용을 굽힘 모멘트 또는 휨모멘트 (bending moment)라 한다([그림 4.16]).

[그림 4.16] 굽힘 모멘트

(3) 전단력과 굽힘 모멘트의 부호 : 일반적으로 보의 임의 점에서의 전단력과 굽힘 모멘트의 부호는 [그림 4.17]과 같이 정한다.

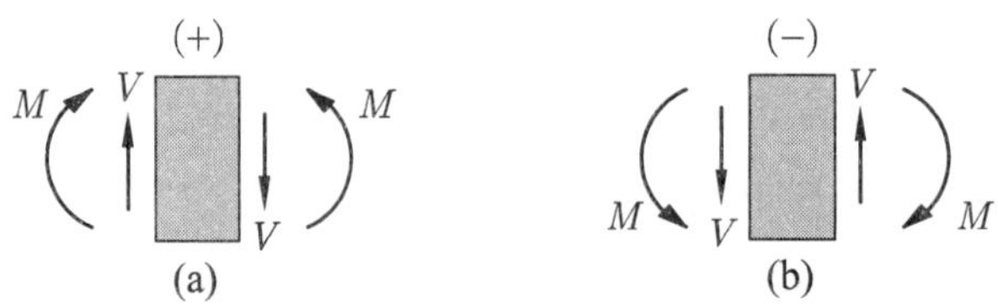

[그림 4.17] 전단력과 굽힘 모멘트의 부호

설명 보에 하중이 작용하면 지점에는 반력이 생기고, 보의 내부에는 하중 및 반력에 저항하는 힘이 생기게 된다. [그림 4.18(a)]와 같이 외팔보의 끝에 연직 위 방향으로 하중 P가 작용하는 경우를 조사해보자. 자유단으로부터 거리 x만큼 떨어진 임의 단면 X－X에서 보를 잘라 보의 왼쪽 부분에 대한 자유물체도를 그리면 [그림 4.18(b)]와 같다. 분리된 물체는 힘 P와 단면 X－X에서의 내력에 의해 평형을 이루고 있다. 여기에서 단면에 평행하게 작용하는 힘을 전단력(V), 보를 휘게 하는 영향을 굽힘 모멘트(M)라 한다. 외력 P가 보에 수직으로 작용하기 때문에 단면에는 축력이 존재하지 않는다. 전단력과 굽힘 모멘트는 단면에 걸쳐 분포된 내부응력의 합력이므로 이러한 양들을 통틀어서 합응력(resultant stress)이라고 한다.

정정보의 전단력 V와 굽힘 모멘트 M은 정역학의 평형방정식으로부터 구할 수 있다. [그림 4.18(b)]의 자유물체도에 평형방정식을 적용하면

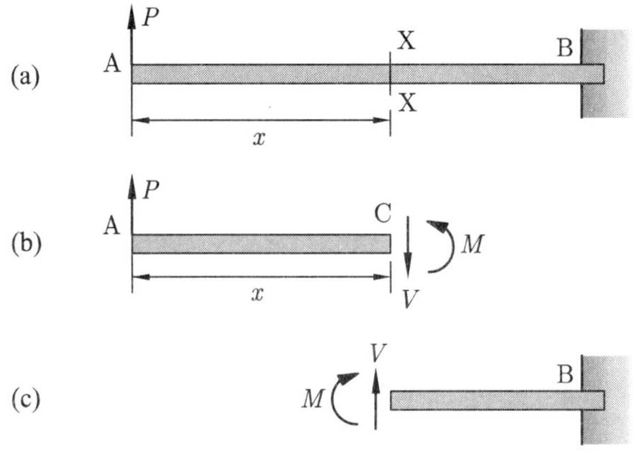

[그림 4.18]

$$\sum F_y = 0 : P - V = 0 \quad \therefore\ V = P$$
$$\sum M_C = 0 : M - Px = 0 \quad \therefore\ M = Px$$

가 얻어진다.

임의 단면에 나타나는 전단력과 굽힘 모멘트를 구하기 위하여 그 부분을 절단하였을 때 왼쪽과 오른쪽 단면에 나타나는 전단력과 굽힘 모멘트는 크기가 같고 방향이 반대이다. 즉, [그림 4.18(b)]와 같이 V와 M이 발생하면 오른쪽 부분의 자유물체도에서는 [그림 4.18(c)]와 같은 V와 M이 작용한다.

[그림 4.17]과 같이 정한 부호 규약에서 양의 전단력은 재료를 시계 방향으로 회전시키려 하며, 양의 굽힘 모멘트는 재료를 아래쪽으로 볼록하게 구부러지게 한다. 그림과 같은 요소의 왼쪽 면에서는 위쪽으로 작용하는 전단력을 양(+), 아래쪽으로 작용하는 것을 음(−)으로 하고, 오른쪽 면에서는 이와 반대로 위쪽으로 작용하는 전단력을 음(−), 아래쪽으로 작용하는 것을 양(+)으로 하였다. 굽힘 모멘트의 부호는 요소의 왼쪽 면에서는 시계 방향의 모멘트를 양(+), 반시계 방향의 모멘트를 음(−)으로 하고, 오른쪽 면에서는 반시계 방향의 모멘트를 양(+), 시계 방향 모멘트를 음(−)으로 하였다.

* 일반적으로 보의 내부에 생기는 저항력에는 전단력, 축력, 굽힘 모멘트, 비틀림 모멘트의 네 가지가 있지만 하중이 축에 수직인 방향으로만 작용할 때는 전단력과 굽힘 모멘트만 발생한다. [그림 4.17]과 같은 전단력과 모멘트에 대한 부호 규약은 반드시 지켜야 되는 사항은 아니고 문제에 따라 편리하게 부호를 정하여 해석할 수 있다.

3. 분포하중, 전단력 및 굽힘 모멘트 사이의 관계식

보의 길이방향(x)으로 변하는 분포하중[$w(x)$]이 작용할 때 보의 임의 단면에서의 전단력(V)과 굽힘 모멘트(M) 사이에는 다음 관계식이 성립한다.

$$\frac{dV}{dx} = -w, \quad \frac{dM}{dx} = V$$

설명 하중, 전단력, 굽힘 모멘트의 관계식을 얻기 위하여 임의 위치 x에서 dx만큼 떨어진 두 단면 사이에서 잘라낸 보의 미소요소를 고려한다([그림 4.19]). 먼저 요소의 왼쪽 면에 작용하는 전단력과 굽힘 모멘트를 각각 V, M이라 한다. 일반적으로 전단력과 굽힘 모멘트는 보의 축 상의 위치에 따라 변한다. 분포하중인 경우 미소거리 dx에 대한 V와 M의 증가분이 미소하므로 이들을 각각 dV, dM으로 나타낸다. 이렇게 하여 미소요소에 대한 자유물체도를 그리면 [그림 4.19(b)]와 같다.

(1) 전단력 : 자유물체도에서 수직방향(y) 힘의 평형조건을 적용하면 다음과 같은 식을 얻는다.

$$\sum F_y = 0 : \; V - w\,dx - (V + dV) = 0$$

$$-w\,dx - dV = 0$$

$$\therefore \; \frac{dV}{dx} = -w$$

(2) 굽힘 모멘트 : 자유물체도에서 모멘트 평형 조건을 적용한다. 여기에서 분포하중은 그림의 평면에 수직인 축(z축)을 회전축으로 하는 모멘트를 발생한다. 모멘트 기준축을 요소의 오른쪽 면을 지나는 축으로 하고, 반시계 방향을 양(+)으로 하면 다음과 같은 관계식을 얻는다.

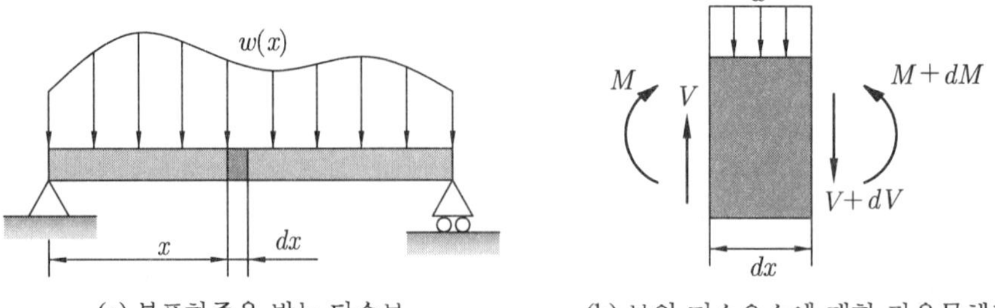

(a) 분포하중을 받는 단순보 (b) 보의 미소요소에 대한 자유물체도

[그림 4.19]

$$\sum M_z = 0 : (M+dM) + (wdx)\left(\frac{dx}{2}\right) - Vdx - M = 0$$

$$dM + \frac{w}{2}(dx)^2 - Vdx = 0$$

여기에서 미분량 $dx \ll 1$이므로 $(dx)^2 \approx 0$으로 무시하면

$$dM - Vdx = 0$$

$$\therefore \ \frac{dM}{dx} = V$$

이다. [✱분포하중이 작용할 때는 미분식을 이용하여 전단력과 굽힘 모멘트를 편리하게 구할 수 있다.]

4. 전단력과 굽힘 모멘트 선도

전단력과 굽힘 모멘트의 방향과 크기가 분명하게 정해졌을 때 이들 값을 보의 한쪽 끝으로부터 측정한 거리(x)의 함수로 그려놓은 선도를 전단력 선도(shear force diagram) 및 굽힘 모멘트 선도(bending moment diagram)라 한다.

설명 이 선도는 일반적으로 보의 전 길이를 가로축으로 잡고 전단력 및 굽힘 모멘트의 크기를 세로축에 나타낸다. 그리고 정해진 부호 규약에 따라 양(+)의 값은 가로축 위에, 음(−)의 값은 가로축 아래에 그린다. 이 선도를 통하여 보에 작용하는 전단력 및 굽힘 모멘트의 크기가 보의 전 길이에 걸쳐 어떻게 변화하는지를 쉽게 알 수 있다. 선도에서 특별히 관심의 대상이 되는 것은 이들의 최대 및 최솟값이다.

5. 전단력과 굽힘 모멘트를 구하는 단계

(1) 전체 보의 자유물체도를 그리고, 정역학의 힘과 모멘트 평형조건($\sum \vec{F} = 0$, $\sum \vec{M} = 0$)을 적용하여 지점의 반력을 구한다. 외팔보와 같이 지점이 없는 자유단을 갖는 경우에는 이 단계를 생략할 수 있다.

(2) 전단력과 굽힘 모멘트를 구하려는 위치(C)에서 보를 자르고, 절단된 보의 두 부분 중 하나를 선택한다.

(3) 선택한 보 부분에 대한 자유물체도를 그린다. 하중과 반력 등의 외력을 도시하고, 절단된 단면에는 구하려는 전단력(V) 및 굽힘 모멘트(M)를 정해진 부호 규약에 따라

표시한다.

(4) (3)의 자유물체도에 평형조건($\sum F_y = 0$, $\sum M_C = 0$)을 적용하여 전단력 V와 굽힘모멘트 M을 구한다.

▌예제 4.2.1 [외팔보 – 집중하중] 자유단 A에 집중하중 P가 연직 아래 방향으로 작용하고 있는 길이 L의 외팔보([그림 4.20])에 대하여 전단력 선도와 굽힘 모멘트 선도를 그려라.

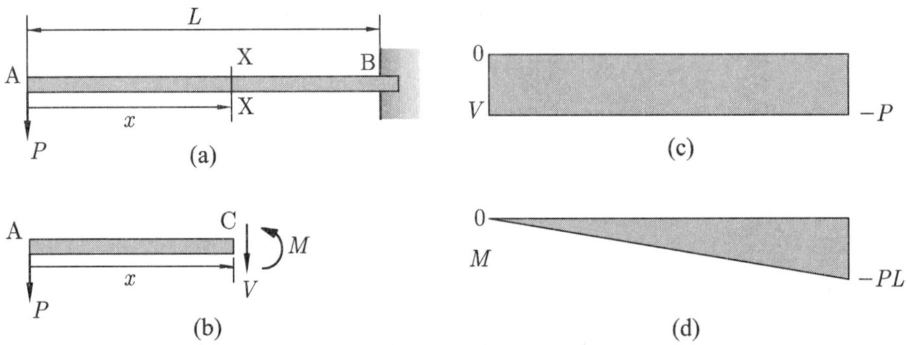

[그림 4.20]

▶풀이 자유단으로부터 거리 x만큼 떨어진 임의 단면 X – X에서 보를 잘라 보의 왼쪽 부분에 대한 자유물체도를 그리면 [그림 4.20(b)]와 같고, 여기에 평형방정식을 적용하면

$$\sum F_y = 0 : -P - V = 0 \quad \therefore\ V = -P$$

$$\sum M_C = 0 : M + Px = 0 \quad \therefore\ M = -Px$$

가 구해진다. 보의 전 길이에 대해 전단력과 굽힘 모멘트를 [그림 4.20 (c), (d)]에 나타내었다. 전단력은 $-P$로 일정하며, $x = L$인 고정단 B에서 최대 굽힘 모멘트 $M_{max} = -PL$이 발생한다.

▌예제 4.2.2 [외팔보 – 균일하중] 일정한 크기의 균일 하중(q)을 받고 있는 길이 L의 외팔보([그림 4.21])에 대하여 전단력 선도와 굽힘 모멘트 선도를 그려라.

▶풀이 자유단으로부터 거리 x만큼 떨어진 임의 단면 X – X에서 보를 잘라 보의 왼쪽 부분에 대한 자유물체도를 그린다. 여기에서 균일 하중 q에 의해 길이 x의 보에 작용하는 하중은 보의 중앙($x/2$)에 작용하는 하나의 집중하중 qx로 대체할 수 있다. 따라서 자유물

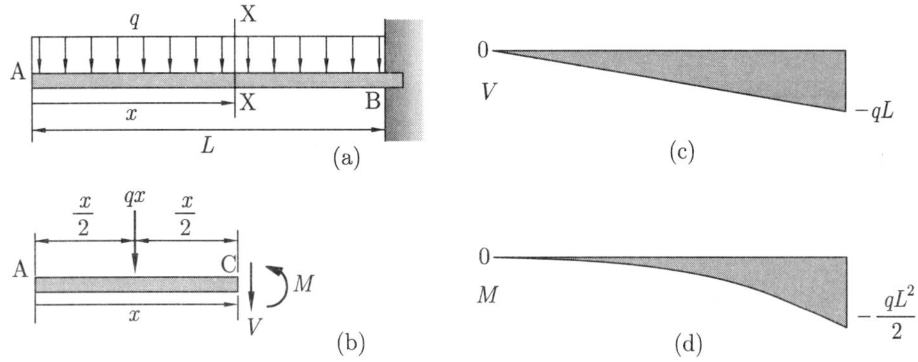

[그림 4.21]

체도는 [그림 4.21(b)]와 같고, 여기에 평형방정식을 적용하면

$$\sum F_y = 0 : -qx - V = 0 \quad \therefore\ V = -qx$$

$$\sum M_C = 0 : M + (qx) \cdot \frac{x}{2} = 0 \quad \therefore\ M = -\frac{1}{2}qx^2$$

이다. 이 식으로부터 보의 전 길이에 대해 전단력과 굽힘 모멘트 선도를 그리면 [그림 4.21(c), (d)]와 같다. 전단력과 굽힘 모멘트의 최댓값은 $x = L$인 고정단 B에서 발생한다.

$$V_{max} = -qL, \quad M_{max} = -\frac{1}{2}qL^2$$

▌예제 4.2.3 [단순보 – 집중하중] 집중하중(P)을 받는 길이 L의 단순보([그림 4.22])에 대하여 전단력 선도와 굽힘 모멘트 선도를 그려라.

▶풀이 전체 보의 자유물체도로부터 보의 반력을 구하면 다음과 같다.

$$R_A = \frac{Pb}{L}, \quad R_B = \frac{Pa}{L}$$

지점 A로부터 거리 x만큼 떨어진 위치에서 보를 자르고 보의 왼쪽 부분에 대한 자유물체도를 그린다. 먼저 $0 < x < a$일 때 자유물체도는 [그림 4.22(b)]와 같고, 여기에 평형방정식을 적용하면

$$\sum F_y = 0 : R_A - V = 0 \quad \therefore\ V = R_A = \frac{Pb}{L}$$

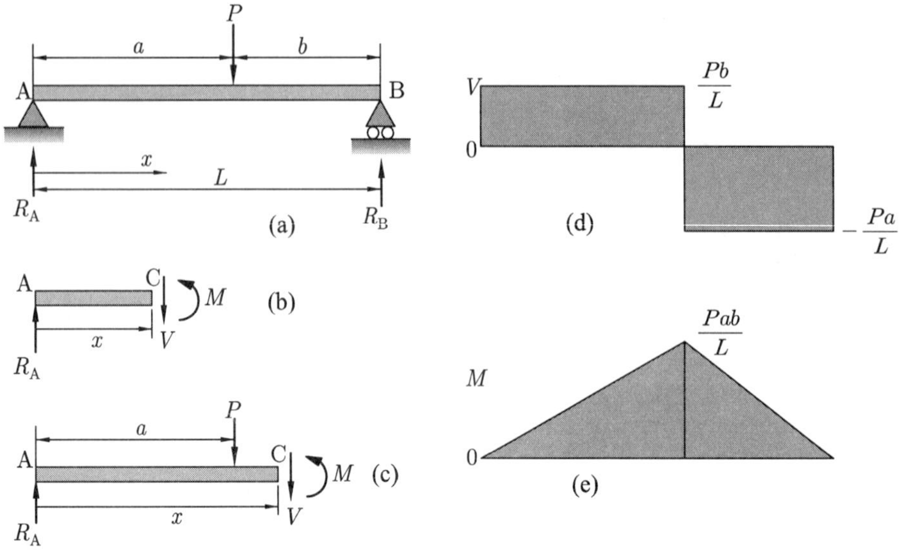

[그림 4.22]

$$\sum M_C = 0 : M - R_A x = 0 \quad \therefore \ M = R_A x = \frac{Pbx}{L}$$

이다. 다음에 하중 P의 오른쪽 구간에서 보를 잘라내어 자유물체도를 그리면 [그림 4.22(c)]와 같다. 여기에 평형방정식을 적용하면 $a < x < L$에서

$$\sum F_y = 0 : R_A - P - V = 0$$

$$\therefore \ V = R_A - P = \frac{Pb}{L} - P = -P\left(\frac{L-b}{L}\right)$$

$$= -\frac{Pa}{L}$$

$$\sum M_C = 0 : M - R_A x + P(x-a) = 0$$

$$\therefore \ M = R_A x - P(x-a) = \frac{Pbx}{L} - P(x-a)$$

$$= \frac{Pa}{L}(L-x)$$

이다. 전체 보에 대한 전단력과 굽힘 모멘트 선도는 [그림 4.22 (d), (e)]와 같다. $0 < x < a$에서의 전단력은 Pb/L로 일정하고, $a < x < L$에서의 전단력은 $-Pa/L$로 일정하다. 최대 굽힘 모멘트는 하중 P의 작용점에서 발생하며 $M_{max} = Pab/L$이다.

예제 4.2.4 [단순보-분포하중] 일정한 크기의 균일 하중(q)을 받는 길이 L의 단순보([그림 4.23])에 대하여 전단력 선도와 굽힘 모멘트 선도를 그려라.

▶**풀이** 균일 분포하중 q가 작용할 때 길이 L의 보 전체가 받는 전 하중은 qL이며 반력은 다음과 같다.

$$R_A = \frac{qL}{2}, \quad R_B = \frac{qL}{2}$$

지점 A로부터 거리 x만큼 떨어진 위치에서 보를 자르고 보의 왼쪽 부분에 대한 자유물체도를 그린다. 균일 하중 q에 의해 길이 x의 보에 작용하는 하중은 보의 중앙($x/2$)에 작용하는 하나의 집중하중 qx로 대체한다. 자유물체도는 [그림 4.23(b)]와 같고, 여기에 평형방정식을 적용하면

$$\sum F_y = 0 : R_A - qx - V = 0$$

$$\therefore \; V = R_A - qx = \frac{qL}{2} - qx$$

$$\sum M_C = 0 : M + (qx)\left(\frac{x}{2}\right) - R_A x = 0$$

$$\therefore \; M = R_A x - \frac{qx^2}{2} = \frac{qLx}{2} - \frac{qx^2}{2}$$

$$= -\frac{q}{2}\left(x - \frac{L}{2}\right)^2 + \frac{qL^2}{8}$$

이다. 진체 보에 대한 진단력과 굽힘 모멘트 선도는 [그림 4.23 (c), (d)]와 같다. 최대 굽힘 모멘트는 보의 중앙($x = L/2$)에서 발생하며 $M_{max} = qL^2/8$이다.

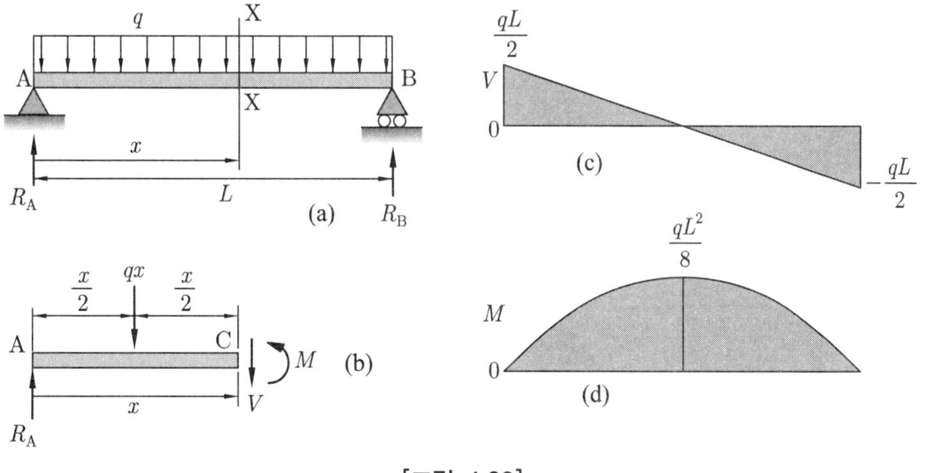

[그림 4.23]

재료역학에서 보를 해석할 때 가장 기본적으로 알아야 할 것은 전단력과 굽힘 모멘트이다. 이를 기본으로 하여 내부응력과 처짐 등을 해석하므로 이들을 구하는 방법을 잘 알아두도록 한다.

[보의 응력] 굽힘 모멘트와 수직응력

[그림 4.24]와 같이 재료가 굽힘 모멘트를 받을 경우 구부러지는 안쪽에는 수축으로 인하여 압축응력(σ_c)이 생기고, 바깥쪽에는 인장응력(σ_t)이 발생한다. 이와 같은 응력을 굽힘응력 또는 휨응력(bending stress)이라 한다. 선형 탄성 재료에서 굽힘응력(σ_x)은 다음과 같이 굽힘 모멘트(M)에 비례한다.

$$\sigma_x = -\frac{M}{I}y$$

여기에서 y는 중립축으로부터의 거리이고, I는 단면적의 관성모멘트(moment of inertia) 또는 단면 2차 모멘트(second moment of area)라 한다.

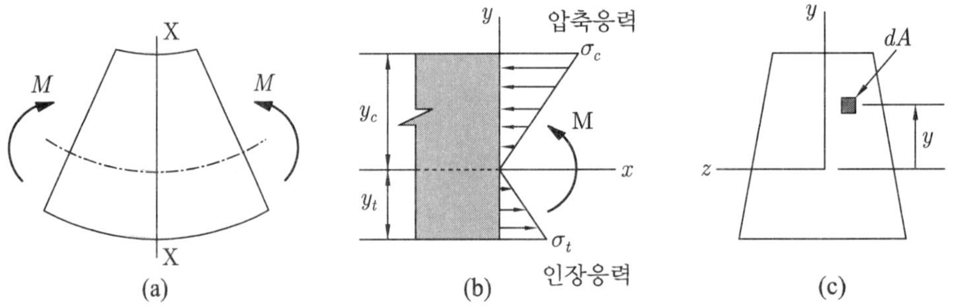

[그림 4.24]

굽힘응력이 0인 중립축의 위치는

$$\int y\,dA = 0$$

으로 결정된다. 즉, z축에 대한 단면의 1차 모멘트가 0이므로 중립축은 단면의 도심(centroid)을 지난다. 직사각형과 원인 경우 중립축은 [그림 4.25]와 같다.

단면 2차 모멘트는

$$I = \int y^2\,dA$$

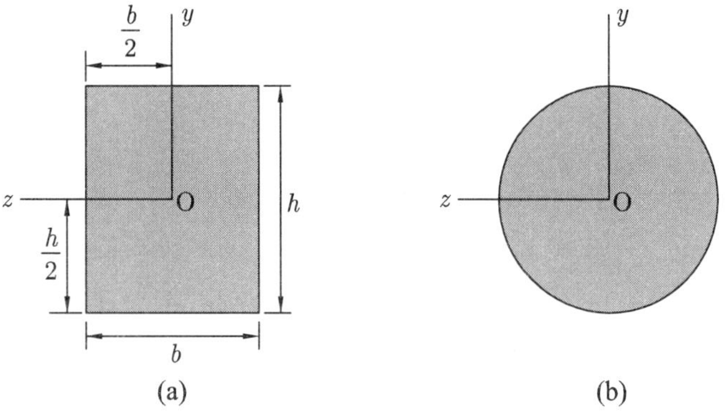

[그림 4.25]

로 정의된다. 직사각형과 원의 단면 2차 모멘트는 각각 $\frac{bh^3}{12}$, $\frac{\pi d^4}{64}$이다. SI 단위계에서 I의 단위로는 mm^4을 많이 사용한다.

$\sigma_x = -\frac{M}{I}y$에서 굽힘응력은 중립축으로부터의 거리(y)에 비례하므로 최대 인장 굽힘응력과 최대 압축 굽힘응력은 중립축으로부터 가장 먼 곳인 보의 표면에서 발생한다. [그림 4.24(b)]와 같이 중립축으로부터 요소의 맨 끝까지의 거리를 각각 y_c, y_t라 하면 이에 대응하는 최대 압축 굽힘응력 $\sigma_{c,\,\max}$와 최대 인장 굽힘응력 $\sigma_{t,\,\max}$는 다음과 같다.

$$\sigma_{c,\,\max} = \frac{My_c}{I} = \frac{M}{I/y_c}, \quad \sigma_{t,\,\max} = \frac{My_t}{I} = \frac{M}{I/y_t}$$

여기에서

$$Z_c = \frac{I}{y_c}, \quad Z_t = \frac{I}{y_t}$$

를 각각 압축 쪽 단면계수, 인장 쪽 단면계수라 한다. 이때

$$\sigma_{c,\,\max} = \frac{M}{Z_c}, \quad \sigma_{t,\,\max} = \frac{M}{Z_t}$$

이다. 즉, 단면계수(section modulus)

$$Z = \frac{I}{y_{\max}}$$

를 정의하여 단면에서의 최대 굽힘응력을

$$\sigma_{\max} = \frac{M}{Z}$$

으로 나타낸다. 단면이 중립축에 대하여 대칭이면 두 단면계수가 같은 값을 갖는다 ($Z = Z_t = Z_c$). [그림 4.25]와 같은 직사각형과 원의 단면계수(Z)는 각각 $\frac{bh^2}{6}$, $\frac{\pi d^3}{32}$이다. 재료역학에서의 주요 관심사는 최대 응력이므로 이와 같이 단면계수를 정의하여 최대 응력을 구한다. 한편 균일 보의 전 구간에서 굽힘 모멘트(M)가 최대인 단면에서 최대 응력 ($\sigma_{\max} = \frac{M_{\max}}{Z}$)이 발생하므로 이 단면을 위험 단면이라 한다.

| 예제 4.2.5 [보의 굽힘응력] 폭 b, 높이 h인 직사각형 단면을 가지고, 길이가 L인 단순보가 [예제 4.2.4]와 같이 일정한 크기의 균일 하중 q를 받을 때 보에 발생하는 최대 굽힘응력을 구하여라. 그리고 $b = 4\,\text{cm}$, $h = 5\,\text{cm}$, $L = 1\,\text{m}$, $q = 2\text{N/mm}$일 때 최대 굽힘응력은 몇 MPa인가?

▶풀이 최대 굽힘 모멘트 $M_{\max} = qL^2/8$이므로 최대 굽힘응력

$$\sigma_{\max} = \frac{M_{\max}}{Z} = \frac{qL^2/8}{bh^2/6} = \frac{3qL^2}{4bh^2}$$

이다. $b = 4\,\text{cm}$, $h = 5\,\text{cm}$, $L = 1\,\text{m}$, $q = 2\text{N/mm}$일 때

$$\sigma_{\max} = \frac{3qL^2}{4bh^2} = \frac{3(2\text{N/mm})(10^3\text{mm})^2}{4(40\,\text{mm})(50\,\text{mm})^2} = 15\frac{\text{N}}{\text{mm}^2} = 15\,\text{MPa}$$

[보의 처짐] 처짐 곡선의 미분방정식

보에 굽힘하중이 작용하면 보는 휘어지게 되는데, 보 단면의 중심부를 연결하는 곡선을 처짐 곡선(deflection curve) 또는 탄성곡선(elastic curve)이라 한다. [그림 4.26]에서 보의 처짐(deflection) $v(x)$는 보의 축 상에 있는 점으로부터 y 방향으로의 변위이다. 일반적으로

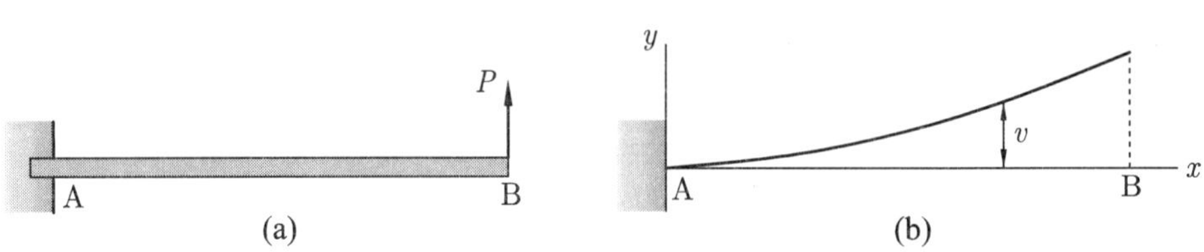

[그림 4.26]

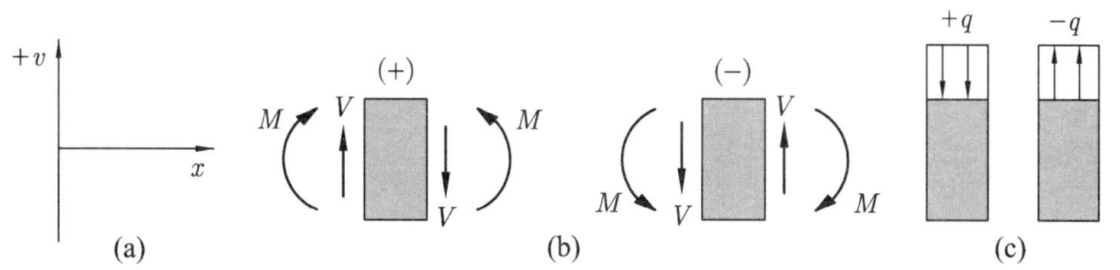

[그림 4.27] 처짐, 굽힘 모멘트, 전단력, 분포응력에 대한 부호 규약

금속 재료로 만들어진 보의 휘어지는 각은 매우 작다. 보의 재료가 선형적으로 탄성이고, 보의 단면이 균일할 때 처짐 곡선은 다음 미분방정식으로 결정된다.

$$(1)\ EI\frac{d^2v}{dx^2} = M \qquad (2)\ EI\frac{d^3v}{dx^3} = V \qquad (3)\ EI\frac{d^4v}{dx^4} = -q$$

여기에서 E는 탄성계수, I는 보 단면의 면적 관성모멘트, M은 굽힘 모멘트, V는 전단력, q는 분포하중을 나타낸다. 미분방정식에서 부호 규약은 [그림 4.27]과 같다. 식 (1), (2), (3)은 (a)와 같이 연직 위 방향의 처짐을 양으로 잡았을 때의 방정식이다.

(1), (2), (3) 가운데 하나의 미분방정식을 풀어서 일반해를 구한 후 경계조건을 만족하는 상수를 결정하여 처짐 $v(x)$를 구한다. 단순보의 지점과 고정보의 지점의 경계조건은 다음과 같다.

- 단순보의 지점 : $v = 0,\ v'' = 0$
- 고정보의 지점 : $v = 0,\ v' = 0$

∗ 식 (1), (2), (3)은 (a)와 같이 연직 위 방향의 처짐을 양으로 잡았을 때의 방정식이다. 이와 반대로 연직 아래 방향의 처짐을 양으로 잡으면 처짐 곡선의 미분방정식은 다음과 같이 된다.

$$(1')\ EI\frac{d^2v}{dx^2} = -M \qquad (2')\ EI\frac{d^3v}{dx^3} = -V \qquad (3')\ EI\frac{d^4v}{dx^4} = q$$

[† 처짐 곡선의 미분방정식은 보의 곡률을 구한 후($\frac{1}{\rho} = \frac{d\theta}{ds}$) 처짐 곡선의 기울기가 매우 작다고 가정하고($\theta \approx \tan\theta = \frac{dv}{dx}$) 재료가 훅의 법칙을 따른다($\frac{1}{\rho} = \frac{M}{EI}$)고 하여 유도된다. 전공 과정에서도 처짐을 구하는 데 큰 관심을 두므로 여기에서는 미분방정식의 자세한 유도 과정은 생략하고 미분방정식을 이용하여 처짐을 구하는 과정을 소개한다.]

❚ 예제 4.2.6 [보의 처짐 - 외팔보 집중하중] [그림 4.28]과 같이 길이 L의 외팔보의 끝에 집중하중 P가 작용할 때 임의 위치 x에서의 처짐(v)과 최대 처짐($v_{\max}$)을 구하여라. 보의 탄성계수는 E, 보 단면의 면적 관성모멘트는 I이다.

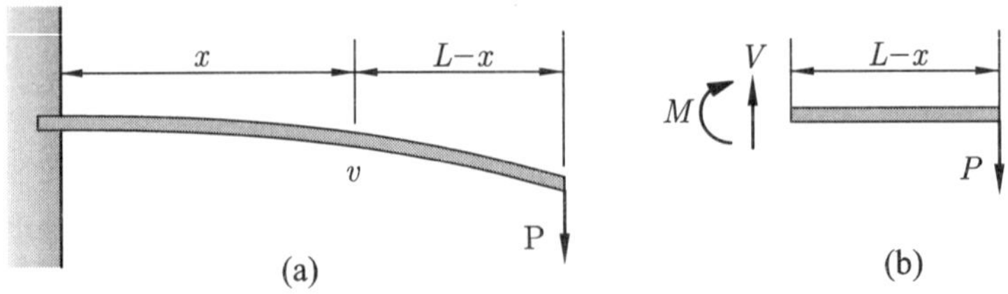

[그림 4.28]

▶ 풀이 먼저 벽으로부터 x만큼 떨어진 지점에서의 굽힘 모멘트를 구한다. (b)의 자유물체도에 모멘트 평형조건을 적용하면

$$M+P(L-x)=0$$
$$\therefore\ M=-P(L-x)$$

이다. 연직 아래 방향으로의 처짐을 양으로 잡으면 처짐(v)에 대한 미분방정식은

$$EI\frac{d^2v}{dx^2}=-M=P(L-x)$$

이다. 이 식을 적분하면

$$EI\frac{dv}{dx}=P\left(Lx-\frac{x^2}{2}\right)+C$$

인데 고정 지점($x=0$)에서 $v'=0$이므로 상수 $C=0$이다. 따라서

$$EI\frac{dv}{dx}=P\left(Lx-\frac{x^2}{2}\right)$$

이고 이 식을 한 번 더 적분하면

$$EIv=P\left(\frac{L}{2}x^2-\frac{x^3}{6}\right)+C$$

이다. 여기에서 경계조건 $x=0$에서 $v=0$을 적용하면 상수 $C=0$이고,

$$EIv=P\left(\frac{L}{2}x^2-\frac{x^3}{6}\right)=\frac{P}{6}(3Lx^2-x^3)$$

이 얻어진다. 따라서 임의 지점에서의 보의 처짐

$$v = \frac{P}{6EI}(3Lx^2 - x^3)$$

이고, 최대 처짐은 자유단에서 일어나므로 $x = L$을 대입하면

$$v_{\max} = \frac{PL^3}{3EI}$$

이다.

▍예제 4.2.7 [보의 처짐 – 단순보 균일 하중] [그림 4.29]와 같이 길이 L의 단순보에 균일 하중 q가 작용할 때 보 중심에서의 처짐(δ)을 구하여라. 보의 탄성계수는 E, 보 단면의 면적 관성모멘트는 I이다.

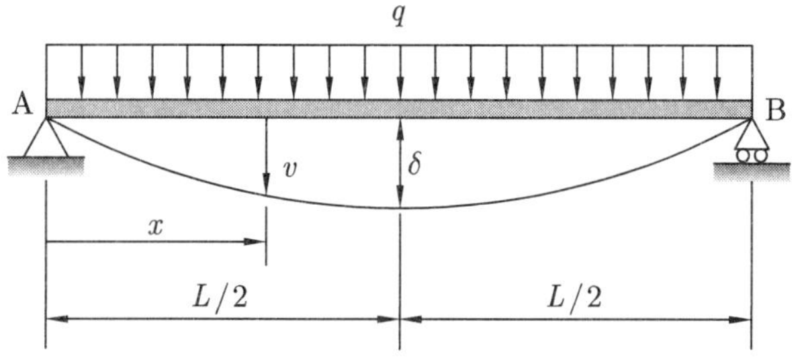

[그림 4.29]

▶풀이 (1) 경계조건 : 보의 양 끝단에서의 처짐은 0이므로

$$v(0) = v(L) = 0 \qquad \cdots ①$$

이다. 그리고 보의 양 끝단은 매입되어 있지 않으므로 굽힘 모멘트는 0이다. 따라서 $EI\frac{d^2v}{dx^2} = -M$에 의해

$$v''(0) = v''(L) = 0 \qquad \cdots ②$$

이다.

(2) 미분방정식 : 연직 아래 방향으로의 처짐을 양으로 잡으면 균일 하중 q(q는 상수)가 작용할 때 보의 처짐은

$$EI\frac{d^4v}{dx^4} = q \qquad \cdots ③$$

로 기술된다. 식 ③을 두 번 적분하면

$$EI\frac{d^3v}{dx^3} = qx + C_1, \quad EI\frac{d^2v}{dx^2} = \frac{q}{2}x^2 + C_1x + C_2$$

인데, ②에서 $v''(0) = v''(L) = 0$ 이므로 $C_2 = 0$, $C_1 = -\frac{qL}{2}$ 이다. 따라서

$$EI\frac{d^2v}{dx^2} = \frac{q}{2}(x^2 - Lx)$$

이다. 이 식을 다시 두 번 적분하면

$$EI\frac{dv}{dx} = \frac{q}{2}\left(\frac{1}{3}x^3 - \frac{L}{2}x^2\right) + C_3,$$

$$EIv = \frac{q}{2}\left(\frac{1}{12}x^4 - \frac{L}{6}x^3\right) + C_3x + C_4$$

이다. 여기에서 ①의 경계조건 $v(0) = v(L) = 0$ 에 의해 $C_4 = 0$, $C_3 = \frac{qL^3}{24}$ 이다. 따라서

$$EIv = \frac{q}{2}\left(\frac{1}{12}x^4 - \frac{L}{6}x^3 + \frac{L^3}{12}x\right)$$

이다. 보 중심에서의 처짐(δ)을 구하기 위해 $x = L/2$을 대입하면

$$EI\delta = \frac{qL^4}{2\times 12}\left(\frac{1}{2^4} - \frac{2}{2^3} + \frac{1}{2}\right) = \frac{qL^4}{2\times 12}\times\frac{5}{16} = \frac{5qL^4}{384}$$

가 된다. 따라서 보의 중앙에서의 처짐은

$$\delta = \frac{5\,qL^4}{384EI}$$

이고, 이것은 보에 발생하는 최대 처짐이 된다.

연습문제 4.2

1. 그림과 같은 단순보에 대한 전단력 선도와 굽힘 모멘트 선도를 그려라. 보 내부의 최대 전단력과 최대 굽힘 모멘트는 얼마인가?

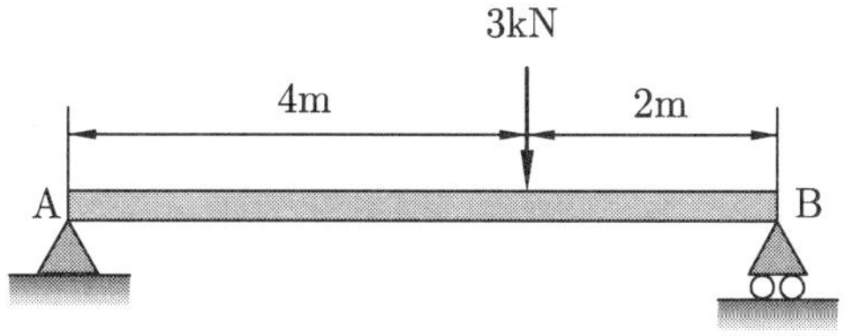

[문제 4.2.1]

2. 두 개의 집중하중이 작용하는 단순보가 있다.
   (1) 전단력 선도와 굽힘 모멘트 선도를 그려라.
   (2) 보 내부의 최대 전단력과 최대 굽힘 모멘트를 구하여라.
   (3) 보의 단면이 폭 $b = 4\,\text{cm}$, 높이 $h = 5\,\text{cm}$인 직사각형일 때 보에 발생하는 최대 굽힘응력은 몇 MPa인가?

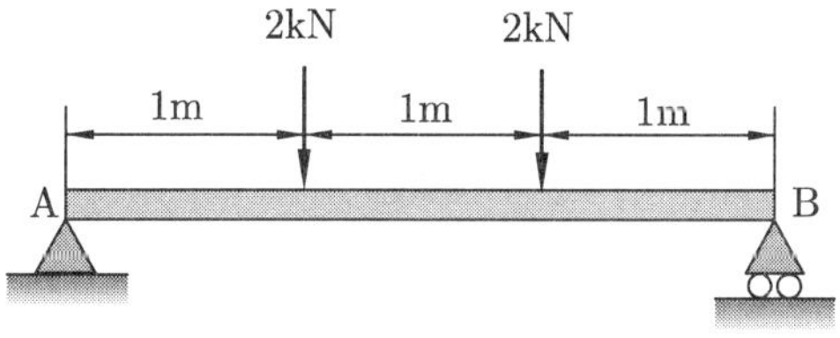

[문제 4.2.2]

3. 두 개의 집중하중을 받는 외팔보가 있다. 전단력 선도와 굽힘 모멘트 선도를 그리고, 보 내부의 최대 전단력과 최대 굽힘 모멘트를 구하여라.

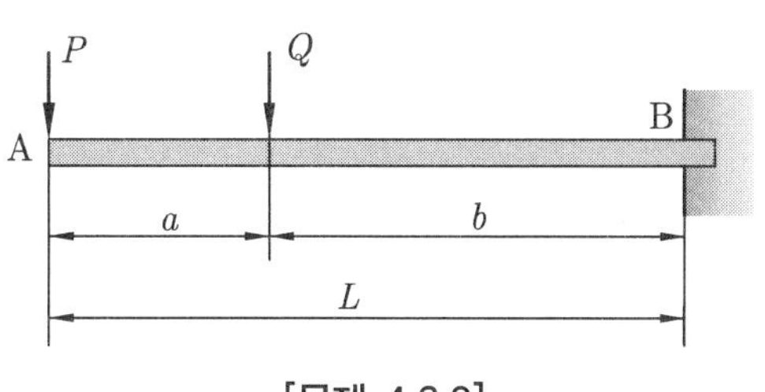

[문제 4.2.3]

4. 그림과 같은 단순보에서 지점 A로부터 30 cm와 60 cm 떨어진 두 단면에 작용하는 전단력과 굽힘 모멘트를 구하여라.

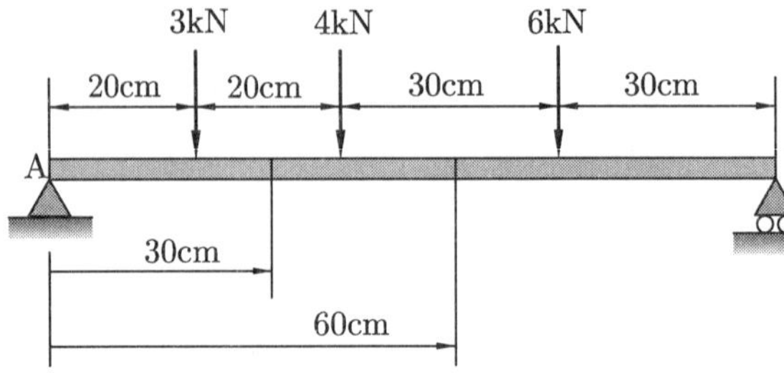

[문제 4.2.4]

5. 길이 L의 단순보가 선형적으로 변하는 분포하중 q를 받고 있다. 지점 A에서의 분포하중은 0이고, B에서의 분포하중은 q_0일 때 다음을 구하여라.

(1) 두 지점의 반력 R_A, R_B

(2) 지점 A로부터 거리 x인 위치에서의 전단력과 굽힘 모멘트

(3) 최대 굽힘 모멘트

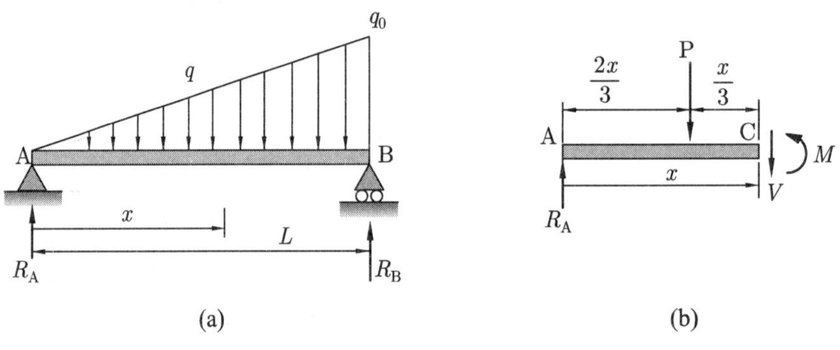

[문제 4.2.5]

*분포하중을 지점 B로부터 $L/3$만큼 떨어진 곳에 작용하는 하나의 집중하중 $W=q_0L/2$로 대체하여 전체 자유물체도를 그리고 반력을 구한다. 임의 지점 x에서의 분포하중 $q(x)=q_0x/L$이고, 자유물체도 (b)에서 $P=q_0x^2/2L$이다.

6. 길이 L의 단순보의 중앙에 집중하중 P가 작용하고 있을 때 최대 굽힘 모멘트, 최대 굽힘응력, 최대 처짐을 구하여라. 보의 단면은 폭 b, 높이 h인 직사각형이고, 탄성계수는 E이다.

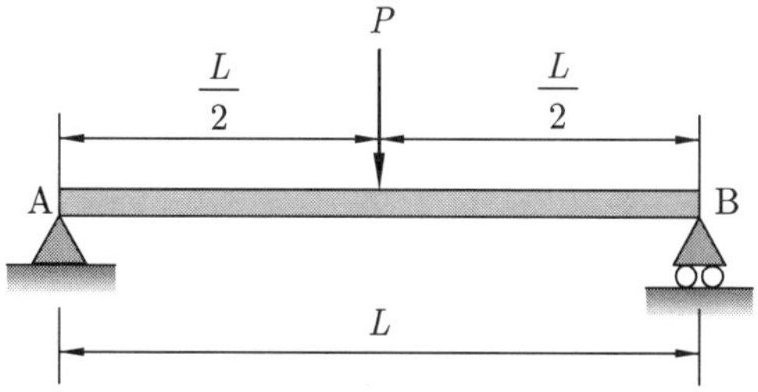

[문제 4.2.6]

7. 길이 L의 외팔보에 균일 분포하중 q가 작용하고 있을 때 보의 최대 처짐을 구하여라. 보의 단면은 폭 b, 높이 h인 직사각형이고, 탄성계수는 E이다.

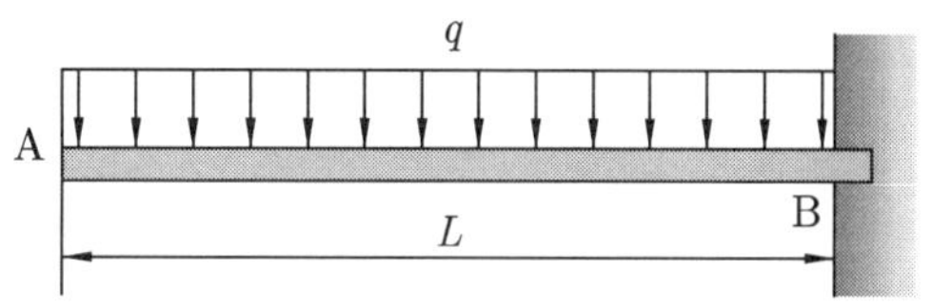

[문제 4.2.7]

8. 길이 L의 외팔보가 선형적으로 변하는 분포하중 q를 받고 있다. 자유단 A에서 $q=0$이고 고정 지점 B에서 $q=q_0$이다. 다음을 구하여라.

(1) 자유단으로부터 거리 x인 위치에서의 전단력과 굽힘 모멘트

(2) 최대 진단력과 최대 굽힘 모멘트의 크기

(3) 최대 처짐

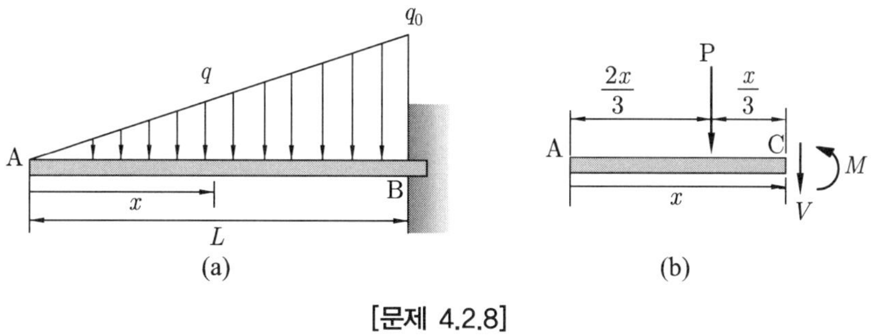

[문제 4.2.8]

9. 그림과 같은 돌출보가 200 kN의 집중하중과 100 kN/m의 균일 분포하중을 받고 있다. 지점 A로부터 3 m 떨어진 단면에서의 전단력과 굽힘 모멘트를 구하여라.

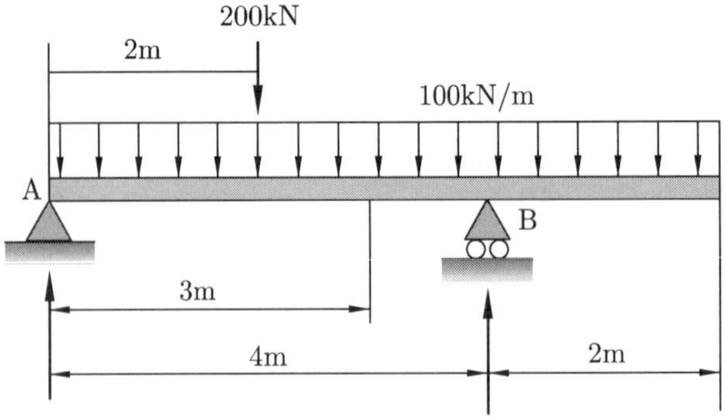

[문제 4.2.9]

10. 길이 L의 단순보에 균일 분포하중 q와 집중하중 P가 동시에 작용할 때 보 중앙에서의 처짐을 구하여라. 보의 탄성계수는 E, 보 단면의 면적 관성모멘트는 I이다.

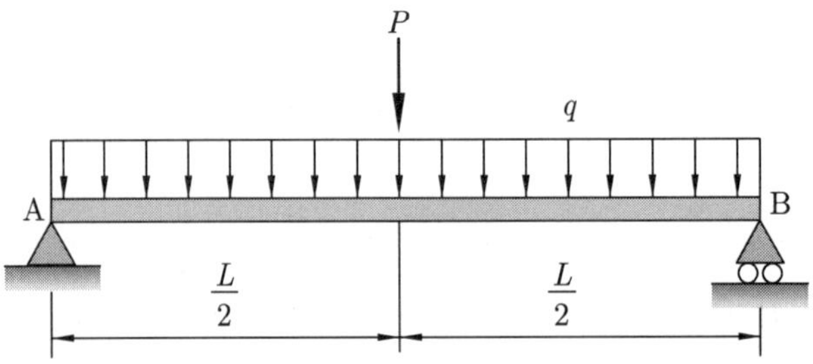

[문제 4.2.10]

*중첩 원리 : 몇 개의 다른 하중들이 동시에 작용할 때 발생하는 보의 처짐은 각각의 하중이 독립적으로 작용할 때 발생하는 처짐을 모두 합한 것과 같다. 예를 들어 하중 P_1, P_2에 의해 보의 임의 지점에 발생하는 처짐이 각각 v_1, v_2이면 두 하중이 동시에 작용할 때 그 지점의 처짐은 $v_1 + v_2$가 된다.

제5장 열역학

5.1 기본 개념

'열역학은 열과 일 및 물질의 상태량을 다루는 과학 또는 에너지와 엔트로피의 과학' 등으로 정의한다. 관심 분야에 따라서는 물질의 상태변화 그 자체가 주된 관심사가 되기도 하지만, 기계공학의 열역학에서는 상태변화에 따른 물질의 성질을 연구하여 에너지, 일 및 열 사이의 관계를 주로 다룬다. 열역학적 상태를 기술하는 상태량(property)에는 온도, 압력, 부피, 내부에너지, 엔탈피, 엔트로피 등의 여러 가지가 있다.

1. 열역학적 상태량

계(시스템, system)에서 측정 가능한 모든 물리적 성질이 특정한 값을 가질 때 그 계는 어떤 상태에 있다고 하고, 이러한 성질을 계의 열역학적 상태량(thermodynamic property) 또는 열역학적 성질이라 한다. 두 계의 모든 성질이 동일하면 두 계의 상태는 같다.

2. 열역학적 상태량의 형태

(1) 강성적 상태량(intensive property) : 계의 질량과 무관한 성질

(2) 종량적 상태량(extensive property) : 계의 질량에 비례하여 변하는 성질

예 온도와 압력은 강성적 상태량이고, 부피와 질량은 종량적 상태량이다. 밀도와 같이 단위 부피당 종량적 상태량은 강성적 상태량이다.

3. 비체적, 밀도

(1) 비체적(specific volume) : 물질의 단위질량당 부피를 비체적이라 한다. 질량이 m 인 물질의 부피가 V 이면 비체적 v 는 다음과 같이 정의된다.

$$v = \frac{V}{m}$$

국제단위계(SI unit)에서 비체적의 단위는 $[v] = \mathrm{m^3/kg}$ 이다.

(2) 밀도(density) : 물질의 단위 부피당 질량을 밀도라 한다. 열역학에서는 일반적으로 기

호 ρ로 나타내며 비체적의 역수가 된다.

$$\rho = \frac{m}{V} = \frac{1}{v}$$

밀도의 SI 단위는 $[\rho] = \mathrm{kg/m^3}$이다.

* 비체적은 강성적 상태량이다. 열역학에서는 기체의 상태변화를 조사할 때 밀도보다 비체적을 주로 사용한다.

예 가로, 세로, 높이가 각각 2 m인 직육면체 용기에 10 kg의 기체가 균일하게 채워져 있다면, 기체의 부피 $V = 2\,\mathrm{m} \times 2\,\mathrm{m} \times 2\,\mathrm{m} = 8\,\mathrm{m^3}$이고, 비체적 $v = \frac{V}{m} = \frac{8\,\mathrm{m^3}}{10\,\mathrm{kg}} = 0.8\,\mathrm{m^3/kg}$, 밀도 $\rho = \frac{1}{v} = 1.25\,\mathrm{kg/m^3}$이다.

* 상온(25℃)에서 공기의 밀도는 약 $1.23\,\mathrm{kg/m^3}$, 물의 밀도는 약 $1000\,\mathrm{kg/m^3}$이다.

4. 압력

단위 면적에 수직으로 작용하는 힘을 압력(pressure)이라 한다. 면적 A에 힘 F가 작용할 때 압력 P는 다음과 같이 정의된다.

$$P = \frac{F}{A}$$

국제단위계에서는 1N의 힘이 $1\,\mathrm{m^2}$에 작용할 때의 압력을 1Pascal이라 하고, 기호 Pa로 나타낸다.

$$1\mathrm{Pa} = 1\mathrm{N/m^2}$$

편의상 많이 사용되는 압력의 단위에는 다음과 같이 정의되는 bar, 표준기압(atm) 등이 있다. 공학에서는 $1\,\mathrm{kgf/cm^2}$을 1공학기압(at)이라 한다. 1표준기압(atm)은 [그림 5.1]과 같이 수은기둥 760 mm의 높이에 상당하는 압력이다.

$$1\mathrm{bar} = 10^5\,\mathrm{Pa} = 100\,\mathrm{kPa} = 0.1\,\mathrm{MPa}$$

$$\begin{aligned} 1\text{표준기압} &= 1\mathrm{atm} \\ &= 760\,\mathrm{mmHg}\ (\text{수은기둥}) \\ &= 10.33\,\mathrm{mAq}\ (\text{물기둥})\ \text{또는}\ 10.33\,\mathrm{mH_2O} \end{aligned}$$

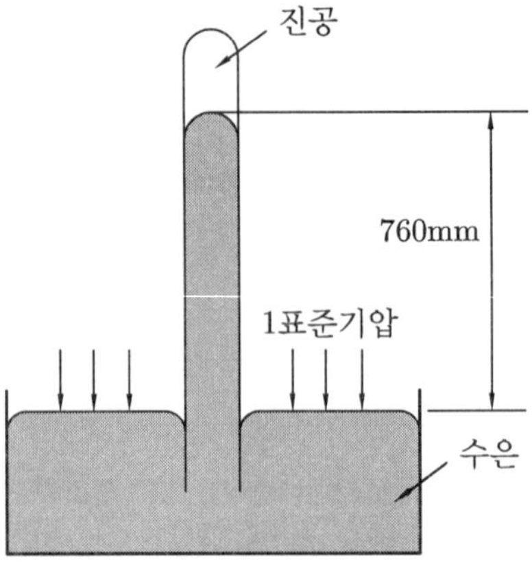

[그림 5.1]

$$= 1.033\text{kgf/cm}^2$$
$$= 1.01325\,\text{bar} = 0.101325\,\text{MPa}$$
$$= 1013\,\text{hPa}(\text{hecto Pascal})$$
$$1\text{공학기압} = 1\text{at}$$
$$= 735.5\,\text{mmHg} \ (\text{수은기둥})$$
$$= 10\,\text{mAq} \ (\text{물기둥})$$
$$= 1.0\,\text{kgf/cm}^2$$

* 밀도 ρ 인 유체에서 높이 차이가 H 인 두 지점의 압력 차이 $\Delta P = \rho g H$ (g 는 중력가속도)이다. 0℃에서 수은의 밀도는 약 $13600\,\text{kg/m}^3$, 중력가속도는 약 $9.8\,\text{m/s}^2$이므로 수은기둥 $760\,\text{mm} = 0.76\,\text{m}$에 상당하는 압력은

$$\Delta P = \rho g H \approx 13600 \times 9.8 \times 0.76\,\text{N/m}^2 \approx 101.3\,\text{kPa} = 1.013\,\text{bar}$$

가 된다. 10 mAq는 물기둥 10 m의 높이에 상당하는 압력을 나타낸다.

* atm은 국제단위계 이전에 압력의 단위로 많이 사용된 단위이다. SI 단위계에서 표준상태에서의 대기압은 약 1bar이다.

5. 절대압력

완전 진공(vacuum)상태의 절대 0기압을 기준으로 측정한 압력을 절대압력(absolute pressure)이라 한다.

* 대기압은 여러 가지 조건에 따라 변하기 쉬우므로 압력을 나타낼 때는 이론적으로 완전한 진공상태의 절대 0기압을 기준으로 나타내는 것을 원칙으로 하는데 이와 같은 압력을 절대압력이라 한다. 열역학 관계식에서 사용하는 압력은 특별한 언급이 없으면 모두 절대압력이다. 절대압력은 대기압보다 높을 수도 있고 낮을 수도 있는데 그 차이를 각각 계기압력(게이지 압력)과 진공이라 한다.

6. 열역학 제0법칙

두 물체의 온도가 각각 제3의 물체의 온도와 같다면 두 물체의 온도도 같다는 것을 열역학 제0법칙(zeroth law of thermodynamics)이라 한다.

* 열역학 제0법칙은 온도 측정의 기본법칙이 된다. 물체와 온도계의 온도가 같다는 것이 성립할 때 온도계에서 읽은 온도를 그 물체의 온도라 한다.

7. 섭씨온도, 화씨온도

(1) 표준대기압 1 atm에서 순수한 물의 어는점을 0 ℃, 끓는점을 100 ℃로 한 온도를 섭씨(Celsius)온도라 하고, 어는점을 32 °F, 끓는점을 212 °F로 한 온도를 화씨(Fahrenheit)온도라 한다.

(2) 섭씨온도와 화씨온도의 관계 : 섭씨온도와 화씨온도를 각각 $T(℃)$, $T(°F)$라 하면 다음 관계식이 성립한다.

$$T(℃) = \frac{5}{9}[T(°F) - 32]\ [℃],\quad T(°F) = \frac{9}{5}T(℃) + 32\ [°F]$$

* 국제단위계(SI)에서 사용되는 온도 눈금은 섭씨온도이고, 영국단위계에서의 온도 눈금은 화씨온도이다. 섭씨온도는 어는점과 끓는점 사이를 100등분하고, 화씨온도는 두 점 사이를 180등분하였으므로 다음 비례식이 성립한다.

$$[T(°F) - 32] : 180 = [T(℃) - 0] : 100$$
$$\therefore\ 180\,T(℃) = 100[T(°F) - 32]$$

8. 절대온도

1954년 제10차 국제도량형회의에서 물의 고체, 액체, 증기 상이 평형상태로 존재하는 삼중점(triple point)의 온도를 273.16 K, 0.01℃로 정하였다. 섭씨온도와 관련된 절대온도 척도(absolute scale of temperature)는 Kelvin 척도이며 도의 기호를 생략한 기호 K로 나타낸다. 영국단위계에서 열역학적 온도 척도는 Rankine 척도이며 기호 R로 나타낸다.

섭씨온도 T[℃]와 Kelvin 온도 T[K]의 관계식은 다음과 같다.

$$T\,[\mathrm{K}] = T\,[^\circ\mathrm{C}] + 273.15$$

화씨온도 T[°F]와 Rankine 온도 T[R]의 관계식은 다음과 같다.

$$T\,[\mathrm{R}] = T\,[^\circ\mathrm{F}] + 459.67$$

그리고 두 단위계의 절대온도(absolute temperature) 사이에는 다음 관계가 성립한다.

$$T\,[\mathrm{R}] = \frac{9}{5}\,T[\mathrm{K}] = 1.8\,T[\mathrm{K}]$$

* 절대온도는 열역학적 온도(thermodynamic temperature)라고도 한다. 열역학에서는 물질 자체 또는 물질의 상태량에 독립적인 온도 눈금을 가지는 것이 바람직한데 이러한 눈금을 열역학적 온도라 한다. 273.15는 정확한 값이다. 섭씨온도 −275.15℃는 기체의 분자운동이 정지하는 열역학적 최저온도이며, 이것을 0 K로 하는 온도를 국제단위계(SI)에서의 절대온도라 한다.
* 온도 차이 1℃는 정확히 1K이다. 따라서 두 점에 대한 섭씨 눈금과 Kelvin 눈금의 온도 차이는 같다. 영국단위계의 1R과 1°F의 눈금의 크기도 같다. 예를 들어 물질의 온도를 20℃ 올리는 것은 20K 올리는 것과 같다. 온도 차이에 대하여 다음 관계식이 성립한다.

$$\Delta T[\mathrm{K}] = \Delta T[^\circ\mathrm{C}],\quad \Delta T[\mathrm{R}] = \Delta T[^\circ\mathrm{F}]$$

* 실제 계산에서는 상수를 반올림하여 $T\,[\mathrm{K}] = T\,[^\circ\mathrm{C}] + 273$을 많이 사용한다.

예 온도 100℃는 절대온도 $T[\mathrm{K}] = 100 + 273.15 = 373.15\,\mathrm{K}$가 된다.

9. 체적 팽창과 압축에 의한 일

기체가 팽창하면 외부에 일을 하게 된다. 기체의 압력이 P일 때 체적변화가 dV이면 기체가 한 일 δW는

$$\delta W = PdV$$

이고, 상태 1과 2 사이의 일은 다음과 같다.

$$_1W_2 = \int_1^2 \delta W = \int_1^2 PdV = \int_{V_1}^{V_2} PdV$$

기호 $_1W_2$는 상태 1에서 상태 2까지 변하는 동안(상태변화 1→2) 기체가 한 일을 나타낸다.

설명 [그림 5.2]와 같은 피스톤과 실린더 사이의 기체가 팽창하여 피스톤이 상태 ①에서 ②로 이동하는 경우를 고려해보자. 실린더 안에서의 압력 P에 의해 피스톤에 작용하는 힘 $F = PA$이므로 피스톤이 dx만큼 이동하였을 때 한 일은 $\delta W = Fdx = PAdx = PdV$ ($\because\ Adx = dV$)가 된다. 상태변화를 $P-V$ 선도로 나타나면 그림

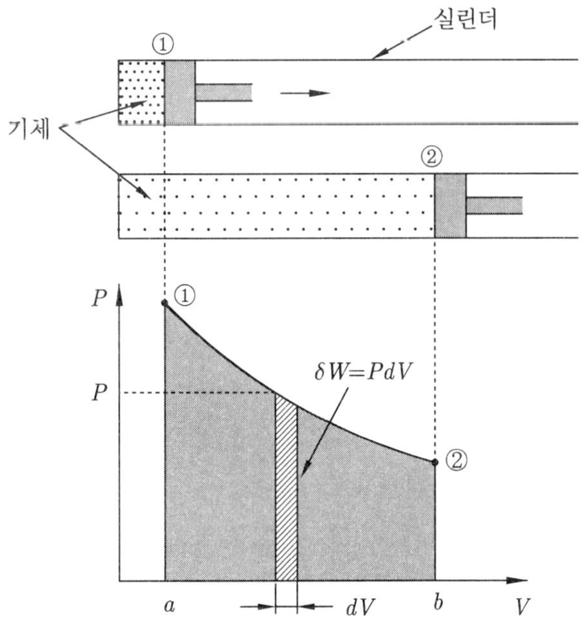

[그림 5.2]

과 같이 면적 ①−②−b−a−①이 기체의 팽창에 의한 일이 된다. $\int_1^2 PdV$의 적분을 수행하기 위해서는 압력 P와 체적 V의 관계를 알아야 한다.

[일의 부호] 열역학에서는 편의상 시스템이 외부에 일을 수행하였을 때의 일을 양(+), 외부로부터 일을 받았을 때의 일의 양을 음(−)의 값으로 나타낸다. 기체가 압축된다면 기체가 한 일은 음(−)이 된다. 즉, 기체는 외부로부터 일을 받아서 압축된다.

예 피스톤-실린더 장치 안에 압력 200 kPa, 체적 0.01 m^3의 기체가 들어 있다. 실린더를 가열하면 기체가 팽창하게 되는데 팽창 과정 중에 피스톤의 무게와 기체의 압력에 의한 힘이 평형을 이루고 있다고 한다. 이때 기체의 체적이 0.03 m^3으로 증가하였다면 기체가 한 일

$$W = \int_1^2 PdV = P(V_2 - V_1) = 200\,\text{kPa} \times (0.03 - 0.01)\text{m}^2 = 4\,\text{kJ}$$

이다.

10. 에너지

일을 할 수 있는 능력을 에너지(energy)라 하며, 그 저장 형태에 따라 역학적 에너지, 전기에너지, 원자력에너지 등이 있다.

에너지의 단위는 일의 단위(J)와 같고, 에너지의 종류에 따라 cal(열에너지), Wh(와트시, 전기에너지), eV(원자력에너지) 등을 사용한다. J과 cal, Wh, eV의 관계는 다음과 같다.

$$1\,\text{cal} = 4.18681\,\text{J}, \quad 1\,\text{Wh} = 3600\,\text{J}, \quad 1\,\text{eV} = 1.60217733 \times 10^{-19}\,\text{J}$$

* 그 외에 화학에너지(석탄, 석유 등의 화석연료나 전지 또는 음식물 등의 물질에 저장되어 있는 에너지), 파동에너지(파동에 의해 전달되는 에너지), 빛에너지(태양이나 전구 등이 가지고 있는 에너지) 등의 여러 종류가 있다. 열역학에서 많이 취급하는 열기관에서는 역학적 에너지와 열에너지를 주로 고려한다.

11. 열, 열량

물질의 온도와 상태변화의 원인이 되는 에너지를 열(heat)이라 한다. 열량의 단위에는 kcal, J 등이 있다. 1kcal는 14.5℃의 순수한 물 1kg의 온도를 1℃ 높이는 데 필요한 열량이다.

* 온도가 서로 다른 두 물체를 접촉시켜 놓으면 열은 높은 온도의 물체로부터 낮은 온도의 물체로 이동하게 된다. 이와 같이 이동한 열의 양을 열량이라 한다.

12. 비열

어떤 물질 1kg의 온도를 1℃ 높이는 데 필요한 열량을 그 물질의 비열(specific heat)이라 한다. 단위로는 kcal/kg・℃, J/kg・K 등을 사용한다. 물의 비열은 1cal/g・℃ ≈ 4200J/kg・K이다. 질량 m인 물질의 온도를 ΔT만큼 높이는 데 필요한 열량이 Q이면 물질의 비열 c는 다음과 같다.

$$c = \frac{Q}{m \Delta T}$$

13. 열평형

서로 다른 온도의 물체를 접촉시켜 놓으면 두 물체 사이에서 열 이동이 일어나고 긴 시간 후에 두 물체의 온도가 같아진다. 이 상태를 열평형(thermal equilibrium)상태라 하며, 그때의 온도를 평형온도라 한다.

외부와 단열된 상태에서 질량 m_1, 비열 c_1, 온도 T_1인 물체와 질량 m_2, 비열 c_2, 온도 T_2의 물체를 접촉시켰을 때의 평형온도를 T_f라 하면 평형방정식은 다음과 같다. (단, $T_1 < T_f < T_2$이다.)

$$m_1 c_1 (T_f - T_1) = m_2 c_2 (T_2 - T_f)$$

* 외부와의 열전달이 없으므로 열량보존의 법칙에 의해 저온 물체가 얻은 열량 $Q_1 = m_1 c_1 (T_f - T_1)$은 고온 물체가 잃은 열량 $Q_2 = m_2 c_2 (T_2 - T_f)$와 같다.

$$\therefore \ m_1 c_1 (T_f - T_1) = m_2 c_2 (T_2 - T_f)$$

$$\therefore \ T_f = \frac{m_1 c_1 T_1 + m_2 c_2 T_2}{m_1 c_1 + m_2 c_2}$$

예 외부와 단열된 상태에서 70℃, 10kg의 금속을 20℃, 6kg의 물속에 넣었을 때 평형 온도가 40℃라면 금속의 비열은?

금속의 비열을 c라고 하면 물의 비열은 1kcal/kg·℃이므로

$$10 \times c(70-40) = 6 \times 1 \times (40-20)$$

$$\therefore \ c = \frac{6 \times 20}{10 \times 30} = 0.4\,(\text{kcal/kg} \cdot ℃)$$

14. 이상기체의 상태방정식

밀도가 낮을 때 기체의 부피가 온도에 비례한다는 것을 실험적으로 관찰하였는데 이러한 성질을 나타내는 다음 상태방정식(equation of state)을 만족하는 기체를 이상기체(ideal gas)라 한다.

$$P\bar{v} = \bar{R}\,T$$

여기에서 P는 절대압력, $\bar{v}$는 몰 비체적(molar specific volume, 단위몰당 체적), T는 절대온도이다. $\bar{R}$는 일반기체상수(universal gas constant)라 하며 모든 이상기체에 대하여 동일한 값을 갖는다.

$$\bar{R} = 8.31441\text{J/mol} \cdot \text{K} = 8.31441\ \text{kJ/kmol} \cdot \text{K}$$

n몰의 부피를 V라 하면 $\bar{v} = V/n$이므로 상태방정식은 다음과 같이 된다.

$$PV = n\bar{R}\,T$$

그리고 질량으로 상태방정식을 나타내면 $n = m/M$(M은 분자량)이므로

$$PV = mRT\,, \ \ R = \bar{R}/M$$

가 되고, 비체적 $v = V/m$와 밀도 $\rho = m/V$으로 나타내면

$$Pv = RT\,, \ \ P = \rho RT$$

[표 5.1] 이상기체의 기체상수와 25℃에서의 비열 및 비열비

기체	분자식	R (kJ/kg · K)	C_p (kJ/kg · K)	C_v (kJ/kg · K)	k
공기		0.2870	1.004	0.7165	1.400
헬륨	He	2.0773	5.1931	3.1159	1.667
네온	Ne	0.4120	1.0301	0.6180	1.667
아르곤	Ar	0.2081	0.5203	0.3121	1.667
수소	H_2	4.1245	14.304	10.18	1.405
질소	N_2	0.2568	1.0396	0.7428	1.400
산소	O_2	0.2598	0.9180	0.6582	1.395
일산화탄소	CO	0.2968	1.0404	0.7436	1.399
이산화탄소	CO_2	0.1889	0.8437	0.6547	1.289
산화질소	NO	0.2771	0.9946	0.7175	1.386
메탄	CH_4	0.5183	2.2215	1.7032	1.304
아세틸렌	C_2H_2	0.3193	1.6935	1.3742	1.232
에탄	C_2H_6	0.2765	1.7449	1.4684	1.188
프로판	C_3H_8	0.1886	1.6692	1.4806	1.127
부탄	C_4H_{10}	0.1431	1.6945	1.5514	1.092

가 된다. 여기에서 R은 특정기체상수 또는 기체상수(gas constant)라 부른다. 이 값은 기체의 종류마다 다르다. [표 5.1]에 몇 가지 이상기체의 기체상수 값을 나타내었다.

* 이상기체는 완전기체(perfect gas)라고 부르기도 한다. 실제로 존재하지 않는 기체이지만 밀도가 낮은 실제 기체의 $P-V-T$ 거동은 이상기체의 상태방정식과 비슷한 거동을 보인다는 것을 실험적으로 관찰하였다. 압력이 낮거나 온도가 높아지면 기체의 밀도는 감소하며 기체는 이상기체와 유사한 거동을 나타낸다. 실질적인 관심영역에서 공기, 산소, 수소, 질소, 헬륨, 이산화탄소 등을 이상기체로 취급할 수 있다.

❙ 예제 5.1.1 부피 $20\,\mathrm{m}^3$의 밀폐된 용기에 밀도 $0.08\,\mathrm{kg/m}^3$의 기체가 채워져 있다. 기체의 질량과 비체적을 구하여라.

▶풀이 밀도 $\rho = \dfrac{m}{V}$이므로 질량 $m = \rho V = \left(0.08\dfrac{\mathrm{kg}}{\mathrm{m}^3}\right) \cdot 20\,\mathrm{m}^3 = 1.6\,\mathrm{kg}$

비체적 $v = \frac{1}{\rho} = \frac{1}{0.08}\,\mathrm{m^3/kg} = 12.5\,\mathrm{m^3/kg}$

[✱25 ℃, 100 kPa에서 수소(H_2)의 밀도는 약 $0.0813\,\mathrm{kg/m^3}$이다.]

▌예제 5.1.2 피스톤-실린더 장치가 가열되어 내부압력이 2 MPa이 되었다. 피스톤의 지름이 20 cm일 때 피스톤을 고정하기 위해 필요한 힘을 구하여라. 단, 피스톤과 실린더 사이의 마찰과 대기압은 무시한다.

▶풀이 압력 $P = \frac{F}{A}$이므로 피스톤을 고정하기 위해 필요한 힘

$$F = PA = \left(2000\frac{\mathrm{kN}}{\mathrm{m^2}}\right)\cdot\left(\frac{\pi \times 0.2^2}{4}\mathrm{m^2}\right) = 62.83\,\mathrm{kN}$$

이다.

▌예제 5.1.3 섭씨온도 200 ℃를 화씨온도로 환산하여라.

▶풀이 화씨온도 $T(°\mathrm{F}) = \frac{9}{5}T(℃) + 32 = \frac{9}{5}\times 200 + 32 = 392\,(°\mathrm{F})$

▌예제 5.1.4 화씨온도 140 °F를 섭씨온도로 환산하여라.

▶풀이 섭씨온도 $T(℃) = \frac{5}{9}[T(°\mathrm{F}) - 32] = \frac{5}{9}(140 - 32) = 60\,(℃)$

▌예제 5.1.5 어떤 기체를 가열하였더니 온도가 20 ℃ 상승하였다. 이 온도 상승을 절대온도 K, R과 화씨온도 °F로 나타내어라.

▶풀이 섭씨 눈금의 온도 변화는 Kelvin 눈금의 온도 변화와 같다.

$$\therefore\ \Delta T[\mathrm{K}] = \Delta T[℃] = 20\,\mathrm{K}$$

Kelvin 온도와 Rankine 온도 사이에는 $T[\mathrm{R}] = 1.8\,T[\mathrm{K}]$의 관계가 있고, 화씨 눈금과 Rankine 눈금에서의 온도 변화는 같으므로

$$\Delta T[\mathrm{R}] = 1.8\,\Delta T[\mathrm{K}] = 1.8 \times 20 = 36\,\mathrm{R}$$
$$\Delta T[°\mathrm{F}] = \Delta T[\mathrm{R}] = 36\,°\mathrm{F}$$

이다.

▌예제 5.1.6 [그림 5.3]과 같이 처음 상태 1에서 두 가지의 다른 경로를 통하여 나중 상태 2로 변화하는 계가 있다. 과정 (1) $(1 \to a \to 2)$, 과정 (2) $(1 \to 2)$에서 계가 한 일을 구하여라. 단, 과정 $1 \to 2$는 $PV^{1.4} = C$(C는 상수, 일정)의 관계식을 따른다.

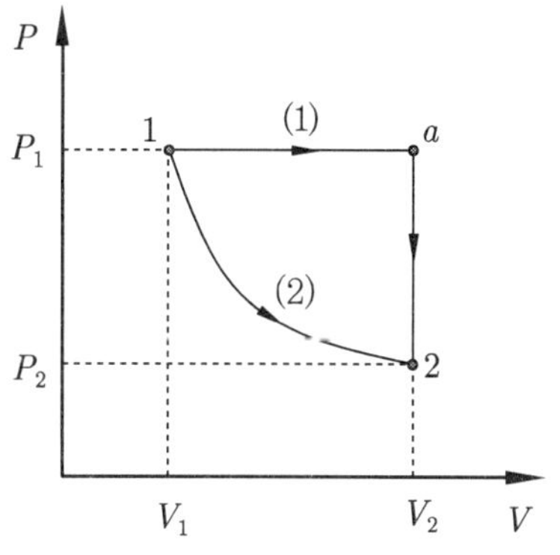

[그림 5.3]

▶풀이 과정 (1) : $W_{1-a-2} = \int_1^2 PdV = \int_1^a PdV + \int_a^2 PdV$

$$= P_1(V_a - V_1) + 0$$

$$= P_1(V_2 - V_1)$$

$a \to 2$는 부피가 일정한 과정이므로 $dV = 0$이고 $\delta W = PdV = 0$이다.

과정 (2) : $W_{1-2} = \int_1^2 PdV = \int_1^2 CV^{-1.4}dV = C\int_1^2 V^{-1.4}dV$

$$= \frac{C}{1-1.4}\left[V^{1-1.4}\right]_1^2$$

$$= -\frac{1}{0.4}(CV_2^{-0.4} - CV_1^{-0.4})$$

$$= -\frac{1}{0.4}[(P_2V_2^{1.4})V_2^{-0.4} - (P_1V_1^{1.4})V_1^{-0.4}]$$

$$= -2.5(P_2V_2 - P_1V_1)$$

$1 \to 2$에서 $PV^{1.4} = C$(일정)이므로 $C = P_1V_1^{1.4} = P_2V_2^{1.4}$이다.

*이 예제에서 알 수 있듯이 상태 1과 2 사이에 계가 행한 일은 중간 과정에 따라 다르다. 일은 한 상태에서 다른 상태로 변화할 때 지나가는 경로에 따라 다르게 되는데 이러한 이유로 일을 경로함수(path function)라 한다.

* $\int x^n dx = \frac{1}{n+1}x^{n+1} + C\ (n \neq -1)$

I 예제 5.1.7 [보일의 법칙] 온도가 일정할 때 기체의 압력 P와 부피 V는 서로 반비례하는데 이것을 보일의 법칙이라 하며 다음과 같이 표현된다.

$$PV = C\ (C\text{는 상수, 일정})$$

처음 압력 $P_1 = 200\,\mathrm{kPa}$, 부피 $V_1 = 0.1\,\mathrm{m}^3$의 기체가 온도가 일정한 상태에서 $V_2 = 0.2\,\mathrm{m}^3$로 팽창하였을 때 기체가 한 일을 구하여라.

▶풀이 상태변화 과정에서 $PV = C$ (일정)이므로 $PV = P_1 V_1$이다.

$$\begin{aligned} \therefore \text{ 기체가 한 일 } W &= \int_1^2 P\,dV = \int_1^2 \frac{P_1 V_1}{V} dV = P_1 V_1 \int_1^2 \frac{1}{V} dV \\ &= P_1 V_1 [\ln V]_1^2 = P_1 V_1 [\ln V_2 - \ln V_1] \\ &= P_1 V_1 \ln\left(\frac{V_2}{V_1}\right) \\ &= 200\,\mathrm{kPa} \times 0.1\,\mathrm{m}^3 \times \ln\left(\frac{0.2}{0.1}\right) \\ &= 20 \ln 2\,\mathrm{kJ} \approx 13.86\,\mathrm{kJ} \end{aligned}$$

* $\int \frac{1}{x} dx = \ln|x| + C$

I 예제 5.1.8 다음과 같은 방정식을 반 데르 발스(van der Waals) 상태방정식이라 한다.

$$\left(P + \frac{a}{V^2}\right)(V - b) = mRT$$

V는 체적, P는 압력, T는 온도이고, 질량 m 및 a, b, R은 상수이다. 온도가 일정하게 유지되면서 기체의 부피가 V_1에서 V_2로 팽창하는 동안 기체가 한 일을 구하여라.

▶풀이 기체가 한 일 $W = \int_{V_1}^{V_2} P\,dV = \int_{V_1}^{V_2} \left(\frac{mRT}{V-b} - \frac{a}{V^2}\right) dV$

$$= mRT \int_{V_1}^{V_2} \frac{1}{V-b} dV - a \int_{V_1}^{V_2} \frac{1}{V^2} dV$$

$$= mRT[\ln(V-b)]_{V_1}^{V_2} + a\left[\frac{1}{V}\right]_{V_1}^{V_2}$$

$$= mRT\ln\frac{V_2-b}{V_1-b} + a\left(\frac{1}{V_2} - \frac{1}{V_1}\right)$$

$$* \int \frac{1}{x+k}dx = \ln|x+k| + C, \quad \int \frac{1}{x^2}dx = -\frac{1}{x} + C \ (C\text{는 상수})$$

예제 5.1.9 외부와 단열된 상태에서 온도 $T_1 = 20\,℃$ 인 $50\,\text{g}$의 금속과 온도 $T_2 = 80\,℃$ 인 $30\,\text{g}$의 같은 종류의 금속을 접촉시켰을 때 열평형 상태의 온도를 구하여라.

▶풀이 낮은 온도 T_1의 금속이 받은 열량은 높은 온도 T_2의 금속이 잃은 열량과 같다. 평형 온도를 T_f, 금속의 비열을 c라고 하면,

$$m_1 c(T_f - T_1) = m_2 c(T_2 - T_f)$$

양변을 c로 나누고 T_f를 구하면

$$T_f = \frac{m_1 T_1 + m_2 T_2}{m_1 + m_2} = \frac{50\times 20 + 30\times 80}{50+30} = 42.5\,(℃)$$

이다.

예제 5.1.10 [그림 5.4]는 처음 온도가 $20\,℃$ 인 $2\,\text{kg}$의 물과 $4\,\text{kg}$의 어떤 액체를 똑같은 열원으로 가열하였을 때 시간(t)에 따른 온도 변화를 나타낸 것이다. 액체의 평균비열을 구하여라. 단, 물의 평균비열은 $1\,\text{kcal/kg}\cdot℃$ 이다.

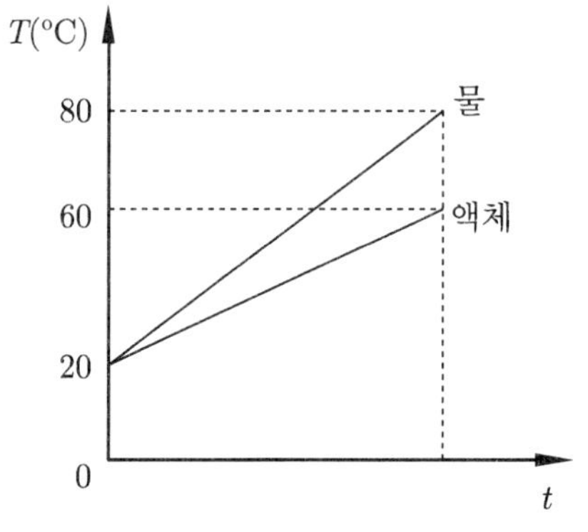

[그림 5.4]

▶**풀이** 같은 열원을 사용하므로 같은 시간 동안 물과 액체가 공급받은 열량은 같다. 따라서

$$Q = m_w c_w \Delta T_w = m_L c_L \Delta T_L$$

이고, 물의 온도 증가 $\Delta T_w = 80 - 20 = 60$(℃), 액체의 온도 증가 $\Delta T_L = 60 - 20 = 40$(℃)이므로 액체의 비열

$$c_L = \frac{m_w \Delta T_w}{m_L \Delta T_L} \times c_w = \frac{2\times 60}{4\times 40} \times 1 = 0.75\,(\mathrm{kcal/kg\cdot ℃})$$

이다.

▌예제 5.1.11 $2\,\mathrm{m}\times 3\,\mathrm{m}\times 5\,\mathrm{m}$의 컨테이너에 있는 100kPa, 20℃ 공기의 질량을 구하여라. 단, 공기의 기체상수 $R = 0.287\,\mathrm{kJ/kg\cdot K}$이다.

▶**풀이** 체적 $V = 2\times 3\times 5 = 30\,(\mathrm{m^3})$, 절대온도 $T = 273 + 20 = 293\,(\mathrm{K})$이므로 공기의 질량

$$m = \frac{PV}{RT} = \frac{(100\,\mathrm{kPa})\times(30\,\mathrm{m^3})}{(0.287\,\mathrm{kJ/kg\cdot K})\times(293\,\mathrm{K})} \approx 35.7\,\mathrm{kg}$$

[✱ $\mathrm{kJ} = \mathrm{kN\cdot m} = (\mathrm{kN/m^2})\cdot \mathrm{m^3} = \mathrm{kPa\cdot m^3}$이다.
$R = 0.287\,\mathrm{kJ/kg\cdot K} = 0.287\,\mathrm{kPa\cdot m^3/kg\cdot K}$로 나타내기도 한다.]

▌예제 5.1.12 부피 $5\,\mathrm{m^3}$, 온도 25℃의 용기 내에 분자량 32의 이상기체 10kg이 들어 있다. 기체의 압력을 구하여라.

▶**풀이** 기체상수 $R = \dfrac{\overline{R}}{M} = \dfrac{8.314\,\mathrm{kJ/kmol\cdot K}}{32\,\mathrm{kg/kmol}} = 0.2598\,\mathrm{kJ/kg\cdot K}$

절대온도 $T = 273 + 25 = 298\,(\mathrm{K})$

$\therefore$ 압력 $P = \dfrac{mRT}{V} = \dfrac{(10\,\mathrm{kg})\times(0.2598\,\mathrm{kJ/kg\cdot K})(298\mathrm{K})}{5\,\mathrm{m^3}}$

$= 154.8\,\mathrm{kPa}$

(✱ 일반기체상수 $\overline{R} = 8.314\,\mathrm{J/mol\cdot K} = 8.314\,\mathrm{kJ/kmol\cdot K}$의 값은 기억하도록 한다.)

연습문제 5.1

1. 다음 상태량을 종량적 상태량과 강성적 상태량으로 분류하여라.

질량, 밀도, 체적, 비체적, 온도, 압력, 비열, 열용량

2. 크기가 $3\,\text{m} \times 4\,\text{m} \times 5\,\text{m}$인 용기 내에 있는 기체의 질량이 $40\,\text{kg}$일 때 비체적을 구하여라.

3. 크기가 $2\,\text{m} \times 4\,\text{m} \times 5\,\text{m}$인 용기 내에 있는 밀도가 $1.2\,\text{kg/m}^3$인 기체의 질량을 구하여라.

4. 완전한 구형(sphere)의 애드벌룬에 $10\,\text{kg}$의 기체가 가득 차 있다. 기체의 비체적이 $0.16\,\text{m}^3/\text{kg}$일 때 애드벌룬의 반지름을 구하여라.
(✱반지름 R인 구의 체적은 $\dfrac{4\pi R^3}{3}$이다.)

5. $5\,\text{mm} \times 32\,\text{cm}$와 $0.5\,\text{mm} \times 32\,\text{cm}$의 단면적에 각각 $1000\,\text{N}$의 힘이 작용할 때의 압력(kPa)을 구하고, 스케이트 날이 날카로운 이유를 설명하여라.

6. 다음 화씨온도를 섭씨온도로 환산하여라.
(1) 50 °F　　　　(2) −58 °F

7. 다음 섭씨온도를 화씨온도로 환산하여라.
(1) 70 ℃　　　　(2) −80 ℃

8. 사람의 체온 36.5℃는 Kelvin 온도로는 몇 도(K)인가?

9. 25℃인 계의 온도를 Kelvin 온도(K)와 Rankine 온도(R)로 나타내어라.

10. 어떤 계를 냉각하여 계의 온도가 72 °F 떨어졌다. 이 온도 강하를 K, R, ℃로 나타내어라.

11. 그림과 같이 기체가 들어 있는 피스톤-실린더 장치가 평형을 이루고 있다. 피스톤의 질량은 $10\,kg$이고 단면적은 $0.01\,m^2$이다. 대기압은 $98\,kPa$이고 중력가속도가 $9.8\,m/s^2$이면 실린더 내부의 압력은 몇 kPa인가? 단, 피스톤과 실린더 사이의 마찰은 무시한다.

[문제 5.1.11]

12. Kelvin 온도와 Rankine 온도 사이에 다음 관계식이 성립함을 보여라.

$$T\,[\mathrm{R}] = \frac{9}{5}\,T\,[\mathrm{K}] = 1.8\,T\,[\mathrm{K}]$$

13. '$PV^n = C$ (일정)' $(n \neq 1)$의 관계식이 성립하는 과정에서 $(P_1,\ V_1)$에서 $(P_2,\ V_2)$로의 상태변화가 있을 때 $W = \int_{V_1}^{V_2} P\,dV$를 구하여라.

14. 그림과 같은 실린더 내부의 기체를 하나의 계로 고려한다. 처음 상태에서 피스톤 위에 놓여 있는 추에 의한 힘과 대기압에 의한 힘이 역학적으로 평형을 이루고 있다. 기체의 처음 압력은 $130\,kPa$, 부피는 $0.01\,m^3$이다. 피스톤의 단면적은 $0.04\,m^2$, 대기압은 $100\,kPa$일 때 다음 물음에 답하여라.

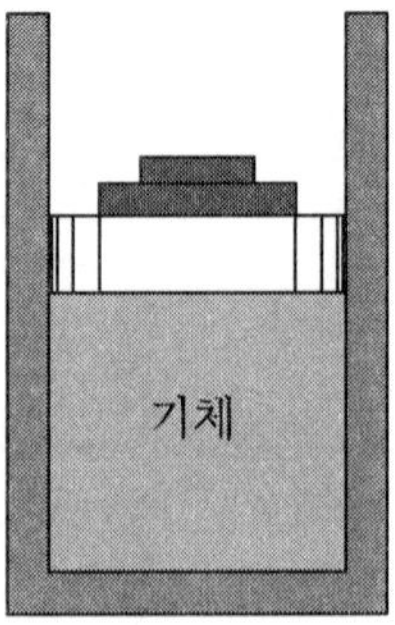

[문제 5.1.14]

(1) 피스톤과 추의 무게를 모두 합한 값을 구하여라.

(2) 실린더 안에 버너를 설치하여 기체의 부피가 $0.015\,m^3$이 될 때까지 서서히 가열하였다. 이 과정 동안 계가 한 일을 구하여라.

(✱실린더와 피스톤 사이의 마찰은 무시하며, 대기압과 추의 무게에 의한 압력은 일정하다.)

(3) 기체의 부피가 $0.015\,m^3$이 될 때까지 가열하는 과정에서 이상적으로 피스톤 위의 추를 제거하여 기체의 압력 P와 체적 V 사이에 '$PV = C$ (일정)'의 관계식이 성립할 때 계가 한 일을 구하여라.

15. 단열된 견고한 용기 내에 20℃, 0.5kg의 액체가 들어 있다. 0.02kW의 전열기를 사용하여 10분 동안 액체를 가열할 때 최종 온도를 구하여라. 단, 액체의 비열은 3kJ/kg · ℃이다.

16. 온도 100℃인 300kg의 금속을 20℃의 물 200kg이 들어 있는 단열된 용기에 넣었다. 금속과 물의 비열이 각각 0.45kJ/kg · ℃, 4.2kJ/kg · ℃일 때 열평형에 도달했을 때의 온도를 구하여라.

17. 냉동 창고에서 질량 0.2kg, 비열 3kJ/kg · ℃인 과일을 20℃로부터 5℃로 냉각한다. 냉각 과정 중에 발생하는 과일로부터의 열전달량을 구하여라.

18. 다음과 같이 얼음을 사용하여 단열된 물 잔에 들어 있는 물을 냉각하려 한다. 얼음의 융해잠열은 334kJ/kg이고, 물의 평균비열은 4.18kJ/kg · ℃이다.

(1) 물 잔에 0℃의 얼음을 넣어서 30℃, 0.5kg의 물을 0℃로 냉각할 때 필요한 얼음의 양을 구하여라.

(2) 물 잔에 0℃의 얼음을 넣어서 25℃, 0.4kg의 물을 10℃로 냉각할 때 필요한 얼음의 양을 구하여라.

(✱0℃의 얼음은 0℃의 물로 변한 후에 온도가 올라간다. 얼음이 물로 변하는 데 소요되는 열을 융해잠열이라 한다.)

19. 다음 그림은 2kg의 물과 5kg의 어떤 물체를 똑같은 열원으로 가열하였을 때 시간(t)에 따른 온도 변화를 나타낸 것이다. 물체의 평균비열을 구하여라. 단, 물의 평균비열은 1kcal/kg · ℃이다.

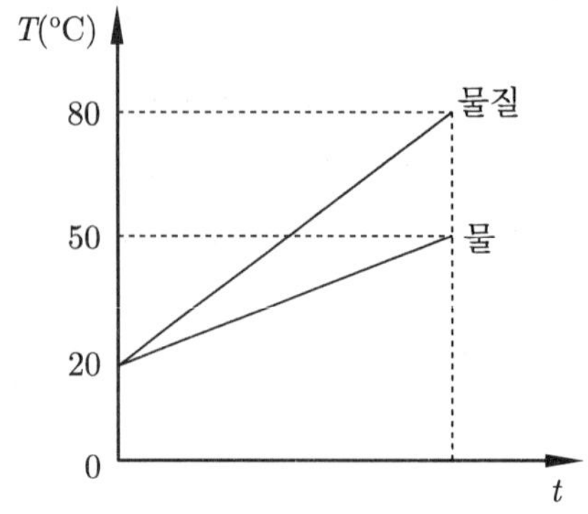

[문제 5.1.19]

20. 다음 기체들을 기체상수 값이 큰 순서로 나열하여라.

산소, 수소, 일산화탄소, 이산화탄소, 헬륨, 수증기

21. 변형되지 않는 견고한 용기 내에 150 kPa, 20 ℃의 공기 10 kg이 들어 있다. 압력과 온도가 각각 200 kPa, 30 ℃가 될 때까지 공기를 주입한다면 공급한 공기량은 얼마인가?

5.2 열역학 제1법칙

1. 내부에너지

계(system)가 가지고 있는 모든 미시적 에너지의 합을 내부에너지(internal energy)라 한다. 내부에너지는 분자구조와 분자의 운동 정도에 관계되며, 물체를 구성하고 있는 원자나 분자들의 운동에너지와 위치에너지의 합으로 볼 수 있다. 일반적으로 내부에너지는 U로 나타내고 단위질량당 내부에너지는 비내부에너지(specific internal energy)라 부르며 u로 나타낸다.

$$u = U/m \ (m : \text{질량})$$

설명 열역학을 해석할 때 계의 에너지를 구성하는 거시적(macroscopic) 형태의 에너지와 미시적(microscopic) 형태의 에너지의 두 종류로 나누어 생각하는 것이 도움이 된다. 거시적 형태의 에너지는 계의 운동에너지와 위치에너지와 같이 어떤 좌표계에 대하여 계가 전체적으로 가지고 있는 에너지이다. 미시적 형태의 에너지는 계의 분자구조 및 분자의 운동 정도와 관계되는 에너지이며 외부 좌표계와는 관계가 없다. 미시적 에너지의 총합을 내부에너지라 한다.

내부에너지를 좀더 잘 이해하기 위해 분자와 원자의 관점에서 계를 살펴보자. 기체분자는 공간에서 움직이고 있으므로 운동에너지를 가지고 있다. 분자가 운동할 때 분자의 이동속도와 관련된 에너지를 병진에너지(translation energy)라 한다. 한편 다원자분자의 원자들은 축 주위를 회전하는데 이것은 회전운동에너지(rotational kinetic energy)이다. 또한 다원자분자의 원자들은 질량 중심에 대해 앞뒤로 진동하는데 이것은 진동운동에너지(vibrational kinetic energy)이다. 기체에서 대부분의 운동에너지는 병진운동과 회전운동에 기인하며, 고온에서는 진동에너지가 중요하게 된다. 그리고 원자 내의 전자는 핵 주위를 회전하므로 회전운동에너지를 가지고 있다. 또한 전자들은 자신의 축 주위를 회전하는데 이 운동에 의해 발생하는 에너지는 회전에너지(spin energy)이다. 원자의 핵에 있는 다른 입자들도 회전에너지를 갖는다. 계의 내부에너지 가운데 분자의 운동과 관련된 에너지를 현열에너지(sensible energy)라 한다. 기체 분자들의 평균속도와 운동의 정도는 기체 온도에 비례한다.

따라서 온도가 높아지면 분자들은 더 큰 운동에너지를 갖게 되고 이에 따라 계의 내부에너지도 증가한다.

내부에너지는 물질을 구성하는 분자들 사이의 결합력과 분자들 내의 원자들 사이의 결합력과도 관련이 있다. 분자들 사이의 결합력은 고체 > 액체 > 기체 순이다. 고체나 액체 분자들에 충분한 양의 에너지를 공급하면 분자들은 분자 간의 결합력을 극복하고 서로 떨어져 나가 기체로 바뀌게 될 것이다. 이와 같은 것을 상변화라 한다. 이 추가된 에너지 때문에 기체 상태의 계는 고체나 액체 상태의 계보다 큰 내부에너지를 갖는다. 이와 같은 계의 상변화와 관련된 에너지를 잠열(latent heat) 또는 잠열에너지(latent energy)라 한다. 상변화 과정에서는 계의 화학적 조성이 변화하지 않는다. 대부분의 열역학 문제는 이 범주에 속하며 분자 내의 원자 결합까지는 고려할 필요가 없다.

[단원자분자의 내부에너지] 입자의 운동을 여러 가지 성분으로 나누어 생각할 때 각각의 독립된 성분을 자유도라 한다. 단원자분자는 하나의 점(질점)에 가까우므로 공간에서 x, y, z의 세 방향으로 운동할 수 있고 자유도는 3이 된다. 운동의 각 자유도에 대하여 분자의 평균운동에너지는 $kT/2$ (k : 볼츠만 상수, T : 절대온도)이고, 단원자분자 한 개의 평균운동에너지는 $E_k = mv^2/2 = 3kT/2$이다. 분자수가 N인 단원자분자들의 총 내부에너지 $U = 3NkT/2$가 된다. 단원자분자로 된 이상기체의 내부에너지는 절대온도에 비례한다.
[✱볼츠만(Boltzmann) 상수 $k = 1.380658 \times 10^{-23}\,\mathrm{J/K}$]

[물체(계)의 내부에너지]

- 물체의 온도가 높아지면 분자 운동이 활발해져서 분자의 운동에너지가 증가하므로 내부에너지가 증가한다.
- 물체가 일을 받거나 열을 얻으면 분자 운동이 활발해져서 내부에너지가 증가하고 온도가 올라간다.
- 물체의 내부에너지 변화와 물체가 외부로부터 받은 열량 및 물체가 한 일은 서로 밀접한 관계를 갖는데 이것이 열역학 제1법칙의 근간이 된다.

2. 열역학 제1법칙

열역학 제1법칙은 열의 정의와 개념 및 에너지 함수의 존재를 분명하게 공식화하고 이로부터 에너지 보존법칙을 설명하는 법칙이다. 그림과 같은 밀폐 계(closed system)에서 계로

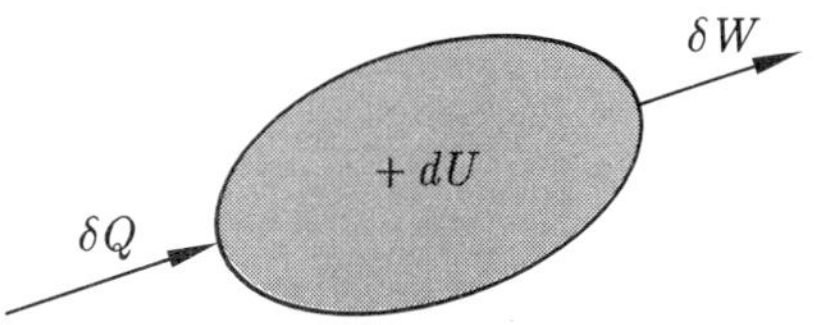

[그림 5.5]

유입된 열량을 δQ, 계의 내부에너지 증가량을 dU, 계가 한 일을 δW라 하면 에너지 보존 법칙은 다음과 같다.

$$\delta Q = dU + \delta W$$

체적의 압축과 팽창만이 관계되는 단순시스템인 경우 $\delta W = PdV$이므로

$$\delta Q = dU + PdV$$

가 된다.

* 제1종 영구기관 : 외부로부터 에너지를 공급받지 않고 계속해서 일을 할 수 있는 기관 또는 장치를 제1종 영구기관이라 한다. 계로 유입된 에너지 $Q = 0$이지만 일 $W = \infty$인 기관이므로 열역학 제1법칙 $Q = \Delta U + W$에 어긋난다. 따라서 실제로는 만들 수 없는 기관이다.

3. 엔탈피

문제를 해석할 때 자주 나타나는 상태량의 조합 형태인 $u + Pv$를 편리하게 취급하기 위하여 다음과 같이 새로운 상태량 엔탈피(H, enthalpy)를 정의한다.

$$H = U + PV$$

이 식을 질량 m으로 나누어주면 단위질량당 엔탈피(h)는 다음과 같다.

$$h = u + Pv, \quad h = H/m$$

여기에서 h는 비엔탈피(기체 1 kg당의 엔탈피, 단위는 J/kg), u는 비내부에너지(기체 1 kg당의 내부에너지, 단위는 J/kg), v는 비체적(기체 1 kg당의 체적, 단위는 m^3/kg)이다.

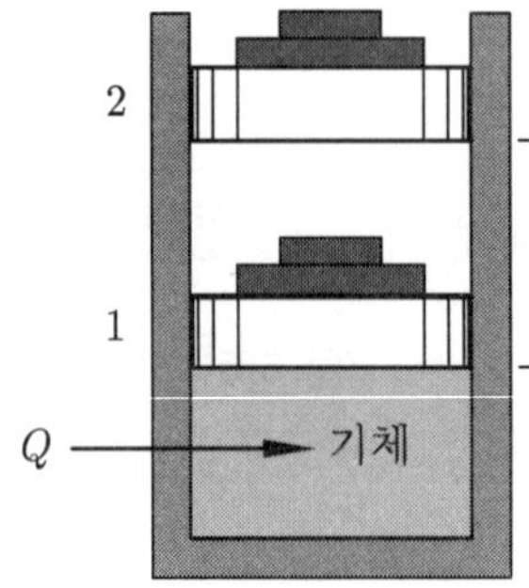

[그림 5.6]

설명 [그림 5.6]과 같이 외부로부터 열을 받아서 부피가 V_1에서 V_2로 변화하는 준평형 정압과정을 살펴보자. 실린더 속의 기체에 대하여 열역학 제1법칙을 적용하면 다음과 같다.

$$ {}_1Q_2 = U_2 - U_1 + {}_1W_2 $$

압력이 일정하므로($P_1 = P_2 = P$)

$$ {}_1W_2 = \int_1^2 P\,dV = P\int_1^2 dV = P(V_2 - V_1) = P_2V_2 - P_1V_1 $$

이다. 따라서

$$ \begin{aligned} {}_1Q_2 &= U_2 - U_1 + P_2V_2 - P_1V_1 \\ &= (U_2 + P_2V_2) - (U_1 + P_1V_1) \end{aligned} $$

이다. 이 식으로부터 이 과정에서 전달된 열량은 초기 상태와 최종 상태의 $U+PV$의 차이로 나타난다는 것을 알 수 있다. 여기에서 U, P, V가 모두 열역학 상태량이므로 이들의 조합인 $U+PV$도 하나의 상태량이다. 이 조합을 간단하고 편리하게 사용하기 위하여 새로운 종량적 상태량을 엔탈피로 정의하고 H로 나타낸다($H=U+PV$). 압력과 부피의 곱 PV의 단위는 내부에너지와 마찬가지로 에너지의 단위이다. 단위질량당 엔탈피 h를 비엔탈피(specific enthalpy)라 하고 전체 질량의 엔탈피 H를 총 엔탈피(total enthalpy)라고 부르기도 한다. 엔탈피 ($u+Pv$)는 특히 동력이 발생하는 계나 냉동 과정을 해석할 때 많이 나타난다.

4. 엔탈피와 에너지 보존 방정식

밀폐된 단순압축성 시스템에 대한 에너지 보존 법칙을 엔탈피를 사용하여 나타내면 다음과 같다.

$$\delta Q = dH - VdP$$

설명 엔탈피의 정의 $H = U + PV$에서 양변을 미분하면

$$dH = dU + PdV + VdP$$

이다. 따라서

$$dU + PdV = dH - VdP$$

이므로 에너지 보존 방정식은 $\delta Q = dU + PdV = dH - VdP$가 된다.

5. 정적비열

부피를 일정하게 유지하면서 단위질량의 물질의 온도를 1도 높이는 데 필요한 열량을 정적비열(C_v, specific heat at constant volume)이라 한다.

$$C_v = \frac{1}{m}\left(\frac{\delta Q}{\delta T}\right)_v = \frac{1}{m}\left(\frac{\partial U}{\partial T}\right)_v = \left(\frac{\partial u}{\partial T}\right)_v$$

정적비열의 단위는 다음과 같다.

$$[C_v] = \text{kJ/kg} \cdot \text{K},\ \ \text{kJ/kmol} \cdot \text{K}$$

설명 열역학 제1법칙 $\delta Q = dU + PdV$에서 부피가 일정하면 $dV = 0$이므로 $\delta Q = dU$가 된다. 따라서 공급된 열량(δQ)과 내부에너지 증가(dU)가 같으므로 정적비열은 부피가 일정할 때 내부에너지의 온도에 대한 미분으로 정의할 수 있다.

6. 정압비열

압력을 일정하게 유지하면서 단위질량의 물질의 온도를 1도 높이는 데 필요한 열량을 정

압비열(C_p, specific heat at constant pressure)이라 한다.

$$C_p = \frac{1}{m}\left(\frac{\delta Q}{\delta T}\right)_p = \frac{1}{m}\left(\frac{\partial H}{\partial T}\right)_p = \left(\frac{\partial h}{\partial T}\right)_p$$

정압비열과 정적비열 단위는 같다.

$$[C_p] = \text{kJ/kg} \cdot \text{K},\ \ \text{kJ/kmol} \cdot \text{K}$$

설명 에너지 보존을 나타내는 식

$$\delta Q = dH - VdP$$

에서 압력이 일정하면 $dP = 0$ 이므로

$$\delta Q = dH$$

이다. 즉, 압력이 일정하면 공급된 열량과 엔탈피 증가가 같으므로 정압비열은 엔탈피의 온도에 대한 미분으로 정의할 수 있다.

* 정압상태의 계는 팽창이 허용되고 팽창 일에 상당하는 에너지가 공급되어야 하므로 정압비열은 항상 정적비열보다 크다($C_p > C_v$).

7. 고체와 액체의 비열

비체적 또는 밀도가 일정한 물질을 비압축성(incompressible) 물질이라 한다. 비압축성 물질의 정적비열과 정압비열은 같다($C_p = C_v$). 일반적으로 고체와 액체는 거의 비압축성 물질이므로 이들에 대해서는 첨자를 떼고 비열을 C로 나타낸다.

$$C_p = C_v = C$$

설명 엔탈피의 정의 $h = u + Pv$의 양변을 미분하면

$$dh = du + Pdv + vdP$$

이다. 부피가 일정한 비압축성 물질에서 $dv = 0$이고, 액체와 고체의 비체적은 매우 작으므로($v \approx 0$)

$$dh \approx du$$

가 된다. 따라서 정적비열과 정압비열의 정의에서

$$du = C_v dT, \quad dh = C_p dT$$

이므로 $C_p = C_v = C$이다. [표 5.2]와 [표 5.3]에 몇 가지 액체와 고체의 비열을 나타내었다.

[표 5.2] 25℃에서 액체의 밀도와 비열

물질	밀도(ρ) (kg/m^3)	비열(C) (kJ/kg·K)	물질	밀도(ρ) (kg/m^3)	비열(C) (kJ/kg·K)
암모니아	604	4.84	등유	815	2.0
벤젠	879	1.72	메탄올	787	2.55
부탄	556	2.47	n-옥탄	692	2.23
사염화탄소	1584	0.83	엔진오일	885	1.9
이산화탄소	680	2.9	경오일	910	1.8
에탄올	783	2.46	프로판	510	2.54
가솔린	750	2.08	물	997	4.18
글리세린	1260	2.42	수은	13580	0.14

[표 5.3] 25℃에서 금속의 밀도와 비열

물질	밀도(ρ) (kg/m^3)	비열(C) (kJ/kg·K)	물질	밀도(ρ) (kg/m^3)	비열(C) (kJ/kg·K)
알루미늄	2700	0.90	Mg(2% Mn)	1778	1.00
황동	8400	0.38	Ni(10% Cr)	8666	0.44
구리	8300	0.42	은	10524	0.24
금	19300	0.13	나트륨	971	1.21
주철	7272	0.42	주석	7304	0.22
강철	7820	0.46	텅스텐	19300	0.13
납	11340	0.13	아연	7144	0.39

8. 이상기체의 내부에너지 및 엔탈피와 비열

이상기체의 내부에너지와 엔탈피는 온도만의 함수이고, 비열과의 관계는 다음과 같다.

$$C_v = \frac{du}{dT}, \quad C_p = \frac{dh}{dT}$$

따라서 다음 식으로부터 내부에너지와 엔탈피의 변화를 구할 수 있다.

$$du = C_v dT, \quad dh = C_p dT$$

$$dU = mC_v dT, \quad dH = mC_p dT$$

질량 m의 이상기체의 온도가 T_1에서 T_2로 변화했을 때 비열이 일정한 경우 내부에너지와 엔탈피의 총 변화량은

$$\Delta U = mC_v(T_2 - T_1)$$

$$\Delta H = mC_p(T_2 - T_1)$$

이다.

설명 순수물질의 내부에너지는 다음과 같이 그 상태를 나타내는 두 개의 독립 상태량으로 결정된다.

$$u = u(T, v), \ u = u(T, P) \text{ 또는 } u = u(P, v)$$

그러나 밀도가 낮은 기체에 대해서는 u가 주로 T에 의해 결정되며 P, v 등의 다른 상태량에는 크게 영향을 받지 않고, 이상기체의 경우 내부에너지가 온도만의 함수라고 알려져 있다.

$$Pv = RT, \ u = u(T)$$

따라서 $C_v = \frac{du}{dT}$, $du = C_v dT$이다. 또한

$$h = u + Pv = u(T) + RT = h(T)$$

이므로 이상기체의 엔탈피도 온도만의 함수가 된다. 따라서 $C_p = \frac{dh}{dT}$, $dh = C_p dT$가 성립한다. 질량 m일 때 내부에너지와 엔탈피의 총 변화량은 $dU = mC_v dT$, $dH = mC_p dT$로 기술되고, 비열이 일정한 경우 온도가 T_1에서 T_2로 변할 때 이 식을 적분하면 $\Delta U = mC_v(T_2 - T_1)$, $\Delta H = mC_p(T_2 - T_1)$가 된다.

* 일반적으로 이상기체의 비열은 온도의 함수이다. $C_v = C_v(T)$, $C_p = C_p(T)$

9. 이상기체의 정압비열과 정적비열 및 비열비

이상기체의 정압비열과 정적비열은 다음 관계를 갖는다.

$$C_p - C_v = R$$

두 비열의 비를

$$\text{비열비 } k = \frac{C_p}{C_v}$$

로 정의하면

$$C_p = \frac{k}{k-1}R$$

$$C_v = \frac{1}{k-1}R$$

이다.

설명 이상기체의 상태방정식은 $Pv = RT$이므로 엔탈피

$$h = u + Pv = u + RT$$

이다. 양변을 미분하면

$$dh = du + RdT$$

이고, $dh = C_p dT$, $du = C_v dT$ 이므로 이 식은

$$C_p dT = C_v dT + RdT$$

$$\therefore \; C_p - C_v = R \qquad \cdots (*)$$

이 된다. 그리고 비열비 $k = C_p / C_v$에서 $C_p = kC_v$를 (*)에 대입하여 C_v를 구하면 $C_v = R/(k-1)$이고, $C_p = kC_v = kR/(k-1)$이다.

예제 5.2.1 어떤 밀폐된 계가 800 kJ의 열을 받아서 500 kJ의 일을 하였다. 계의 내부에너지 변화를 구하여라.

▶**풀이** 열역학 제1법칙에 의해

$$Q = \Delta U + W$$

$$\therefore \ \Delta U = Q - W = 800 - 500 = 300\,(\mathrm{kJ})$$

따라서 계의 내부에너지가 300 kJ 증가하였다.

| 예제 5.2.2 압력 200 kPa, 부피 $0.02\,\mathrm{m}^3$의 기체가 압력이 일정한 상태에서 부피가 $0.05\,\mathrm{m}^3$으로 팽창하였다. 팽창 과정에서 내부에너지가 8 kJ 증가하였다면 기체가 외부에 대하여 한 일과 흡수한 열량은 얼마인가?

▶**풀이** 압력이 일정하므로 기체가 한 일

$$W = \int_1^2 P\,dV = P(V_2 - V_1) = 200\,\mathrm{kPa} \times (0.05 - 0.02)\mathrm{m}^3$$

$$= 6\,\mathrm{kPa} \times \mathrm{m}^3 = 6\,\mathrm{kJ}$$

이고, 기체가 받은 열량

$$Q = \Delta U + W = 8\,\mathrm{kJ} + 6\,\mathrm{kJ} = 14\,\mathrm{kJ}$$

이다.

(✱ $\mathrm{Pa} \times \mathrm{m}^3 = \dfrac{\mathrm{N}}{\mathrm{m}^2} \times \mathrm{m}^3 = \mathrm{N} \cdot \mathrm{m} = \mathrm{J}$, 이 계는 14 kJ의 열을 받아서 6 kJ의 일을 하고, 나머지 8 kJ의 에너지는 내부에너지 형태로 계에 저장되었다. 이 경우는 기체가 외부로부터 가열되는 경우에 해당된다.)

| 예제 5.2.3 압력 200 kPa, 부피 $0.08\,\mathrm{m}^3$의 기체가 압력이 일정한 상태에서 부피가 $0.03\,\mathrm{m}^3$으로 수축하였다. 수축 과정에서 내부에너지가 5 kJ 감소하였을 때 기체가 한 일과 기체에서의 열전달량을 구하여라.

▶**풀이** 압력이 일정하므로 기체가 한 일

$$W = \int_1^2 P\,dV = P(V_2 - V_1) = 200\,\mathrm{kPa} \times (0.03 - 0.08)\mathrm{m}^3$$

$$= -10\,\mathrm{kPa} \times \mathrm{m}^3 = -10\,\mathrm{kJ}$$

이고, 기체가 받은 열량

$$Q = \Delta U + W = -5\,\mathrm{kJ} - 10\,\mathrm{kJ} = -15\,\mathrm{kJ}$$

이다. 따라서 기체는 15 kJ의 열을 외부로 방출하였다.

(*이 경우는 기체가 냉각되어 수축하는 경우에 해당된다. 1법칙을 적용하고 해석할 때는 열(Q), 내부에너지 변화(ΔU)의 부호를 잘 이해하도록 한다. $Q=\Delta U+W$는 계로 유입되는 열을 (+)로 할 때의 식이다. 계가 방출하는 열을 (+)로 하면 1법칙은 $-Q=\Delta U+W$가 된다.)

예제 5.2.4 압력이 일정하게 유지되는 어떤 계를 가열하였을 때 계의 엔탈피가 50 kJ 증가하고, 내부에너지가 30 kJ 증가한다면 가열 과정에서 계가 한 일은 얼마인가?

▶풀이 초기 상태와 최종 상태를 각각 1, 2로 나타낸다. 압력이 일정한 과정에서($P_1=P_2=P$) 계가 한 일

$$W=\int_1^2 P\,dV=P(V_2-V_1)=P_2V_2-P_1V_1$$

이다. 따라서 엔탈피 변화

$$\begin{aligned}\Delta H=H_2-H_1&=(U_2+P_2V_2)-(U_1+P_1V_1)\\&=(U_2-U_1)+(P_2V_2-P_1V_1)\\&=\Delta U+W\end{aligned}$$

이므로 계가 한 일

$$W=\Delta H-\Delta U=50\,\text{kJ}-30\,\text{kJ}=20\,\text{kJ}$$

이다.

예제 5.2.5 어떤 기체가 가열되어 압력 100 kPa, 부피 0.1 m^3에서 압력 200 kPa, 부피 0.3 m^3으로 변화하였다. 이 과정에서 기체의 내부에너지가 25 kJ 증가하였다면 엔탈피 변화는 얼마인가?

▶풀이 초기 상태와 최종 상태의 엔탈피는

$$H_1=U_1+P_1V_1,\ H_2=U_2+P_2V_2$$

이고, 엔탈피 변화

$$\Delta H=H_2-H_1=(U_2-U_1)+(P_2V_2-P_1V_1)$$

$$= 25\,\mathrm{kJ} + (200 \times 0.3 - 100 \times 0.1)\mathrm{kPa} \cdot \mathrm{m}^3$$
$$= 25\,\mathrm{kJ} + (60 - 10)\,\mathrm{kJ} = 75\,\mathrm{kJ}$$

이다. 즉, 엔탈피는 75 kJ 증가하였다.

▌예제 5.2.6 피스톤-실린더 장치 내에 압력 200 kPa, 부피 0.3 m^3의 증기 2 kg이 들어 있다. 압력을 일정하게 유지하며 가열하였을 때 증기의 엔탈피가 1500 kJ 증가하고 비체적이 0.6 m^3/kg으로 증가하였다. 증기가 한 일과 증기로의 열전달량을 구하여라.

▶풀이 압력 일정 과정에서 증기가 한 일

$$W = \int_1^2 P\,dV = P(V_2 - V_1) = P(mv_2 - V_1)$$
$$= 200 \times (2 \times 0.6 - 0.3) = 180\,(\mathrm{kJ})$$
$$(\leftarrow \text{ 비체적 } v = V/m \text{이므로 부피 } V = mv)$$

이고, $\delta Q = dH - VdP$에서 $dP = 0$이므로 열전달량

$$Q = \Delta H = 1500\,(\mathrm{kJ})$$

이다.

▌예제 5.2.7 정적비열이 0.7 kJ/kg · K인 기체가 가열되어 온도가 20℃에서 300℃까지 증가하였다. 가열 과정에서 비체적이 일정할 때 단위질량당 기체의 내부에너지 변화를 구하여라.

▶풀이 정적비열이 0.7 kJ/kg · K로 일정한 경우 $du = C_v dT$로부터 단위질량당 기체의 내부에너지 변화

$$\Delta u = C_v(T_2 - T_1) = 0.7\,\frac{\mathrm{kJ}}{\mathrm{kg} \cdot \mathrm{K}} \times (300 - 20)\mathrm{K} = 196\,\mathrm{kJ/kg}$$

이다.

▌예제 5.2.8 정압비열 5 kJ/kg · K의 기체 10 kg을 압력을 일정하게 유지하면서 20℃로부터 50℃까지 온도를 높일 때 필요한 열량을 구하여라.

▶풀이 정압비열이 일정한 경우 $\delta Q = mC_p dT$로부터 기체로 전달된 열량

$$Q = mC_p(T_2 - T_1) = (10\,\text{kg}) \times \left(5\,\frac{\text{kJ}}{\text{kg} \cdot \text{K}}\right) \times (50 - 20)\text{K}$$
$$= 1500\,\text{kJ}$$

이다.

❙ 예제 5.2.9 [그림 5.7]과 같이 단열된 실린더 안에 이상기체 5kg이 들어 있다. 이 기체에 압력을 가하여 온도를 처음보다 10℃ 높이려 한다. 압축 과정에서 기체의 정적비열이 0.7kJ/kg · K로 일정할 때 기체에 해주어야 할 일을 구하여라.

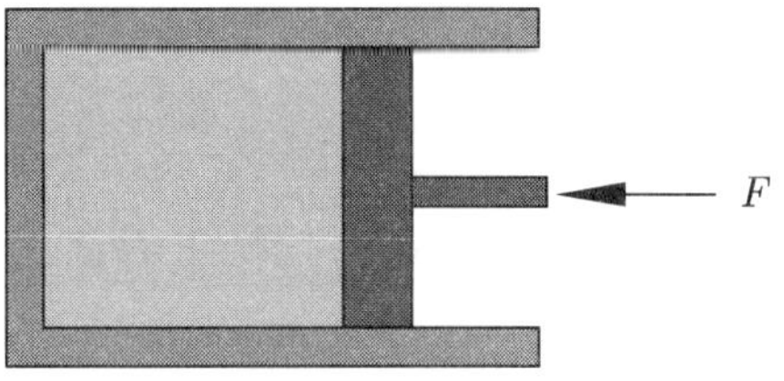

[그림 5.7]

▶풀이 단열이므로 외부와의 열전달 $Q = 0$이다. 제1법칙 $Q = \Delta U + W$에서

$$0 = \Delta U + W$$

이므로 기체가 하는 일

$$W = -\Delta U = -mC_v(T_2 - T_1) = -5 \times 0.7 \times 10 = -35\,(\text{kJ})$$

이다. 기체가 하는 일이 -35kJ이므로 기체는 외부로부터 35kJ의 일을 받는다. 즉, 기체에 해주어야 할 일은 35kJ이다.

❙ 예제 5.2.10 반지름 5mm인 쇠구슬이 노(furnace)에서 800℃로 가열된 후 공기 중에서 100℃로 천천히 냉각된다. 시간당 2000개씩 가열한 후 냉각할 때 구슬로부터 주위 공기로의 총 열전달률(단위시간당 열전달량, Q/t)을 계산하여라. 단, 쇠구슬의 밀도 $\rho = 7800\,\text{kg/m}^3$, 비열 $C_p = 0.47\,\text{kJ/kg} \cdot \text{K}$이다.

▶풀이 반지름이 r인 쇠구슬 한 개의 질량은 $m = \rho V = \rho \times \dfrac{4\pi r^3}{3}$이다. 쇠구슬 전체의 질량 $M = 2000\,m$이고, 구슬로부터 공기로의 총 열전달량

$$Q = MC_p(T_2 - T_1)$$

이다. 따라서 단위시간당 열전달량은

$$\frac{Q}{t}=\frac{\left(2000\times\frac{4\pi\rho r^3}{3}\right)\times C_p(T_2-T_1)}{3600}$$

$$=\frac{\left(2000\times\frac{4\pi\times 7800\times 0.005^3}{3}\right)\times 0.47\times(800-100)}{3600}$$

$$=0.746\,\frac{\text{kJ}}{\text{s}}=0.746\text{ kW}=746\text{ W}$$

이다.

▌예제 5.2.11 온도 30℃의 이상기체 10 kg을 압력을 일정하게 유지하면서 서서히 가열하였다. 가한 열량이 1000 kJ일 때 기체의 최종 온도와 내부에너지 변화를 구하여라. 단, 기체의 비열비 $k=1.4$, 기체상수 $R=0.3\,\text{kJ/kg}\cdot\text{K}$이다.

▶풀이 먼저 기체의 정압비열과 정적비열을 구한다.

$$\text{정압비열 } C_p=\frac{kR}{k-1}=\frac{1.4\times 0.3}{1.4-1}=1.05\,(\text{kJ/kg}\cdot\text{K})$$

$$\text{정적비열 } C_v=\frac{R}{k-1}=\frac{0.3}{1.4-1}=0.75\,(\text{kJ/kg}\cdot\text{K})$$

이고, 기체가 받은 열량 $Q=mC_p(T_2-T_1)$이므로 최종 온도

$$T_2=\frac{Q}{mC_p}+T_1=\frac{1000}{10\times 1.05}+(273+30)$$

$$=398.2\,(\text{K})=125.2\,(℃)$$

이다. 따라서 내부에너지 변화

$$\Delta U=mC_v(T_2-T_1)=10\times 0.75\times(125.2-30)$$

$$=714\,(\text{kJ})$$

이다.

▌예제 5.2.12 정압비열 $C_p=a+bT$ (kJ/kg · K)인 이상기체의 온도가 T_1에서 T_2로 변화하였을 때 단위질량당 엔탈피 변화를 구하여라. 단, a, b는 상수이고, T, T_1, T_2는 절대온도이다.

▶**풀이** 단위질량당 엔탈피 관계식 $dh = C_p dT$를 적분하면

$$\Delta h = \int_1^2 C_p dT = \int_{T_1}^{T_2} (a + bT) dT$$

$$= \left[aT + \frac{b}{2} T^2 \right]_{T_1}^{T_2}$$

$$= a(T_2 - T_1) + \frac{b}{2}(T_2^2 - T_1^2)$$

이다.

▎예제 5.2.13 정적비열 $C_v = 0.5 + (3 \times 10^{-4})T$ (kJ/kg·K)인 이상기체 10 kg의 온도가 300 K에서 400 K로 변화했을 때 내부에너지 변화를 구하여라. 단, T는 절대온도이다.

▶**풀이** 내부에너지 관계식 $dU = mC_v dT$를 적분하면

$$\Delta U = \int_1^2 mC_v dT = m\int_{T_1}^{T_2} (0.5 + 3 \times 10^{-4} T) dT$$

$$= 10 \times \left[0.5T + \frac{3 \times 10^{-4}}{2} T^2 \right]_{300}^{400}$$

$$= 10\left[0.5(400 - 300) + \frac{3 \times 10^{-4}}{2}(400^2 - 300^2) \right]$$

$$= 605\,(\text{kJ})$$

이다.

연습문제 5.2

1. 다음과 같은 밀폐계(closed system)에서의 열전달(Q), 내부에너지 변화(ΔU) 및 일(W)을 구하고, 각 결과의 의미를 설명하여라.

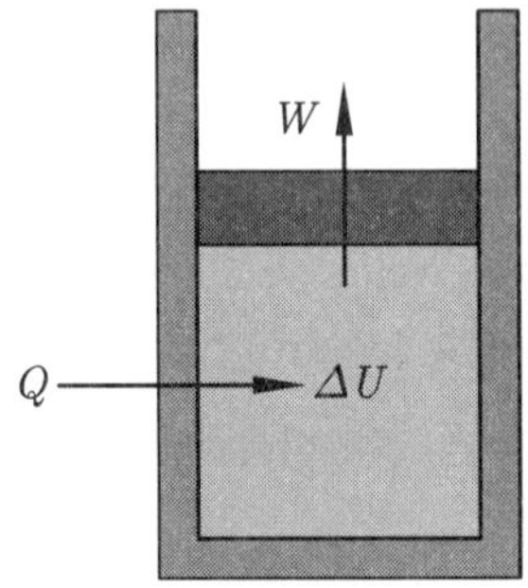

[문제 5.2.1]

(1) 계의 내부에너지가 200 kJ 증가하고, 300 kJ의 일을 하였다. 경계를 통한 열전달량을 구하여라.

(2) 계의 내부에너지가 200 kJ 감소하고, 300 kJ의 열을 외부로 방출하였다. 계가 한 일을 구하여라.

(3) 계가 400 kJ의 열을 외부로 방출하고, −100 kJ의 일을 하였다. 계의 내부에너지 변화를 구하여라.

2. 단열된 밀폐계의 내부에너지가 500 kJ 감소하였다. 계가 한 일은 얼마인가?

3. 어떤 기체가 10 kcal의 열을 받아서 외부에 30 kJ의 일을 하였다. 기체의 내부에너지 변화는 얼마인가? 단, 1 kcal = 4.18 kJ이다.

4. 피스톤-실린더 장치 내에 1기압의 이상기체 V_1(m^3)이 들어 있다. 온도를 일정하게 유지하면서 팽창시켜 기체의 부피가 V_2(m^3)가 되었다. 기체가 피스톤에 한 일이 W일 때 기체가 흡수한 열량을 구하여라.
(✱이상기체의 내부에너지와 엔탈피는 온도만의 함수이다.)

5. 일정한 대기압 $P_0 = 100\,\text{kPa}$하에서 부피 $0.01\,\text{m}^3$의 애드벌룬이 팽창하여 부피가 $0.03\,\text{m}^3$이 되었다. 팽창 과정에서 내부에너지가 5 kJ 증가하였을 때 애드벌룬이 외부에 대하여 한 일과 받은 열량을 구하여라.
[✱반지름 r_1인 구가 일정한 압력(P)하에서 팽창하여 반지름 r_2로 될 때, 기체의 팽창에 의한 일 $W = \int_1^2 P(4\pi r^2)dr = P \times \frac{4\pi}{3}(r_2^3 - r_1^3) = P(V_2 - V_1)$이다.]

6. 압력 300 kPa, 부피 $0.04\,\text{m}^3$의 기체가 일정한 압력하에서 15 kJ의 열을 외부로 방출하고 수축하여 부피가 $0.02\,\text{m}^3$이 되었다. 기체가 한 일과 내부에너지 변화를 구하여라.

7. 기체의 압력을 100 kPa로 일정하게 유지하면서 2 kcal의 열이 기체에 유입되었을 때 부피가 $0.03\,\text{m}^3$ 증가하였다. 기체의 내부에너지 변화를 구하여라. 단, 1 kcal는 4.18 kJ이다.

8. 소비전력 10 kW의 온수기를 사용하여 물 100 kg의 온도를 20 ℃에서 50 ℃까지 올리려 한다. 공급해야 할 열량과 가열에 소요된 시간을 구하여라. 단, 물의 정압비열은 4.18 kJ/kg · K이고, 온수기의 전력은 모두 열로 변환된다고 가정한다.
(✱전력 1 kW = 1 kJ/s)

9. 기체가 압력 100 kPa, 부피 $0.2\,\text{m}^3$에서 압력 300 kPa, 부피 $0.5\,\text{m}^3$으로 변화하였다. 이 과정에서 기체의 내부에너지가 100 kJ 증가하였을 때 엔탈피 변화를 구하여라.

10. 기체가 냉각되어 압력 150 kPa, 부피 $0.4\,\text{m}^3$에서 압력 100 kPa, 부피 $0.2\,\text{m}^3$으로 변화하였다. 내부에너지가 20 kJ 감소하였다면 엔탈피 변화는 얼마인가?

11. 정적비열 1.4 kJ/kg · K, 온도 150 ℃의 기체 5 kg의 온도가 200 ℃로 증가하였다. 내부에너지 변화를 구하여라.

12. 정적비열 1.6 kJ/kg · K, 온도 50 ℃의 기체 10 kg이 냉각되어 온도가 30 ℃로 떨어졌다. 내부에너지 감소량을 구하여라.

13. 피스톤-실린더 장치 내에 300 kPa, 27 ℃의 이상기체 0.6 m^3이 들어 있다. 이 장치 내에 있는 전기 가열기를 통하여 500 W의 에너지가 4분 동안 공급된다. 기체는 일정한 압력에서 팽창하고 이 과정에서 10 kJ의 열손실이 일어났다. 기체의 최종 온도를 구하여라. 단, 기체의 정압비열은 1.04 kJ/kg · K, 기체상수는 0.3 kJ/kg · K이다.

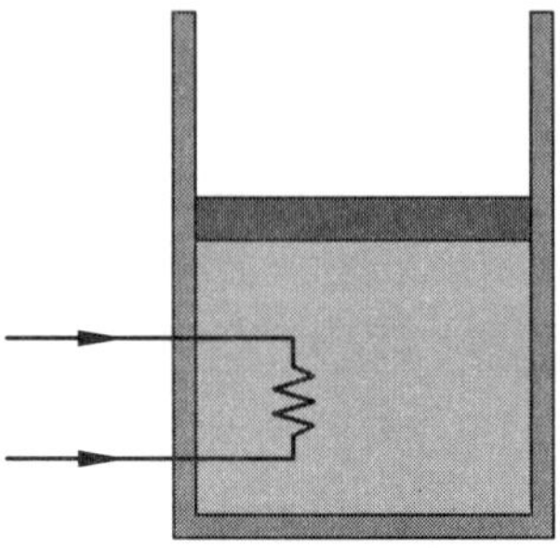

[문제 5.2.13]

14. 100 kPa, 0.3 m^3, 47 ℃의 이상기체가 들어 있는 견고한 통 속의 기체 온도가 25 ℃로 낮아졌다. 기체의 내부에너지 변화를 구하여라. 단, 기체의 비열비 $k = 1.4$, 기체상수 $R = 0.3$ kJ/kg · K이다.

15. 정압비열 10 kJ/kg · K, 온도 20 ℃의 기체 5 kg에 200 kJ의 열량을 공급하였다. 압력이 일정하게 유지될 때 최종 온도를 구하여라.

16. 정압비열 2 kJ/kg · K, 온도 30 ℃의 기체 10 kg이 100 kJ의 열을 방출하였다. 압력이 일정하게 유지될 때 최종 온도를 구하여라.

17. 계란을 반지름 5 cm인 구(sphere)로 근사시킬 때 계란의 온도를 20℃에서 80 ℃까지 올리기 위해 계란에 전달해야 할 열량을 구하여라. 단, 계란의 밀도 $\rho = 1020$ kg/m^3, 비열 $C_p = 3.3$ kJ/kg · K이다.

18. 생산설비에서 처음 온도 20 ℃, 4 cm × 50 cm × 50 cm의 금속판이 1분당 200개씩 고온의 오븐을 통과하면서 가열된다. 판의 온도가 400 ℃로 올라갈 때까지 오븐 안에 남아 있을 때, 오븐 내에서 금속판으로의 열전달률을 구하여라. 단, 금속판의 밀도 $\rho =$ 8500 kg/m^3, 비열 $C_p = 0.4$ kJ/kg · K이다.

[✱열전달률은 단위시간 동안에 전달된 열량(열/시간, 단위 : J/s)을 말한다.]

19. 반지름이 4 cm 이고 길이가 긴 강철봉을 1분당 2 m 의 속도로 고온의 노 안으로 끌어들여 열처리한다. 강철봉이 20 ℃ 상태에서 노 안으로 들어가서 500 ℃ 로 가열되어 나올 때 노 안에서 강철봉으로 전달된 열전달률을 구하여라. 단, 강철봉의 밀도 $\rho = 7800\,\mathrm{kg/m^3}$, 비열 $C_p = 0.47\,\mathrm{kJ/kg \cdot K}$ 이다.

20. 처음 온도 100 ℃, 반지름 5 cm 인 금속 구슬이 1분당 100개씩 저온의 수조에서 냉각된다. 냉각 후의 구슬의 온도가 50 ℃ 일 때 수조 내의 물의 온도를 일정하게 유지하기 위하여 단위시간에 수조로부터 제거해야 할 열량을 구하여라. 단, 구슬의 밀도 $\rho = 8500\,\mathrm{kg/m^3}$, 비열 $C_p = 0.39\,\mathrm{kJ/kg \cdot K}$ 이다.

21. 다음 중 이상기체의 내부에너지가 변하지 않는 과정을 모두 고르면?
① 압력 일정 과정 ② 온도 일정 과정
③ 부피 일정 과정 ④ 단열 과정
⑤ 순환 과정(다시 처음 위치로 돌아오는 과정)

22. 어떤 열기관이 300 kg의 연료를 소비하여 200 kW의 출력으로 5시간 운전하였다. 연료의 저위발열량이 34 MJ/kg일 때 기관으로부터 방출된 열량(손실 열량)을 구하여라.

✱ 연료가 완전 연소되었을 때 발생하는 열량을 발열량이라 한다. 연료 속에 수분이 있으면 수분의 증발열로 인하여 실제 연소에 이용되는 발열량이 감소하게 된다. 발생한 열량으로부터 증발열을 뺀 것을 저위발열량(lower calorific value)이라 하고, 증발열을 포함하는 발열량을 고위발열량(higher calorific value)이라 한다.

23. 내연기관의 압축 행정에서 80 kJ/kg의 일을 가하여 연료를 압축할 때 30 kJ/kg의 열이 연료로부터 외부로 방출된다고 한다면 연료의 내부에너지 변화는 얼마인가?

24. 정압비열이 $C_p = 0.9 + (3 \times 10^{-4})T$ (kJ/kg · K)인 이상기체 10 kg의 온도가 27 ℃ 에서 227 ℃ 로 변화하였을 때 엔탈피 변화를 구하여라. 단, T는 절대온도이다.

25. 처음 부피 $0.1\,\mathrm{m^3}$의 기체가 외부로부터 50 kJ의 열을 받고 팽창하여 부피가 $0.3\,\mathrm{m^3}$이 되었다. 팽창 과정 동안 기체의 압력이 $P = aV + b$의 관계식에 따라 변화한다. 상수 $a = 1200\,\mathrm{kPa/m^3}$, $b = -100\,\mathrm{kPa}$일 때 팽창 과정에서 기체가 한 일과 내부에너지 변

화를 구하여라.

26. 내부 에너지가 다음과 같이 온도와 체적의 함수로 주어지는 밀폐된 단열 계(closed adiabatic system)가 있다. 이 계의 상태가 $(T_1,\ V_1)$에서 $(T_2,\ V_2)$로 변화하였을 때 계가 한 일을 구하여라.

$$U(T,\ V) = aT + bV + U_0$$

5.3 열역학 제2법칙

1. 가역과정, 비가역과정

주위에 아무런 변화(흔적)도 남기지 않고 원래 상태로 되돌아갈 수 있는 과정을 가역과정(reversible process)이라 하고, 그렇지 않은 과정을 비가역과정(irreversible process)이라 한다.

예 가역과정은 항상 역학적 및 열적으로 평형상태를 유지하면서 이루어지는 변화이므로 어떠한 마찰도 수반되지 않는다. 공기저항이 없는 진공 중의 단진자 운동이나 마찰이 없는 피스톤-실린더 장치에서의 기체의 준평형팽창과 압축 등은 가역 과정의 예이다. 가역과정은 실제로 자연계에서는 일어나지 않는 현상이며 실제 과정을 단순화시킨 이상적인 과정(ideal process)이다. 자연현상에서 일어나는 모든 과정은 비가역과정이다.

2. 열역학 제2법칙

자연현상은 어떤 정해진 방향으로 일어나고 그 과정을 거꾸로 되돌리는 일은 스스로 일어나지 않는다. 열역학 제2법칙은 열과 일 사이의 변화의 방향성을 제시해준다.

설명 방안에 있는 공기보다 더 뜨거운 물체는 주위로 열을 빼앗겨서 식게 된다. 이 과정에서 물체가 잃은 에너지와 주위 공기가 얻은 에너지는 같고 이것은 열역학 제1법칙을 만족한다. 이것의 역과정, 즉 방안의 공기로부터 물체가 열을 전달받아 뜨거운 물체의 온도가 더 올라가는 것도 열역학 제1법칙을 만족시킨다. 그러나 이런 현상은 일어나지 않는다. 자연적으로 열은 언제나 높은 온도의 열원(heat source)으로부터 낮은 온도의 열원으로 이동한다. 다른 한 예로서, 전열선에 전기를 통하면 열이 발생하지만, 전열선을 가열하여도 전기에너지는 발생하지 않는다. 이와 같이 자연계에서 일어나는 과정은 어떤 정해진 방향성을 가지고 있다. 이러한 방향성으로 인하여 열역학 제1법칙을 만족하지만 실제 자연에서는 존재하지 않는 경우가 많이 있으며 이러한 경험과 실험 결과 등을 일반화하여 열역학 제2법칙이라 부른다. 열역학 제2법칙은 단순히 열을 일로 변환하는 경우를 한정하여 표현하는 것이 아니라 모든 자연현상이 어떤 제한(방향성)을 받고 있는 것을 나타낸다. 열역학 제2법칙에

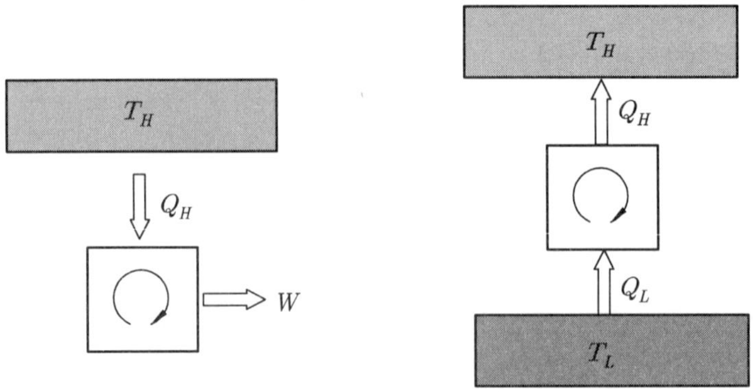

Kelvin-Plank 서술　　　　Clausius 서술

[그림 5.8]

대한 합당한 서술이 많이 있는데 대표적인 것은 Clausius 서술과 Kelvin-Plank 서술이다([그림 5.8]).

[Clausius 서술] "낮은 온도의 물체로부터 높은 온도의 물체로 열을 전달하는 것 외에 다른 어떠한 변화도 남기지 않고 사이클로 작동하는 장치는 만들 수 없다."

이 말은 냉동기나 열펌프와 관련이 있다. 즉, 열은 고온부로부터 저온부로 이동하지만 자연적으로 저온부에서 고온부로 흐르지 않는다. 따라서 주위로부터 냉동기로의 일의 전달이 있어야 냉동기를 사용하여 저온의 물체로부터 고온의 물체로 열을 전달할 수 있다는 것을 의미한다.

[Kelvin–Plank 서술] "하나의 열원(heat source)으로부터 열을 전달받아 사이클의 과정으로 열을 일로 변환시키는 열기관을 만들 수 없다."

이 말은 어떤 열원으로부터 전달받은 열의 일부가 일로 교환되고 나머지 열은 다른 낮은 온도의 열원으로 방출해야 한다는 것을 의미한다. 즉, 열효율 100%의 열기관은 존재하지 않는다는 것을 뜻한다.

* 제2종 영구기관 : 열효율 100%인 기관. 공급된 열을 모두 일로 바꾸는 기관으로 열역학 제2법칙에 어긋나므로 만들 수 없다.

3. 열기관

높은 온도의 열원으로부터 열을 공급받아 일부의 열을 상대적으로 낮은 온도의 열원으로 전달하고 계속하여 일을 발생시키는 장치를 열기관(heat engine)이라 한다. Q_H의 열을 받아서 W의 일을 하고 Q_L의 열을 방출하는 열기관의 효율

$$\eta = \frac{W}{Q_H} = 1 - \frac{Q_L}{Q_H}$$

이다.

설명 하나의 열원과의 열 교환만으로 작동하는 열기관은 없으므로 열기관을 구성하기 위해서는 최소한 두 개의 열원이 필요하다. [그림 5.9]의 열기관 E는 온도 T_H인 고온 열원으로부터 Q_H의 열을 공급받아서 W의 일을 하고, 온도 T_L의 저온 열원으로 Q_L의 열을 방출한다. 열역학 제1법칙에 의해

$$Q_H = W + Q_L$$
$$\therefore \ W = Q_H - Q_L$$

이다. 공급된 열량(Q_H)에 대하여 얻은 일(W)의 비를 열기관의 열효율(thermal efficiency)이라 한다.

$$\text{열효율 } \eta = \frac{W}{Q_H} = \frac{Q_H - Q_L}{Q_H} = 1 - \frac{Q_L}{Q_H}$$

이고, $\eta < 1$이다.

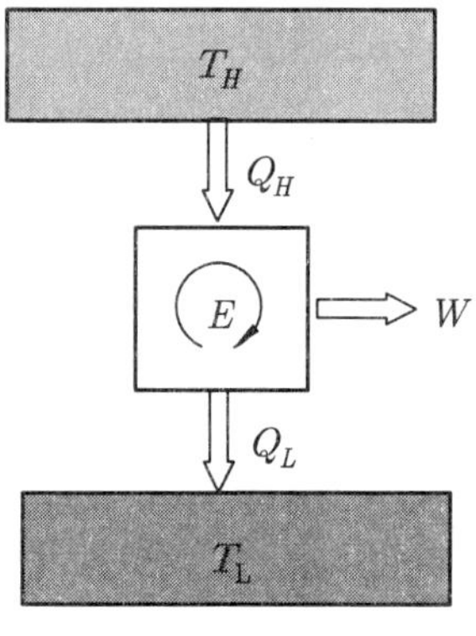

[그림 5.9] 두 열원 사이의 열기관

4. 카르노 사이클, 카르노 기관

두 열원으로 구성되는 사이클 중 열효율이 최대인 사이클을 카르노 사이클(Carnot cycle)이라 하고, 이 사이클에서 작동하는 열기관을 카르노 기관(Carnot engine)이라 한다. 고온 열원과 저온 열원의 절대온도를 각각 T_H, T_L이라 하면 카르노 기관의 열효율은

$$\eta_c = 1 - \frac{T_L}{T_H}$$

이다. 카르노 사이클의 $P-V$ 선도는 [그림 5.10]과 같다.

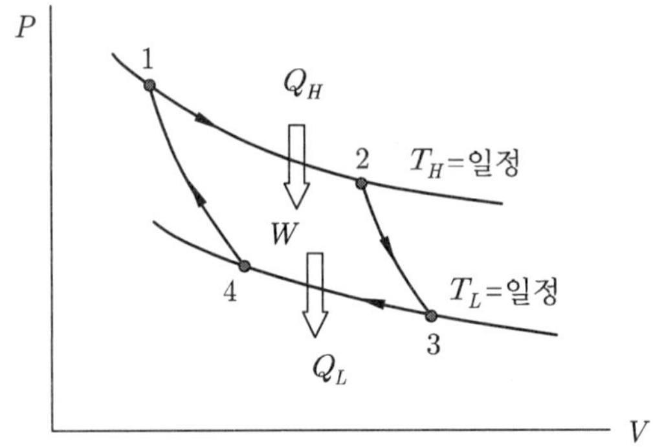

[그림 5.10] 카르노 사이클

설명 작업유체(working fluid)가 여러 가지 변화를 거쳐 다시 처음 상태로 되돌아가는 일련의 과정을 사이클(cycle)이라 하고, 사이클을 구성하는 모든 과정이 가역인 사이클을 가역 사이클(reversible cycle)이라 한다. 카르노 사이클은 주어진 두 열원 사이에서 존재하는 열기관 사이클 중 가장 효율이 좋은 이상적인 가역사이클이다. 카르노 기관은 1824년 프랑스의 물리학자 카르노(Sadi Carnot)가 제시하였는데 열기관의 작업유체로 이상기체를 사용한 이상적인 열기관이다.

[카르노 사이클의 과정] 카르노 사이클은 다음 네 과정으로 구성된다([그림 5.11]).

(1) 가역 등온팽창 : 과정 1 → 2, 온도 T_H = 일정. 고온 열원과 접촉하여 기체가 서서히 팽창하는 과정이며 고온 열원으로부터 Q_H의 열을 공급받는다.

(2) 가역 단열팽창 : 과정 2→3. 단열과정. 주위와의 열 교환 없이 기체는 주위에 일을 하면서 온도가 T_L로 낮아질 때까지 서서히 팽창한다.

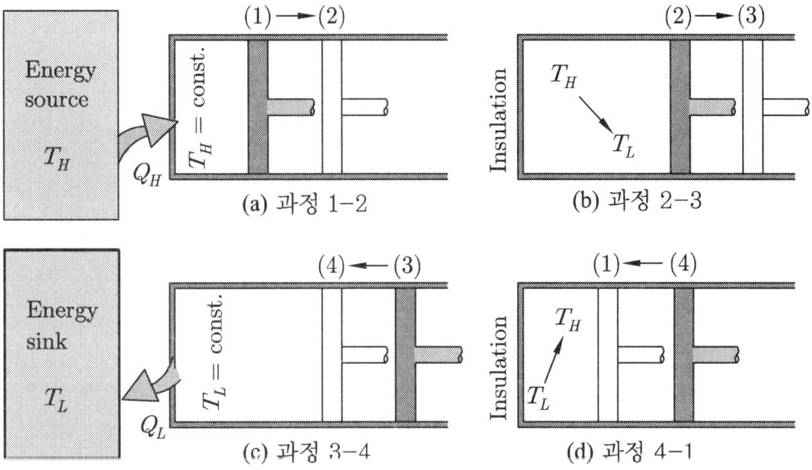

[그림 5.11]

(3) 가역 등온압축 : 과정 3→4, 온도 T_L = 일정. 저온 열원과 접촉하여 기체가 압축되면서 저온 열원으로 Q_L의 열을 방출한다.

(4) 가역 단열압축 : 과정 4→1, 단열과정. 기체는 가역적인 방법으로 압축되어 초기 상태로 되돌아간다. 이 과정에서 온도가 T_L로부터 T_H로 높아지고 하나의 사이클이 완성된다.

[카르노 사이클의 성질] 카르노 기관의 열효율은 작업유체의 종류와는 무관하고 고온 열원과 저온 열원의 온도만으로 결정되며, 효율을 높이기 위해서는 두 열원의 온도 차이를 크게 해야 한다. 그러나 저온 열원의 온도가 절대온도 0K는 될 수 없으므로 열효율 100%인 열기관은 존재하지 않는다. 실제 열기관의 효율은 마찰 등의 비가역적인 요인에 의한 손실 때문에 카르노 사이클의 효율보다 언제나 작다.

5. 엔트로피

절대온도를 T, 열량을 Q라 할 때 다음과 같이 정의되는 S를 엔트로피(entropy)라 한다.

$$dS = \left(\frac{\delta Q}{T}\right)_{ideal} \quad \text{또는} \quad dS = \left(\frac{\delta Q}{T}\right)_{reversible}$$

엔트로피 S는 종량적 상태량이고 단위는 kJ/K이다. 단위질량당 엔트로피를 비엔트로피(specific entropy)라 하며 s로 나타낸다. 비엔트로피의 단위는 kJ/kg·K이다. 두 상태 1과

2의 엔트로피 차이는

$$S_2 - S_1 = \int_1^2 \left(\frac{\delta Q}{T}\right)_{rev}, \quad s_2 - s_1 = \int_1^2 \left(\frac{\delta q}{T}\right)_{rev}$$

이다. q는 단위질량당 열량을 나타낸다.

[엔트로피 증가 법칙] "자연계의 엔트로피는 항상 증가한다."라는 법칙을 엔트로피 증가 법칙이라 하며 이것은 자연현상의 비가역성을 설명하는 법칙이다.

[무질서의 정도와 엔트로피] 한편으로는 계의 무질서의 정도를 나타내는 양을 엔트로피라 정의하고, 통계열역학에서는 확률을 이용하여 엔트로피를 정의한다. 즉, 질서 있는 상태로 갈수록 엔트로피가 작아지고, 무질서한 상태로 갈수록 엔트로피는 증가한다. 엔트로피 증가 법칙에 따라 자연계의 모든 현상은 엔트로피가 증가하는 방향으로 진행되므로, 엔트로피가 증가한다는 말은 시간이 지날수록 자연은 점점 무질서하게 변한다는 것을 의미한다. 또한 '자연현상은 확률이 높은 쪽으로 진행된다'라는 뜻을 포함하고 있다. 따라서 조금 더 의미를 확장하면 우리가 살고 있는 지구는 점점 더 오염되고, 세상은 점점 더 복잡하고 시끄러워진다는 것을 알 수 있다. 엔트로피와 엔트로피 증가 법칙은 많은 의미를 포함하고 있다.

6. 등온과정에서의 열전달

온도 $T = T_0$로 일정한 계에서 Q의 열전달이 일어난 후 ΔS의 엔트로피 변화가 생겼다면 ΔS와 Q는 다음과 같다.

$$\Delta S = \frac{Q}{T_0} \text{ [kJ/K]}, \quad Q = T_0 \Delta S \text{ [kJ]}$$

설명 상태변화 과정에서 계의 경계 안에서 비가역성이 일어나지 않는 과정을 내적 가역(internally reversible)과정이라 한다. 내적 가역과정 동안 계는 일련의 평형상태를 거치며 과정을 되돌릴 때에도 정확하게 평형상태를 밟는다. 즉, 내적 가역과정은 어떤 과정과 그 과정을 되돌려 원 상태로 돌아가는 과정의 경로가 일치한다. 준평형과정(quasi-equilibrium process)은 내적 가역과정의 한 예이다. 등온과정 동안 계의 내부는 준평형과정을 거치므로 등온 열전달 과정은 내적 가역과정이 된다. 이때의 엔트로피 변화는 엔트로피 정의식을 적분하여 구할 수 있다.

$$dS = \left(\frac{\delta Q}{T}\right)_{rev}$$

$$\Delta S = S_2 - S_1 = \int_1^2 \frac{\delta Q}{T_0} = \frac{1}{T_0}\int_1^2 \delta Q = \frac{{}_1Q_2}{T_0}$$

상태변화(1→2) 과정에서 계로 전달된 열량 ${}_1Q_2$를 Q로 나타내면

$$\Delta S = \frac{Q}{T_0} \quad [\text{kJ/K}]$$

이다. 여기에서 T_0는 일정한 절대온도이다. 이 식은 일정한 온도로 열을 공급하거나 흡수하는 열저장조의 엔트로피와 열전달을 구하는 데 특히 유용하다.

7. 엔트로피 관계식

이상과정에 적용되는 $dS = \left(\frac{\delta Q}{T}\right)_{ideal}$은 열역학 제1법칙 $\delta Q = dU + PdV$와 결합하여 다음과 같은 유용한 관계식을 제공해준다.

$TdS = dU + PdV$
$TdS = dH - VdP$

위 식을 단위질량에 대해 쓰면 다음과 같다.

$Tds = du + Pdv$
$Tds = dh - vdP$

s, u, h, v는 각각 비엔트로피, 비내부에너지, 비엔탈피, 비체적이다.

설명 이상과정에 대한 에너지 식은 $\delta Q = dU + \delta W$이고, 부피의 압축과 팽창만이 관계되는 단순시스템에서 일 $\delta W = PdV$이므로 $\delta Q = TdS$를 에너지 식에 대입하면

$$TdS = dU + PdV$$

가 된다.

그리고 엔탈피 $H = U + PV$를 미분하면 $dH = dU + PdV + VdP$이고, 이 식으로

부터 $dU+PdV=dH-VdP$ 이므로

$$TdS=dH-VdP$$

가 얻어진다.

8. 이상기체의 엔트로피 변화에 대한 미분식

정적비열 C_v, 정압비열 C_p를 사용하면 이상기체의 단위질량당 엔트로피에 대한 다음의 유용한 관계식을 얻는다.

$Tds=C_vdT+Pdv$	$ds=C_v\dfrac{dT}{T}+R\dfrac{dv}{v}$
$Tds=C_pdT-vdP$	$ds=C_p\dfrac{dT}{T}-R\dfrac{dP}{P}$

설명 이상기체에서 $du=C_vdT$ 이므로

$$Tds=du+Pdv=C_vdT+Pdv$$

이다. 이 식을 T로 나누어주고 상태방정식 $Pv=RT$ 에서 $P/T=R/v$ 을 구하여 대입하면

$$ds=C_v\frac{dT}{T}+\frac{P}{T}dv=C_v\frac{dT}{T}+R\frac{dv}{v} \quad \cdots ①$$

가 된다. 또한 $dh=C_pdT$ 이므로

$$Tds=dh-vdP=C_pdT-vdP$$

이고, 이 식을 T로 나누어주고 상태방정식 $Pv=RT$ 에서 $v/T=R/P$ 을 구하여 대입하면

$$ds=C_p\frac{dT}{T}-\frac{v}{T}dP=C_p\frac{dT}{T}-R\frac{dP}{P} \quad \cdots ②$$

가 된다. 정적비열과 정압비열은 일반적으로 온도의 함수이다. 따라서 함수 $C_v(T)$, $C_p(T)$를 알면 식 ①, ②를 적분하여 엔트로피 변화를 구할 수 있다.

* 이상기체의 내부에너지와 엔탈피는 온도만의 함수이지만 식 ①, ②는 엔트로피가 온도만의 함수가 아님을 보여준다.

9. 비열이 일정한 경우의 이상기체의 엔트로피 변화

밀폐계의 정적, 정압, 등온, 단열과정에서의 이상기체의 엔트로피 변화는 다음과 같다. 상태 1에서 상태 2로 변화하며 $\Delta s = s_2 - s_1$는 단위질량당 엔트로피 변화, $\Delta S = S_2 - S_1$은 총 엔트로피 변화이다.

(1) 정적과정 : $\Delta s = C_v \ln\left(\frac{T_2}{T_1}\right) = C_v \ln\left(\frac{P_2}{P_1}\right)$ [kJ/kg·K]

$$\Delta S = mC_v \ln\left(\frac{T_2}{T_1}\right) = mC_v \ln\left(\frac{P_2}{P_1}\right) \text{ [kJ/K]}$$

(2) 정압과정 : $\Delta s = C_p \ln\left(\frac{T_2}{T_1}\right) = C_p \ln\left(\frac{v_2}{v_1}\right) = C_p \ln\left(\frac{V_2}{V_1}\right)$ [kJ/kg·K]

$$\Delta S = mC_p \ln\left(\frac{T_2}{T_1}\right) = mC_p \ln\left(\frac{v_2}{v_1}\right) = mC_p \ln\left(\frac{V_2}{V_1}\right) \text{ [kJ/K]}$$

(3) 등온과정 : $\Delta s = R \ln\left(\frac{v_2}{v_1}\right) = R \ln\left(\frac{V_2}{V_1}\right) = R \ln\left(\frac{P_1}{P_2}\right)$ [kJ/kg·K]

$$\Delta S = mR \ln\left(\frac{v_2}{v_1}\right) = mR \ln\left(\frac{V_2}{V_1}\right) = mR \ln\left(\frac{P_1}{P_2}\right) \text{ [kJ/K]}$$

(4) 단열과정 : $\Delta s = 0$, $\Delta S = 0$

설명 (1) 정적과정 : $ds = C_v \frac{dT}{T} + R\frac{dv}{v}$에서 부피가 일정하므로 $dv = 0$이고, 이 식을 적분하면

$$s_2 - s_1 = \int_1^2 C_v \frac{dT}{T} = C_v [\ln T]_{T_2}^{T_1} = C_v (\ln T_2 - \ln T_1)$$

$$= C_v \ln\left(\frac{T_2}{T_1}\right) = C_v \ln\left(\frac{P_2}{P_1}\right) \quad \left(v = \text{일정} \;\therefore\; \frac{T_1}{P_1} = \frac{T_2}{P_2}\right)$$

(2) 정압과정 : $ds = C_p \frac{dT}{T} - R\frac{dP}{P}$에서 압력이 일정하므로 $dP = 0$이고, 이 식을 적분하면

$$s_2 - s_1 = \int_1^2 C_p \frac{dT}{T} = C_p \ln\left(\frac{T_2}{T_1}\right) = C_p \ln\left(\frac{v_2}{v_1}\right)$$

$$(P = \text{일정} \quad \therefore \; \frac{T_1}{v_1} = \frac{T_2}{v_2})$$

(3) 등온과정 : $ds = C_v \frac{dT}{T} + R\frac{dv}{v}$에서 온도가 일정하므로 $dT = 0$이고, 이 식을 적분하면

$$s_2 - s_1 = \int_1^2 R\frac{dv}{v} = R\ln\left(\frac{v_2}{v_1}\right) = R\ln\left(\frac{P_1}{P_2}\right)$$

$$(T = \text{일정} \quad \therefore \; P_1 v_1 = P_2 v_2)$$

(4) 단열과정 : $ds = \frac{\delta q}{T}$에서 단열이므로 $\delta q = 0$. $\therefore \; \Delta s = 0$

10. 고체와 액체의 엔트로피 변화

비압축성 물질에서 비열 $C = C_v = C_p$이므로 엔트로피 관계식은 다음과 같다. 상태 1에서 상태 2로 변화하며 $\Delta s = s_2 - s_1$, $\Delta S = S_2 - S_1$이고, m은 질량, C_{avg}는 두 상태 사이의 평균비열을 나타낸다.

$$ds = \frac{du}{T} = C\frac{dT}{T}, \quad \Delta s = \int_1^2 C(T)\frac{dT}{T} \approx C_{avg}\ln\left(\frac{T_2}{T_1}\right) \quad [\text{kJ/kg} \cdot \text{K}]$$

$$dS = \frac{dU}{T} = mC\frac{dT}{T}, \quad \Delta S = m\int_1^2 C(T)\frac{dT}{T} \approx mC_{avg}\ln\left(\frac{T_2}{T_1}\right) \quad [\text{kJ/K}]$$

설명 고체와 액체는 비체적이 거의 일정($dv = 0$)하게 유지되므로 체적 변화에 의한 일은 무시할 수 있다. 따라서 이 경우에는 흡수한 열량이 모두 내부에너지 변화로 전환된다.

$$\delta q = Tds = du + Pdv = du = C(T)\,dT$$

이므로 단위질량당 엔트로피에 대한 식은 다음과 같이 된다.

$$ds = C(T)\frac{dT}{T} \qquad \cdots (*)$$

$$s_2 - s_1 = \int_1^2 C(T)\frac{dT}{T} \approx C_{avg} \ln\left(\frac{T_2}{T_1}\right)$$

* C_{avg}는 고려하는 온도 범위에서의 물질의 평균비열이다. 그리고 식 (*)로부터 비압축성 물질의 엔트로피 변화는 온도만의 함수라는 것을 알 수 있다.

예제 5.3.1 한 사이클 동안에 2kcal의 열을 공급받아서 3360J의 일을 하는 열기관의 열효율은 얼마인가? 단, 1kcal = 4.2kJ이다.

▶**풀이** 열기관의 열효율 $\eta = \frac{W}{Q_H} = \frac{3360}{2 \times 4200} = 0.4$

예제 5.3.2 한 사이클 동안에 3600cal의 열을 공급받아서 저온 열원으로 1620cal의 열을 방출하는 열기관의 열효율을 구하여라.

▶**풀이** 열기관의 열효율 $\eta = \frac{W}{Q_H} = \frac{Q_H - Q_L}{Q_H} = 1 - \frac{Q_L}{Q_H} = 1 - \frac{1620}{3600} = 0.55$

예제 5.3.3 한 사이클 동안에 1800J의 일을 하고 저온 열원으로 1kcal의 열을 방출하는 열기관의 열효율을 구하여라. 단, 1kcal = 4.2kJ이다.

▶**풀이** 열역학 제1법칙에 의해 한 사이클에 고온 열원으로부터 공급받은 열량은

$$Q_H = W + Q_L$$

이다. 따라서 열기관의 열효율

$$\eta = \frac{W}{Q_H} = \frac{W}{W + Q_L} = \frac{1.8}{1.8 + 1 \times 4.2} = 0.3$$

예제 5.3.4 고온 열원 227℃, 저온 열원 27℃ 사이에서 작동하는 카르노 사이클의 열효율을 구하여라.

▶**풀이** 카르노 기관의 열효율 $\eta = 1 - \frac{T_L}{T_H} = 1 - \frac{273+27}{273+227} = 0.4$

❙ 예제 5.3.5 카르노 사이클을 온도-엔트로피($T-S$) 선도에 나타내고, 공급된 열량, 방출한 열량, 사이클이 한 일을 나타내어라.

▶**풀이** 카르노 사이클은 두 개의 가역단열과정과 두 개의 등온과정으로 구성된다. 등온과정에서 온도 '$T=$일정'이고, 단열과정에서 사이클로 전달되는 열이 없으므로 엔트로피 변화 $dS = \delta Q / T = 0$, 즉 엔트로피 '$S=$일정'이다. 따라서 카르노 사이클은 $T-S$ 선도에서 하나의 직사각형을 이룬다([그림 5.12]).

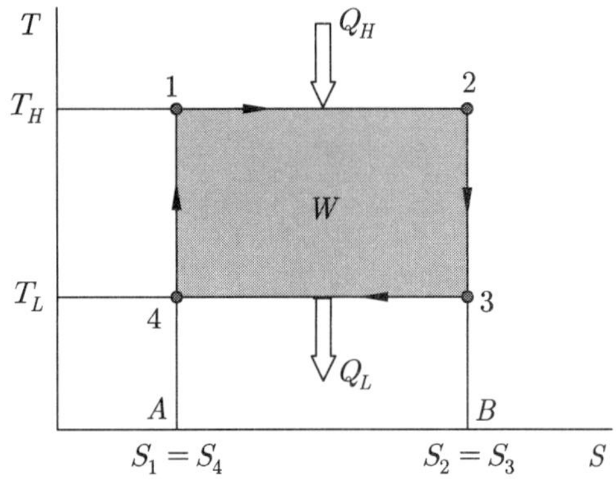

[그림 5.12]

엔트로피 변화를 $\Delta S = S_2 - S_1 = S_3 - S_4$로 나타내면, 사이클로 공급된 열량 $Q_H = T_H \Delta S$, 방출한 열량 $Q_L = T_L \Delta S$이고, 사이클이 한 일 $W = Q_H - Q_L$이므로 $T-S$ 선도에서

$$Q_H = \text{사각형 } (1-2-B-A)\text{의 면적}$$
$$Q_L = \text{사각형 } (4-3-B-A)\text{의 면적}$$
$$W = \text{사각형 } (1-2-3-4)\text{의 면적}$$

으로 나타난다.

❙ 예제 5.3.6 카르노 열기관이 500℃의 고온 열원으로부터 열을 받아서 사이클당 400 kJ의 일을 하고 30℃의 저온 열원으로 열을 방출한다. 사이클당 방출한 열량을 구하여라.

▶ **풀이** 카르노 기관의 열효율

$$\eta = \frac{W}{Q_H} = 1 - \frac{T_L}{T_H} = 1 - \frac{273+30}{273+500} = 0.608$$

이므로 고온 열원으로부터 받은 열량은

$$Q_H = \frac{W}{\eta} = \frac{400}{0.608} = 657.9\,(\mathrm{kJ})$$

이다. 따라서 저온 열원으로 방출한 열량

$$Q_L = Q_H - W = 657.9 - 400 = 257.9\,(\mathrm{kJ})$$

❙ 예제 5.3.7 카르노 열기관이 500 K의 고온 열원과 300 K의 저온 열원 사이에서 작동하고 있다. 고온 열원으로부터 400 kJ의 열을 공급받을 때 기관이 하는 일을 구하여라.

▶ **풀이** 카르노 기관의 열효율

$$\eta = \frac{W}{Q_H} = 1 - \frac{T_L}{T_H} = 1 - \frac{300}{500} = 0.4$$

이므로 기관이 하는 일

$$W = \eta\, Q_H = 0.4 \times 400 = 160\,(\mathrm{kJ})$$

이다.

❙ 예제 5.3.8 부피가 $2\,\mathrm{m}^3$인 견고한 밀폐 용기 안에 압력 100 kPa, 온도 30 ℃의 이상기체가 들어 있다. 용기를 가열하여 기체 압력이 500 kPa이 되었을 때 엔트로피 변화를 구하여라. 단, 기체상수 $R = 0.3\,\mathrm{kJ/kg \cdot K}$, 정적비열은 $C_v = 0.7\,\mathrm{kJ/kg \cdot K}$이다.

▶ **풀이** 기체의 질량 $m = \dfrac{P_1 V_1}{R T_1} = \dfrac{100 \times 2}{0.3 \times (273+30)} = 2.2\,(\mathrm{kg})$

부피가 일정하므로 '$T/P =$ 일정'이고 $dv = 0$이다.

$$\therefore\ Tds = du + Pdv = C_v dT$$

$$\therefore\ \Delta S = mC_v\int_1^2 \frac{dT}{T} = mC_v \ln\left(\frac{T_2}{T_1}\right) = mC_v \ln\left(\frac{P_2}{P_1}\right)$$

$$= 2.2 \times 0.7 \times \ln\left(\frac{500}{100}\right) = 2.479\,(\mathrm{kJ/K})$$

▍예제 5.3.9 비열이 일정한 이상기체 2kg이 일정한 압력(100kPa)하에서 20℃로부터 100℃로 가열되었을 때 엔트로피 변화를 구하여라. 단, 기체의 정압비열은 5kJ/kg·K이다.

▶풀이 압력이 일정할 때 $dP=0$이므로 $Tds = dh - vdP = C_p dT$이다.

$$\therefore\ \Delta S = mC_p\int_1^2 \frac{dT}{T} = mC_p \ln\left(\frac{T_2}{T_1}\right)$$

$$= 2 \times 5 \times \ln\left(\frac{273+100}{273+20}\right) = 2.41\,(\mathrm{kJ/K})$$

▍예제 5.3.10 피스톤-실린더 장치 안에 있는 압력 100kPa, 온도 20℃의 이상기체가 가역 등온과정으로 압축되어 압력이 500kPa이 되었다. 기체의 단위질량당 엔트로피 변화와 단위질량당 압축 일을 구하여라. 단, 기체상수 $R=0.3$kJ/kg·K이다.

▶풀이 등온과정이므로 $dT=0$이고, $Pv=RT$에서 $v/T = R/P$이다. 따라서

$$Tds = dh - vdP = C_p dT - vdP = -vdP$$

$$ds = -\frac{v}{T}dP = -R\frac{dP}{P}$$

$$\therefore\ \Delta s = -R\int_1^2 \frac{dP}{P} = -R\ln\left(\frac{P_2}{P_1}\right)$$

$$= -0.3 \times \ln\left(\frac{500}{100}\right) = -0.483\,(\mathrm{kJ/kg\cdot K})$$

온도가 일정하므로 내부에너지 변화 $\Delta u = 0$이다. 따라서 단위질량당 에너지에 대한 열역학 제1법칙 $q = \Delta u + w$에서 기체가 한 일

$$w = q = T_0\Delta s = (273+20)\times(-0.483) = -141.5\,(\mathrm{kJ/kg})$$

이므로 압축에 소요된 일은 141.5kJ/kg이다.

예제 5.3.11 이상기체 2kg이 온도 300K, 압력 500kPa에서 온도 700K, 압력 200kPa로 변화하였을 때 엔트로피 변화를 구하여라. 단, 정압비열은 1kJ/kg·K, 기체상수는 0.3kJ/kg·K이다.

▶**풀이** 정압비열이 주어졌으므로 엔탈피와 엔트로피의 관계식

$$Tds = dh - vdP = C_p dT - vdP$$

를 이용한다. $Pv = RT$에서 $v/T = R/P$이므로

$$ds = C_p \frac{dT}{T} - \frac{v}{T}dP = C_p \frac{dT}{T} - R\frac{dP}{P}$$

이고, 이 식을 적분하면 단위질량당 엔트로피 변화

$$\begin{aligned}\Delta s &= \int_1^2 C_p \frac{dT}{T} - R\int_1^2 \frac{dP}{P} = C_p \ln\left(\frac{T_2}{T_1}\right) - R\ln\left(\frac{P_2}{P_1}\right) \\ &= 1 \times \ln\left(\frac{700}{300}\right) - 0.3 \times \ln\left(\frac{200}{500}\right) \\ &= 1.122\,(\text{kJ/kg} \cdot \text{K})\end{aligned}$$

이고, 총 엔트로피변화

$$\Delta S = m\Delta s = 2 \times 1.122 = 2.244\,(\text{kJ/K})$$

이다.

예제 5.3.12 질량이 m이고 비열이 C인 두 개의 동일한 금속이 있다. 초기 상태에서 각 금속의 온도는 T_1, T_2이다. 외부와 단열된 상태에서 두 개를 접촉시켰을 때 열평형상태에 도달했을 때의 금속의 온도와 엔트로피 변화를 구하여라. 단, 비열 C는 일정하다.

▶**풀이** 단열된 밀폐계에서의 열역학 제1법칙에 의하여 시스템 전체의 총 열전달량 $\delta Q = dU = 0$이다. 따라서 열평형상태 온도를 T_f라 하면 비열이 일정할 때 $\Delta U = mC\Delta T$이므로

$$mC(T_f - T_1) + mC(T_f - T_2) = 0$$

이다. 이 식을 풀면 평형온도는

$$T_f = \frac{T_1 + T_2}{2}$$

가 된다. 금속의 부피는 일정($dV=0$)하므로

$$TdS = dU + PdV = dU = mCdT$$

$$\therefore\ dS = mC\frac{dT}{T}$$

이다. 이 식을 적분하면 초기온도 T_1인 물체에서의 엔트로피 변화는

$$(\Delta S)_1 = (S_f - S_i)_1 = \int_{T_1}^{T_f} mC\frac{dT}{T} = mC\ln\left(\frac{T_f}{T_1}\right)$$

이고, 초기온도 T_2인 물체에서의 엔트로피 변화는

$$(\Delta S)_2 = (S_f - S_i)_2 = \int_{T_2}^{T_f} mC\frac{dT}{T} = mC\ln\left(\frac{T_f}{T_2}\right)$$

이다. 따라서 전체의 엔트로피 변화는

$$(\Delta S)_{total} = (\Delta S)_1 + (\Delta S)_2 = mC\ln\left(\frac{T_f}{T_1}\right) + mC\ln\left(\frac{T_f}{T_2}\right)$$

$$= mC\ln\left(\frac{T_f}{T_1}\times\frac{T_f}{T_2}\right) = mC\ln\left[\frac{(T_1+T_2)^2}{4T_1T_2}\right]$$

이다.

▌예제 5.3.13 이상기체가 온도 300 K, 압력 400 kPa에서 가열되어 온도 600 K, 압력 100 kPa가 되었다. 정압비열이 다음과 같을 때 단위질량당 엔트로피 변화를 구하여라.

$$C_p(T) = 0.9585 + 0.00015\,T\ \ [\mathrm{kJ/kg \cdot K}]$$

단, T는 절대온도이고 기체상수 $R = 0.287\,\mathrm{kJ/kg \cdot K}$이다.

▶풀이 엔탈피와 엔트로피의 관계식 $Tds = dh - vdP = C_p dT - vdP$에서 $v/T = R/P$이므로

$$ds = \frac{C_p}{T}dT - \frac{v}{T}dP = \frac{C_p}{T}dT - R\frac{dP}{P}$$

이고, 이 식을 적분하면 엔트로피 변화

$$\Delta s = \int_1^2\left(\frac{0.9585}{T} + 0.00015\right)dT - R\int_1^2\frac{dP}{P}$$

$$
\begin{aligned}
&= 0.9585 \ln\left(\frac{T_2}{T_1}\right) + 0.00015\,(T_2 - T_1) - R \ln\left(\frac{P_2}{P_1}\right) \\
&= 0.9585 \ln\left(\frac{600}{300}\right) + 0.00015 \times (600 - 300) - 0.287 \ln\left(\frac{100}{400}\right) \\
&= 1.10725\,(\mathrm{kJ/kg \cdot K})
\end{aligned}
$$

이다.

연습문제 5.3

1. 다음 중 가역과정에 가장 가까운 것을 고르면?
   ① 온도가 높은 물체로부터 낮은 물체로 열이 흘러간다.
   ② 폭포의 물이 아래로 떨어진다.
   ③ 나무를 마찰시키면 마찰열이 발생한다.
   ④ 진공 중에서 벽시계의 추가 단진자운동을 한다.
   ⑤ 향수병에서 나온 향기가 방안에 퍼진다.
   ⑥ 전열기에 전기를 흐르게 하면 열이 발생한다.

2. 다음 중 열역학 제2법칙에 대한 표현이 아닌 것을 모두 고르면?
   ① 열효율 100%의 열기관은 존재하지 않는다.
   ② 열은 고온의 물체로부터 저온의 물체로 흐른다.
   ③ 에너지의 공급 없이 영원히 작동하는 영구기관을 만들 수 없다.
   ④ 어떤 고립된 계의 총 에너지는 항상 일정하다.
   ⑤ 자연현상은 엔트로피가 증가하는 방향으로 진행한다.
   ⑥ 구름이 상승하면서 단열 팽창하면 구름의 온도가 낮아진다.

3. 다음 중 열역학 제2법칙에 해당하는 것을 모두 고르면?
   ① 열역학적 계에 열을 가하면 계의 내부에너지가 증가한다.
   ② 역학적인 일은 전부 열로 바꿀 수 있지만 열을 전부 일로 바꿀 수는 없다.
   ③ 자연의 변화는 확률이 높은 쪽으로 일어난다.
   ④ 방안에 퍼진 향수 기체의 입자들은 자연적으로 한 곳에 모이지 않는다.
   ⑤ 자연계의 모든 현상은 무질서도가 증가하는 방향으로 진행한다.
   ⑥ 물체 A와 B가 각각 제3의 물체 C와 열평형상태에 있으면 A와 B는 서로 열평형상태에 있다.

4. 1초당 고온 열원으로부터 1000 J의 열을 공급받아서 300 J의 일을 하고 저온 열원으로 700 J의 열을 방출하는 열기관의 열효율은 얼마인가?

5. 1 kcal의 열을 흡수하여 1680 J의 일을 하는 열기관의 열효율은 얼마인가? 단, 1cal = 4.2J이다.

6. 열효율이 30%인 열기관에 10 kcal의 열을 공급하면 열기관은 몇 kJ의 일을 하는가? 단, 1cal = 4.2J이다.

7. 고온 열원 227℃, 저온 열원 27℃에서 작동하는 카르노 사이클의 열효율은 얼마인가?

8. 그림과 같은 사이클로 작동하는 카르노 기관이 있다. 작업유체가 한 사이클을 완료할 때 다음을 구하여라.

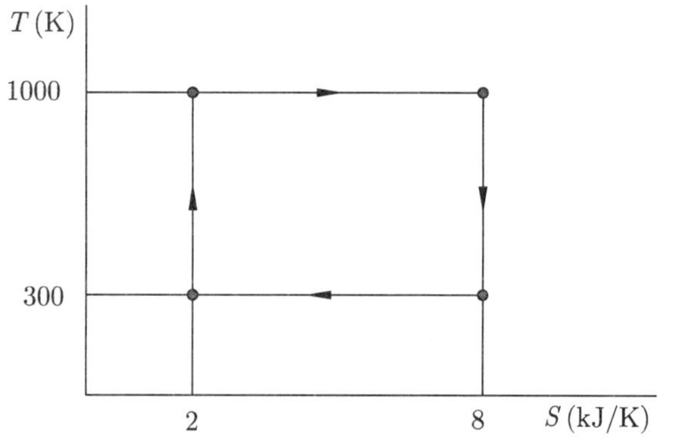

[문제 5.3.8]

(1) 기관이 흡수한 열량
(2) 기관에서 외부로 방출한 열량
(3) 기관이 한 일
(4) 기관의 열효율

9. 127℃의 고온 열원으로부터 에너지를 공급받고, 27℃의 저온 열원으로 에너지를 방출하는 열기관의 최대 효율은 얼마인가?

10. 카르노 열기관이 250℃의 고온 열원으로부터 한 사이클당 50 kcal의 열을 공급받아서 20℃의 저온 열원으로 열을 방출한다. 한 사이클당 기관이 하는 일과 사이클의 효율을 구하여라. 단, 1cal = 4.2J이다.

11. 카르노 열기관이 527℃인 고온 열원으로부터 한 사이클당 400 kJ의 열을 흡수하여 27℃의 저온 열원으로 열을 방출한다. 다음 물음에 답하여라.

(1) 열기관 사이클을 $T-S$ 선도 위에 나타내어라.

(2) 기관이 한 일과 사이클의 열효율을 구하여라.

12. 다음과 같이 온도 1000 K의 고온 열원으로부터 열을 공급받아 일을 하고 500 K의 저온 열원으로 열을 방출하는 두 개의 열기관이 있다. 각 열기관에 대하여 열역학 제1법칙과 제2법칙을 검토하여 이와 같은 열기관이 가능한지를 판정하여라.

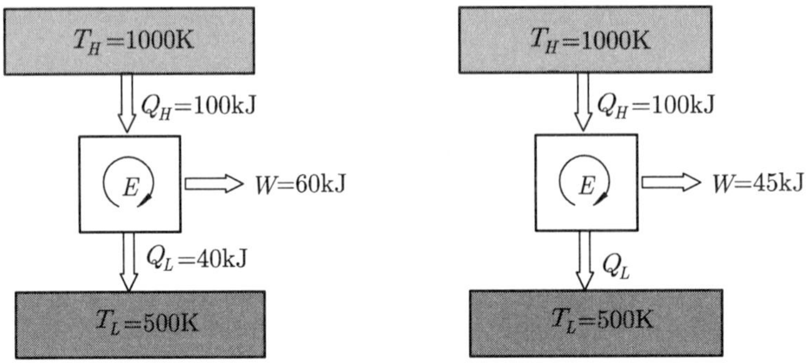

(a) (b)

[문제 5.3.12]

13. 정적비열 $C_v = 0.7\,\mathrm{kJ/kg \cdot K}$인 이상기체 1 kg이 밀폐된 견고한 용기 내에서 가열되어 20℃로부터 500℃까지 온도가 올라갔다. 다음을 구하여라.

(1) 기체가 받은 열량 (2) 엔트로피 변화

14. 이상기체 2 kg을 일정한 압력하에서 가열하여 온도를 20℃에서 80℃로 높였다. 다음을 구하여라. 단, 정압비열 $C_p = 5\,\mathrm{kJ/kg \cdot K}$이다.

(1) 기체가 받은 열량 (2) 기체의 엔트로피 변화량

15. 이상기체 0.2 kg을 일정한 압력 120 kPa하에서 가열하여 온도를 300℃로 높였다. 기체의 처음 부피가 $0.15\,\mathrm{m^3}$일 때 엔트로피 변화를 구하여라. 단, 정압비열 $C_p = 1\,\mathrm{kJ/kg \cdot K}$, 기체상수 $R = 0.3\,\mathrm{kJ/kg \cdot K}$이다.

16. 처음 온도 t_1인 이상기체 2 kg을 일정한 압력하에서 가열하여 온도를 2배로 높였다 ($t_2 = 2t_1$). 이때 기체가 받은 열량이 300 kJ이면 기체의 엔트로피 변화는 얼마인가? 단, t_1은 섭씨온도이고, 정압비열 $C_p = 1.5\,\mathrm{kJ/kg \cdot K}$이다. (✱섭씨온도와 절대온도의 차이는 같다.)

17. 그림과 같이 외부로부터 단열시킨 탱크를 칸막이로 이등분하여 한 쪽에만 이상기체를 채우고 반은 진공으로 만들었다.

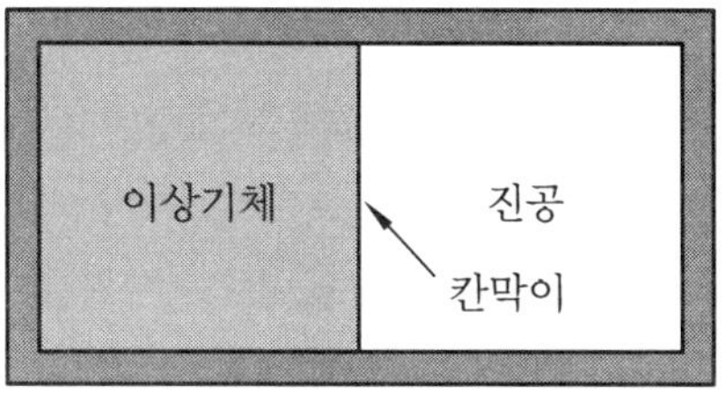

[문제 5.3.17]

(1) 칸막이를 치웠을 때 나타나는 현상으로 옳은 것을 모두 고르면?

① 외부에 일을 해준다.
② 내부에너지가 증가한다.
③ 비가역과정이다.
④ 기체의 온도가 내려간다.
⑤ 기체의 온도는 변하지 않는다.

(2) 칸막이를 제거하면 기체가 탱크의 전 공간을 채우게 되는데 이때 기체의 단위질량당 엔트로피 변화를 구하여라. 단, 기체상수 $R = 0.3\,\mathrm{kJ/kg \cdot K}$이다.

18. 압력 500 kPa의 이상기체 2 kg이 외부로부터 열을 받고 등온과정으로 팽창하여 압력이 100 kPa이 되었다. 팽창 과정에서 300 kJ의 일을 하였을 때 다음을 구하여라. 단, 기체상수 $R = 0.3\,\mathrm{kJ/kg \cdot K}$이다.

(1) 처음 상태의 온도와 부피
(2) 최종 상태의 부피
(3) 기체가 받은 열량
(4) 엔트로피 변화

19. 부피 $2\,\mathrm{m^3}$, 압력 200 kPa의 이상기체가 등온과정으로 팽창하여 부피가 $5\,\mathrm{m^3}$이 되었다. 팽창 후의 압력과 단위질량당 엔트로피 변화를 구하여라. 단, 기체상수 $R = 0.3\,\mathrm{kJ/kg \cdot K}$이다.

20. 그림과 같은 피스톤-실린더 장치에 들어 있는 이상기체에 10 kJ의 열을 공급하였다. 초기 상태에서 기체 압력이 200 kPa, 온도가 20 ℃일 때 다음을 구하여라. 단, 피스톤과 실린더 사이의 마찰은 무시하며 $C_p = 1\,\mathrm{kJ/kg \cdot K}$, $C_v = 0.7\,\mathrm{kJ/kg \cdot K}$이다.

(1) 기체의 질량
(2) 기체의 최종 온도
(3) 기체가 한 일
(4) 기체의 엔트로피 변화

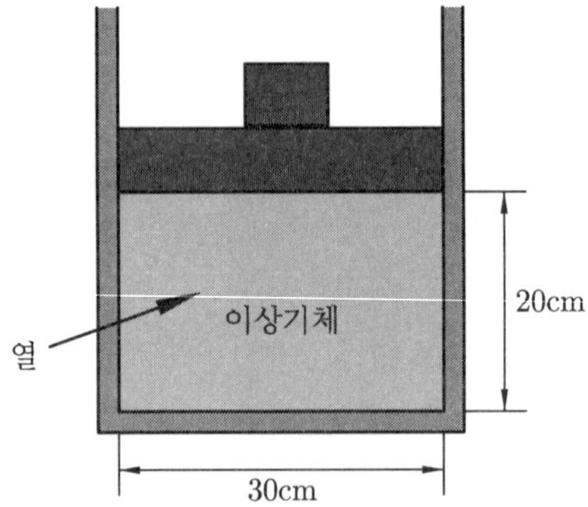

[문제 5.3.20]

✱마찰이 없으므로 기체 압력은 피스톤의 무게에 의한 압력과 대기압의 합과 평형을 이룬다. 따라서 이 과정은 정압과정이다.

21. 이상기체가 초기 상태 100 kPa, 20 ℃에서 최종 상태 500 kPa, 100 ℃로 압축되었을 때 단위질량당 엔트로피 변화를 구하여라. 단, 비열비 $k = 1.4$, 기체상수 $R = 0.3\,\mathrm{kJ/kg\cdot K}$이다. [✱ $C_p = kR/(k-1)$]

22. 비열비가 일정한 이상기체가 $(P_1,\ T_1,\ v_1)$으로부터 $(P_2,\ T_2,\ v_2)$로 상태변화할 때의 단위질량당 엔트로피 변화에 대한 다음 물음에 답하여라. 단, R은 기체상수이다.

(1) $Tds = C_v dT + P dv$로부터 다음 엔트로피 변화식을 유도하여라.

$$s_2 - s_1 = C_v \ln\left(\frac{T_2}{T_1}\right) + R \ln\left(\frac{v_2}{v_1}\right) \qquad \cdots ①$$

(2) $Tds = C_p dT - v dP$로부터 다음 엔트로피 변화식을 유도하여라.

$$s_2 - s_1 = C_p \ln\left(\frac{T_2}{T_1}\right) - R \ln\left(\frac{P_2}{P_1}\right) \qquad \cdots ②$$

(3) 식 ①과 ②는 서로 같다는 것을 보여라.

✱이상기체 상태방정식은 $Pv = RT$이고 $C_p - C_v = R$이다.

23. (1) 이상기체의 단위질량당 엔트로피에 대한 미분식을 다음과 같이 쓸 수 있음을 보여라.

$$ds = C_v \frac{dP}{P} + C_p \frac{dv}{v}$$

(2) C_v, C_p가 일정할 때 (1)의 미분식으로부터 다음 식을 유도하여라.

$$s_2 - s_1 = C_v \ln\left(\frac{P_2}{P_1}\right) + C_p \ln\left(\frac{v_2}{v_1}\right)$$

(3) 가역단열과정일 때 (2)의 결과를 이용하여 '$Pv^k =$ 일정'의 관계식을 유도하여라. 단, 비열비 $k = C_p / C_v$이다.

제6장 유체역학

6.1 유체의 기본 성질

1. 유체의 정의

유체는 아무리 작더라도 전단응력이 가해지면 연속적이고 영구적으로 변형되는 물질로 정의한다.

설명 물질을 이루는 분자 사이의 거리와 인력의 크기에 따라 물질을 크게 고체와 유체로 나눈다. 유체는 액체와 기체를 포함한다. 분자 사이의 응집력은 고체에서 가장 크고 다음에 액체에서 크며, 기체에서는 아주 작다. 고체 분자들이 단단히 결합되어 있는 반면, 유체에서는 분자간의 응집력이 약하기 때문에 비교적 자유롭게 움직일 수 있다. 따라서 유체는 일정한 형태를 지니지 못하고 자유롭게 변형하는 특성이 있다. 즉 임의 형상의 그릇에 채울 수 있으며 아주 작은 전단응력도 지탱하지 못하고 변형된다.

2. 밀도, 비중량

(1) 밀도(density) : 물질의 단위부피(V)당 질량(m)을 밀도라 하고 일반적으로 기호 ρ로 나타낸다.

$$\rho = \frac{m}{V} \ [\mathrm{kg/m^3}]$$

(2) 비중량(specific weight) : 물질의 단위부피(V)당 무게(W)를 비중량(γ)이라 한다. 밀도가 ρ인 물질의 비중량

$$\gamma = \frac{W}{V} = \frac{mg}{V} = \frac{m}{V} \times g = \rho g \ \ (g\text{는 중력가속도})$$

이고, 단위는 $\mathrm{N/m^3}$이다.

* 열역학에서는 밀도의 역수인 비체적을 많이 사용하지만 유체역학에서는 밀도와 비중량을 주로 사용한다. 고체 내부의 압력은 거의 일정하다. 그러나 유체에서는 온도가 상승하면 분자 운동이 활발해지고, 이에 따라 분자 사이의 거리가 멀어지므로 밀도가 작아지고 압력은 상승한다.

[표 6.1] 표준대기압, 25℃에서의 유체의 밀도

유체	밀도(kg/m^3)	유체	밀도(kg/m^3)
벤젠	879	등유	815
사염화탄소	1584	메탄올	787
에탄올	783	엔진오일	885
가솔린	750	물	997
글리세린	1260	수은	13580

* 4℃에서 순수한 물의 밀도는 $1000\,kg/m^3$이고, 비중량은 $9810\,N/m^3$이다. 수은은 액체 금속이다.

3. 비중

순수한 물의 밀도를 기준으로 한 유체의 상대적 밀도를 비중(specific gravity)이라 한다. 물의 밀도를 ρ_w라 하면 밀도 ρ인 물질의 비중 S는

$$S = \frac{\rho}{\rho_w} = \frac{\rho g}{\rho_w g} = \frac{\gamma}{\gamma_w}$$

이다. γ와 γ_w는 각각 물질과 물의 비중량을 나타낸다.

* 비중은 어떤 물질의 무게가 물보다 얼마나 더 가벼운지 또는 무거운지를 나타내는 척도가 된다. 비중이 큰 물질로는 수은($S \simeq 13.6$)이 있으며 공기의 비중은 약 1/800이다. 일반적으로 기름의 비중은 1보다 작으므로 물에 기름을 부으면 기름은 모두 물 위에 뜬다. 비중이 1보다 작다는 것은 물보다 더 가볍다는 것을 뜻한다.
* 비중량(γ)은 단위부피당 무게를 나타내며 단위는 $[\gamma] = N/m^3$이다. 그러나 비중은 물의 밀도에 대한 물질의 밀도비를 나타내므로 차원이 없는 무차원 수(dimensionless number)이다.

4. 점성계수

유체 내부에서 발생하는 전단응력 τ가 속도구배 $\frac{du}{dy}$에 비례하는 유체를 뉴턴유체(Newtonian fluid)라 하고, 다음과 같이 정의되는 비례상수를 점성계수(μ, coefficient of viscosity)라 한다.

$$\tau = \mu \frac{du}{dy}$$

점성계수의 단위는 $\mathrm{Pa \cdot s}$, $\mathrm{N \cdot s/m^2}$, $\mathrm{kg/m \cdot s}$이다.

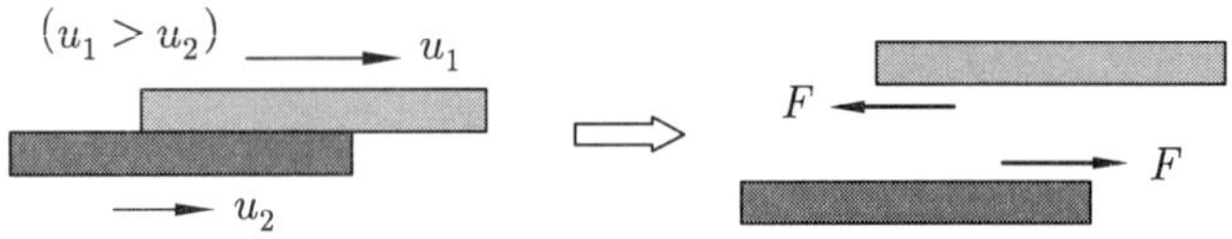

[그림 6.1]

설명 [그림 6.1]과 같이 접촉된 두 판 간에 속도 차이가 있으면 두 판 사이에 마찰력이 발생한다. 고체와 마찬가지로 유체 층 내에서도 속도 차이가 존재하면 마찰력이 발생하며, 이러한 성질을 나타내는 물리량을 점성계수 또는 점도(viscosity)라 한다.

✱ 일반적으로 유체역학에서는 점성계수란 용어를 사용한다. 반면 윤활(lubrication)에서는 점도란 용어를 주로 사용한다.

5. 동점성계수

다음과 같은 점성계수(μ)와 밀도(ρ)의 비를 동점성계수(ν, kinematic viscosity)라 한다.

$$\nu = \frac{\mu}{\rho}$$

동점성계수의 단위는 $\mathrm{m^2/s}$이다.

설명 유체 유동의 운동방정식에서 점성계수와 밀도의 비가 많이 나타나므로 이와 같은 동점성계수를 정의하여 사용한다. 동점성계수의 차원은 열확산계수(κ, thermal diffusivity)의 차원과 같으므로 ν/κ는 차원이 없다. 유체역학에서는 무차원 수 $Pr = \nu/\kappa$를 프란틀 수(Prandtl number)로 정의하며, 이 변수는 온도가 유체 유동에 영향을 미치는 자연대류나 강제대류에서 유체의 특성을 나타내는 가장 기본적인 변수가 된다.

6. 벽 점착조건

유체가 고체 표면 위를 흐를 때 고체 표면에서 유체입자의 미끄러짐이 없다는 조건, 즉 '벽에서 유체의 속도 $u=0$'이라는 조건을 벽 점착조건(no slip condition)이라 한다.

[표 6.2] 표준대기압, 20℃에서의 유체의 점성계수와 동점성계수

유체	점성계수(Pa·s)	동점성계수(m^2/s)
수소	8.8×10^{-6}	1.05×10^{-4}
공기	1.81×10^{-5}	1.51×10^{-5}
가솔린	2.9×10^{-4}	4.26×10^{-7}
물	1.01×10^{-3}	1.01×10^{-6}
에틸알코올	1.2×10^{-3}	1.52×10^{-6}
수은	1.5×10^{-3}	1.1×10^{-7}
SAE 30 오일	0.29	3.25×10^{-4}
원유	7.18×10^{-3}	8.39×10^{-6}
글리세린	1.494	1.18×10^{-3}

7. 쿠에테 유동

거리가 H인 두 무한평판 사이의 유체에서 아래 평판을 고정하고 위 평판을 U의 속도로 움직일 때 유체의 속도분포는 다음과 같다.

$$u(y)=\frac{Uy}{H}$$

선형적인 분포를 갖는 유동을 쿠에테 유동(Couette flow)이라 한다([그림 6.2]). 이때 유체의 점성계수가 μ이면 유체의 속도분포와 점성에 의해 면적 A의 평판이 받는 힘은

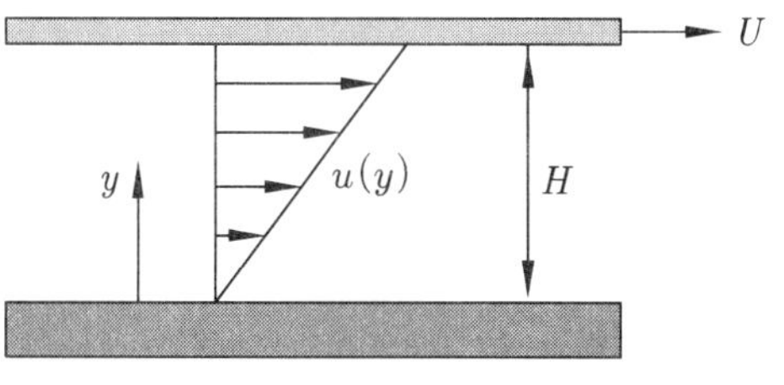

[그림 6.2]

$$F = \mu \frac{UA}{H}$$

이다.

설명 선형적인 유체의 속도분포를

$$u(y) = ay + b$$

로 놓으면, 벽 점착조건에 의해 아래 평판의 속도는 0이므로

$$y = 0\text{일 때} \quad u = 0 \quad \therefore\ b = 0$$

이고, 위 평판의 속도는 U이므로

$$y = H\text{일 때 } u = U\text{에서}$$

$$U = aH \quad \therefore\ a = \frac{U}{H}$$

이다. 따라서 속도분포는 $u(y) = \dfrac{Uy}{H}$이다.

점성계수 μ인 유체에서의 전단응력

$$\tau = \mu \frac{du}{dy} = \mu \frac{d}{dy}\left(\frac{Uy}{H}\right) = \frac{\mu U}{H}$$

이므로 평판이 받는 힘은

$$F = \tau A = \frac{\mu UA}{H}$$

이다.

8. 압축성과 체적탄성계수

유체에 압력을 가하면 유체가 수축하는 성질을 유체의 압축성이라 한다. 유체에 가해진 압력 ΔP와 유체의 압축비율 $\dfrac{\Delta V}{V}$는 거의 비례하는데 다음과 같이 정의되는

$$E = -\frac{\Delta P}{\Delta V/V} \quad \left(E = -\frac{dP}{dv/v} = -v\frac{dP}{dv}\right)$$

를 유체의 체적탄성계수(bulk modulus of elasticity)라 한다. 체적탄성계수 E의 단위는 Pa이다.

설명 고체에 비하여 유체 분자들은 멀리 떨어져 있으므로 유체는 압력을 가하면 부피가 감소한다. 유체가 압축될 때는 $\Delta P > 0$, $\Delta V < 0$이고, 팽창할 때는 $\Delta P < 0$, $\Delta V > 0$이다. 따라서 유체의 체적탄성계수를 다음과 같이 정의한다.

$$\Delta P = -E\frac{\Delta V}{V} \Rightarrow E = -\frac{\Delta P}{\Delta V/V}$$

음(−)의 부호는 E의 값을 양으로 만들기 위한 것이다. 이 식을 미분식으로 쓰면 $E = -\frac{dP}{dv/v}$가 된다. [표 6.3]에는 몇 가지 유체의 체적탄성계수를 나타내었다.

[표 6.3] 표준대기압, 16 ~ 21 ℃에서의 체적탄성계수

유체	체적탄성계수(N/m^2)
에탄올	1.206625×10^9
벤젠	1.03425×10^9
사염화탄소	1.103200×10^9
글리세린	4.343850×10^9
수은	2.6201×10^{10}
물	2.0685×10^9

9. 음파의 속도

유체에 부과된 압력 교란(pressure disturbance)은 파동(wave)에서 다음 속도로 이동한다.

$$c = \sqrt{\frac{E}{\rho}}$$

기체에서 음파의 속도(acoustic velocity) c는

$$c = \sqrt{\frac{kP}{\rho}} = \sqrt{kRT}$$

이다. 여기에서 k는 비열비, R은 기체상수, T는 절대온도이다.

설명 유체의 압축성에 의해 유체 내의 어떤 지점에서 발생한 교란은 한정된 속도로 전파되어 나간다. 이때 교란이 전파되는 속도를 음속(c)이라 하고 다음과 같이 정의한다.

$$c^2 = \frac{dP}{d\rho}$$

체적탄성계수의 정의에서

$$E = -v\frac{dP}{dv} = -\frac{1}{\rho}\frac{dP}{d(1/\rho)} = -\frac{1}{\rho}\left[\frac{dP}{-d\rho/\rho^2}\right] = \rho\frac{dP}{d\rho}$$

$$\therefore \ \frac{dP}{d\rho} = \frac{E}{\rho}$$

이므로 $c = \sqrt{\frac{dP}{d\rho}} = \sqrt{\frac{E}{\rho}}$ 이다.

기체의 비체적을 v, 압력을 P라 하면, 등엔트로피 과정에서 $Pv^k = C$이므로 $P = Cv^{-k}$이다. 따라서 기체의 체적탄성계수

$$E = -v\frac{dP}{dv} = -v \times C \times (-k)v^{-k-1} = k\,Cv^{-k} = kP$$

이고, 기체에서의 음파의 속도

$$c = \sqrt{\frac{E}{\rho}} = \sqrt{\frac{kP}{\rho}} = \sqrt{kRT}$$

(← 이상기체 상태방정식에서 $Pv = \frac{P}{\rho} = RT$)

이다.

10. 표면장력

액체는 액체 분자의 응집력에 의해 표면을 작게 하려는 성질이 있는데 이 때문에 액체의 표면을 따라 발생하는 장력을 표면장력(surface tension)이라 한다. 정량적으로 표면장력은 자유표면의 단위 길이당 분자간의 인력으로 정의되며, 표면장력에 의한 힘의 방향은 항상 접해 있는 표면의 접선방향이다. 표면장력의 단위는 N/m이다.

설명 액체 내부의 분자는 모든 방향으로 분자간의 상호 인력이 평형을 이루고 있지만 자유표면(free surface)에 있는 분자에는 액체 내부로의 인력만이 작용하게 된다. 이와 같은 자유표면에 있는 분자에 작용하는 인력의 총 합력을 표면장력이라 한다. 분자 사이의 인력은 온도가 높을수록 약해지므로 표면장력도 온도에 따라 변화하며 온도

[표 6.4] 표준대기압, 16 ~ 21 ℃에서의 액체의 성질

액체	비중량(N/m^3)	밀도(kg/m^3)	표면장력(N/m)
에틸알코올	7744	789	0.0223
벤젠	8828	902	0.0289
사염화탄소	15629	1593	0.0269
글리세린	12346	1258	0.063
Kerosene	7933	809	0.025
수은	132800	13550	0.486
SAE 10 오일	9016	917	0.036
SAE 30 오일	9016	917	0.035
물	9790	998	0.0728

* 표면장력은 공기와 접촉했을 때의 값이다.

가 상승하면 감소하게 된다. 표면장력의 크기는 얇은 막을 잡아당길 때 걸리는 힘을 측정하여 구할 수 있다(연습문제 27번). [표 6.4]에는 몇 가지 유체의 표면장력을 나타내었다.

11. 모세관 현상

작은 지름의 관(모세관, capillary tube)을 액체 속에 세웠을 때 액체의 부착력이 응집력보다 큰 경우에는 관 내의 액면이 올라가고, 그렇지 않은 경우에는 내려가는 현상을 모세관 현상(capillarity)이라 한다. 이때 표면장력에 의한 힘의 방향과 고체면이 이루는 각을 접촉각(wetting angle, contact angle)이라 한다.

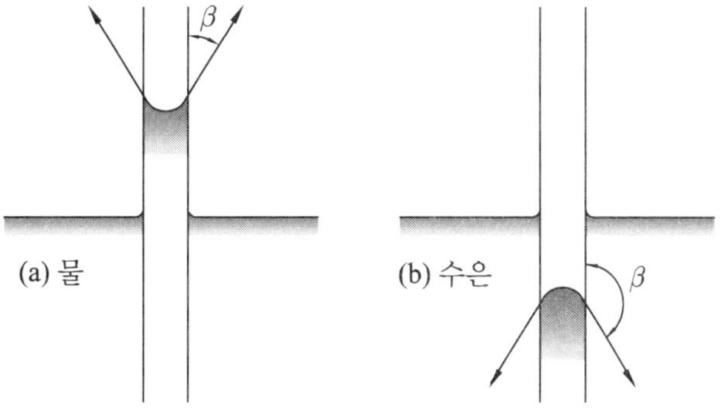

[그림 6.3]

설명 액체의 부착력이 응집력보다 크면 고체면에 접촉한 액체면이 올라가게 되고, 작을 때에는 내려가게 된다([그림 6.3]). 따라서 물과 같이 부착력이 큰 경우에는 (a)와 같은 모양을 보이고, 수은과 같이 응집력이 큰 액체에서는 (b)와 같은 현상을 나타낸다. 그림에서 β는 접촉각을 나타낸다. 공기 중에서 물과 깨끗한 유리의 접촉각은 거의 $0°$이고, 수은과 유리의 접촉각은 약 $140°$이다. 그리고 $\beta < 90°$이면 '액체가 고체를 적신다', $\beta > 90°$이면 '액체가 고체를 적시지 않는다'고 말한다. 수은이 바닥에 떨어지면 마치 쇠구슬과 같은 모양을 하고 구르는데, 이것은 $\beta \approx 140°$인 액체 수은이 고체를 적시지 않기 때문이다.

12. 유체의 종류

점성이 있는 유체를 점성유체(viscous fluid), 점성이 없는 유체를 비점성유체(inviscid fluid)라 하고, 압축이 되는 유체를 압축성유체(compressible fluid), 압축되지 않는 유체를 비압축성유체(incompressible fluid)라 한다. 그리고 비점성·비압축성유체를 이상유체(ideal fluid)라 한다.

설명 실제유체는 모두 점성을 가지며 압축이 된다. 그런데 실제로는 점성·압축성유체이지만 그 영향이 매우 작게 나타나는 경우에는 일반적으로 비점성·비압축성유체로 가정하여 해석한다. 점성과 압축성이 모두 고려되는 실제유체의 이론적 해석은 매우 어렵다. 따라서 학부 과정의 기초적인 유체역학에서 취급하는 유체는 대부분 이상유체이다.

예제 6.1.1 부피가 $5\,\mathrm{m}^3$인 기름의 무게가 $40\,\mathrm{kN}$일 때 기름의 비중량, 밀도, 비중을 구하여라. 단, 중력가속도 $g = 9.8\,\mathrm{m/s^2}$, 물의 비중량은 $9.8\,\mathrm{kN/m^3}$이다.

▶풀이 비중량 $\gamma = \dfrac{W}{V} = \dfrac{40\,\mathrm{kN}}{5\,\mathrm{m}^3} = 8\,\mathrm{kN/m^3}$

밀도 $\rho = \dfrac{\gamma}{g} = \dfrac{8000\mathrm{N/m^3}}{9.8\,\mathrm{m/s^2}} = 816.3\,\mathrm{kg/m^3}$ $\left(\because\ \mathrm{N} = \mathrm{kg}\cdot\dfrac{\mathrm{m}}{\mathrm{s}^2}\right)$

비중 $S = \dfrac{\gamma}{\gamma_w} = \dfrac{8\,\mathrm{kN/m^3}}{9.8\,\mathrm{kN/m^3}} = 0.8163$

▌예제 6.1.2 지름 50 cm, 높이 100 cm 인 실린더형 용기에 밀도가 885 kg/m^{3}인 엔진오일이 가득 채워져 있다. 오일의 질량과 무게를 구하여라.

▶풀이 밀도 $\rho = \dfrac{m}{V}$ 이므로 질량(m)과 무게(W)는 다음과 같다.

$$m = \rho V = \rho \times \left(\frac{\pi D^2 H}{4} \right) = 885 \times \frac{\pi \times 0.5^2 \times 1}{4} = 173.8\,(\mathrm{kg})$$

$$W = mg = 173.8 \times 9.8 = 1703\,(\mathrm{N})$$

▌예제 6.1.3 25 ℃ 에서 10 cm × 10 cm × 50 cm 의 직육면체 용기에 가득 차 있는 수은의 무게가 665 N 일 때 수은의 밀도를 구하여라.

▶풀이 비중량 $\gamma = \dfrac{W}{V} = \rho g$ 이므로 수은의 밀도는 다음과 같다.

$$\rho = \frac{W}{gV} = \frac{665}{9.8 \times (0.1 \times 0.1 \times 0.5)} = 13571\,\mathrm{kg/m^3}$$

▌예제 6.1.4 25 ℃, 100 kPa 에서 기체상수 $R = 0.1889\,\mathrm{kJ/kg \cdot K}$ 인 이산화탄소의 밀도, 비중량, 비중을 구하여라. 단, 이산화탄소는 이상기체이고, 중력가속도 $g = 9.8\,\mathrm{m/s^2}$, 물의 비중량은 $9.8\,\mathrm{kN/m^3}$라 가정한다.

▶풀이 이상기체 상태방정식 $Pv = RT$ 로부터

$$\text{밀도 } \rho = \frac{1}{v} = \frac{P}{RT} = \frac{100\,\mathrm{kPa}}{(0.1889\,\mathrm{kJ/kg \cdot K}) \times (273 + 25)\mathrm{K}} = 1.776\,\mathrm{kg/m^3}$$

$$\text{비중량 } \gamma = \rho g = (1.776\,\mathrm{kg/m^3}) \times (9.8\,\mathrm{m/s^2}) = 17.4\,\mathrm{N/m^3}$$

$$\text{비중 } S = \frac{\gamma}{\gamma_w} = \frac{17.4\,\mathrm{N/m^3}}{9800\,\mathrm{N/m^3}} = 1.776 \times 10^{-3}$$

▌예제 6.1.5 25 ℃, 100 kPa 에서 10 m × 10 m × 10 m 의 직육면체 방에 가득 차 있는 어떤 기체의 질량이 1170 kg 일 때 기체상수와 밀도를 구하여라. 단, 이상기체라고 가정한다.

▶풀이 이상기체 상태방정식 $PV = mRT$ 로부터

$$\text{기체상수 } R = \frac{PV}{mT} = \frac{(100 \times 10^3\,\mathrm{N/m^2}) \times (10 \times 10 \times 10\,\mathrm{m^3})}{1170\,\mathrm{kg} \times (273 + 25)\mathrm{K}} = 286.8\,\mathrm{J/kg \cdot K}$$

$$밀도\ \rho=\frac{m}{V}=\frac{1170\,\mathrm{kg}}{(10\times10\times10)\mathrm{m}^3}=1.17\,\mathrm{kg/m^3}$$

▌예제 6.1.6 간격이 0.5 cm 인 평형 평판 사이에 점성계수 $4\,\mathrm{N\cdot s/m^2}$의 유체가 채워져 있다. 아래 평판을 고정하고 위 평판을 1 m/s 의 속도로 당길 때 유체에서 발생하는 전단응력을 구하여라.

▶풀이 판 사이의 간격이 좁으므로 유체의 속도분포는 선형이라고 가정한다. 이때 전단응력

$$\tau=\mu\frac{du}{dy}=\mu\frac{\Delta u}{\Delta y}=(4\mathrm{N\cdot s/m^2})\times\frac{1\,\mathrm{m/s}}{0.005\,\mathrm{m}}=800\,\mathrm{N/m^2}$$

(← 벽점착 조건에 의해 아래 평판에서 유체의 속도= 0이다.)

▌예제 6.1.7 두께가 2 mm 인 얇은 기름 막 위에서 면적 $0.1\,\mathrm{m}^2$의 평판을 기름 막과 평형한 방향으로 5 m/s 의 일정속도로 이동시켰을 때 평판에 걸리는 힘이 150 N 이면 기름의 점성계수는 얼마인가?

▶풀이 판 사이의 간격이 좁으므로 유체의 속도분포는 선형이라고 가정한다. 이때 평판이 받는 힘 $F=\tau A=\frac{\mu UA}{H}$이므로 점성계수

$$\mu=\frac{FH}{UA}=\frac{150\mathrm{N}\times0.002\,\mathrm{m}}{(5\,\mathrm{m/s})\times0.1\,\mathrm{m}^2}=0.6\mathrm{N\cdot s/m^2}$$

▌예제 6.1.8 점성계수 μ의 차원을 유도하여라. (M, L, T는 각각 질량, 길이, 시간을 나타낸다.)

▶풀이 점성계수의 정의 $\tau=\mu\frac{du}{dy}$로부터 μ의 차원은

$$[\mu]=[\tau]\left[\frac{dy}{du}\right]=\frac{ML/T^2}{L^2}\times\frac{L}{L/T}=M/LT=ML^{-1}T^{-1}$$

$$\left(\leftarrow[F]=[ma]=M\cdot\frac{L}{T^2}\right)$$

▌예제 6.1.9 [그림 6.4]와 같이 고정된 두 수평 무한 평판 사이에서의 Poiseuille 유동의 속도분포는 $u(y)=U\left[1-\left(\frac{2y}{H}\right)^2\right]$이다. 여기에서 H는 평판 사이의 간격,

U는 중심에서의 속도이고, 원점은 두 판 사이의 중앙에 위치하고 있다. 유체의 점성계수가 μ일 때 평판에 작용하는 전단응력을 구하여라.

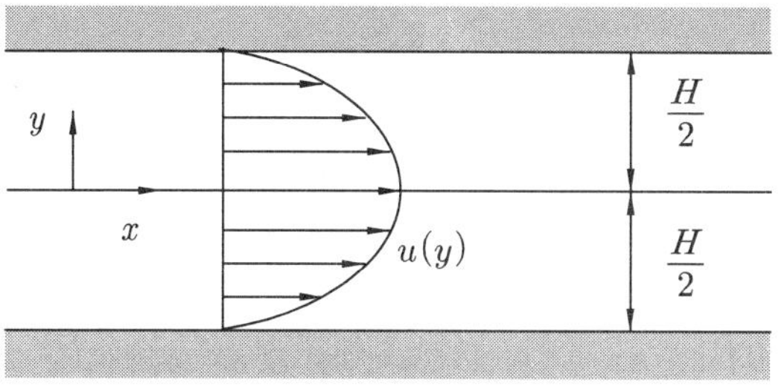

[그림 6.4]

▶**풀이** 점성계수의 정의로부터 유체에서의 전단응력

$$\tau = \mu\frac{du}{dy} = \mu\frac{d}{dy}\left[U\left(1-\frac{4y^2}{H^2}\right)\right] = \mu U\left[-\frac{8y}{H^2}\right]$$

이므로, 평판($y=\frac{H}{2}$)에서의 전단응력

$$\tau\left(\frac{H}{2}\right) = -\mu U \times \frac{8}{H^2} \times \frac{H}{2} = -\frac{4\mu U}{H}$$

이다. 따라서 유체에 의해 평판에 작용하는 전단응력 $\tau_w = \frac{4\mu U}{H}$이다.

▎예제 6.1.10 20℃에서 물의 점성계수는 약 10^{-3} Pa·s, 밀도는 998 kg/m^{3}이고, 공기의 점성계수는 약 1.8×10^{-5} Pa·s, 밀도는 1.2 kg/m^{3}이다. 물과 공기의 동점성계수를 각각 구하여 비교하여라.

▶**풀이** 동점성계수의 정의 $\nu = \frac{\mu}{\rho}$로부터

$$\text{물의 동점성계수 } \nu_w = \frac{\mu_w}{\rho_w} = \frac{10^{-3}}{998} = 1.002\times10^{-6}\,(\mathrm{m^2/s})$$

$$\text{공기의 동점성계수 } \nu_a = \frac{\mu_a}{\rho_a} = \frac{1.8\times10^{-5}}{1.2} = 1.5\times10^{-5}\,(\mathrm{m^2/s})$$

이다. 점성계수는 물이 공기보다 크지만 공기의 밀도가 작기 때문에 동점성계수는 오히려 공기가 물보다 크다.

▌예제 6.1.11 피스톤-실린더 장치에 들어 있는 $0.01\,m^3$의 액체에 $220\,MPa$의 압력을 가했을 때 액체의 부피가 $0.009\,m^3$이 되었다면 액체의 체적탄성계수는 얼마인가?

▶풀이 체적탄성계수의 정의로부터 다음과 같다.

$$E = -\frac{\Delta P}{\Delta V/V} = -\frac{220\,MPa}{(0.009-0.01)/0.01} = 2200\,MPa$$

▌예제 6.1.12 어떤 액체에 $2\,MPa$의 압력을 가했을 때 액체의 부피가 0.17% 감소하였다면 액체의 체적탄성계수는 얼마인가?

▶풀이 부피가 0.17% 감소하였으므로

$$\frac{\Delta V}{V} = -0.17\% = -0.0017$$

$$\therefore\ E = -\frac{\Delta P}{\Delta V/V} = -\frac{2\,MPa}{-0.0017} = 1176\,MPa$$

▌예제 6.1.13 0℃ 물을 압축하여 부피를 5% 줄이는 데 필요한 압력을 구하여라. 단, 0℃ 물의 체적탄성계수는 $2040\,MPa$이다.

▶풀이 부피를 5% 줄이므로 $\frac{\Delta V}{V} = -5\% = -0.05$이다. 체적탄성계수의 정의로부터

$$E = -\frac{\Delta P}{\Delta V/V}$$

$$\therefore\ \Delta P = -E \times \frac{\Delta V}{V} = -2040\,MPa \times (-0.05) = 102\,MPa$$

의 압력을 가해야 한다.

▌예제 6.1.14 물의 체적탄성계수가 $2200\,MPa$일 때 물속에서의 음속을 구하여라.

▶풀이 물속에서 전파되는 소리의 속도

$$c = \sqrt{\frac{E}{\rho}} = \sqrt{\frac{2200\times10^6\,Pa}{1000\,kg/m^3}} = \sqrt{2.2\times10^6\,\frac{m^2}{s^2}} = 1483\,m/s$$

$$\left(\leftarrow \frac{Pa}{kg/m^3} = \frac{N}{m^2}\times\frac{m^3}{kg} = \left(kg\cdot\frac{m}{s^2}\right)\frac{1}{m^2}\times\frac{m^3}{kg} = \frac{m^2}{s^2}\right)$$

❙ 예제 6.1.15 소리의 속도가 340 m/s 라고 할 때 이것은 공기의 온도가 몇 도일 때의 음속을 나타내는가? 단, 공기의 비열비 $k = 1.4$, 기체상수 $R = 0.287\,\mathrm{kJ/kg \cdot K}$ 이다.

▶ 풀이 기체에서 전파되는 소리의 속도 $c = \sqrt{kRT}$ 이므로 공기의 온도

$$T = \frac{c^2}{kR} = \frac{340^2\,(\mathrm{m^2/s^2})}{1.4 \times 287\,(\mathrm{J/kg \cdot K})} = 287.7\,\mathrm{K} = 14.7\,℃$$

❙ 예제 6.1.16 표면장력(σ)에 의해 형성된 반지름 R 인 물방울의 내부 압력과 외부 압력의 차이를 구하여라.

▶ 풀이 물방울을 반으로 나누어 보면, 물방울 내부와 외부에 작용하는 압력에 의한 힘과 표면장력에 의해 물방울 막을 지탱하고 있는 힘이 평형을 이루고 있다는 것을 알 수 있다 ([그림 6.5]). 물방울의 안과 밖의 압력 차이를 ΔP 라 하면 압력에 의한 힘

$$F_P = PA = \Delta P(\pi R^2)$$

이고, 물방울 테두리의 길이는 $2\pi R$이므로 표면장력에 의한 힘은

$$F_S = \sigma L = \sigma(2\pi R)$$

이다. 따라서 $F_P = F_S$에서

$$\Delta P(\pi R^2) = \sigma(2\pi R)$$
$$\therefore\ \Delta P = \frac{2\sigma}{R}$$

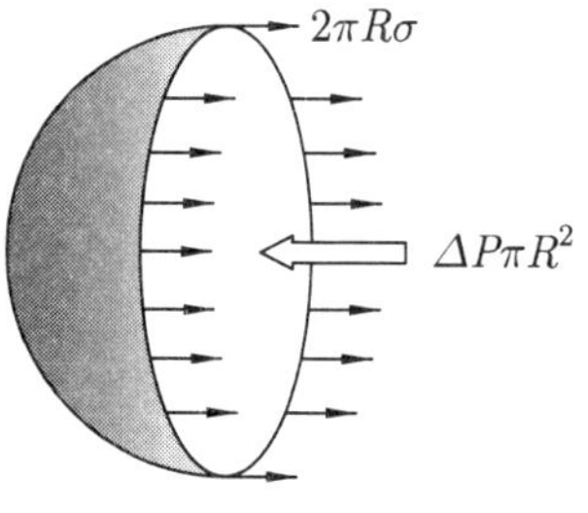

[그림 6.5]

❚ 예제 6.1.17 [그림 6.6]과 같이 지름 D의 유리관을 액체 속에 세울 때 액체의 표면장력 σ에 의해 관 벽을 따라 상승하는 액체의 높이 H를 구하여라. 단, 접촉각은 β이다.

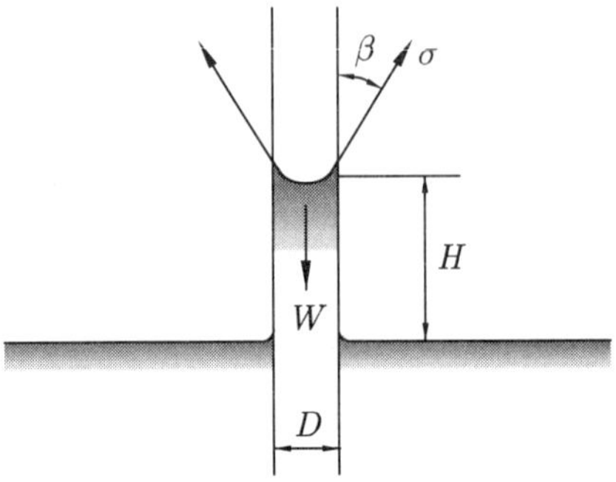

[그림 6.6]

▶풀이 모세관 속에서 올라간 높이 H의 액체 기둥의 무게

$$W = mg = (\rho V)g = \rho\left(\frac{\pi D^2 H}{4}\right)g$$

이고, 이것은 표면장력에 의해 발생하는 힘의 수직 성분

$$F_v = \sigma(\pi D)\cos\beta$$

와 평형을 이룬다. 따라서

$$\rho\left(\frac{\pi D^2 H}{4}\right)g = \sigma(\pi D)\cos\beta$$

에서 모세관 내부의 액체의 상승 높이

$$H = \frac{4\sigma\cos\beta}{\rho g D} = \frac{4\sigma\cos\beta}{\gamma D}$$

이다. ρ와 γ는 각각 액체의 밀도와 비중량을 나타낸다.

연습문제 6.1

1. 부피가 $0.1\,\mathrm{m}^3$인 기름의 질량이 $90\,\mathrm{kg}$일 때 기름의 밀도, 비중량, 비중을 구하여라. 단, 중력가속도 $g = 9.8\,\mathrm{m/s}^2$, 물의 비중량은 $9.8\,\mathrm{kN/m}^3$이다.

2. 주유소에서 휘발유 50ℓ를 주유하였다. 휘발유의 질량과 무게를 구하여라. 단, 휘발유의 밀도는 $750\,\mathrm{kg/m}^3$이다.
(✱$1\ell = 1000\mathrm{cc} = 1000\,\mathrm{cm}^3$)

3. 비중량이 $7670\mathrm{N/m}^3$인 에탄올의 비중을 구하여라.

4. 지름 $50\,\mathrm{cm}$, 높이 $90\,\mathrm{cm}$의 원통에 가득 채워진 기름의 질량을 구하여라. 단, 기름의 밀도는 $700\,\mathrm{kg/m}^3$이다.

5. 주유소에서 기름을 넣으려 할 때 아침과 저녁 중 어느 때를 선택하는 것이 좋은가? 또는 시간과 무관한가? 이유를 설명하여라.
[✱기름의 가격은 부피(예 : 1800원/ℓ)를 기준으로 계산한다.]

6. 그림과 같은 쿠에테 유동에서 $H = 3\,\mathrm{mm}$, $U = 4\,\mathrm{m/s}$일 때, 유체에 의해 면적 $A = 2\,\mathrm{m}^2$ 판에 걸리는 수평방향의 힘이 800N이면 유체의 점성계수는 얼마인가?

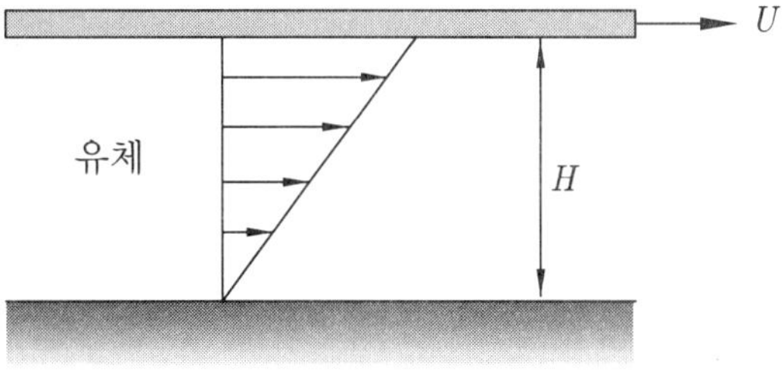

[문제 6.1.6]

7. 20℃에서 점성계수가 $1.008\,\mathrm{g/cm \cdot s}$인 물의 동점성계수는 몇 cm^2/s인가? 단, 20℃ 물의 비중은 0.998이다.

8. 비중 0.86, 점성계수 $0.05\,\mathrm{Pa \cdot s}$인 원유의 동점성계수($\mathrm{m^2/s}$)를 구하여라.

9. 동점성계수 $5 \times 10^{-4}\,\mathrm{m^2/s}$, 비중 2.0인 액체의 점성계수를 구하여라.

10. 점성계수의 SI 단위는 $\mathrm{Pa \cdot s = N \cdot s/m^2}$이지만 실용단위로는

$$1\,\mathrm{Poise} = 1\,\mathrm{dyne \cdot s/cm^2}$$

와 $\mathrm{cP} = 1\,\mathrm{centi\,Poise} = 10^{-2}\,\mathrm{Poise}$를 많이 사용한다. 다음 물음에 답하여라.

(1) $1\,\mathrm{N \cdot s/m^2}$는 몇 cP 인가?

(2) 1기압, 20℃에서 공기와 물의 점성계수는 약 $1.8 \times 10^{-5}\,\mathrm{N \cdot s/m^2}$, $1.0 \times 10^{-3}\,\mathrm{N \cdot s/m^2}$이다. 두 점성계수를 cP로 환산하여라.

(✱ $1\,\mathrm{dyne} = 1\,\mathrm{g} \cdot \dfrac{\mathrm{cm}}{\mathrm{s}^2} = 10^{-3}\,\mathrm{kg} \cdot \dfrac{10^{-2}\,\mathrm{m}}{\mathrm{s}^2} = 10^{-5}\,\mathrm{kg} \cdot \dfrac{\mathrm{m}}{\mathrm{s}^2} = 10^{-5}\,\mathrm{N}$)

11. 그림과 같이 두께 $t = 2\,\mathrm{mm}$의 얇은 기름 막 위에서 $40\,\mathrm{cm} \times 40\,\mathrm{cm}$ 평판을 일정속도 $U = 30\,\mathrm{cm/s}$의 속도로 끌어당기는 데 걸리는 힘 F를 구하여라. 단, 기름의 점성계수는 $1.5\,\mathrm{Pa \cdot s}$이고, 판 사이의 속도분포는 선형이라고 가정한다.

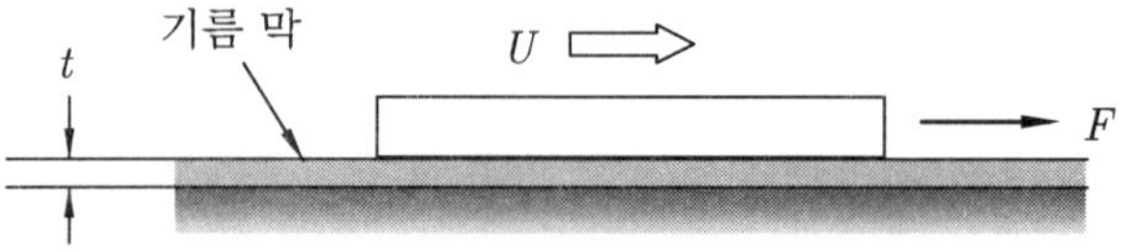

[문제 6.1.11]

12. 동점성계수의 SI 단위는 $\mathrm{m^2/s}$이지만 실용단위로는

$$1\,\mathrm{Stoke} = 1\,\mathrm{cm^2/s}$$

와 $\mathrm{cSt} = 1\,\mathrm{centi\,Stoke} = 10^{-2}\,\mathrm{Stoke}$를 많이 사용한다. 다음 물음에 답하여라.

(1) $1\,\mathrm{m^2/s}$는 몇 cSt 인가?

(2) 1기압, 20℃에서 공기와 물의 동점성계수는 약 $1.51 \times 10^{-5}\,\mathrm{m^2/s}$, $1.01 \times 10^{-6}\,\mathrm{m^2/s}$이다. 두 동점성계수를 cSt로 환산하여라.

13. 두 개의 큰 평판 사이에 두께 4 mm의 액체가 채워져 있고, 어떠한 힘이 위 평판에 가

해져 평판이 일정한 속도로 이동할 때 액체에서 30Pa의 전단응력이 발생하였다. 평판의 이동속도를 구하여라. 단, 아래 평판은 고정되어 있고 액체의 점성계수는 $0.02\,\mathrm{Pa\cdot s}$이다.

14. 수은의 점성계수 0.016 Poise를 $\mathrm{N\cdot s/m^2}$로 환산하여라.

15. 점성계수의 정의 $\tau = \mu \dfrac{du}{dy}$와 동점성계수의 정의 $\nu = \dfrac{\mu}{\rho}$로부터 동점성계수 ν의 차원을 유도하여 M(질량), L(길이), T(시간)로 나타내어라.

16. 반지름이 R인 원관에서 속도분포가 $u(r) = U\left(1 - \dfrac{r^2}{R^2}\right)$일 때 다음을 구하여라. 단, 유체의 점성계수는 $0.4\,\mathrm{Pa\cdot s}$, 비중은 0.85이다.

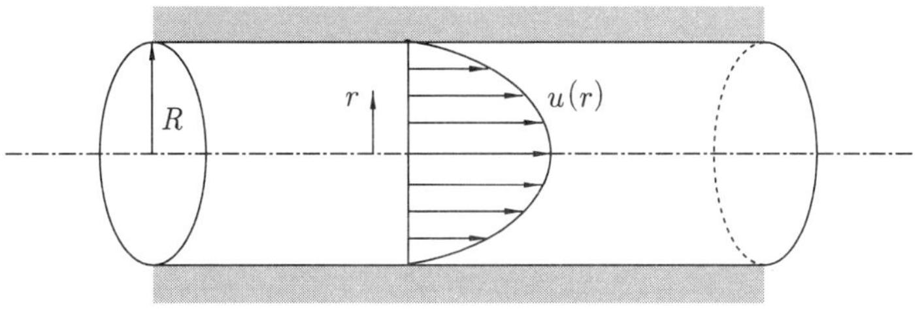

[문제 6.1.16]

(1) 유체의 동점성계수

(2) 관의 중심($r = 0$)에서의 전단응력

(3) $U = 5\,\mathrm{m/s}$, $R = 4\,\mathrm{cm}$일 때 관 벽($r = R$)에 작용하는 전단응력

(✱ $\tau = \mu \dfrac{du}{dr}$)

17. $1\,\mathrm{m} \times 2\,\mathrm{m}$의 평판이 2mm 두께의 SAE-30 오일 위에서 10m/s의 속도로 미끄러지고 있다. 평판과 표면 사이 유체의 속도분포는 선형이라고 가정할 때 평판에 걸리는 힘을 구하여라. 오일의 점성계수는 $0.3\,\mathrm{Pa\cdot s}$이다.

18. 피스톤-실린더 장치에 들어 있는 $0.01\,\mathrm{m^3}$의 액체에 52MPa의 압력을 가했을 때 액체의 부피가 $0.0095\,\mathrm{m^3}$가 되었다면 액체의 체적탄성계수는 얼마인가?

19. 체적탄성계수가 1.2GPa인 에틸알코올을 5% 압축하기 위해 필요한 압력을 구하여라.

20. 글리세린의 부피를 0.2% 압축하는 데 8.65MPa의 압력을 가해야 되었다. 글리세린의 체적탄성계수를 구하여라.

21. 체적탄성계수가 $110\,\mathrm{kN/cm^2}$인 액체에 3.5MPa의 압력을 가했을 때 액체의 체적변화율을 구하여라.

[✱ $\mathrm{N/cm^2 = N/(10^{-2}m)^2 = 10^4\,Pa}$]

22. 체적탄성계수 210GPa, 밀도 $7800\,\mathrm{kg/m^3}$의 금속 봉에서 전파되는 소리의 속도를 구하여라.

(✱ $\mathrm{1\,GPa = 10^9\,Pa}$)

23. 압력 100kPa, 온도 20℃인 헬륨 기체에서의 음속을 구하여라. 헬륨의 기체상수는 2.08kJ/kg·K, 비열비는 1.667이다.

24. 압력 100kPa, 온도 20℃인 탄산가스(CO_2)에서의 음속을 구하여라. 탄산가스의 기체상수는 0.189kJ/kg·K, 비열비는 1.289이다.

25. 얼음에서 전파되는 소리의 속도는 약 3200m/s이다. 얼음의 밀도가 물의 밀도의 91%이면 얼음의 체적탄성계수는 얼마인가?

26. 일산화탄소와 공기의 기체상수는 각각 0.297kJ/kg·K, 0.287kJ/kg·K이고, 두 기체의 비열비는 같다. 15.5℃, 1기압에서 공기 속에서의 음속이 340m/s이면, 같은 조건에서 일산화탄소 속에서의 음속은 얼마인가?

27. 표면장력의 크기는 얇은 유체 막을 잡아당길 때 걸리는 힘을 측정하여 구할 수 있다. 그림과 같이 길이 L의 철사를 사용하여 표면장력(σ)에 의해 형성된 얇은 유체 막을 잡아당기는 데 걸리는 힘이 0.007N일 때 표면장력을 구하여라. 단, $L = 10\,\mathrm{cm}$이다.

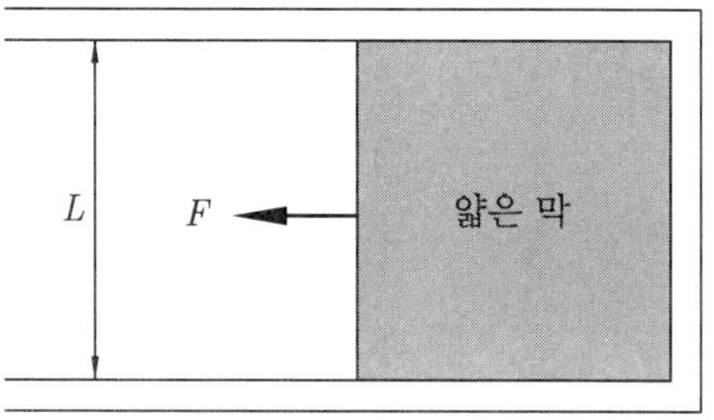

[문제 6.1.27]

(✱표면장력이 걸리는 부분의 길이는 $2L$이다.)

28. 공기 중에 형성된 지름 0.02 mm인 물방울의 내부 초과 압력은 얼마인가? 단, 물의 표면장력은 0.07 N/m이고, 내부 초과 압력은 물방울 내부 압력(P_i)과 외부 압력(P_o)의 차이($P_i - P_o$)이다.

29. 지름 5 cm인 속이 찬 액체 방울의 내부 초과 압력이 2 Pa일 때 액체의 표면장력을 구하여라.

30. 물방울 내부 압력이 외부 압력보다 140 Pa 높을 때 물방울의 지름을 구하여라. 단, 물의 표면장력은 0.07 N/m이다.

31. 물의 온도가 5 ℃일 때 표면장력은 0.0749 N/m, 비중량은 약 9.807 kN/m^3이고, 90 ℃일 때 표면장력은 약 0.0608 N/m, 비중량은 약 9.466 kN/m^3이다. 지름 1 mm의 깨끗한 유리관에서 모세관 현상에 의한 상승 높이를 각각 구하여라. 단, 접촉각은 0°이다.
(✱액체의 표면장력은 온도에 따라 변하며, 온도가 높을수록 작아진다.)

6.2 유체정역학

유체가 정지해있거나 용기에 들어 있는 유체 전체가 같은 속도로 이동할 때에는 유체 입자들 사이에 상대 운동이 없으므로 전단력이 발생하지 않는다. 이때 유체 내부에는 압력만 존재하게 되는데 이것을 해석하는 것을 유체정역학(Fluid statics, Hydrostatics)이라 한다.

1. 압력의 방향

유체의 압력은 임의의 면에 수직으로 작용한다.

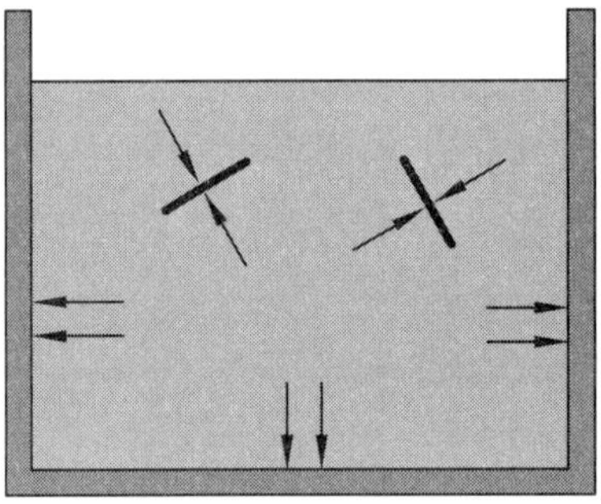

[그림 6.7]

설명 압력은 단위면적에 수직으로 작용하는 힘($P = F/A$)으로 정의한다. 압력(P)에 의해 압력에 수직방향으로 놓인 면적 A가 받는 힘 $F = PA$이고 압력의 방향은 [그림 6.7]과 같다.

2. 압력의 등방성

정지 유체 내부의 임의의 한 점에 작용하는 압력은 모든 방향으로 같은 크기를 갖는다.

설명 [그림 6.8]과 같은 쐐기 모양의 유체 요소에 작용하는 압력에 의한 힘의 평형을 고려해보자. 유체 요소의 폭을 1로 하면 압력이 작용하는 각 단면의 면적은 $dx \times 1$, $dy \times 1$, $ds \times 1$이고, 빗면과 수평면이 이루는 각을 θ라 하면 삼각함수의 정의에 의

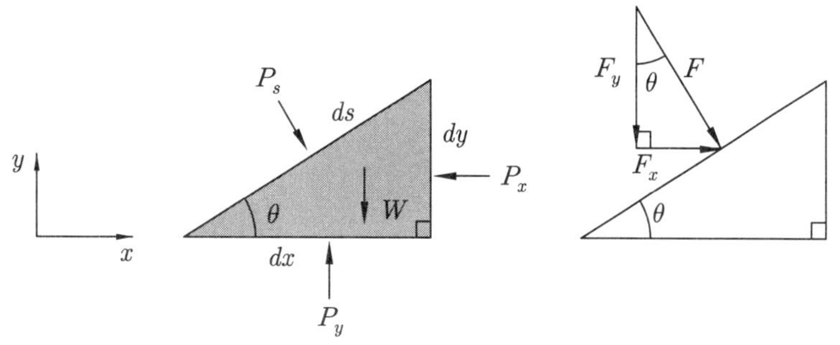

[그림 6.8]

해 다음 관계식이 성립한다.

$$dx = ds\cos\theta,\ dy = ds\sin\theta$$

단면 dx, dy, ds에 작용하는 압력을 각각 P_x, P_y, P_s라 한다. 빗면에 작용하는 압력 힘 $F = P_s ds$의 x, y 성분은 각각

$$F_x = P_s ds\sin\theta,\ F_y = -P_s ds\cos\theta$$

이다. 따라서 x 방향의 힘의 합력은 0이라는 조건에서

$$-P_x dy + P_s ds\sin\theta = 0$$

$$\therefore\ P_x = P_s\ \ (\because\ dy = ds\sin\theta)$$

가 된다. 그리고 유체의 비중량을 γ라 하면 유체의 무게

$$W = \gamma V = \gamma\times\frac{1}{2}(dx\times dy\times 1) = \frac{\gamma dxdy}{2}$$

이다. y 방향의 힘의 합력은 0이라는 조건을 적용하면

$$P_y dx - P_s ds\cos\theta - \frac{\gamma dxdy}{2} = 0$$

$$\therefore\ P_y - P_s - \frac{\gamma dy}{2} = 0\ \ (\because\ dx = ds\cos\theta)$$

이다. 따라서 크기가 0인 한 점에서의 압력을 고려하여 $dy\to 0$로 하면

$$P_y = P_s$$

가 된다. 이상에서 $P_x = P_y = P_s$가 성립한다는 것을 알 수 있다. 즉, 정지 유체 내

의 한 점에 작용하는 압력 힘은 모든 방향으로 같은 크기를 갖는다.

3. 파스칼의 원리

'비압축성유체의 무게에 의한 압력을 무시하면 정지 유체에서 압력은 모든 점에서 같다'는 것을 파스칼(Pascal)의 원리라 한다. 즉, 밀폐된 용기에서 유체에 가해진 압력은 유체의 모든 부분과 유체를 담고 있는 그릇의 모든 부분에 일정하게 전달된다.

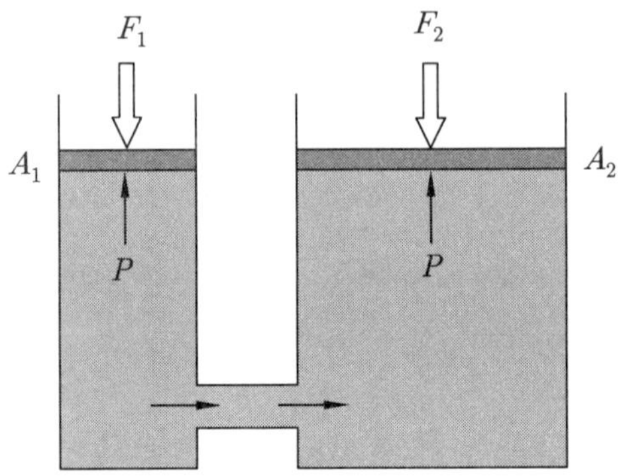

[그림 6.9]

설명 작은 힘으로 큰 힘을 얻는 수압기(유압기)는 파스칼의 원리를 응용한 것이다. [그림 6.9]를 보면 수압기의 원리를 쉽게 알 수 있다. 중력의 영향을 무시하면 모든 점에서의 압력은 같으므로 압력의 정의 $P = F/A$에 의해 유체에서의 압력

$$P = \frac{F_1}{A_1} = \frac{F_2}{A_2}$$

이다. 따라서

$$F_2 = \frac{A_2}{A_1} \times F_1$$

이므로 면적비 A_2/A_1을 크게 하면 작은 힘 F_1을 증폭시켜 큰 힘 F_2를 얻을 수 있다.

* 자동차의 유압브레이커와 기계적인 유압작동장치 등은 10 MPa 이상의 고압을 사용한다. 이와 같이 대기압 100 kPa = 0.1 MPa보다 아주 높은 고압에서는 중력에 의한 영향을 거의 무시할 수 있으므로 파스칼의 원리를 그대로 적용할 수 있다.

4. 수평방향의 압력 변화

유체가 정지해있을 때 기준면으로부터 같은 깊이에 있는 점에서의 압력은 모든 점에서 같다. 즉, 정지 유체에서 수평방향으로는 압력 변화가 없다.

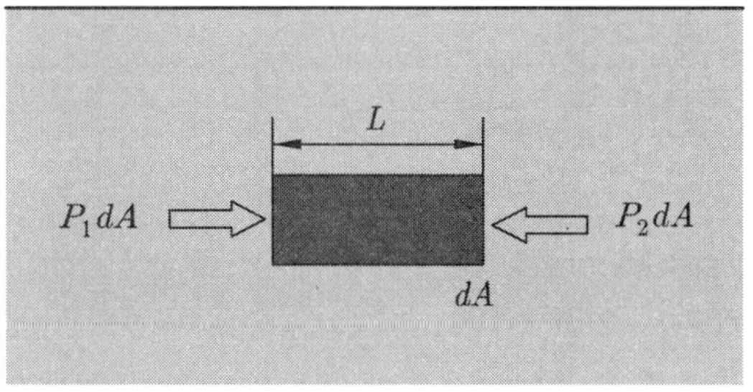

[그림 6.10]

설명 [그림 6.10]과 같이 임의의 깊이에 있는 단면적 dA, 길이 L의 유체 요소를 고려해 보자. 이 요소의 왼쪽과 오른쪽에 작용하는 압력을 각각 P_1, P_2라 하면 수평방향으로 작용하는 힘은 각각 오른쪽으로 P_1dA, 왼쪽으로 P_2dA가 된다. 따라서 유체는 정지상태에 있으므로 수평방향 힘의 평형을 고려하면 다음과 같이 된다.

$$\sum F_x = P_1dA - P_2dA = 0$$

$$\therefore\ P_1 = P_2$$

즉, 정지 유체에서 깊이가 같으면 압력은 같다.

5. 수직방향의 압력 변화

정지 유체에서의 압력은 높이(깊이)에 따라 변화한다. 비중량 γ가 일정한 유체 속에서 높이 차이가 h인 두 지점이 있을 때 아래 지점의 압력을 P_2, 위 지점의 압력을 P_1이라 하면 두 지점의 압력 사이에는 다음과 같은 관계식이 성립한다.

$$P_2 = P_1 + \gamma h$$

즉, 위 지점에 비하여 아래 지점은 유체의 무게에 대응하는 γh의 압력을 더 받는다.

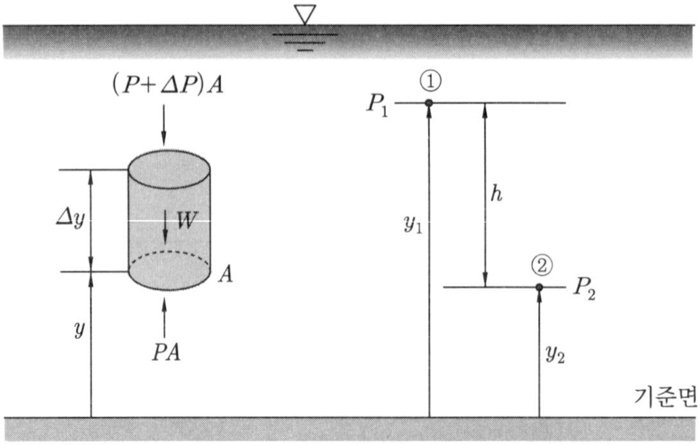

[그림 6.11]

설명 [그림 6.11]과 같이 기준면으로부터 y의 높이에 있는 단면적 A, 높이 Δy인 미소 원기둥에서 힘의 평형을 고려한다. 원기둥의 아랫면에 작용하는 압력을 P라 하면 윗면에 작용하는 압력은 $P+\Delta P$이므로 원기둥에 작용하는 수직방향의 압력 힘은 위 방향으로 PA, 아래 방향으로 $(P+\Delta P)A$이다. 그리고 유체의 비중량을 γ라 하면 중력에 의한 원기둥의 무게 $W=\gamma V=\gamma A\Delta y$는 아래 방향으로 작용한다. 따라서 유체는 정지상태에 있으므로 수직방향 힘의 평형을 고려하면 다음과 같이 된다.

$$\sum F_y = PA-(P+\Delta P)A-W=0$$

$$-\Delta PA-\gamma A\Delta y=0 \ \ (\because \ W=\gamma A\Delta y)$$

$$\therefore \ \frac{\Delta P}{\Delta y}=-\gamma$$

이 식에 극한을 취하면 압력에 대한 다음 미분식을 얻는다.

$$\frac{dP}{dy}=-\gamma$$

여기에서 일반적으로 비중량 γ는 온도의 함수이므로 그 관계식을 알아야 압력을 구할 수 있다. 그런데 비압축성유체와 같이 γ가 일정한 값을 가지면 이 식은 바로 적분이 되므로 압력을 쉽게 구할 수 있다. 그림과 같이 높이 $y=y_1$, $y=y_2$인 곳에서의 압력을 각각 P_1, P_2라 하면

$$dP=-\gamma dy$$

$$\int_1^2 dP = -\int_1^2 \gamma\, dy$$

$$[P]_1^2 = -\gamma [y]_1^2$$

$$\therefore\ P_2 - P_1 = -\gamma(y_2 - y_1)$$

이다. 여기에서 두 지점의 높이 차이를 $y_1 - y_2 = h$라 하면

$$P_2 - P_1 = \gamma(y_1 - y_2) = \gamma h$$

$$\therefore\ P_2 = P_1 + \gamma h$$

가 된다.

* $\dfrac{dP}{dy} = -\gamma\ (\gamma > 0)$이므로 기준면으로부터 위로 올라갈수록 압력은 낮아진다. 비중량이 일정할 때 두 지점의 높이 차이가 h이면 아래 지점은 위 지점보다 γh의 압력을 더 받고, 역으로 위 지점은 아래 지점보다 γh의 압력을 덜 받는다.

6. 계기압력, 진공압력

(1) 절대압력(P_{abs})이 대기압(P_{atm})보다 높을 때 절대압력과 대기압의 차이를 계기압력(P_{gage}, gage pressure)이라 한다.

$$P_{gage} = P_{abs} - P_{atm}$$

(2) 절대압력이 대기압보다 낮을 때 대기압 이하의 압력을 진공(vacuum) 또는 진공압력(P_{vac}, vacuum pressure)이라 한다.

$$P_{vac} = P_{atm} - P_{abs}$$

* 일반적인 압력계는 실제압력인 절대압력과 대기압과의 차이를 측정하며 이때의 압력을 계기압력(게이지압력)이라 한다.
* 완전진공을 절대압력으로 나타내면 0 mmHg이고, 진공도 100%가 된다. 표준대기압력은 절대압력으로 760 mmHg이고, 진공도 0%가 된다.
* 절대압력은 대기압보다 높을 수도 있고 낮을 수도 있는데 그 차이를 각각 계기압력(게이지압력)과 진공이라 한다. 대기압보다 높은 압력을 정압(+), 낮은 압력을 부압(−)이라고도 한다. 압력의 관계는 [그림 6.12]와 같다.

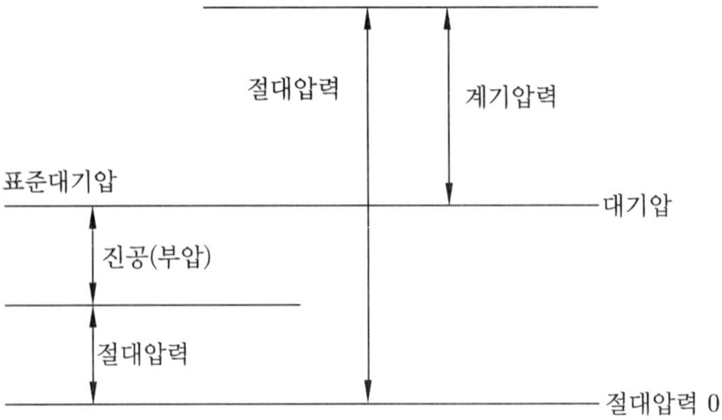

[그림 6.12]

예 외부 대기압력이 100 kPa일 때 마노미터로 측정한 용기의 계기압력이 40 mmHg이면 절대압력은

$$P_{abs} = P_{atm} + P_{gage} = 100 + \frac{40}{760} \times 101.325 = 105.33\,(\text{kPa})$$

이다.

7. 액주계

수직으로 세운 유리관 속의 액체 기둥(액주)의 높이를 측정하여 압력을 측정하는 장치를 액주계라 한다. 액주계 중에서 압력 원과 같은 유체를 사용하는 것을 피에조미터(piezometer)라 하고, 다른 유체를 사용하는 것을 마노미터(manometer)라 한다. 액주계는 비교적 낮은 압력을 측정하는 데 사용한다.

설명 탱크 속의 수압을 측정하는 [그림 6.13]에서 왼쪽은 피에조미터, 오른쪽은 마노미터를 나타내며, 마노미터의 액체로는 비중이 큰 수은을 주로 사용한다. 액주의 높이로 압력을 나타낼 때 수은은 mmHg, 물은 mAq 또는 cmAq를 많이 사용한다.

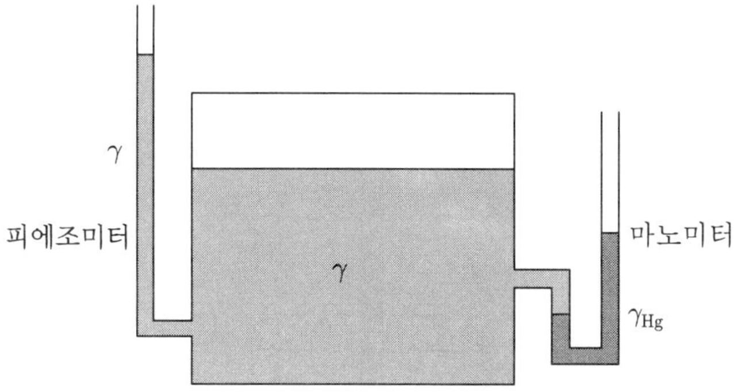

[그림 6.13]

8. 단위 환산

1표준기압은 다음과 같으므로 액주계에서의 수은주의 높이를 압력의 SI 단위인 Pa이나 bar로 환산할 수 있다.

$$
\begin{aligned}
1\text{표준기압} &= 1\,\text{atm} \\
&= 760\,\text{mmHg}\ (\text{수은주}) \\
&= 10.33\,\text{mAq}\ (\text{수주})\ \text{또는}\ 10.33\,\text{mH}_2\text{O} \\
&= 101.325\,\text{kPa} = 0.101325\,\text{MPa} \\
&= 1.01325\,\text{bar}
\end{aligned}
$$

설명 이와 같은 단위 환산 값은 유체의 높이 h에 상당하는 압력 $P=\gamma h$라는 관계식에서 나온 것이다. 예를 들어 760 mmHg의 압력은 수은주 760 mm에 해당하는 압력을 나타내므로

$$
\begin{aligned}
P = \gamma_{Hg}\, h &= (13.6 \times 9800\,\text{N/m}^3) \times (0.76\,\text{m}) \\
&= 101.3\,\text{kN/m}^2 = 101.3\,\text{kPa}
\end{aligned}
$$

이다.

9. 수은 기압계

한쪽이 막힌 관에 공기가 들어가지 않도록 수은을 채우고 관의 열린 부분을 저장조의 수은 표면 아래쪽에 오도록 뒤집어 놓은 장치로서 대기의 절대압력을 측정할 때 사용한다.

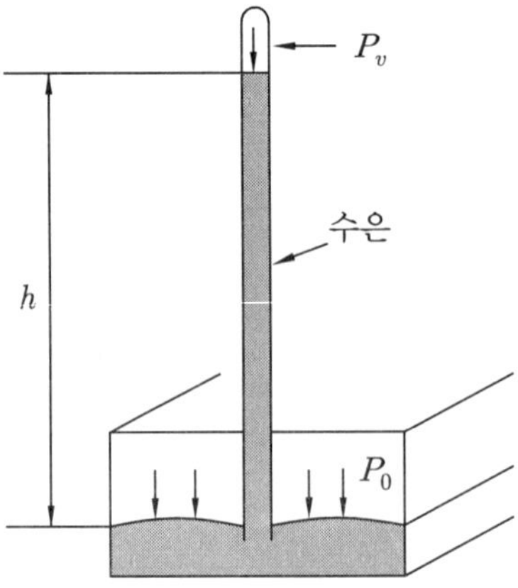

[그림 6.14]

(설명) [그림 6.14]와 같은 수은 기압계에서 대기압을 P_0, 수은주의 높이를 h, 수은의 비중량을 γ_{Hg}, 수은의 증기압을 P_v라 하면 압력의 평형 관계에 의해

$$P_0 = P_v + \gamma_{Hg} h$$

가 된다. 여기에서 수은 증기의 작은 압력($P_v \approx 1.59 \times 10^{-4}$kPa)을 무시하면 수은 위의 공간에서의 압력은 절대압력 0이므로 대기압은

$$P_0 = \gamma_{Hg} h$$

이고, 이것은 대기의 절대압력을 나타낸다. 수은 기압계는 1643년에 토리첼리(Torricelli)가 고안한 매우 기본적인 장치이지만 대기의 절대압력을 쉽게 측정할 수 있으므로 공업용으로도 사용한다.

✱1기압은 약 100kPa이므로 수은의 증기압 $P_v \approx 1.59 \times 10^{-4}$kPa은 무시할 수 있다.

10. 액주계의 원리

(1) 같은 유체에서 같은 높이에 있는 두 지점의 압력은 같다.

(2) 비중량 γ, 높이 차이가 h인 두 지점에서 아래 지점의 압력(P_L)은 위 지점의 압력(P_U)보다 γh만큼 높다.

$$P_L = P_U + \gamma h$$

예 [그림 6.15]와 같이 압력 원에 연결된 U자관 수은 액주계에서 액주의 높이 차이 $H = 50\,\text{cm}$일 때 기체의 압력은 다음과 같이 구할 수 있다. 단, 대기압은 100kPa, 수은의 비중은 13.6이고, 기체의 무게에 의한 압력은 무시한다.

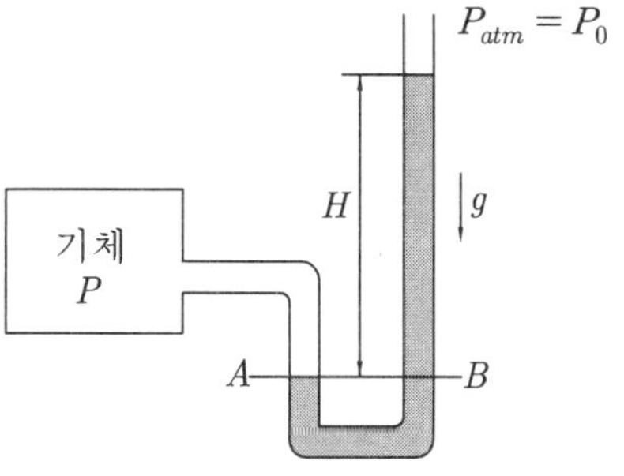

[그림 6.15]

▶**풀이** 비중이 작은 기체의 무게를 무시하면 단면 A에서의 압력

$$P_A = P$$

이고, 액주계의 수은의 비중을 γ라 하면 A와 같은 높이에 있는 액주계의 단면 B에서의 압력은

$$P_B = P_0 + \gamma H$$

이다. 두 점 A, B는 같은 유체(수은) 내에서 같은 높이에 있으므로 압력이 같다. 따라서

$$P_A = P_B$$

$$\therefore\ P = P_0 + \gamma H$$

$$= 100 + (13.6 \times 9.8) \times 0.5 = 166.64\,(\text{kPa})$$

이고, 이것은 용기 안의 절대압력이다.

* 여기에서 $P - P_0 = \gamma H$는 용기 안의 계기압력을 나타낸다. 즉, 액주계의 눈금 H를 읽으면 (대기압과 무관하게) 계기압력을 곧바로 측정할 수 있다. 이와 같은 이유로 액주계에서의 압력값으로는 계기압력을 많이 사용한다.

예제 6.2.1 [그림 6.16]과 같이 큰 피스톤의 지름 D_1, 작은 피스톤의 지름 D_2인 유압장치가 있다. $D_1 = 5D_2$일 때 다음 물음에 답하여라. 단, 실린더 내의 유체는 비압축성유체이며, 실린더와 피스톤 사이의 마찰과 피스톤의 무게는 무시한다.

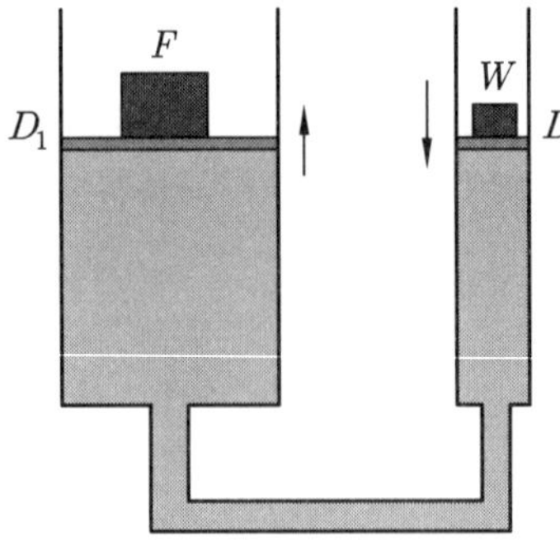

[그림 6.16]

(1) 작은 피스톤에 $W = 10\,\text{kN}$의 물체를 올려놓을 때 큰 피스톤에 전달되는 힘 F

(2) 작은 피스톤이 $10\,\text{cm}$ 내려갔을 때 큰 피스톤이 이동한 거리

▶**풀이** (1) 큰 피스톤과 작은 피스톤의 단면적을 각각 A_1, A_2라 하면

$$A_1 = \frac{\pi D_1^2}{4},\ A_2 = \frac{\pi D_2^2}{4}$$

이고, 실린더 내부의 압력을 P라 하면

$$P = \frac{F}{A_1} = \frac{W}{A_2}$$

이다. 따라서 큰 실린더에 전달되는 힘

$$F = \frac{A_1}{A_2} W = \frac{\pi D_1^2/4}{\pi D_2^2/4} \times W = \left(\frac{D_1}{D_2}\right)^2 W$$

$$= \left(\frac{5D_2}{D_2}\right)^2 W = 5^2 \times 10 = 250\,(\text{kN})$$

이다. 즉, 작은 실린더에 가해준 힘이 25배로 증폭되어 큰 실린더로 전달된다.

(2) 큰 피스톤과 작은 피스톤이 이동한 거리를 각각 S_1, S_2라 하면 작은 피스톤이 밀어 낸 유체의 양과 큰 피스톤 쪽으로 들어오는 유체의 양($V\,\text{cm}^3$)이 같으므로

$$V = A_1 S_1 = A_2 S_2$$

이다. 따라서 큰 피스톤이 이동한 거리

$$S_1 = \frac{A_2}{A_1} S_2 = \left(\frac{D_2}{D_1}\right)^2 S_2$$

$$= \left(\frac{D_2}{5D_2}\right)^2 S_2 = \left(\frac{1}{5}\right)^2 \times 10 = 0.4\,(\text{cm})$$

이다.

▌예제 6.2.2 해수면에서 100 m 아래에 있는 잠수함에 작용하는 수압은 몇 kPa인가? 바닷물의 밀도는 $1024\,\text{kg/m}^3$이다.

▶풀이 압력 $P = \gamma h = \rho g h = 1024 \times 9.8 \times 100 = 1003520\,(\text{Pa}) = 1003.5\,(\text{kPa})$
(✱이 압력은 물의 무게에 의한 압력이며 계기압력을 나타낸다.)

▌예제 6.2.3 어떤 잠수 장비가 견딜 수 있는 최대 압력이 500 kPa일 때 이 장비를 사용할 수 있는 최대 수심을 구하여라.

▶풀이 압력 $P = \gamma h$에서 최대 수심은 다음과 같다.

$$h_{\max} = \frac{P_{\max}}{\gamma} = \frac{500}{9.8} = 51.02\,(\text{m})$$

▌예제 6.2.4 [그림 6.17]과 같이 수면으로부터 $h = 10\,\text{m}$ 아래에 $3\,\text{m} \times 5\,\text{m}$의 평판이 수평으로 놓여 있다. 물에 의해 평판의 윗면이 받는 압력 힘을 구하여라. 단, 대기압은 무시한다.

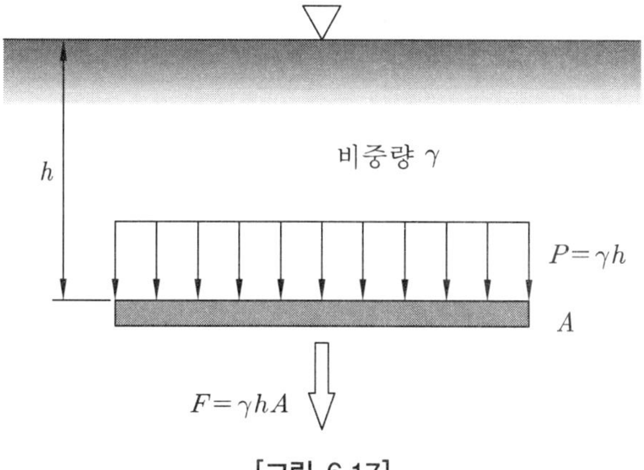

[그림 6.17]

▶**풀이** 깊이가 같은 지점에서의 압력은 같으므로 수평으로 놓여 있는 평판에는 균일한 압력

$$P = \gamma h$$

가 작용한다. 따라서 평판이 받는 압력 힘은

$$F = PA = \gamma hA = 9.8 \times 10 \times (3 \times 5) = 1470\,(\text{kN})$$

이다.

❙ 예제 6.2.5 [그림 6.18]과 같이 밀폐된 용기와 상부가 개방된 용기에 엔진 오일이 저장되어 있다. 오일의 밀도가 885 kg/m^{3}일 때 용기 바닥의 절대압력을 각각 구하여라. 단, 대기압은 1.013 bar 이다.

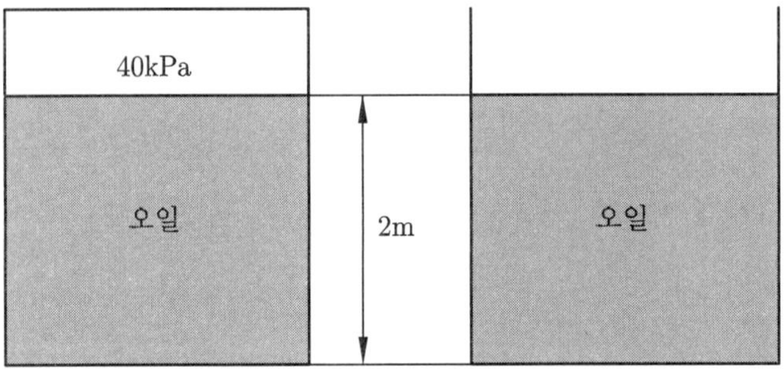

[그림 6.18]

▶**풀이** 밀폐된 용기의 바닥 압력 :

$$P_1 = 40\,\text{kPa} + \gamma h = 40000 + (885 \times 9.8) \times 2\,(\text{Pa})$$
$$= 57346\,(\text{Pa}) = 57.346\,(\text{kPa})$$

개방된 용기의 바닥 압력 :

$$P_2 = P_{atm} + \gamma h = 1.013 \times 10^5 + (885 \times 9.8) \times 2\,(\text{Pa})$$
$$= 118646\,(\text{Pa}) = 118.646\,(\text{kPa})$$

❙ 예제 6.2.6 대기압이 1.01bar 일 때, 압력계의 눈금이 1300 kPa을 가리키고 있다면 절대압력은 몇 kPa 인가?

▶**풀이** 절대압력 $P_{abs} = P_{atm} + P_{gage}$

$$= 1.01 \times 100\,\text{kPa} + 1300\,\text{kPa} = 1401\,\text{kPa}$$

* 일반적으로 압력계는 계기압력을 측정하고, 기압계는 절대압력을 측정하는 장비를 말한다.

예제 6.2.7 대기압이 102 kPa일 때, 진공계의 눈금이 진공 30 kPa을 가리키고 있다면 절대압력은 몇 kPa인가?

▶**풀이** 절대압력 $P_{abs} = P_{atm} - P_{vacuum}$

$$= 102\,\text{kPa} - 30\,\text{kPa} = 72\,\text{kPa}$$

예제 6.2.8 진공도가 40%인 용기 안의 절대압력은 몇 kPa인가? 단, 대기압은 100 kPa이다.

▶**풀이** 진공압력 $P_{vacuum} = 100 \times 0.4 = 40\,(\text{kPa})$

$\therefore$ 절대압력 $P_{abs} = P_{atm} - P_{vacuum} = 100\,\text{kPa} - 40\,\text{kPa} = 60\,\text{kPa}$

예제 6.2.9 관 내부를 흐르는 물의 압력을 구하기 위하여 그림과 같이 수은 마노미터를 설치하였다. 마노미터 읽음이 [그림 6.19]와 같을 때 관 중심의 계기압력을 구하여라. 수은의 비중은 13.6이다.

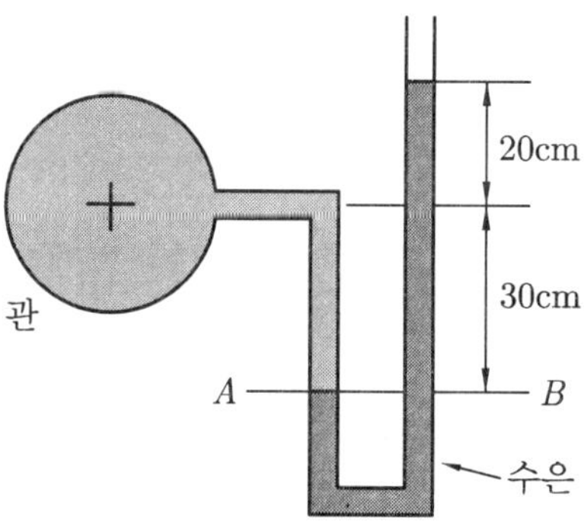

[그림 6.19]

▶**풀이** 관 중심의 압력을 P, 물의 비중량을 γ_w라 하면 단면 A에서의 압력

$$P_A = P + \gamma_w \times 0.3\,\text{m}$$

이고, 대기압을 P_0, 액주계의 수은의 비중량을 γ_{Hg}라 하면 A와 같은 높이에 있는 액주계의 단면 B에서의 압력은

$$P_B = P_0 + \gamma_{Hg} \times (0.2 + 0.3)\text{m}$$

이다. 두 점 A, B는 같은 유체(수은) 내에서 같은 높이에 있으므로 압력이 같다. 따라서

$$P_A = P_B$$

$$P + \gamma_w \times 0.3\,\text{m} = P_0 + \gamma_{Hg} \times (0.2 + 0.3)\text{m}$$

$$\therefore \; P - P_0 = \gamma_{Hg} \times (0.2 + 0.3)\text{m} - \gamma_w \times 0.3\,\text{m}$$

$$= (13.6 \times 9.8)(0.5) - 9.8 \times 0.3 = 63.7\,(\text{kPa})$$

이다.

▌예제 6.2.10 [그림 6.20]과 같이 상부가 개방된 용기에 비중이 다른 두 종류의 유체 A, B가 채워져 있고 각각에 피에조미터를 설치하였다. A와 B의 비중이 각각 0.7, 1.2일 때 다음을 구하여라.

(1) 피에조미터 A에서의 액체 표면의 고도

(2) 피에조미터 B에서의 액체 표면의 고도

(3) 탱크 바닥이 받는 전 압력

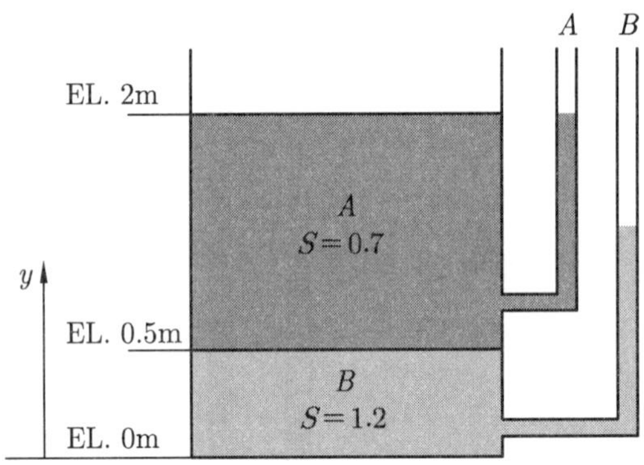

[그림 6.20]

▶풀이 (1) 탱크와 피에조미터의 상부가 모두 열려 있으므로 피에조미터 A에서의 액체 표면의 고도는 탱크의 액체 A의 표면 고도와 같다. 즉 2 m까지 상승한다.

(2) 피에조미터 B에서 액체 표면은 액체 A의 압력에 의해 탱크의 액체 B의 표면 고도 0.5 m보다 더 높이 상승하게 된다. 액체 A에 의한 A의 바닥(B의 표면)에서의 압력은

$$P_A = \gamma_A \Delta y_A = (0.7 \times 9.8) \times (2 - 0.5) = 10.29\,(\text{kPa})$$

이므로 액체 A의 압력에 의한 액체 B의 상승 높이를 h_{AB}라 하면

$$P_A = \gamma_B h_{AB}$$

$$\therefore\ h_{AB} = \frac{P_A}{\gamma_B} = \frac{10.29}{1.2 \times 9.8} = 0.875\,(\text{m})$$

이다. 따라서 피에조미터 B에서 액체 B는 $0.5 + 0.875 = 1.375\,(\text{m})$ 상승한다.

(3) 탱크의 바닥에는 대기압과 액체 A, B의 무게에 의한 압력이 모두 작용한다.

$$\begin{aligned}\therefore\ P &= P_0 + P_A + P_B = P_0 + \gamma_A \Delta h_A + \gamma_B \Delta h_B \\ &= 101.3 + (0.7 \times 9.8) \times (2 - 0.5) + (1.2 \times 9.8) \times 0.5\,(\text{kPa}) \\ &= 117.47\,(\text{kPa})\end{aligned}$$

❙ 예제 6.2.11 탱크 A와 B의 압력 차이를 측정하기 위하여 수은이 들어 있는 마노미터를 설치하였다. 마노미터 읽음이 [그림 6.21]과 같을 때 압력 차이 $P_B - P_A$를 구하여라. 오일의 비중은 0.8, 글리세린의 비중은 1.26이다.

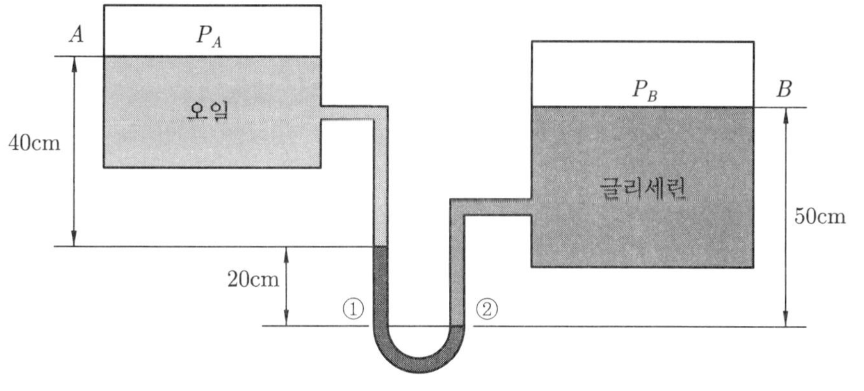

[그림 6.21]

▶풀이 오일의 비중량을 γ_{oil}, 수은의 비중량을 γ_{Hg}라 하면 마노미터의 왼쪽에서 단면 ①의 압력

$$P_1 = P_A + \gamma_{\text{oil}} \times 0.4\,\text{m} + \gamma_{\text{Hg}} \times 0.2\,\text{m}$$

이고, 글리세린의 비중을 γ_{gl}이라 하면 ①과 같은 높이에 있는 마노미터의 오른쪽 단면 ②의 압력은

$$P_2 = P_B + \gamma_{\mathrm{gl}} \times 0.5\,\mathrm{m}$$

이다. 두 점 ①, ②는 같은 유체(수은) 내에서 같은 높이에 있으므로 압력이 같다. 따라서

$$P_1 = P_2$$

$$P_A + \gamma_{\mathrm{oil}} \times 0.4\,\mathrm{m} + \gamma_{\mathrm{Hg}} \times 0.2\,\mathrm{m} = P_B + \gamma_{\mathrm{gl}} \times 0.5\,\mathrm{m}$$

$$\therefore\ P_B - P_A = \gamma_{\mathrm{oil}} \times 0.4\,\mathrm{m} + \gamma_{\mathrm{Hg}} \times 0.2\,\mathrm{m} - \gamma_{\mathrm{gl}} \times 0.5\,\mathrm{m}$$

$$= [0.8 \times 0.4 + 13.6 \times 0.2 - 1.26 \times 0.5] \times 9.8 = 23.62\,(\mathrm{kPa})$$

이다.

[✱ $\gamma = S \times \gamma_w = S \times 9.8\,(\mathrm{kN/m^3})$]

❙ 예제 6.2.12 온도가 일정하면 이상기체 상태방정식 $Pv = RT$에서 $v = 1/\rho$이므로 '$P/\rho =$ 일정'의 관계식이 성립한다. 따라서 $\gamma = \rho g$에 대하여 $P/\gamma = C$ (C는 상수)가 된다. 기준면 $y = 0$에서의 압력을 P_0라 할 때 높이 y에서의 압력을 구하여라.

▶풀이 미분식 $\dfrac{dP}{dy} = -\gamma$에 $\dfrac{P}{\gamma} = C$의 관계식을 대입하면 $\dfrac{dP}{dy} = -\dfrac{P}{C}$이므로, 이 식의 변수를 분리하고 적분하여 압력 분포를 구한다.

$$\frac{dP}{P} = -\frac{1}{C}dy$$

$$\int_{P_0}^{P(y)} \frac{dP}{P} = -\frac{1}{C}\int_0^y dy$$

$$\ln\left[\frac{P(y)}{P_0}\right] = -\frac{y}{C}$$

$$\therefore\ P(y) = P_0 e^{-y/C}$$

이다.

❙ 예제 6.2.13 [그림 6.22]와 같이 두 개의 피스톤-실린더 장치가 유압관을 통하여 서로 연결되어 있다. 작은 피스톤의 단면적은 $0.01\,\mathrm{m}^2$이고, 단면적 $0.09\,\mathrm{m}^2$의 큰 피스톤은 작은 실린더보다 $H = 5\,\mathrm{m}$ 위에 위치하고 있다. 유압 액체의 밀도는 $900\,\mathrm{kg/m^3}$이고 작은 피스톤에 가하는 힘이 $F_1 = 20\,\mathrm{kN}$일 때 큰 피스톤에 작용하는 힘(F_2)을 구하여라. 단, 피스톤의 무게는 무시한다.

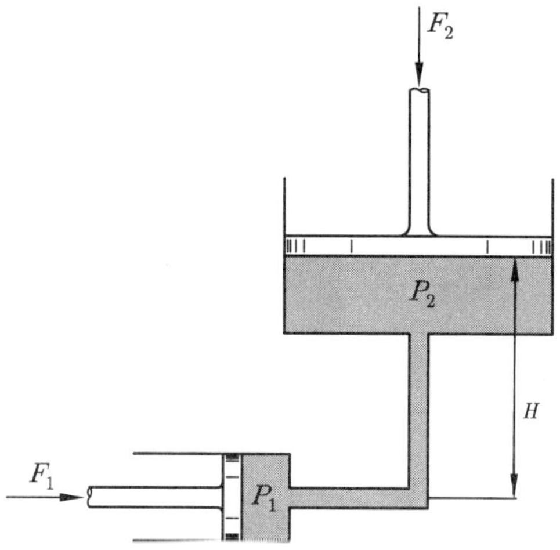

[그림 6.22]

▶**풀이** 대기압을 P_0라 하면 아래와 위 피스톤에 작용하는 압력은 각각

$$P_1 = P_0 + F_1/A_1,\ P_2 = P_0 + F_2/A_2$$

이다. 여기에서 $P_1 = P_2 + \gamma H = P_0 + F_2/A_2 + \rho g H$이므로

$$P_0 + F_1/A_1 = P_0 + F_2/A_2 + \rho g H$$

$$\therefore\ F_2 = \frac{A_2}{A_1}F_1 - (\rho g H)A_2 = \frac{0.09}{0.01}\times 20 - (900\times 9.8\times 5)\times 0.09\times \frac{1}{1000}$$

$$\approx 176\,(\mathrm{kN})$$

이다.

연습문제 6.2

1. 그림과 같이 질량 m과 M의 두 피스톤이 평형을 이루고 있다. 지름 $D_1 = 10\,\text{cm}$, $D_2 = 20\,\text{cm}$이고, $m = 100\,\text{kg}$일 때 다음을 구하여라. 단, 피스톤과 실린더 사이의 마찰은 무시하며 대기압은 $100\,\text{kPa}$이다.
   (1) 큰 피스톤의 질량 M
   (2) 유체의 비중을 무시할 때 유체에 작용하는 계기압력과 절대압력

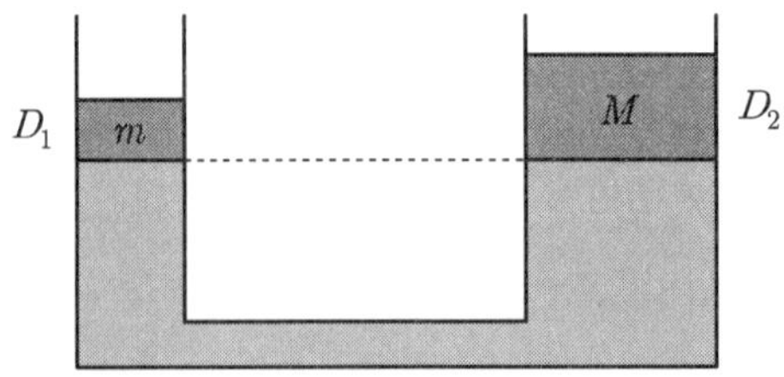

[문제 6.2.1]

2. 그림에서 지름 $D_2 = 4D_1$이고, $F = 10\,\text{kN}$의 힘을 가하여 추의 무게(W)에 의한 압력과 평형을 이루고 있다. 추의 무게를 구하여라.

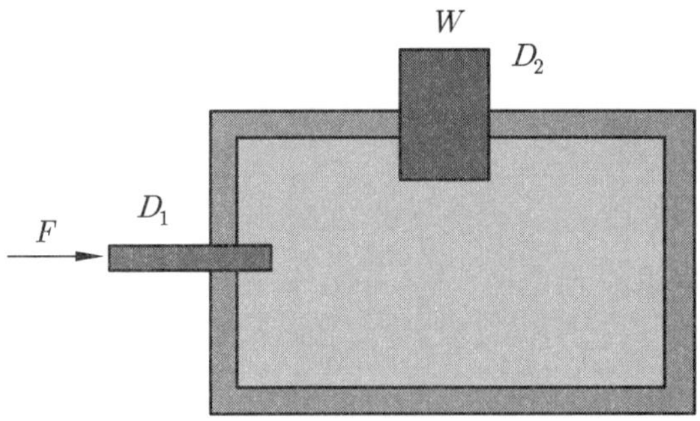

[문제 6.2.2]

3. 대기압이 1bar인 지역에서 용기 내의 절대압력이 1MPa이면 계기압력은 몇 bar인가?

4. 대기압이 101kPa일 때 압력계의 눈금이 130kPa을 가리키고 있다면 절대압력은 몇 kPa인가?

5. 수은 기압계의 눈금이 그림과 같을 때 대기압은 몇 kPa인가?

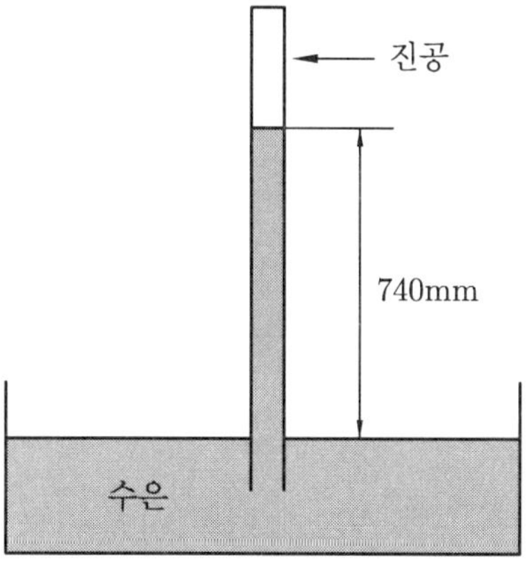

[문제 6.2.5]

6. 대기압이 100kPa일 때, 진공계가 진공 30kPa을 가리키고 있다면 절대압력은 몇 kPa인가?

7. 중력가속도가 9.8m/s^2인 지역에서 수은 기압계의 눈금이 750mmHg, 진공계가 20kPa을 가리키고 있다. 절대압력은 몇 kPa인가? 단, 수은의 밀도는 13600kg/m^3이다.

8. 호수의 수면으로부터 10m 아래에 있는 지름 50cm의 수평면 위에는 몇 kN의 압력힘이 작용하는가? 단, 대기압은 100kPa이다.

9. 40mAq의 압력을 kPa로 환산하여라.

10. 40cmHg의 압력을 kPa로 환산하여라.

11. 대기압이 98kPa일 때 진공도가 80%인 용기의 절대압력은 몇 kPa인가?

12. 관 내부의 공기압력을 측정하기 위하여 수은 마노미터를 사용하였다. 마노미터 읽음이 그림과 같을 때 다음 물음에 답하여라.

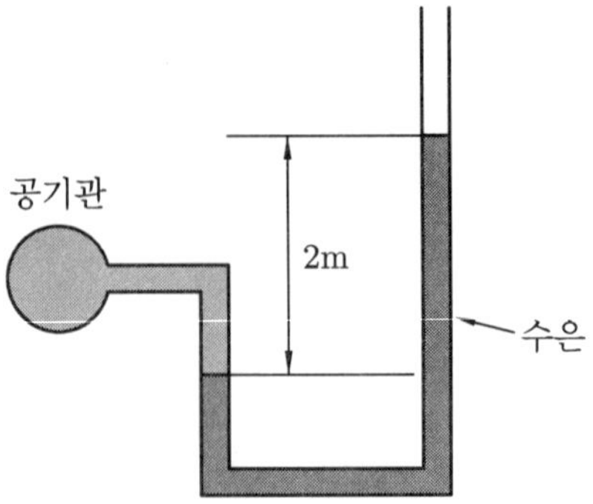

[문제 6.2.12]

(1) 밀도가 $1.23\,kg/m^3$인 공기 기둥 2m의 압력은 몇 kPa인가?

(2) 공기의 무게를 무시하고 관 내부의 계기압력을 구하여라.

13. 그림과 같이 밀도가 $1260\,kg/m^3$인 글리세린이 들어 있는 압력용기에 연결된 피에조미터의 상승 높이가 20cm일 때 용기 중심(A)에서의 계기압력과 절대압력을 구하여라. 단, 대기압은 100kPa이다.

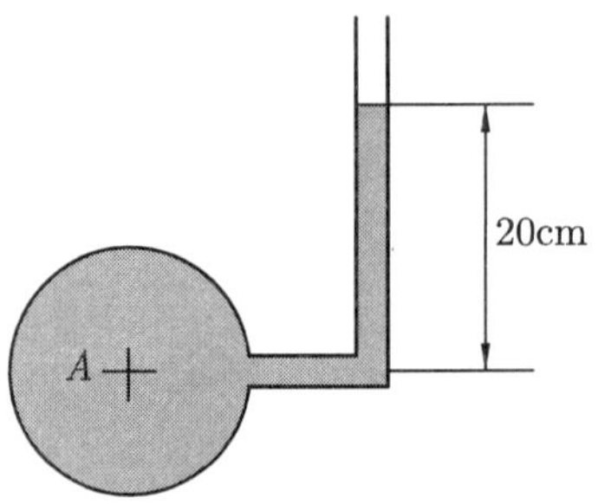

[문제 6.2.13]

14. 그림과 같이 상부가 개방된 탱크에 비중 0.82, 1.3의 두 유체가 들어 있다. 탱크 바닥에서의 계기압력과 절대압력을 구하여라. 단, 대기압은 100kPa이다.

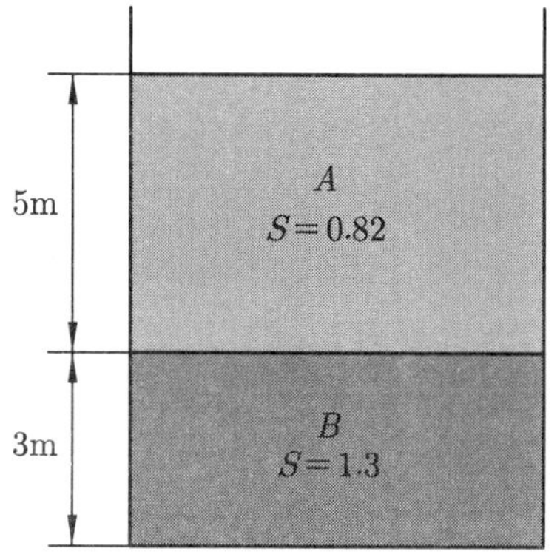

[문제 6.2.14]

15. 그림과 같은 피스톤-실린더 장치에서 실린더를 가열하여 실린더 내부의 절대압력이 200 kPa로 상승하였다. 피스톤의 지름 $D = 20\,\text{cm}$일 때 평형을 유지하기 위해 피스톤에 가해야 할 힘 F를 구하여라. 단, 대기압은 100 kPa이고 피스톤과 실린더 사이의 마찰은 무시한다.

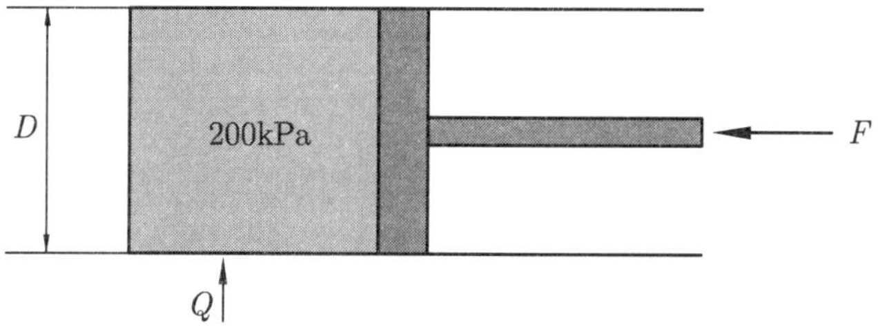

[문제 6.2.15]

16. 대기압이 100 kPa일 때 절대압력이 80 kPa이면 진공도는 몇 %인가?

17. 5 MPa까지 견딜 수 있는 잠수 캡슐을 타고 바다에서 내려갈 수 있는 최대 수심은 몇 m인가? 단, 해수의 밀도는 $1024\,\text{kg/m}^3$이다.

18. 그림과 같은 피스톤-실린더 장치에서 피스톤에 연결된 스프링이 공기의 압력으로 인하여 평형상태로부터 10 cm 압축되었다. 스프링 상수 $k = 5\,\text{kN/m}$, 피스톤 지름 $D = 20\,\text{cm}$, 질량 $m = 30\,\text{kg}$일 때 내부 공기압(절대압력)을 구하여라. 단, 피스톤과 실린더 사이의 마찰력은 무시한다.

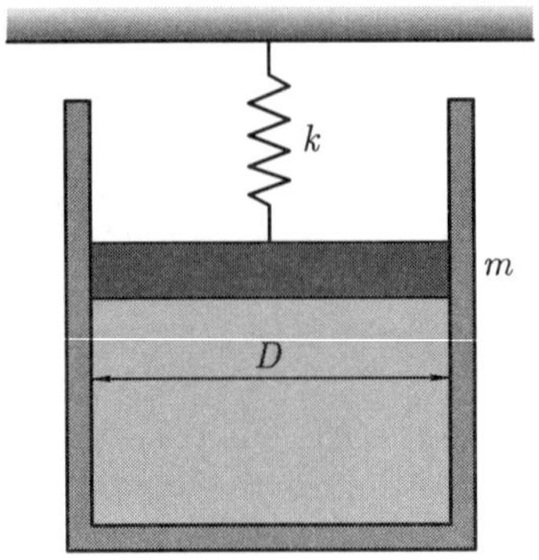

[문제 6.2.18]

(✱평형상태로부터 줄어든 길이가 x 이면 스프링에는 $F=kx$의 압축력이 작용하고, 늘어난 길이가 x이면 $F=kx$의 인장력이 작용한다.)

19. 양끝이 열린 U자 관에 물과 오일이 들어 있다. 그림과 같은 상태로 평형을 이루고 있을 때 오일의 비중을 구하여라.

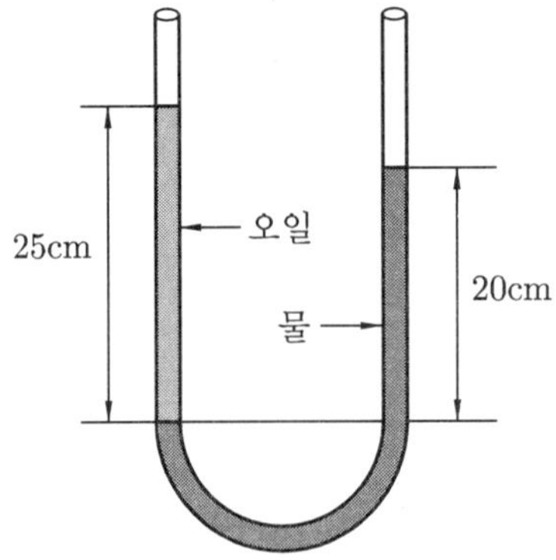

[문제 6.2.19]

20. 온도가 일정할 때 높이 y에서의 압력 $P(y)=P_0\exp\left(-\dfrac{gy}{RT}\right)$이다. 지상에서의 압력 $P_0=100\,\mathrm{kPa}$, 온도 $T=20\,℃$, 기체상수 $R=0.287\,\mathrm{kJ/kg\cdot K}$, 중력가속도 $g=9.8\,\mathrm{m/s^2}$ 일 때 $y=1\mathrm{km}$에서의 압력을 구하여라.

(✱[예제 6.2.12]에서 $Pv=\dfrac{P}{\rho}=RT$, $\dfrac{P}{\rho g}=\dfrac{RT}{g}$이므로 $\dfrac{P}{\gamma}=\dfrac{RT}{g}=C$이다.)

6.3 유동의 기초 방정식

실제유체(real fluid)가 운동하고 있을 때의 유체 흐름(유동, fluid flow)의 모양은 일반적으로 매우 복잡하며 그것을 정확하게 기술하기 위해서는 특히 미적분학 등의 수학적 지식이 요구된다. 그러나 복잡한 실제 현상을 이상화시켜 해석하여도 실제와 큰 차이가 없는 경우가 많은데 이러한 경우에는 단순화된 이상적인 모델을 해석하여 필요한 물리량을 구한다. 예를 들어 실제유체는 점성과 압축성을 모두 가지고 있지만 그 영향이 작을 때는 비점성(inviscid), 비압축성(incompressible)유체로 가정하고 해석해도 큰 오차가 없다. 그리고 우리가 살고 있는 3차원 공간에서 유체의 속도 $V(x,\ y,\ z,\ t)$와 압력 $P(x,\ y,\ z,\ t)$는 3차원이고 시간에 따라 변화하기도 하지만 기본적인 유체역학에서 취급하는 것은 이상유체의 1차원 정상유동(steady flow)이다. 여기에서는 1차원 정상유동을 기본으로 하여 유체역학의 기초 개념을 익히도록 한다.

1. 유체 운동의 기술 방법

(1) Euler 방법 : 유동장 내의 어떤 점에 착목하고 그 점에서의 유체 운동의 상태를 기록하는 방법으로, 공간의 좌표를 $(x,\ y,\ z)$라 하면 속도와 밀도 등은 각각 $V(x,\ y,\ z,\ t)$, $\rho(x,\ y,\ z,\ t)$로 표현된다.

(2) Lagrange 방법 : 각각의 유체 입자(particle)에 표시를 하고 개별 유체 입자를 추적하면서 그 입자의 성질을 기록하는 방법이다.

설명 유동장 내에서 유체 입자들이 운동함에 따라 입자들의 속도와 압력, 밀도 등은 시간과 위치에 따라 변화한다. 이때 여기저기로 이동하는 입자들의 경로를 따라가는 것보다는 공간의 모든 점에서 시간에 따른 유동의 속도와 압력, 밀도 등을 기술하는 것이 편리하다. 따라서 각 질량 입자들에 대한 속도와 밀도 등을 기술하는 'Lagrange 방법'보다는 공간의 고정된 점에서의 물리량을 기술하는 'Euler 방법'을 일반적으로 사용한다.

* 감시 카메라를 어떤 위치에 설치해 놓고 속도위반하는 차를 잡는 것은 'Euler 방법'에 해당된다. 카메라는 고정된 하나의 점을 지나는 차의 속도를 기록한다. 반면 어떤 차를

계속 따라가면서 그 차의 속도를 기록하는 것은 'Lagrange 방법'에 해당된다. 도로 위에 있는 모든 차를 따라가는 것보다는 카메라를 고정시켜 놓고 지나가는 차의 속도를 재는 것이 훨씬 편리하다는 것을 알 수 있다. 따라서 유체역학에서는 'Euler 방법'을 주로 사용한다. 그러나 반도체 제조 공정에 사용하는 클린룸(Clean room) 등에서 먼지 입자의 경로가 주요 관심일 때는 'Lagrange 방법'을 사용하여 해석한다.

2. 정상류, 비정상류

속도, 압력, 밀도 등의 물리량이 시간이 지나도 일정하게 유지되는 유동을 정상류(steady flow), 시간에 따라 변화하는 유동을 비정상류(unsteady flow)라 한다. 'Euler 방법'으로 기술되는 유체의 속도를 V, 압력을 P, 밀도를 ρ라 하면 정상류에서

$$\frac{\partial V}{\partial t}=0, \quad \frac{\partial P}{\partial t}=0, \quad \frac{\partial \rho}{\partial t}=0$$

이다.

설명 정상류는 어떤 점에서의 유체의 속도가 연속되는 시간에서 일정하게 유지될 때 일어난다([그림 6.23]). 그러나 정상류에서도 위치에 따라서는 유속이 다를 수 있다. 유속이 시간에 따라 변화하는 비정상류는 매우 복잡하며 $\frac{\partial V}{\partial t} \neq 0$, $\frac{\partial P}{\partial t} \neq 0$, $\frac{\partial \rho}{\partial t} \neq 0$ 이다.

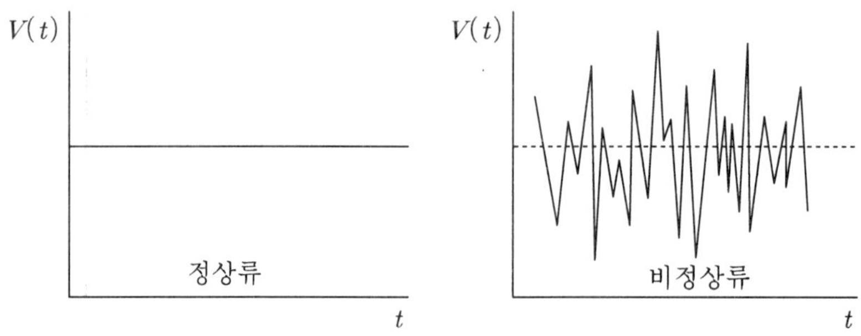

[그림 6.23]

3. 유선, 유적선, 유맥선

유체의 흐름을 시각적으로 묘사하는 데에는 일반적으로 다음 세 가지 선을 많이 사용한다.

(1) 유선(streamline) : 임의의 순간에 모든 점에서 속도벡터에 접하는 선
(2) 유적선(pathline) : 유동장 내에서 유체 입자가 이동한 궤적
(3) 유맥선(streakline) : 유동장 내의 특정한 점을 지나는 입자들의 궤적

설명 어떤 순간에 임의의 가상 곡선 상의 모든 점에서의 접선이 그 점에서의 속도벡터의 방향과 일치할 때 그 곡선을 유선이라 한다. 즉, 유선 위의 임의의 점에서의 접선벡터는 그 순간 그 지점에서의 속도벡터와 평행하다. 유선의 작은 요소 $\overrightarrow{dr}=(dx,\ dy,\ dz)$는 속도벡터 $\overrightarrow{V}=(u,\ v,\ w)$와 같은 방향이므로 유선을 따라

$$\overrightarrow{V}\times\overrightarrow{dr}=0 \quad \therefore\ \frac{dx}{u}=\frac{dy}{v}=\frac{dz}{w}$$

가 된다. 여기에서 u, v, w는 각각 x, y, z 방향의 속도 성분이다. [그림 6.24]는 유선을 나타낸다.
유적선은 실제로 유체 입자가 이동한 경로를 나타내는 선이고, 특정한 점을 지나는 염료나 연기 입자(smoke particle)들의 사진을 연속적으로 찍으면 유맥선이 된다. 비정상류에서는 유선과 유적선이 일치하지 않지만 정상류에서는 유선, 유적선, 유맥선이 모두 일치한다.

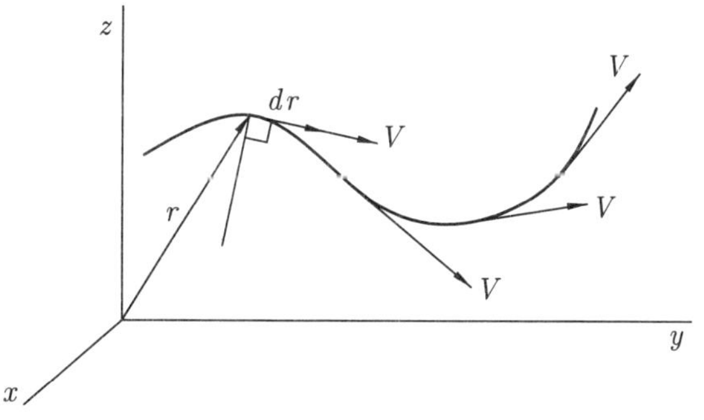

[그림 6.24]

4. 유관

유동장 내의 임의의 폐곡선을 지나는 유선들에 의해 형성되는 가상의 관을 유관(stream tube)이라 한다.

설명 유선 위의 임의의 점에서의 접선벡터는 그 순간 그 지점에서의 속도벡터와 평행하다. 따라서 유선에 대한 수직방향 속도 성분은 0이므로 유선을 가로지르는 흐름은 없다. 이에 따라 정상유동에 있어서 임의의 폐곡선을 지나는 유선들의 집합은 유체 입자들이 통과할 수 없는 하나의 경계면을 형성한다([그림 6.25]). 이 경계면으로 만들어지는 두께가 없는 가상적인 관을 유관이라 한다.

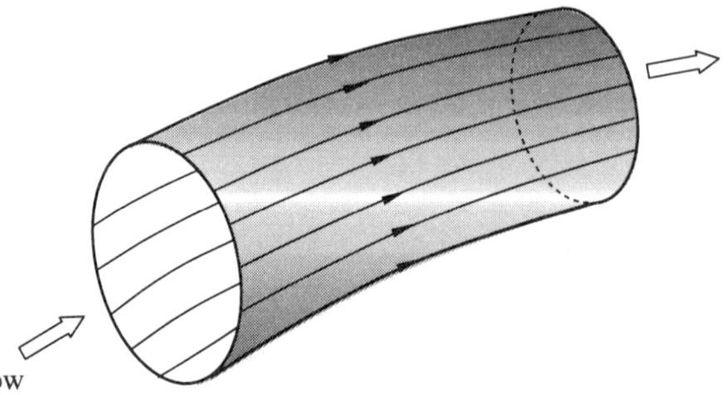

[그림 6.25]

5. 균일유동, 불균일유동

속도의 크기와 방향이 위치에 따라 변화하지 않는 유동을 균일유동(uniform flow), 위치에 따라 변화하는 유동을 불균일유동(nonuniform flow)이라 한다. 위치를 나타내는 변수를 s라 하면 균일유동에서

$$\frac{\partial V}{\partial s}=0,\ \ \frac{\partial P}{\partial s}=0,\ \ \frac{\partial \rho}{\partial s}=0$$

이다.

설명 압력 차이에 의해 지름이 일정한 긴 파이프라인(pipeline) 안을 흐르는 유동은 균일유동이라 할 수 있다. 아주 긴 파이프에서는 길이에 따른 변화가 없으므로(각 위치에서의 상황이 같다) 균일유동이 된다. 불균일유동은 속도와 압력 등이 위치에 따라 변화하는 유동을 말하며 $\frac{\partial V}{\partial s}\neq 0$, $\frac{\partial P}{\partial s}\neq 0$, $\frac{\partial \rho}{\partial s}\neq 0$이다. [그림 6.26]은 파이프에서의 이상유체의 균일유동을 나타낸다. 많은 유체역학 문제에서는 이와 같은 균일유동을 가정하여 해석한다.

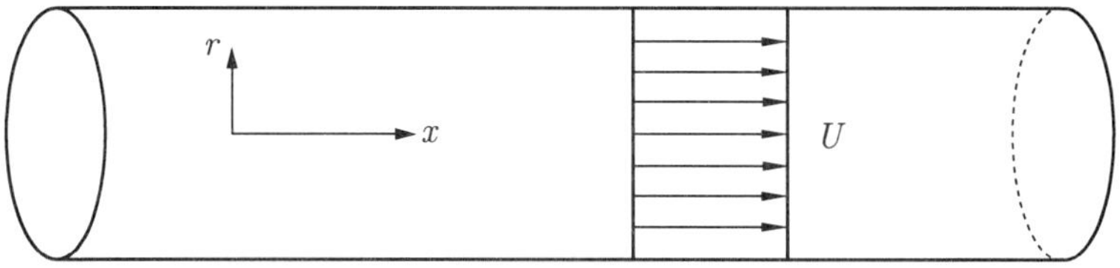

[그림 6.26]

6. 1차원 흐름

유체의 모든 성질이 하나의 공간좌표와 시간으로 표현되는 유동을 1차원 흐름(유동)(one dimensional flow)이라 한다. 유체의 속도, 압력, 밀도 등이 공간에서 한 방향으로만 변화하는 유동을 말하며 변화하는 방향을 x라 하면 모든 물리량 F에 대하여

$$\frac{\partial F}{\partial x} \neq 0, \quad \frac{\partial F}{\partial y} = 0, \quad \frac{\partial F}{\partial z} = 0$$

이 된다. x 방향으로의 속도가 있지만 속도의 변화가 없는 유동($\frac{\partial F}{\partial x} = 0$)도 1차원 흐름이라 한다.

설명 긴 관 내에 비점성유체가 흐를 때 속도가 균일한 [그림 6.27(a)]와 같은 유동은 1차원 흐름이다. 실제 관 내의 점성유체의 유동은 (b)와 같다. 이 경우에는 단면에서의 유체의 속도가 일정하지 않기 때문에 1차원 흐름이 아니라고 할 수 있지만 단면이 일정하면 속도분포가 하나의 공간좌표 y에 의존하기 때문에 1차원 흐름이라 한다. 많은 경우에 있어서 관 유동은 (a)와 같은 1차원 유동으로 간주하고 해석한다. 이때의 유속은 (b)의 평균유속이 된다.

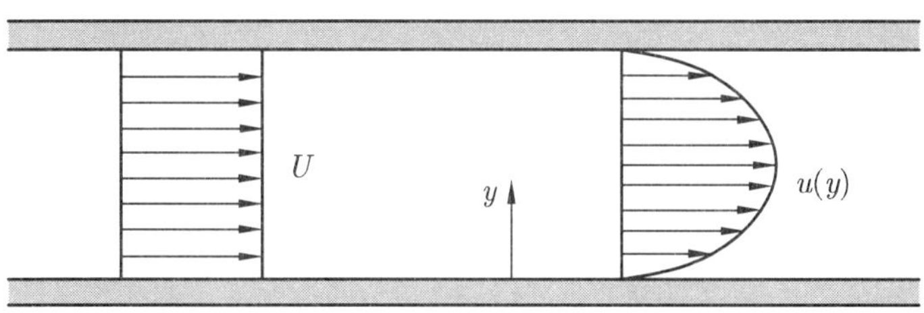

(a) (b)

[그림 6.27]

7. 2차원 흐름

유체의 모든 성질이 두 개의 공간좌표(x, y)와 시간(t)에 의존하는 유동을 2차원 흐름(유동)(two dimensional flow)이라 한다. 유체의 속도, 압력, 밀도 등의 모든 물리량 F에 대하여

$$\frac{\partial F}{\partial x} \neq 0,\ \ \frac{\partial F}{\partial y} \neq 0,\ \ \frac{\partial F}{\partial z} = 0$$

이 된다.

설명 공간에서 z 방향으로는 변화가 없는 유동을 말하며, 무한히 긴 실린더 주위의 흐름([그림 6.28]), 정체유동(stagnation flow, [그림 6.29]) 등은 2차원 유동을 나타낸다.

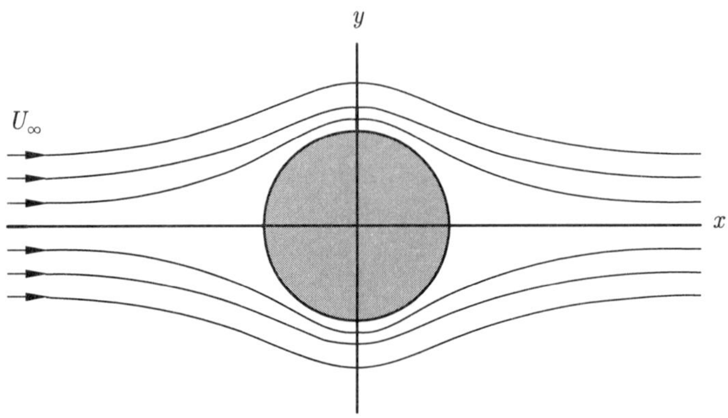

[그림 6.28]

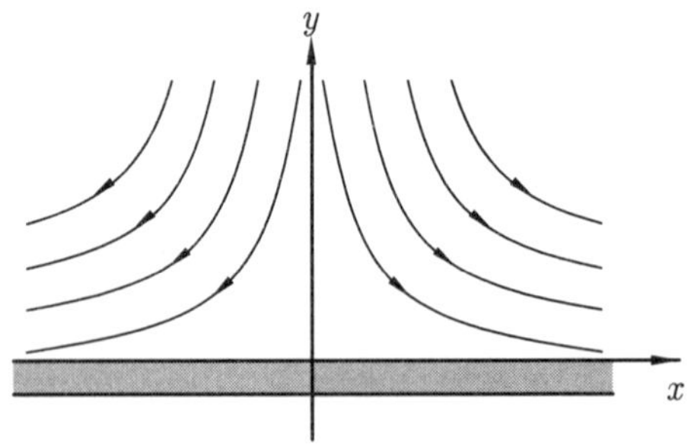

[그림 6.29]

8. 3차원 흐름

유체의 모든 성질이 세 개의 공간좌표(x, y, z)와 시간(t)의 함수인 유동을 3차원 흐름(유동)(three dimensional flow)이라 한다. 유체의 속도, 압력, 밀도 등의 모든 물리량 F에 대하여

$$\frac{\partial F}{\partial x} \neq 0,\ \ \frac{\partial F}{\partial y} \neq 0,\ \ \frac{\partial F}{\partial z} \neq 0$$

가 된다.

설명 실제유체의 흐름은 대부분 3차원 흐름이다. 그러나 3차원 유동을 해석하는 것은 매우 어려우므로 많은 경우에 있어서 2차원 또는 1차원 흐름으로 가정하여 해석한다. 예를 들어 유한 차분법을 사용하여 해석할 때 2차원 유동인 경우 가로×세로를 100×100으로 나누면 총 만 개의 격자점이 나온다. 그런데 3차원 흐름인 경우 가로×세로×높이를 100×100×100으로 잡으면 총 백만 개의 격자점이 나오므로 많은 데이터를 저장할 수 있는 큰 컴퓨터 용량과 긴 계산 시간이 요구된다.

9. 층류, 난류

[그림 6.30(a)]와 같이 유체가 층층이 쌓여 있는 판의 이동처럼 잘 정돈되어 규칙적으로 매끄러운 선을 따라 흐르는 유동을 층류(laminar flow)라 하고, (b)와 같이 유체의 흐름이 불규칙적이고 유체 입자들이 서로 섞이는 유동을 난류(turbulent flow)라 한다.

(a) (b)

[그림 6.30]

10. 레이놀즈수

관 내부 유동에서 층류와 난류는 다음과 같이 정의되는 레이놀즈수(Reynolds number)에 의해 결정된다.

$$Re = \frac{VD}{\nu}$$

여기에서 V는 평균유속(m/s), D는 관의 지름(m), ν는 동점성계수(m^2/s)이고, Re는 무차원수(dimensionless number)이다. 레이놀즈수의 증가와 함께 층류에서 난류로의 천이(transition)가 일어나며 이때의 레이놀즈수를 임계 레이놀즈수(Critical Reynolds number)라 한다. 실험에 의하면 일반적인 관에서 $Re < 2300$에서는 층류, $Re > 4000$에서는 난류라고 알려져 있다. 일반적으로 난류가 발달하기 시작하는 임계 레이놀즈수를 $Re_c = 2300$으로 잡지만 이 값은 유동조건에 따라 다른 값을 나타낼 수 있다.

설명 유체 입자의 속도에 일시적인 교란(disturbance)이 발생하여도 입자가 서로 섞이려는 관성력(inertia force)에 비해 이를 저지하려는 점성력(viscous force)이 더 크면 교란은 사라지고 곧 안정하게 된다. 그러나 관성력이 점점 더 커지면 교란이 증폭되어 유체 흐름은 불규칙하게 변한다. 레이놀즈수는 $\left(\frac{\text{관성력}}{\text{점성력}}\right)$을 나타내는 변수이다. 즉, 레이놀즈수가 커질수록 유체 흐름은 점점 더 불안정하게 되며 어느 임계값을 넘어서면 층류에서 난류로 변하게 된다. 임계 레이놀즈수는 실험으로 찾아내는 수이며 관의 형태나 표면 거칠기 등의 상황에 따라 다른 값을 나타낸다. 일반적으로 거친 표면의 관에서는 임계 레이놀즈수를 2000으로 잡지만, 관 벽이 매끄럽고 진동이 없으며, 관으로 유입되는 유체에 교란이 없는 경우에는 $Re = 40000$까지도 층류가 될 수 있다. 임계 레이놀즈수는 기하학적 형상(geometry)에 따라서도 다른 값을 나타낸다. 레이놀즈수 $Re = \frac{VL}{\nu}$에서 'V는 특성속도, L은 특성길이'이며, 관에서의 특성길이는 관 지름으로 정한다. 두 개의 무한평판 사이의 유동에서 평균속도를 특성속도로 하고, 판 사이의 거리를 특성 길이로 할 때 임계 레이놀즈수는 약 1500이다.

11. 비압축성유동, 압축성유동

일반적으로 유체의 '비압축성(incompressibility)'은 다음과 같이 일정한 밀도를 의미한다.

$$\frac{\partial \rho}{\partial t}=0,\ \frac{\partial \rho}{\partial x}=0,\ \frac{\partial \rho}{\partial y}=0,\ \frac{\partial \rho}{\partial z}=0$$

액체의 흐름은 대부분의 경우 비압축성유동(incompressible flow)이며, 공기의 속도가 충분히 낮을 때도 비압축성유동으로 간주할 수 있다. 비압축성유동과 달리 유동 중에 유체의 밀도가 크게 변화하는 흐름을 압축성유동(compressible flow)이라 하고, 유동의 압축 가능성을 결정하는 데는 다음과 같이 정의되는 마하수(Mach number)를 이용한다.

$$M=\frac{V}{c}$$

여기에서 V는 특성속도이고 $c=\sqrt{kRT}$는 음속(speed of sound)을 나타내며

$$M<0.3$$

이면 공기 흐름도 비압축성유동으로 취급한다.

설명 비압축성유동은 유체 입자가 이동함에 따라 유체의 밀도가 일정한 것을 의미($D\rho/Dt=0$)하며 모든 점에서 유체의 밀도가 같을 필요는 없다. 예를 들어 관 내부에서 물이 흘러가고 있을 때 관의 어떤 점에서 소금을 첨가하면 유체의 밀도는 일정하지 않지만 이 유동은 비압축성유동이다. 일반적으로 액체는 체적탄성계수가 매우 크므로(물의 체적탄성계수는 약 $2\times10^9\ \mathrm{Pa}$이다) 거의 압축되지 않는다. 수격작용(water hammering)과 같이 밀도 변화가 있는 현상은 예외적으로 압축성유동으로 취급하지만 대부분의 공학적인 문제에서 일어나는 액체의 흐름은 비압축성유동이다.

공기압축기와 터빈 내에서의 공기 유동 등과 같은 고속에서의 기체의 흐름은 압축성유동을 고려한다. 그러나 기체의 흐름이지만 자동차나 경비행기 주변의 유동 또는 비행기가 이륙할 때의 흐름 등과 같이 낮은 속도 유동($M<0.3$)은 비압축성유동으로 취급한다.

* 수격작용 : 관 속에서 운동하고 있는 물을 갑자기 정지시키거나 정지한 물을 갑자기 흐르게 할 때 관 내부에서 압력의 급격한 상승 또는 강하가 일어나서 마치 망치로 치는 것 같은 소리가 나는 현상을 수격작용이라 한다. 운동 상태가 갑자기 변함에 따라 순간적으로 운동에너지가 압력에너지로 변하여 압력이 급격히 상승하거나 떨어지게 된다.

12. 아음속유동, 초음속유동

유체의 속도가 음속보다 느린 유동($M < 1$)을 아음속유동(subsonic flow)이라 하고, 음속보다 빠른 유동($M > 1$)을 초음속유동(supersonic flow)이라 한다.

13. 점성유동, 비점성유동

점성이 고려되지 않는 흐름을 비점성유동(inviscid flow)이라 하고, 점성의 영향을 무시할 수 없는 흐름을 점성유동(viscous flow)이라고 한다.

설명 모든 유체는 점성을 가지고 있지만 점성이 큰 영향을 미치지 않을 때는 비점성유동으로 간주하여 해석한다. 관 유동과 같은 내부유동(internal flow)에서는 특히 점성의 영향이 크다. 그러나 비행기 날개(airfoil)나 실린더 주위의 외부유동(external flow) 등에서는 점성의 영향이 물체 주위의 경계층(boundary layer)에서는 크게 나타나지만 물체로부터 멀어질수록 그 영향력이 약해지므로 충분히 먼 거리에서의 유동은 비점성유동으로 간주할 수 있다. 따라서 점성유동보다 비점성유동의 해석이 간단하기 때문에 이러한 경우에는 물체로부터 먼 곳은 비점성영역(inviscid region)으로 가정하고 해석해도 실제와 큰 차이가 없다.

* 경계층(boundary layer) : 벽 점착조건(no slip condition)에 의해 고체 벽면에서 유체 속도 $u = 0$이고, 벽면에서 멀어질수록 속도는 증가한다([그림 6.31(b)]). 그러나 벽면으로부터 어느 거리 이후에는 유속이 일정해지는데($u = U$) 이와 같은 현상은 실제유체의 점성 때문에 일어나는 것이다. 즉 점성의 영향은 고체 벽면으로부터 멀어질수록 작아진

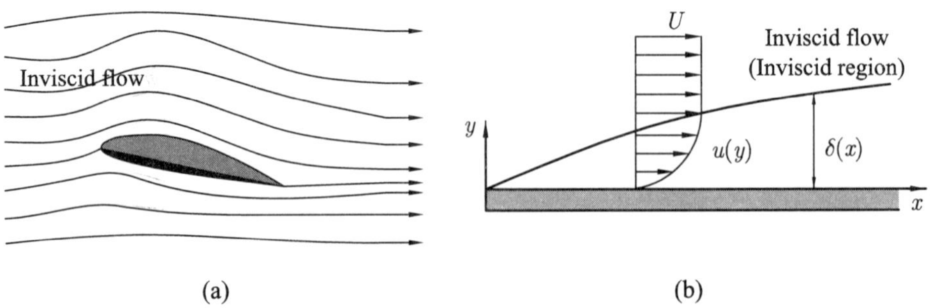

[그림 6.31]

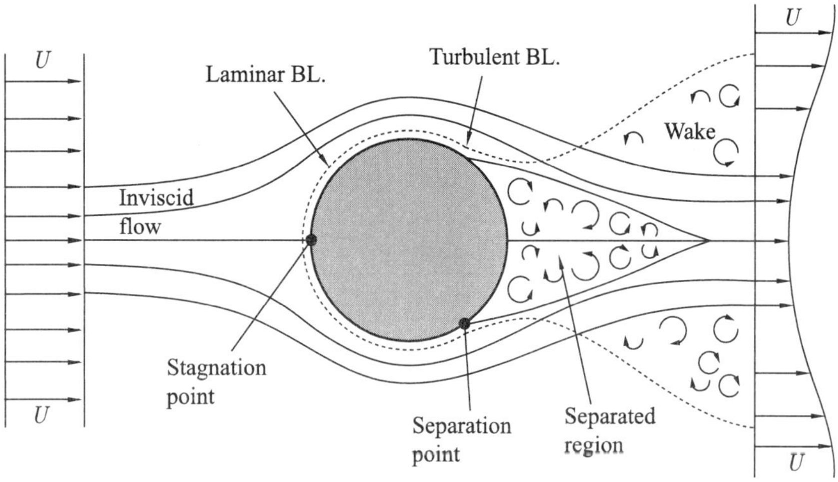

[그림 6.32]

다. 이와 같이 유체 흐름에 있어서 점성의 영향이 크게 작용하는 벽면 주변의 얇은 영역을 경계층이라 하고, 경계층 밖에서는 본질적으로 유체의 점성이 작용하지 않는 것으로 간주한다. 일반적으로 자유흐름 속도의 99%$(u=0.99U)$가 되는 점까지의 두께를 경계층의 두께 $\delta(x)$로 한다.

* 실제유체의 흐름은 매우 복잡하다. 한 예로 [그림 6.32]에 실린더 주위의 유동 양상을 도시하였다. 레이놀즈수가 작을 때는 그림의 매끈한 선을 따라 유체가 흐르지만 레이놀즈수가 커지면 실린더 뒤에서 복삽한 소용돌이가 일어난다.

14. 연속방정식-1차원 정상류

단위시간에 각 유동단면을 통과하는 유체의 질량은 모든 단면에서 같다는 것을 1차원 정상류의 연속방정식(continuity equation)이라 한다. 단면의 면적이 A인 곳에서 유체의 밀도를 ρ, 속도를 V라 하면

$$\rho A V = \text{일정}$$

이다.

예 [그림 6.33]과 같이 단면 1에서의 면적, 밀도, 비중량, 속도를 각각 A_1, ρ_1, γ_1, V_1, 단면 2에서의 면적, 밀도, 비중량, 속도를 각각 A_2, ρ_2, γ_2, V_2라 하면

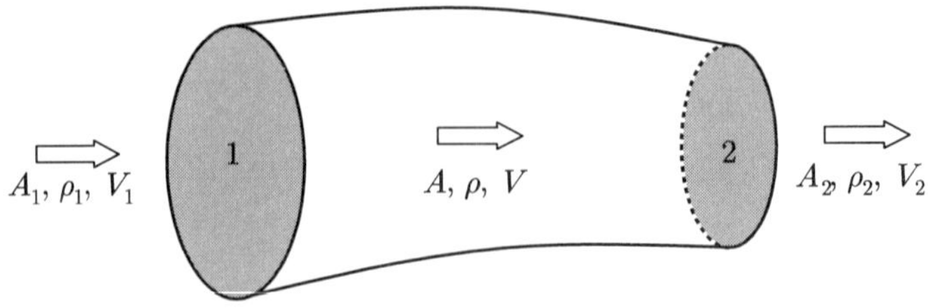

[그림 6.33]

$$\rho_1 A_1 V_1 = \rho_2 A_2 V_2$$
$$\gamma_1 A_1 V_1 = \gamma_2 A_2 V_2$$

가 된다.

설명 질량보존법칙을 적용하면 연속법칙이 얻어진다. [그림 6.34]에서 평균유출속도가 V_2인 단면에서 Δt 동안 유출되는 유체의 질량은 '출구면적 A_2와 Δt 동안 이동한 거리 $V_2 \Delta t$로 이루어진 체적'에 포함된 유체의 질량과 같다.

$$m_2 = \rho_2 A_2 V_2 \Delta t$$

마찬가지로 Δt 동안 단면 1에 유입되는 유체의 질량은

$$m_1 = \rho_1 A_1 V_1 \Delta t$$

이다. 여기에서 정상류이므로 유입되는 질량(m_1)과 유출되는 질량(m_2)은 같다. 따라서

$$\rho_1 A_1 V_1 \Delta t = \rho_2 A_2 V_2 \Delta t$$
$$\therefore\ \rho_1 A_1 V_1 = \rho_2 A_2 V_2$$

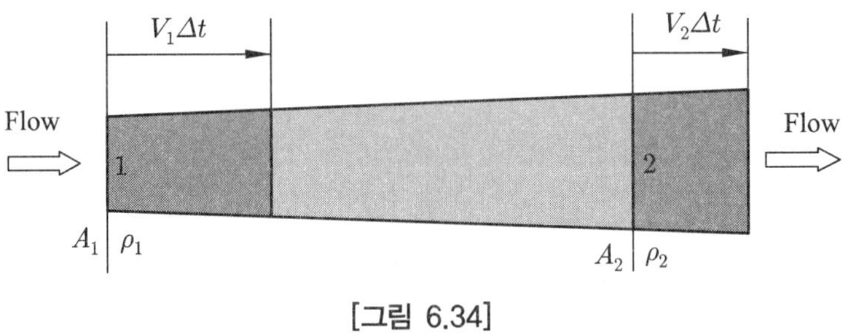

[그림 6.34]

가 성립하고, 임의 단면에서

$$\rho A V = C \ (C\text{는 상수})$$

이다.

15. 질량유량, 중량유량, 체적유량

1차원 유동에서 단위시간 동안 흐르는 유체의 질량과 중량 및 체적은 다음과 같다.

(1) 질량유량 : $\dot{m} = \rho A V [\mathrm{kg/s}]$

(2) 중량유량 : $G = \gamma A V [\mathrm{N/s}]$

(3) 체적유량 : $Q = A V [\mathrm{m^3/s}]$

* 일반적으로 많이 취급하는 것은 체적유량이므로 대부분의 경우에 있어서 '유량'이라고 하면 '체적유량'을 의미한다.

16. 연속방정식-1차원 정상류, 비압축성유체

비압축성유체에서는 밀도가 일정하므로 연속방정식은 다음과 같이 된다.

$$A V = \text{일정}$$
$$A_1 V_1 = A_2 V_2$$

설명 연속방정식에서 '$\rho = \rho_1 = \rho_2 =$ 일정'이므로 '$A V =$ 일정'이 된다. 압축성유체를 취급할 때는 질량유량이나 중량유량을 사용하지만 물과 같은 액체의 유동, 저속($M < 0.3$)의 공기 유동 등에서는 체적유량을 사용한다. 1차원 연속방정식으로부터 단면적이 작을 때는 유속이 빨라지고, 단면적이 커지면 유속이 느려진다는 것을 알 수 있다.

17. 베르누이 방정식

[그림 6.35]와 같이 동일 유선 상의 임의의 두 점 ①, ② 사이에서 성립하는 다음 관계식을 베르누이 방정식(Bernoulli equation)이라 한다.

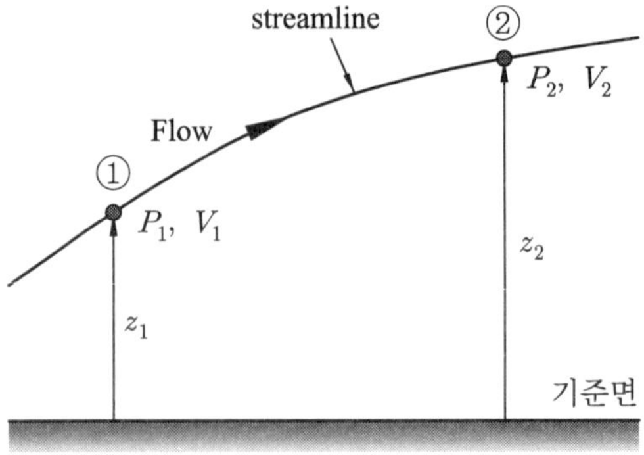

[그림 6.35]

$$\frac{P_1}{\gamma}+\frac{V_1^2}{2g}+z_1=\frac{P_2}{\gamma}+\frac{V_2^2}{2g}+z_2$$

베르누이 방정식은 유체 흐름에서 유속과 압력을 구할 때 가장 기초가 되는 식이다.

설명 비점성, 비압축성유체에 대하여 [그림 6.36]과 같은 검사체적을 잡고 에너지 보존법칙을 적용한다. 유체의 단위질량당 위치에너지와 운동에너지는 각각 gz, $V^2/2$이므로 질량유량을 $\dot{m}$라 하면 단면 1에서 유입되는 에너지와 단면 2에서 유출되는 에너지는 각각

$$\dot{m}(gz_1+V_1^2/2),\ \dot{m}(gz_2+V_2^2/2)$$

이다. 다음에 압력에 의한 일을 고려하면, 먼저 입구와 출구를 제외한 검사면의 나머지 부분에 작용하는 압력 힘은 유체의 운동 방향에 수직으로 작용하므로 일을 하지 않는다. 그리고 입구의 출구에서 압력과 같은 방향으로 각각 A_1V_1, A_2V_2의 부피 변화가 생겼으므로 여기에서 압력이 한 일은 각각

$$P_1A_1V_1,\ P_2A_2V_2$$

이다. 따라서 펌프와 터빈을 고려하지 않으면 정상상태를 유지하고 있는 검사체적에 대한 에너지 보존식은 다음과 같이 된다.

$$\dot{m}\left(gz_1+\frac{V_1^2}{2}\right)+P_1A_1V_1=\dot{m}\left(gz_2+\frac{V_2^2}{2}\right)+P_2A_2V_2 \qquad \cdots ①$$

여기에서 연속법칙에 의해

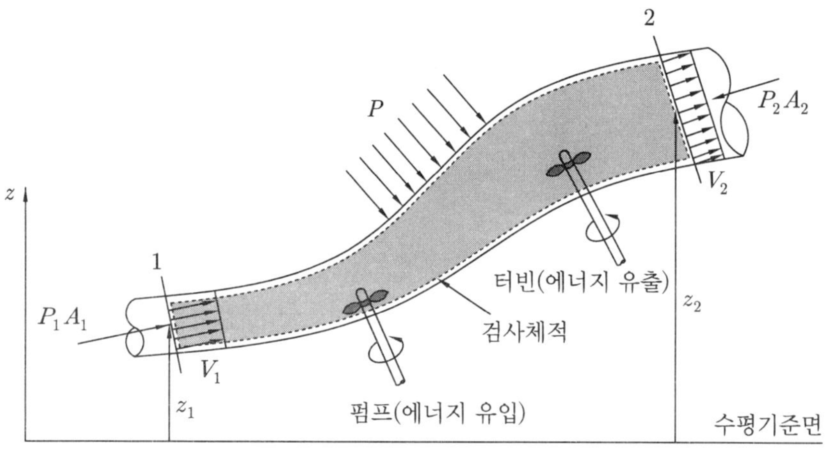

[그림 6.36]

$$\dot{m} = \rho A_1 V_1 = \rho A_2 V_2 \qquad \cdots ②$$

이므로 $A_1 V_1 = A_2 V_2 = \dot{m}/\rho$이다. 이 식을 ①에 대입하면

$$\dot{m}\left(gz_1 + \frac{V_1^2}{2}\right) + P_1 \times \frac{\dot{m}}{\rho} = \dot{m}\left(gz_2 + \frac{V_2^2}{2}\right) + P_2 \times \frac{\dot{m}}{\rho}$$

이고, $\dot{m}g$를 나누어주면 다음 베르누이 방정식이 유도된다.

$$\frac{P_1}{\gamma} + \frac{V_1^2}{2g} + z_1 = \frac{P_2}{\gamma} + \frac{V_2^2}{2g} + z_2 \qquad \cdots ③$$

여기에서 비중량 $\gamma = \rho g$이다.

✱ 식 ③의 베르누이 정리가 성립하기 위해서는 다음의 여러 가지 조건이 만족되어야 한다.

(1) 정상유동 : 시간에 따른 변화가 없고 일정한 상태를 유지해야 한다.

(2) 비압축성유동 : 마하수 $M < 0.3$이면 적용 가능하다.

(3) 비점성유동 : 흐름의 과정에서 마찰 손실이 없어야 한다.

(4) 단일 유선을 따라서 적용된다 : 유선마다 $\frac{P}{\gamma} + \frac{V^2}{2g} + z$의 값이 다를 수 있다.

(5) 단면 1과 2 사이에 축일이 없다 : 유선 위에 설치된 펌프나 터빈이 없다.

(6) 단면 1과 2 사이에 열전달이 없다 : 흐름 중에 주위로부터 열이 공급되거나 유체로부터 주위로 열이 방출되지 않는다.

[에너지 방정식] 베르누이 방정식은 유체 흐름에서 가장 기초가 되는 식이지만 실제유체에 적용할 때는 관로에서 발생하는 여러 가지 손실을 고려해야 하고 여러 가지 물리적 상황을 이해해서 적용해야 한다. [그림 6.36]과 같이 펌프(E_p)와 터빈(E_t)이 설치되고 손실(h_{loss})이 고려된 에너지 방정식은 다음과 같다.

$$\frac{P_1}{\gamma}+\frac{V_1^2}{2g}+z_1+E_p=\frac{P_2}{\gamma}+\frac{V_2^2}{2g}+z_2+E_t+h_{loss}$$

18. 수두

베르누이 방정식에 나타나는 항들은 유체의 단위중량당 에너지를 나타내며 각 항들과 그들의 조합을 다음과 같이 부른다.

(1) $\frac{P}{\gamma}$: 압력수두(pressure head)

(2) $\frac{V^2}{2g}$: 속도수두(velocity head)

(3) z : 위치수두(potential head), 높이수두(elevation head)

(4) $\frac{P}{\gamma}+z$: 피에조메트릭 수두(piezometric head)

(5) $\frac{P}{\gamma}+\frac{V^2}{2g}+z$: 전수두(total head)

설명 압력수두는 비중량 γ의 유체가 압력 P를 만들어내는 유체기둥의 높이 h ($P=\gamma h$)에 해당되고, 속도수두는 마찰이 없을 때 정지상태로부터 자유낙하하여 속도가 V가 될 때까지의 낙하 거리 $h(\frac{mV^2}{2}=mgh)$가 된다. 단위중량당 에너지는 ($\frac{에너지}{무게}=\frac{\mathrm{J}}{\mathrm{N}}=\frac{\mathrm{N\cdot m}}{\mathrm{N}}=\mathrm{m}$이므로) 길이의 차원을 갖는다. 압력수두, 속도수두, 위치수두의 차원은

$$\left[\frac{P}{\gamma}\right]=\frac{\mathrm{N/m^2}}{\mathrm{N/m^3}}=\mathrm{m},\quad \left[\frac{V^2}{g}\right]=\frac{(\mathrm{m/s})^2}{\mathrm{m/s^2}}=\mathrm{m},\quad [z]=\mathrm{m}$$

이다. 펌프나 터빈을 해석할 때 일반적으로 수두를 이용한다. 관 내부를 흐르는 마찰이 없는 유동에 대하여 시각적으로 수두를 나타내면 [그림 6.37]과 같다. 그림에서 피에조메트릭 수두($\frac{P}{\gamma}+z$)를 연결한 선을 수력구배선(수력기울기선, hydraulic

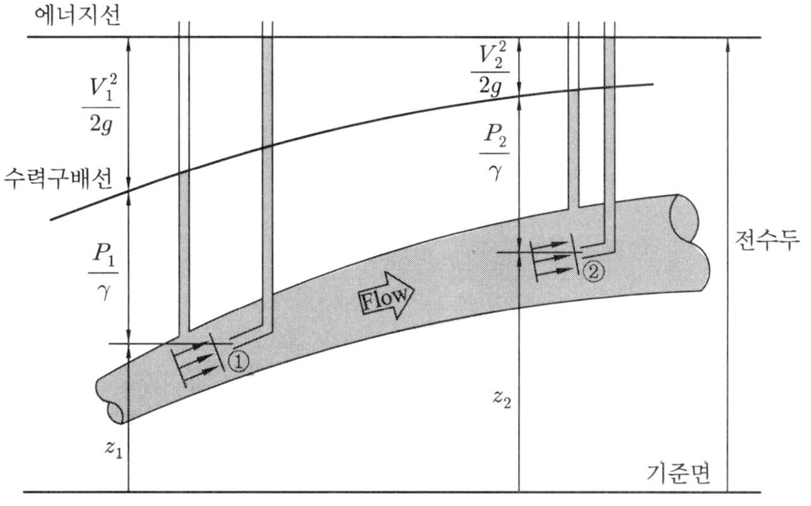

[그림 6.37]

gradient line, H.G.L.)이라 하고, 전수두($\frac{P}{\gamma}+\frac{V^2}{2g}+z$)를 나타내는 선을 에너지선 (energy line, E.L.)이라 한다.

19. 정압, 동압, 전체압력(정체압력)

운동에너지와 위치에너지를 압력으로 환산하여 베르누이 방정식을 쓰면 다음과 같다.

$$P+\frac{\rho V^2}{2}+\gamma z=\text{일정}$$

수두를 압력으로 환산하였을 때 압력 P를 정압, $\frac{\rho V^2}{2}$을 동압이라 하고, $P+\frac{\rho V^2}{2}=P_T$를 전압(전체압력, total pressure) 또는 정체압력(stagnation pressure)이라 한다.

20. 피토관을 이용한 유속 측정

그림과 같이 수평으로 놓인 관 벽에 설치한 액주계 A와 액주계의 끝 단면이 흐름의 방향에 수직하게 설치한 액주계 B에서 두 액주계의 높이 차이가 h일 때 관을 흐르는 유체의 속도

$$v=\sqrt{2gh}$$

이다.

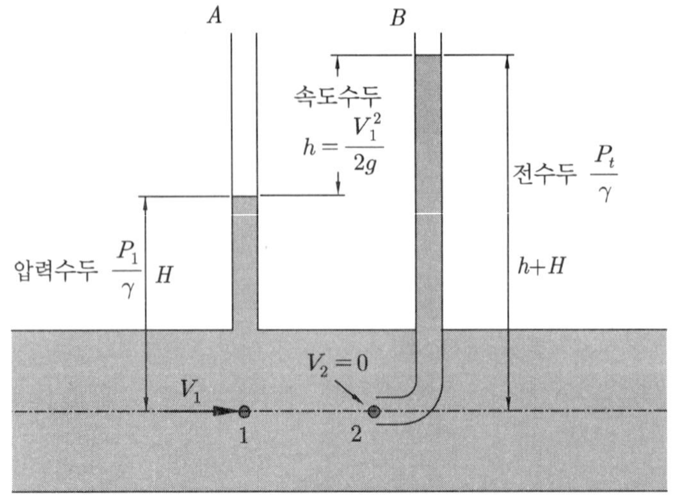

[그림 6.38]

설명 피토관(Pitot tube) 원리는 다음과 같다. [그림 6.38]의 점 1, 2 사이에 베르누이 방정식을 적용하면

$$\frac{P_1}{\gamma}+\frac{V_1^2}{2g}+z_1=\frac{P_2}{\gamma}+\frac{V_2^2}{2g}+z_2 \qquad \cdots ①$$

이다. 여기에서 수평으로 놓인 관이므로 $z_1=z_2$이고, 평형상태에서 B의 입구 2에서는 유체가 액주계 속으로 유입되지 않고 정체되어 있으므로 유속 $V_2=0$이다. 액주계 A, B에서 점 1, 2의 계기압력은

$$P_1=\gamma H \qquad \cdots ②$$

$$P_2=\gamma(h+H) \qquad \cdots ③$$

이다. 따라서 식 ①은 다음과 같이 된다.

$$\frac{\gamma H}{\gamma}+\frac{V_1^2}{2g}=\frac{\gamma(H+h)}{\gamma}$$

$$\frac{V_1^2}{2g}=h$$

$$\therefore\ V_1=\sqrt{2gh} \qquad \cdots ④$$

그림에서 H는 압력수두, h는 속도수두, $h+H$는 전수두가 된다.

＊대기압을 P_0라 하면 점 1, 2의 절대압력은

$$P_1 = P_0 + \gamma H\,,\ P_2 = P_0 + \gamma(h + H)$$

인데 이것을 식 ①에 대입해도 같은 결과가 얻어진다.

❚ 예제 6.3.1 안지름이 40 cm 인 관 속을 평균유속 10 m/s 로 동점성계수 $1.01 \times 10^{-6}\,\mathrm{m^2/s}$ 의 물이 흐를 때 레이놀즈수를 구하여라.

▶풀이 레이놀즈수 $Re = \dfrac{VD}{\nu} = \dfrac{10 \times 0.4}{1.01 \times 10^{-6}} = 3.96 \times 10^6$

❚ 예제 6.3.2 안지름이 20 cm 인 관 속을 흐르는 공기의 임계속도를 구하여라. 공기의 동점성계수는 $1.5 \times 10^{-5}\,\mathrm{m^2/s}$ 이고 임계 레이놀즈수는 2300이다.

▶풀이 임계 레이놀즈수 $Re_c = \dfrac{VD}{\nu}$ 에서 임계속도는 다음과 같다.

$$V_c = \frac{\nu Re_c}{D} = \frac{(1.5 \times 10^{-5}) \times 2300}{0.2} = 0.1725\,(\mathrm{m/s}) = 17.25\,(\mathrm{cm/s})$$

❚ 예제 6.3.3 음속이 340 m/s 일 때 비행 속도가 500 m/s 인 비행기의 마하수는 얼마인가?

▶풀이 마하수 $M = \dfrac{V}{c} = \dfrac{500}{340} = 1.47$

❚ 예제 6.3.4 영하 50℃ 의 공기 속에서 마하수 2로 비행하는 물체의 속도를 구하여라. 공기의 비열비는 1.4, 기체상수는 0.287 kJ/kg · K 이다.

▶풀이 마하수 $M = V/c$ 에서 물체의 속도는 다음과 같다.

$$V = Mc = M\sqrt{kRT} = 2 \times \sqrt{1.4 \times 287 \times (273 - 50)} = 598.7\,(\mathrm{m/s})$$

❚ 예제 6.3.5 안지름 0.5 m 의 송유관을 평균속도 2 m/s 로 기름이 흐를 때 다음을 구하여라. 기름의 밀도는 $900\,\mathrm{kg/m^3}$ 이다.

(1) 체적유량　　　　(2) 질량유량

(3) 중량유량

▶**풀이** (1) $Q = AV = \frac{\pi D^2}{4} \times V = \frac{\pi \times 0.5^2}{4} \times 2 = 0.3927\,(\mathrm{m^3/s})$

(2) $\dot{m} = \rho AV = \rho Q = 900 \times 0.3927 = 353.4\,(\mathrm{kg/s})$

(3) $G = \gamma AV = \gamma Q = (900 \times 9.8) \times 0.3927 = 3463.6\,(\mathrm{N/s})$

❙ 예제 6.3.6 안지름 20cm인 관 속을 초당 $0.2\mathrm{m^3}$로 물이 흐르고 있을 때 레이놀즈수를 구하여라. 물의 밀도는 $1000\mathrm{kg/m^3}$, 점성계수는 $1.01 \times 10^{-3}\,\mathrm{Pa \cdot s}$이다.

▶**풀이** 체적유량 $Q = AV$에서 $V = Q/A$이므로 레이놀즈수

$$Re = \frac{VD}{\nu} = \frac{(Q/A) \times D}{\mu/\rho} = \frac{\rho Q}{\mu} \times \frac{D}{A}$$

$$= \frac{\rho Q}{\mu} \times \frac{D}{\pi D^2/4} = \frac{4\rho Q}{\pi \mu D}$$

$$= \frac{4 \times 1000 \times 0.2}{\pi \times (1.01 \times 10^{-3}) \times 0.2} = 1.26 \times 10^6$$

❙ 예제 6.3.7 [그림 6.39]와 같이 단면적이 변화하는 관을 비압축성유체가 흐르고 있다. 안지름 D_1인 곳에서의 평균유속이 10m/s이면 안지름 D_2인 곳에서의 평균유속은 얼마인가? 단, $D_2 = D_1/2$이다.

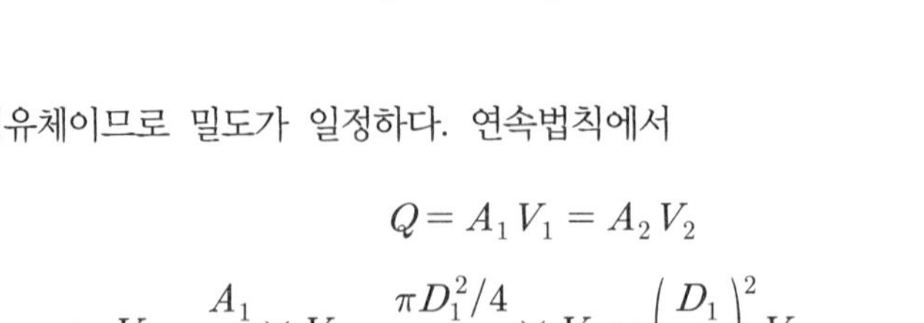

[그림 6.39]

▶**풀이** 비압축성유체이므로 밀도가 일정하다. 연속법칙에서

$$Q = A_1 V_1 = A_2 V_2$$

$$\therefore\ V_2 = \frac{A_1}{A_2} \times V_1 = \frac{\pi D_1^2/4}{\pi D_2^2/4} \times V_1 = \left(\frac{D_1}{D_2}\right)^2 V_1$$

$$= \left(\frac{D_1}{D_1/2}\right)^2 V_1 = (2)^2 \times 10 = 40\,(\mathrm{m/s})$$

▌예제 6.3.8 단면적이 변하는 관을 일정한 유량 $120\,\mathrm{m^3/min}$으로 비압축성유체가 흐르고 있다. 단면적이 $0.25\,\mathrm{m^2}$인 곳에서의 유속은 얼마인가?

▶풀이 체적유량 $Q = AV$에서 유속은 다음과 같다.

$$V = \frac{Q}{A} = \frac{120/60}{0.25} = 8\,(\mathrm{m/s})$$

▌예제 6.3.9 단면의 면적이 A인 곳에서 유체의 밀도를 ρ, 속도를 V라 할 때 1차원 정상류에 대한 연속방정식의 미분식을 유도하여라.

▶풀이 임의의 단면에서 연속방정식은

$$\rho A V = C \ (C\text{는 상수})$$

이다. 이 식을 미분하면

$$A V d\rho + \rho V dA + \rho A dV = 0$$

이고, 양변을 $\rho A V$로 나누면 다음과 같은 1차원 정상류에 대한 연속방정식의 미분식이 구해진다.

$$\frac{d\rho}{\rho} + \frac{dA}{A} + \frac{dV}{V} = 0$$

▌예제 6.3.10 [그림 6.40]과 같이 기울어진 관 내부에 유체가 흐르고 있다. 점 1에서의 압력이 $120\,\mathrm{kPa}$, 유속이 $3\,\mathrm{m/s}$이고, 점 2에서의 유속은 $5\,\mathrm{m/s}$이다. 두 지점의 높이 차이 $h = 2\,\mathrm{m}$일 때 점 2에서의 압력을 구하여라. 단, 유체의 밀도는 $1000\,\mathrm{kg/m^3}$, 중력가속도는 $9.8\,\mathrm{m/s^2}$이며 손실은 무시한다.

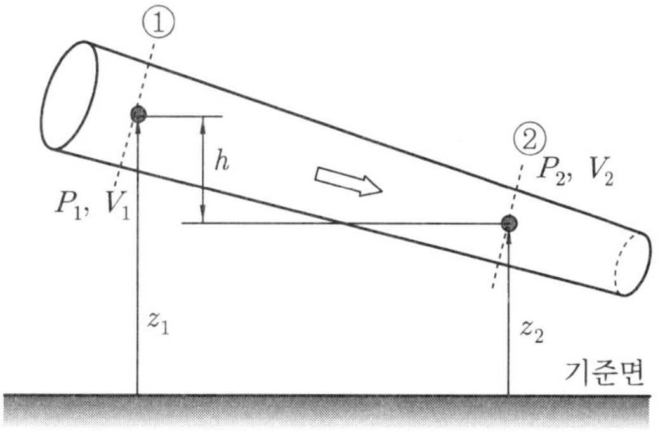

[그림 6.40]

▶**풀이** 기준면으로부터의 거리를 각각 z_1, z_2라 하면 $z_1 - z_2 = h$이고, 두 점 ①, ② 사이에 베르누이 정리를 적용하여 압력 P_2를 구한다.

$$\frac{P_1}{\gamma} + \frac{V_1^2}{2g} + z_1 = \frac{P_2}{\gamma} + \frac{V_2^2}{2g} + z_2$$

$$\therefore\ P_2 = P_1 + \frac{\gamma(V_1^2 - V_2^2)}{2g} + \gamma(z_1 - z_2)$$

$$= P_1 + \frac{\rho(V_1^2 - V_2^2)}{2} + \rho g(z_1 - z_2)$$

$$= 120 + \frac{1000(3^2 - 5^2)}{2} \times \frac{1}{1000} + (1000 \times 9.8 \times 2) \times \frac{1}{1000}\ (\text{kPa})$$

$$= 131.6\,(\text{kPa})$$

▌예제 6.3.11 [그림 6.41]과 같은 물탱크의 수면으로부터 거리가 h인 곳에 설치한 작은 노즐에서 유출되는 물의 속도를 구하여라. 단, 탱크의 단면적은 노즐의 단면적보다 아주 크며 손실은 없다고 가정한다.

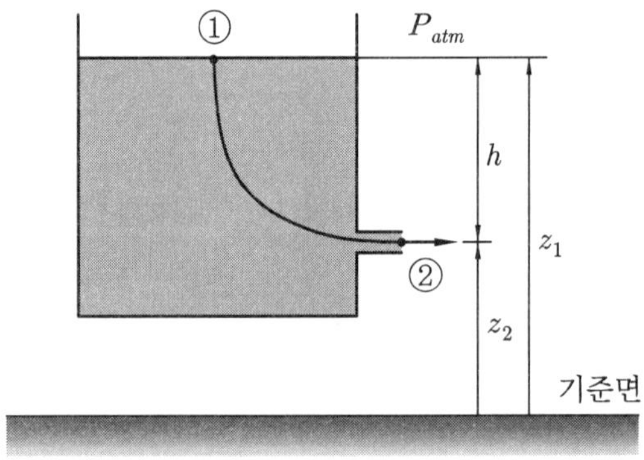

[그림 6.41]

▶**풀이** 수면(①)과 노즐의 출구(②)를 잇는 유선 사이에 베르누이 정리를 적용한다.

$$\frac{P_1}{\gamma} + \frac{V_1^2}{2g} + z_1 = \frac{P_2}{\gamma} + \frac{V_2^2}{2g} + z_2 \qquad \cdots\ ①$$

탱크가 아주 클 때 수면의 하강속도 $V_1 \approx 0$이고, 공기의 무게를 무시하면 수면과 노즐의 출구는 모두 같은 대기압상태($P_1 = P_2 = P_{atm}$)에 있다. 따라서 식 ①은

$$\frac{P_{atm}}{\gamma}+0+z_1=\frac{P_{atm}}{\gamma}+\frac{V_2^2}{2g}+z_2$$

$$\frac{V_2^2}{2g}=z_1-z_2 \qquad \cdots ②$$

가 된다. 여기에서 $z_1-z_2=h$이므로

$$V_2=\sqrt{2gh} \qquad \cdots ③$$

이다.

▌예제 6.3.12 같은 유선 위에 두 점 1, 2가 있다. 점 1에서의 유속이 10 m/s, 압력이 100 kPa이고, 점 2에서의 압력이 150 kPa일 때 점 2에서의 유속을 구하여라. 단, 점 1은 점 2보다 2 m 높은 곳에 있고, 유체의 밀도는 1000 kg/m^{3}이며, 손실은 무시한다.

▶풀이 두 점 1, 2 사이에 베르누이 정리를 적용하여 유속 V_2를 구한다. 기준면으로부터의 거리를 각각 z_1, z_2라 하면 $z_1-z_2=2(\mathrm{m})$이다.

$$\frac{P_1}{\gamma}+\frac{V_1^2}{2g}+z_1=\frac{P_2}{\gamma}+\frac{V_2^2}{2g}+z_2$$

$$\therefore\ \frac{V_2^2}{2g}-\frac{V_1^2}{2g}+\frac{P_1-P_2}{\gamma}+(z_1-z_2)$$

$$\therefore\ V_2-\sqrt{V_1^2+\frac{2(P_1-P_2)}{\rho}+2g(z_1-z_2)}$$

$$=\sqrt{10^2+\frac{2(100-150)\times10^3}{1000}+2\times9.8\times2}\ (\mathrm{m/s})$$

$$=6.26\,(\mathrm{m/s})$$

▌예제 6.3.13 수평으로 놓인 단면적이 변하는 관 내부를 비압축성유체가 흐르고 있다. 단면적 400 cm^{2}인 곳에서의 유속이 2 m/s, 압력이 150 kPa일 때 단면적 100 cm^{2}인 곳에서의 압력을 구하여라. 단, 유체의 밀도는 1000 kg/m^{3}이며, 손실은 없는 것으로 가정한다.

▶풀이 단면적 400 cm^2, 100 cm^{2}인 면을 각각 1, 2라 한다. 먼저 연속방정식으로부터 2에서의 유속을 구한다.

$$Q = A_1 V_1 = A_2 V_2$$

$$\therefore \; V_2 = \frac{A_1}{A_2} V_1 = \frac{400}{100} \times 2 = 8\,(\mathrm{m/s})$$

다음에 1, 2 사이에 베르누이 방정식을 적용하여 2에서의 압력을 구한다.

$$\frac{P_1}{\gamma} + \frac{V_1^2}{2g} + z_1 = \frac{P_2}{\gamma} + \frac{V_2^2}{2g} + z_2$$

(← 수평관이므로 $z_1 = z_2$)

$$\frac{P_2}{\gamma} = \frac{P_1}{\gamma} + \frac{V_1^2 - V_2^2}{2g}$$

$$\therefore \; P_2 = P_1 + \frac{\gamma(V_1^2 - V_2^2)}{2g} = P_1 + \frac{\rho(V_1^2 - V_2^2)}{2}$$

$$= 150 + \frac{1000 \times (2^2 - 8^2)}{2} \times \frac{1}{1000}\,(\mathrm{kPa})$$

$$= 120\,(\mathrm{kPa})$$

| 예제 6.3.14 수평으로 놓인 관 내부의 유속을 측정하기 위하여 다음과 같이 피토정압관 (Pitot static tube)을 설치하였다([그림 6.42]). 액주계의 높이 차이가 h일 때 유속을 구하여라. 유체의 비중량은 γ, 액주계의 비중량은 γ_0이다.

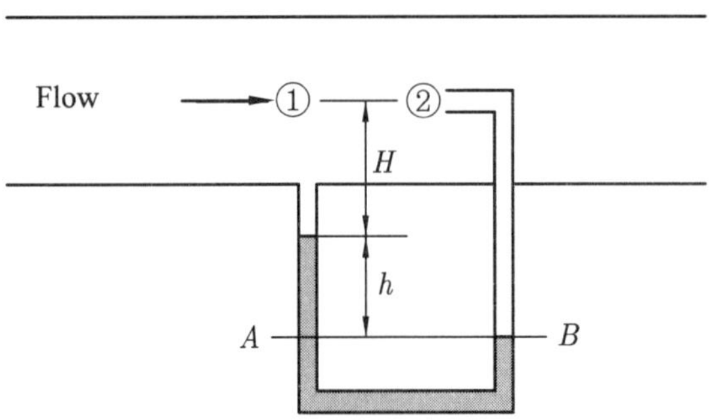

[그림 6.42]

▶풀이 그림과 같은 동일 유선 상의 두 점 ①, ② 사이에 베르누이 방정식을 적용한다.

$$\frac{P_1}{\gamma} + \frac{V_1^2}{2g} + z_1 = \frac{P_2}{\gamma} + \frac{V_2^2}{2g} + z_2 \qquad \cdots ①$$

평형상태에서 피토관 바로 입구의 점 ②의 유체는 정체되어 있으므로 $V_2 = 0$이고, 수평으로 설치된 관이므로 $z_1 = z_2$이다. 따라서 식 ①은

$$\frac{P_1}{\gamma} + \frac{V_1^2}{2g} = \frac{P_2}{\gamma}$$

$$\therefore \frac{V_1^2}{2g} = \frac{P_2 - P_1}{\gamma} \qquad \cdots ②$$

이 된다. U자 관 액주계에서 같은 높이에 있는 점 A, B에서의 압력은 같다. 액주계의 왼쪽과 오른쪽에서 P_A, P_B를 구하면

$$P_A = P_1 + \gamma H + \gamma_0 h$$

$$P_B = P_2 + \gamma(H + h)$$

이다. 따라서 $P_A = P_B$를 적용하면

$$P_1 + \gamma H + \gamma_0 h = P_2 + \gamma(H + h)$$

$$\therefore P_2 - P_1 = (\gamma_0 - \gamma)h \qquad \cdots ③$$

이고 이 식을 ②에 대입하면 다음 유속이 구해진다.

$$V_1 = \sqrt{2gh\left(\frac{\gamma_0}{\gamma} - 1\right)} \qquad \cdots ④$$

* 연속방정식과 베르누이 방정식은 많은 유체 흐름에서 사용되는 기본적인 식이므로 개념을 잘 파악해두도록 한다.

연습문제 6.3

1. 다음 유동이 될 조건을 유속 V, 시간 t, 위치 s로 나타내어라.
   (1) 정상상태 균일유동
   (2) 비정상상태 균일유동
   (3) 정상상태 불균일유동
   (4) 비정상상태 불균일유동

2. 레이놀즈수 $Re = \frac{VD}{\nu}$가 무차원수임을 보여라.

3. 안지름 50 cm인 관 속을 평균유속 12 m/s로 동점성계수 $1.5 \times 10^{-5}\,\mathrm{m^2/s}$의 공기가 흐를 때 레이놀즈수를 구하여라.

4. 안쪽 반지름이 50 cm인 관을 평균유속 20 cm/s로 물이 흐를 때 레이놀즈수를 구하여라. 물의 동점성계수는 $1.01 \times 10^{-6}\,\mathrm{m^2/s}$이다.

5. 안지름 20 cm의 관 속을 흐르는 기름의 레이놀즈수가 2000일 때 평균유속을 구하여라. 기름의 동점성계수는 $3 \times 10^{-4}\,\mathrm{m^2/s}$이다.

6. 안지름 60 cm인 관 속을 평균유속 10 m/s로 흐르는 유체의 레이놀즈수를 구하여라. 단, 유체의 밀도는 $1.2\,\mathrm{kg/m^3}$, 점성계수는 $1.8 \times 10^{-5}\,\mathrm{Pa \cdot s}$이다.

7. 음속이 340 m/s일 때 시속 300 km로 달리는 고속열차의 마하수는 얼마인가?

8. 마하수 0.2로 달리는 고속열차가 부산에서 서울까지 450km의 거리를 가는 데 걸리는 시간을 구하여라. 음속은 340 m/s이다.

9. 온도 −30℃에서 마하수 1.5로 비행하는 물체의 속도를 구하여라. 공기의 비열비는 1.4, 기체상수는 0.287 kJ/kg · K이다.

10. 영하 20℃의 공기에서 속도가 300 m/s인 비행기는 초음속 비행기인가? 공기의 비열비는 1.4, 기체상수는 0.287 kJ/kg · K이다.

11. 안지름 20 cm의 관 속을 평균속도 5 m/s로 기름이 흐를 때 다음을 구하여라. 기름의 비중은 0.8이다.

(1) 체적유량 (2) 질량유량

(3) 중량유량

12. 안지름 50 cm인 관 속을 평균속도 10 m/s로 흐르는 공기의 질량유량(kg/s)을 구하여라. 공기의 기체상수는 0.287 kJ/kg · K, 온도는 20℃, 압력은 150 kPa이다.

13. 관의 안지름 D, 유체의 밀도 ρ, 점성계수 μ, 체적유량 Q일 때 레이놀즈 수를 구하여라.

14. 관의 안지름 D, 유체의 밀도 ρ, 점성계수 μ, 중량유량 G일 때 레이놀즈 수를 구하여라.

15. 단면적이 변화하는 관 속에 물이 흐르고 있다. 안지름 5 cm인 부분에서의 평균유속이 8 m/s일 때 안지름이 8 cm인 부분에서의 유속과 체적유량을 구하여라.

16. 체적유량 0.05 m^3/s으로 안지름 40 cm인 관 속을 흘러가는 도중에 관의 안지름이 20 cm로 축소된다. 두 관에서의 평균유속을 각각 구하여라.

17. 초당 50 kg의 물이 안지름 30 cm의 관 속을 흐를 때 평균유속을 구하여라.

18. 안지름 20 cm의 관을 통하여 평균속도 50 m/s로 공기가 외부로 분사되고 있다. 관 내부의 계기압력이 40 kPa, 공기의 온도가 20℃일 때 1초에 몇 kg의 공기가 분사되는가? 단, 공기의 기체상수는 0.287 kJ/kg · K이고 대기압은 100 kPa이다.

19. 고속도로의 톨게이트로 진입하기 전에 차선이 여러 갈래로 나누어지는 이유를 연속법칙으로 설명하여라.

20. 계곡의 폭이 좁은 곳은 넓은 곳보다 물살이 센 이유를 설명하여라.

21. 그림과 같은 관 속을 일정한 유량의 비압축성유체가 흐르고 있다. 안지름 비가 $D_1 : D_2 = 2 : 3$일 때 속도비 $V_1 : V_2$를 구하여라.

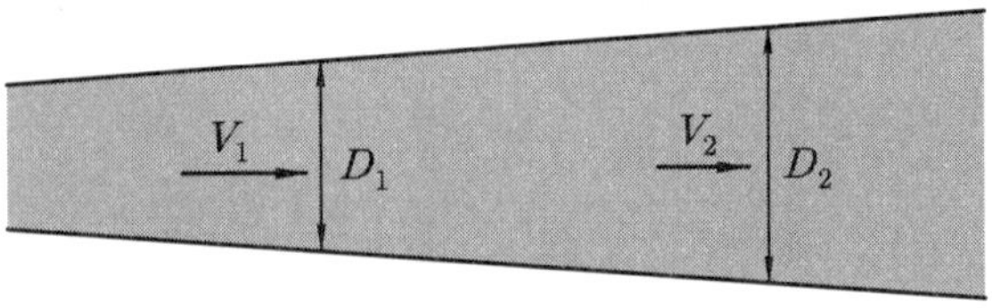

[문제 6.3.21]

22. 그림과 같이 안지름 5 cm의 관이 안지름 15 cm인 두 개의 관에 연결되어 있다. 관을 통하여 흘려보내는 유량이 $0.01\,\mathrm{m^3/s}$일 때 각 관에서의 평균유속을 구하여라. 유체의 밀도는 일정하고, 안지름 15 cm인 두 관에서의 유량은 같다.

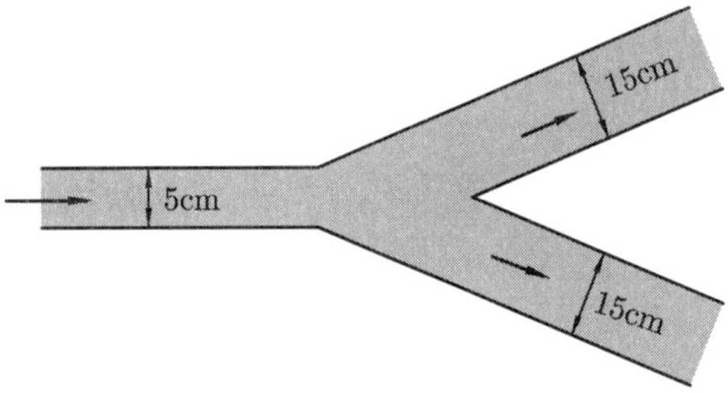

[문제 6.3.22]

23. 단면적이 변하는 관에 유량 $180\,\mathrm{m^3/min}$으로 비압축성유체가 흐르고 있다. 단면적이 $0.04\,\mathrm{m^2}$인 곳에서의 평균유속은 몇 m/s 인가?

24. 지름이 다른 두 관이 연결된 관 내부에 물이 흐르고 있다. 관은 수평으로 놓여 있고 지름이 D_1인 관에서의 유속이 8 m/s, 압력이 P_1이고, 지름이 D_2인 관에서의 압력을 P_2라 할 때 압력 차이 $P_2 - P_1$을 구하여라. 단, $D_2 = 2D_1$이다.

25. 그림과 같은 관 내부에 비압축성유체가 흐르고 있다. 점 ①에서의 압력이 120 kPa, 유속이 6 m/s이고, 점 ②에서의 압력이 110 kPa일 때 점 ②에서의 유속을 구하여라. 단, 유체의 밀도는 $1000\,\mathrm{kg/m^3}$, 두 지점의 높이 차이 $h = 2\,\mathrm{m}$이고, 손실은 무시한다.

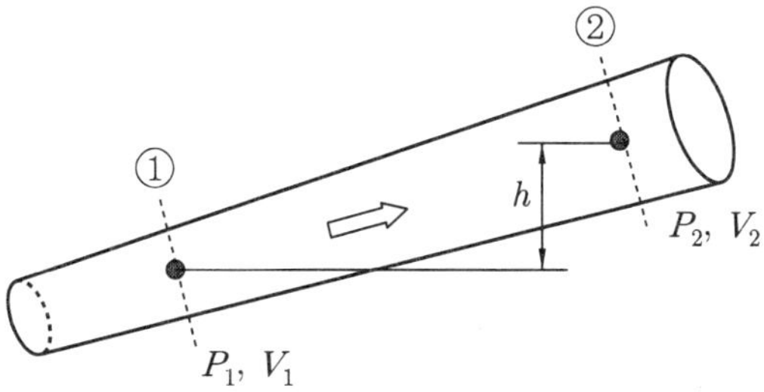

[문제 6.3.25]

26. 물의 유속을 측정하기 위하여 그림과 같이 피에조미터 A와 피토관 B를 설치하였다. A와 B의 눈금이 각각 20 kPa, 80kPa을 가리킬 때 유속을 구하여라.

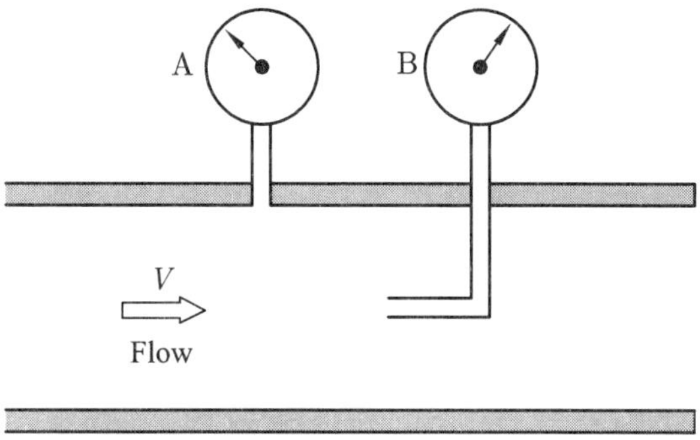

[문제 6.3.26]

✱압력계 A는 정압, B는 전압을 읽는다.

27. 그림과 같은 물탱크에 부착된 안지름 5 cm의 노즐에서 분출되는 물의 속도와 체적유량을 구하여라. 단, 물은 이상유체이고 탱크는 아주 크다고 가정한다.

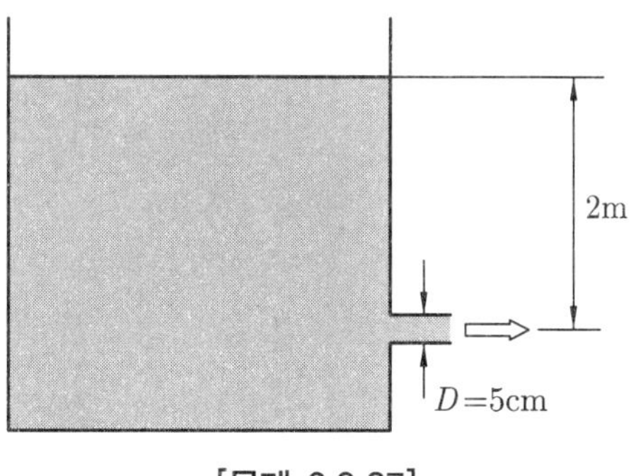

[문제 6.3.27]

28. 수평으로 놓인 관 내부에 비압축성유체가 흐르고 있다. 단면적 $50\,cm^2$인 곳에서의 유속이 $9\,m/s$, 압력이 $110\,kPa$일 때, 단면적 $150\,cm^2$인 곳에서의 압력을 구하여라. 유체의 밀도는 $1000\,kg/m^3$이며, 손실은 없다고 가정한다.

29. 그림과 같이 아주 큰 탱크에 연결된 작은 관을 통하여 기체가 분사되고 있다. 탱크 내부의 압력 $P_1 = 300\,kPa$이고 관 내부의 압력 $P_2 = 100\,kPa$일 때 분사 속도를 구하여라. 기체의 밀도는 $1.2\,kg/m^3$이다.

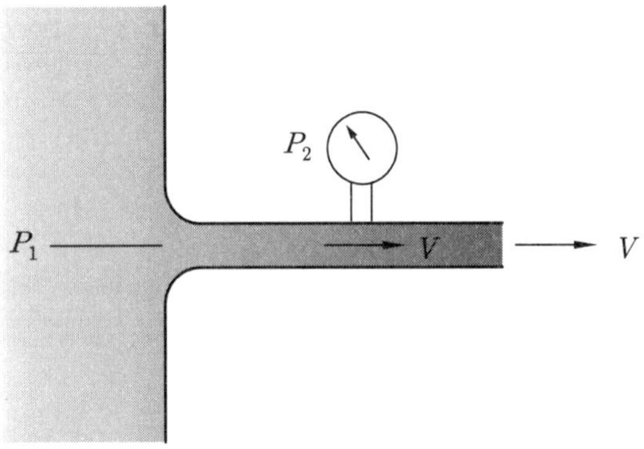

[문제 6.3.29]

30. 그림과 같은 피토정압관에서 다음 각 경우에 대하여 유속 V를 구하여라.

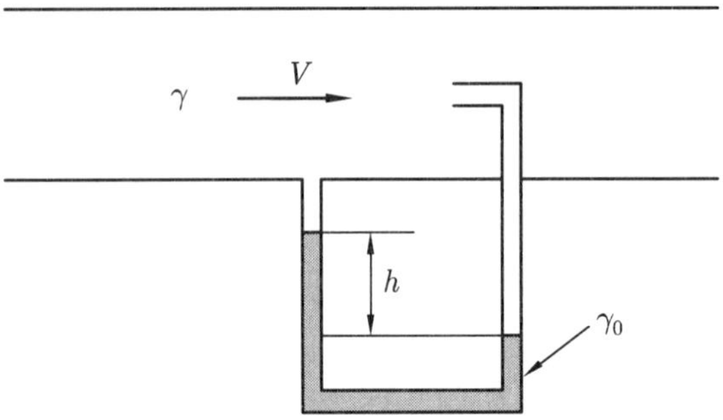

[문제 6.3.30]

(1) 관 속의 유체는 비중량 $\gamma = 11.8\,N/m^3$인 공기이고, 액주계의 유체는 비중량 $\gamma_0 = 9.8\,kN/m^3$인 물이며 $h = 20\,cm$일 때

(2) 관 속의 유체는 비중량 $\gamma = 9.8\,kN/m^3$인 물이고, 액주계의 유체는 비중량 $\gamma_0 = 132.8\,kN/m^3$인 수은이며 $h = 20\,cm$일 때

연습문제 풀이 및 정답

연습문제 1

1. $[P]=\frac{[W]}{[t]}=\frac{[Fs]}{[t]}=\frac{(ML/T^2)L}{T}=\frac{ML^2}{T^3}$

2. $\frac{\text{J}}{\text{kg}\cdot\text{K}}=\frac{\text{N}\cdot\text{m}}{\text{kg}\cdot\text{K}}=\frac{(\text{kg}\cdot\text{m/s}^2)\text{m}}{\text{kg}\cdot\text{K}}=\frac{\text{m}^2}{\text{s}^2\cdot\text{K}}$ $\quad\therefore [R]=L^2/T^2\Theta$

3. $[\sigma]=\frac{[F]}{[L]}=\frac{ML/T^2}{L}=\frac{M}{T^2}$

4. $[E]=\left[\frac{\Delta P}{\Delta V/V}\right]=[P]=F/L^2(FLT\text{ 계}),\ [E]=M/LT^2(MLT\text{ 계})$

5. $40\frac{\text{g}}{\text{cm}^3}=40\frac{10^{-3}\text{kg}}{(10^{-2}\text{m})^3}=40\times10^3\frac{\text{kg}}{\text{m}^3}$

6. $W=mg=100\,\text{kg}\times9.8\,\text{m/s}^2=980\,\text{N}$

7. $20\,\text{kgf/cm}^2=20\times9.8\,\text{N}/(10^{-2}\text{m})^2=196\times10^4\,\text{N/m}^2=1960\,\text{kPa}$

8. $V=\frac{Q}{A}=\frac{500\,\text{cm}^3/\text{s}}{50\,\text{cm}^2}=10\,\text{cm/s}=0.1\,\text{m/s}$

9. $c=\sqrt{kRT}=\sqrt{1.4\times287\times(273-40)}=305.97\,(\text{m/s})$

10. $T=\frac{PV}{mR}=\frac{500\times(4\times10^4\times10^{-6})}{0.2\times0.287}=348.43\,(\text{K})=75.43\,(℃)$

11. $Re=\frac{\rho VD}{\mu}=\frac{1000\times0.2\times0.3}{1.01\times10^{-3}}=5.94\times10^4$

12. $\frac{100}{4.1868}\,\text{kcal}=23.88\,\text{kcal}$

13. (1) 빗면 방향의 힘 $F=W\sin\theta=mg\sin\theta$

    $\therefore\ P=Fv=mg\sin\theta\times v=400\times9.8\times\sin30\times0.1=196\,(\text{W})$

    (2) 2분 동안 기중기가 한 일

    $W=Pt=196\times(2\times60)=23520\,(\text{J})=23.52\,(\text{kJ})$

    $\therefore$ 물체의 위치에너지 증가량$=W=23.52\,\text{kJ}$

14. $P=\frac{\rho v^2}{2}=\frac{1.23\times\left(\frac{0.6\times1000}{60}\right)^2}{2}=61.5\,(\text{Pa})$

15. $W=Fs=mgs=20\times9.8\times1800\,(\text{J})=352.8\,(\text{kJ})$

16. 힘(중력에 의한 무게)의 방향과 이동방향이 직각이므로 한 일$=0$

17. (1) $W=(F\cos\theta)s=40\times\cos 60°\times 20=400\,(\mathrm{J})$

(2) 등속운동이므로 수평방향으로 물체에 작용하는 전체 힘

$\sum F_x=F\cos 60°-f=0$

$\therefore$ 마찰력 $f=F\cos 60°=40\cos 60°=20\,(\mathrm{N})$

18. ④ 화력발전소 : 석탄이나 석유와 같은 화석 연료를 태워서 물을 끓인 후 나오는 고온 고압의 수증기를 이용하여 터빈을 돌려서 전기를 만든다.

19. $P=\dfrac{W}{t}=\dfrac{Fs}{t}=\dfrac{40\times 12}{10}=48\,(\mathrm{W})$

20. $P=Fv=(5000\times 9.8)\times 0.2=9800\,(\mathrm{W})=9.8\,(\mathrm{kW})$

21. $W=Pt=2\times(40\times 60)=4800\,(\mathrm{kJ})$

22. $E_k=\dfrac{mv^2}{2}=\dfrac{2\times 10^2}{2}=100\,(\mathrm{J})$

23. $E_k=\dfrac{1}{2}mv^2=\dfrac{1}{2}\times 400\times\left(\dfrac{72\times 1000}{3600}\right)^2\times\dfrac{1}{1000}=80\,(\mathrm{kJ})$

연습문제 2.1

1. (a) $\overrightarrow{R}=100+40=140\,(\mathrm{N})\ (\rightarrow)$ (b) $\overrightarrow{R}=80-30=50\,(\mathrm{N})\ (\rightarrow)$

2. (a) $R=\sqrt{6^2+8^2}=10\,(\mathrm{N}),\ \beta=\tan^{-1}\left(\dfrac{6}{8}\right)=36.87°$

(b) $R=\sqrt{P^2+Q^2+2PQ\cos\alpha}=\sqrt{10^2+6^2+2\times 10\times 6\cos 60°}=14\,(\mathrm{N})$

$\beta=\sin^{-1}\left[\dfrac{Q\sin\alpha}{R}\right]=\sin^{-1}\left[\dfrac{6\times\sin 60°}{14}\right]=21.79°$

3. (a) $R=\sqrt{P^2+Q^2+2PQ\cos\alpha}$

$=\sqrt{8^2+5^2+2\times 8\times 5\cos(50°+60°)}=7.85\,(\mathrm{N})$

$\beta=30°+\sin^{-1}\left[\dfrac{Q\sin\alpha}{R}\right]=30°+\sin^{-1}\left[\dfrac{5\times\sin 110°}{7.85}\right]=66.76°$

(b) $R=\sqrt{P^2+Q^2+2PQ\cos\alpha}$

$=\sqrt{5^2+10^2+2\times 5\times 10\cos(90°-20°-30°)}=14.2\,(\mathrm{N})$

$\beta=30°+\sin^{-1}\left[\dfrac{Q\sin\alpha}{R}\right]=30°+\sin^{-1}\left[\dfrac{10\times\sin 40°}{14.2}\right]=56.91°$

4. (a) 두 힘의 시작점을 일치시키면 두 힘이 이루는 각

$\alpha = (90° - 50°) + 30° = 70°$

$\therefore \ R = \sqrt{P^2 + Q^2 + 2PQ\cos\alpha}$

$= \sqrt{10^2 + 5^2 + 2 \times 10 \times 5\cos(70°)} = 12.62\,(\mathrm{N})$

(b) 두 힘의 시작점을 일치시키면 두 힘이 이루는 각

$\alpha = 40° + (90° - 40°) = 90°$

$\therefore \ R = \sqrt{P^2 + Q^2} = \sqrt{15^2 + 8^2} = 17\,(\mathrm{N})$

5. (a) $\vec{F} = F(\cos\theta\,\vec{i} + \sin\theta\,\vec{j}) = 10(\cos 30°\,\vec{i} + \sin 30°\,\vec{j}) = 8.66\vec{i} + 5\vec{j}\,(\mathrm{N})$

(b) $\vec{F} = F(\cos\theta\,\vec{i} + \sin\theta\,\vec{j}) = 10(\cos 130°\,\vec{i} + \sin 130°\,\vec{j}) = -6.43\vec{i} + 7.66\vec{j}\,(\mathrm{N})$

6. (a) $\alpha = \tan^{-1}\left(\frac{3}{2}\right) = 56.31°$

(b) $\alpha = 180° + \tan^{-1}\left(\frac{8}{-12}\right) = 146.31°$

(c) $\alpha = 180° + \tan^{-1}\left(\frac{-14}{-10}\right) = 234.46°$

(d) $\alpha = \tan^{-1}\left(\frac{-3}{4}\right) = -36.87°$ 또는 $\alpha = 360° - 36.87° = 323.13°$

7. 세 변의 길이가 3, 4, 5인 직각삼각형과의 닮음과 힘의 방향을 고려한다.

(a) $\vec{F} = 20\left(-\frac{3}{5}\vec{i} - \frac{4}{5}\vec{j}\right) = -12\vec{i} - 16\vec{j}\,(\mathrm{N})$

(b) $\vec{F} = 20\left(-\frac{4}{5}\vec{i} + \frac{3}{5}\vec{j}\right) = -16\vec{i} + 12\vec{j}\,(\mathrm{N})$

8. $\vec{F_1} = 8(\cos 60°\,\vec{i} + \sin 60°\,\vec{j}) = 4\vec{i} + 4\sqrt{3}\,\vec{j}\,(\mathrm{N})$, $\vec{F_2} = -5\vec{i}\,(\mathrm{N})$

$\therefore \ \vec{R} = \vec{F_1} + \vec{F_2} = (4-5)\vec{i} + 4\sqrt{3}\,\vec{j} = -\vec{i} + 4\sqrt{3}\,\vec{j}\,(\mathrm{N})$

합력의 크기 $R = \sqrt{(-1)^2 + (4\sqrt{3})^2} = 7\,(\mathrm{N})$

9. $\vec{F_1} = 20(\cos 60°\,\vec{i} + \sin 60°\,\vec{j}) = 10\vec{i} + 10\sqrt{3}\,\vec{j}\,(\mathrm{N})$, $\vec{F_2} = 20\vec{i}\,(\mathrm{N})$

$\therefore \ \vec{R} = \vec{F_1} + \vec{F_2} = (10+20)\vec{i} + 10\sqrt{3}\,\vec{j} = 30\vec{i} + 10\sqrt{3}\,\vec{j}\,(\mathrm{N})$

10. (a) $\vec{F_1} = 12(\cos 30°\,\vec{i} + \sin 30°\,\vec{j}) = 10.39\vec{i} + 6\vec{j}\,(\mathrm{N})$, $\vec{F_2} = 10\vec{j}\,(\mathrm{N})$

$\vec{F_3} = 6(-\cos 40°\,\vec{i} + \sin 40°\,\vec{j}) = -4.60\vec{i} + 3.86\vec{j}\,(\mathrm{N})$

$\therefore \ \vec{R} = \vec{F_1} + \vec{F_2} + \vec{F_3} = (10.39 - 4.6)\vec{i} + (6 + 10 + 3.86)\vec{j} = 5.79\vec{i} + 19.86\vec{j}\,(\mathrm{N})$

합력의 크기 $R = \sqrt{(5.79)^2 + (19.86)^2} = 20.69\,(\mathrm{N})$

(b) $\vec{F_1} = 10\vec{i}\,(\mathrm{N})$, $\vec{F_2} = 12(\cos 60°\,\vec{i} + \sin 60°\,\vec{j}) = 6\vec{i} + 10.39\vec{j}\,(\mathrm{N})$

$\vec{F_3} = 6(-\cos 50°\,\vec{i} + \sin 50°\,\vec{j}) = -3.86\vec{i} + 4.60\vec{j}\,(\mathrm{N})$

$\therefore\ \vec{R}=\vec{F_1}+\vec{F_2}+\vec{F_3}=(10+6-3.86)\vec{i}+(10.39+4.6)\vec{j}=12.14\vec{i}+14.99\vec{j}\ (\mathrm{N})$

합력의 크기 $R=\sqrt{(12.14)^2+(14.99)^2}=19.29\,(\mathrm{N})$

11. (a) $\vec{F_1}=13\left(\frac{12}{13}\vec{i}+\frac{5}{13}\vec{j}\right)=12\vec{i}+5\vec{j}\ (\mathrm{N})$

$\vec{F_2}=14\left(\frac{1}{\sqrt{5}}\vec{i}+\frac{2}{\sqrt{5}}\vec{j}\right)=6.26\vec{i}+12.52\vec{j}\ (\mathrm{N})$

$\vec{F_3}=10\left(-\frac{4}{5}\vec{i}+\frac{3}{5}\vec{j}\right)=-8\vec{i}+6\vec{j}\ (\mathrm{N})$

$\therefore\ \vec{R}=\vec{F_1}+\vec{F_2}+\vec{F_3}=(12+6.26-8)\vec{i}+(5+12.52+6)\vec{j}=10.26\vec{i}+23.52\vec{j}\ (\mathrm{N})$

합력의 크기 $R=\sqrt{(10.26)^2+(23.52)^2}=25.66\,(\mathrm{N})$

(b) $\vec{F_1}=20\left(\frac{4}{5}\vec{i}+\frac{3}{5}\vec{j}\right)=16\vec{i}+12\vec{j}\ (\mathrm{N})$

$\vec{F_2}=22\left(-\frac{1}{\sqrt{5}}\vec{i}+\frac{2}{\sqrt{5}}\vec{j}\right)=-9.84\vec{i}+19.68\vec{j}\ (\mathrm{N})$

$\vec{F_3}=13\left(-\frac{12}{13}\vec{i}+\frac{5}{13}\vec{j}\right)=-12\vec{i}+5\vec{j}\ (\mathrm{N})$

$\therefore\ \vec{R}=\vec{F_1}+\vec{F_2}+\vec{F_3}=(16-9.84-12)\vec{i}+(12+19.68+5)\vec{j}$

$=-5.84\vec{i}+36.68\vec{j}\ (\mathrm{N})$

합력의 크기 $R=\sqrt{(-5.84)^2+(36.68)^2}=37.14\,(\mathrm{N})$

12. $R=\sqrt{P^2+Q^2+2PQ\cos\alpha}$

$\therefore\ \cos\alpha=\frac{R^2-P^2-Q^2}{2PQ}=\frac{70^2-50^2-40^2}{2\times 50\times 40}=0.2$

$\therefore\ \alpha=\cos^{-1}(0.2)=78.46°$

이때 $\vec{R}=\vec{F_1}+\vec{F_2}=40\sin\alpha\,\vec{i}+(40\cos\alpha+50)\vec{j}=39.19\,\vec{i}+58\,\vec{j}\ (\mathrm{N})$이므로

합력의 방향이 x축과 이루는 각은 $\tan^{-1}\left(\frac{58}{39.19}\right)=55.95°$이고,

y축(수직선)과 이루는 각은 $90°-55.95°=34.05°$이다.

연습문제 2.2

1. $M_O=Fr\sin 60°=200\times 0.8\sin 60°=138.6\,(\mathrm{N\cdot m})\,(\curvearrowleft)$

2. $M_O = \sum Fr = 400 \times (0.5+0.3+0.4) - 200 \times (0.5+0.3) - 300 \times 0.5$

$= 170\,(\text{N}\cdot\text{m})\ (\curvearrowleft)$

3. $M_O = \sum Fr \sin\theta = 300 \times 1.2 \sin 30° - 200 \times 1.2 \sin 60°$

$= -27.85\,(\text{N}\cdot\text{m})\ (\curvearrowleft) = 27.85\,(\text{N}\cdot\text{m})\ (\curvearrowright)$

4. $M_A = \sum Fr \sin\theta = 200 \times 0.8 \sin 30° + 300 \times 0.8 \sin 70°$

$= 305.5\,(\text{N}\cdot\text{m})\ (\curvearrowright)$

5. $M_O = \sum Fr \sin\theta$

$= 300 \times (0.5+0.3+0.4) \sin 30° - 100 \times (0.5+0.3) \sin 90° - 200 \times 0.5 \sin 60°$

$= 13.4\,(\text{N}\cdot\text{m})\ (\curvearrowleft)$

6. $\vec{F} = 80(-\sin 60° \vec{i} + \cos 60° \vec{j}) = -69.28\vec{i} + 40\vec{j}\,(\text{N})$

$M_O = 69.28 \times 2 + 40 \times 6 = 378.56\,(\text{N}\cdot\text{m})\ (\curvearrowleft)$

7. $\vec{F} = 130\left(\frac{12}{13}\vec{i} - \frac{5}{13}\vec{j}\right) = 120\vec{i} - 50\vec{j}\,(\text{N})$

$M_O = 120 \times 3 + 50 \times 4 = 560\,(\text{N}\cdot\text{m})\ (\curvearrowright)$

8. $\vec{F} = 60\left(\frac{3\vec{i} - 5\vec{j}}{\sqrt{3^2+5^2}}\right) = 30.87\vec{i} - 51.45\vec{j}\,(\text{N})$

$M_B = 30.87 \times 5 + 51.45 \times 3 = 308.7\,(\text{N}\cdot\text{m})\ (\curvearrowright)$

$M_C = 30.87 \times 0 + 51.45 \times 3 = 154.35\,(\text{N}\cdot\text{m})\ (\curvearrowleft)$

9. (1) $\vec{F} = 80(-\sin\theta \vec{i} + \cos\theta \vec{j}) = 80(-\sin 30° \vec{i} + \cos 30° \vec{j})$

$= -40\vec{i} + 69.28\vec{j}\,(\text{N})$

$M_O = -40 \times 2 + 69.28 \times 3 = 127.84\,(\text{N}\cdot\text{m})\ (\curvearrowleft)$

(2) 힘 F의 작용선이 점 O를 지날 때 팔의 길이가 0이 되어 모멘트가 0이 된다. 따라서 $\tan\theta = \frac{3}{2}$에서 $\theta = 56.31°$이다.

힘 F의 작용선이 직선 OA와 수직일 때 팔의 길이가 최대가 되어 모멘트가 최대가 된다. 따라서 $\tan\theta = \frac{2}{3}$에서 $\theta = 33.69°$이다.

10. $\vec{F} = 60(\cos 60° \vec{i} + \sin 60° \vec{j}) = 30\vec{i} + 51.96\vec{j}\,(\text{N})$

(a) $\overrightarrow{r_{C/A}} = -2\cos 30° \vec{i} + (2 + 2\sin 30°)\vec{j} = -1.732\vec{i} + 3\vec{j}\,(\text{m})$

$\overrightarrow{M_A} = \overrightarrow{r_{C/A}} \times \vec{F} = (xF_y - yF_x)\vec{k} = (-1.732 \times 51.96 - 3 \times 30)\vec{k}\,(\text{N}\cdot\text{m})$

$= -179.99\vec{k}\,(\text{N}\cdot\text{m}) = 179.99\,(\text{N}\cdot\text{m})\ (\curvearrowright)$

(b) $\overrightarrow{r_{C/B}} = -2\cos 30° \vec{i} + 2\sin 30° \vec{j} = -1.732\vec{i} + \vec{j}\,(\text{m})$

$$\overrightarrow{M_B} = \overrightarrow{r_{C/B}} \times \vec{F} = (xF_y - yF_x)\vec{k} = (-1.732 \times 51.96 - 1 \times 30)\vec{k}\,(\text{N} \cdot \text{m})$$
$$= -119.99\vec{k}\,(\text{N} \cdot \text{m}) = 119.99\,(\text{N} \cdot \text{m})\ (\curvearrowright)$$

11. (1) $\overrightarrow{M_O} = \overrightarrow{r_{A/O}} \times \vec{F} = \begin{vmatrix} \vec{i} & \vec{j} & \vec{k} \\ -2 & 5 & 1 \\ 2 & 3 & -4 \end{vmatrix}$

$$= [5 \times (-4) - 1 \times 3]\vec{i} - [(-2) \times (-4) - 1 \times 2]\vec{j} + [(-2) \times 3 - 5 \times 2]\vec{k}$$
$$= -23\vec{i} - 6\vec{j} - 16\vec{k}\,(\text{N} \cdot \text{m})$$

(2) $\overrightarrow{M_O} = \overrightarrow{r_{A/O}} \times \vec{F} = \begin{vmatrix} \vec{i} & \vec{j} & \vec{k} \\ 3 & -2 & 5 \\ 2 & 3 & -4 \end{vmatrix}$

$$= [(-2) \times (-4) - 5 \times 3]\vec{i} - [3 \times (-4) - 5 \times 2]\vec{j} + [3 \times 3 - (-2) \times 2]\vec{k}$$
$$= -7\vec{i} + 22\vec{j} + 13\vec{k}\,(\text{N} \cdot \text{m})$$

12. $\vec{F} = \dfrac{F}{\sqrt{2}}(\vec{j} - \vec{k})$

(1) $\overrightarrow{M_A} = \overrightarrow{r_{F/A}} \times \vec{F} = h(\vec{i} - \vec{j}) \times \dfrac{F}{\sqrt{2}}(\vec{j} - \vec{k})$

$$= \frac{Fh}{\sqrt{2}}(\vec{i} \times \vec{j} - \vec{i} \times \vec{k} - \vec{j} \times \vec{j} + \vec{j} \times \vec{k})$$
$$= \frac{Fh}{\sqrt{2}}(\vec{k} + \vec{j} - 0 + \vec{i}) = \frac{Fh}{\sqrt{2}}(\vec{i} + \vec{j} + \vec{k})$$

(2) $\vec{F}$의 작용선이 점 C를 지나므로

$$\overrightarrow{M_D} = \overrightarrow{r_{C/D}} \times \vec{F} = (h\vec{i}) \times \frac{F}{\sqrt{2}}(\vec{j} - \vec{k}) = \frac{Fh}{\sqrt{2}}(\vec{i} \times \vec{j} - \vec{i} \times \vec{k})$$
$$= \frac{Fh}{\sqrt{2}}(\vec{k} + \vec{j}) = \frac{Fh}{\sqrt{2}}(\vec{j} + \vec{k})$$

* 또는 힘이 점 F에 작용하므로

$$\overrightarrow{M_D} = \overrightarrow{r_{F/D}} \times \vec{F} = h(\vec{i} - \vec{j} + \vec{k}) \times \frac{F}{\sqrt{2}}(\vec{j} - \vec{k})$$
$$= \frac{Fh}{\sqrt{2}}(\vec{i} \times \vec{j} - \vec{i} \times \vec{k} - \vec{j} \times \vec{j} + \vec{j} \times \vec{k} + \vec{k} \times \vec{j} - \vec{k} \times \vec{k})$$
$$= \frac{Fh}{\sqrt{2}}(\vec{k} + \vec{j} - 0 + \vec{i} - \vec{i} - 0) = \frac{Fh}{\sqrt{2}}(\vec{j} + \vec{k})$$

13. (1) $\overrightarrow{OA} = 4\vec{i} + 3\vec{j} + \vec{k}\,(\text{m})$이므로 $\overrightarrow{OA}$ 방향의 단위벡터

$$\overrightarrow{n_{A/O}} = \frac{1}{\sqrt{4^2 + 3^2 + 1^2}}(4\vec{i} + 3\vec{j} + \vec{k}) = 0.784\vec{i} + 0.588\vec{j} + 0.196\vec{k}$$

$\therefore\ \vec{F} = F\overrightarrow{n_{A/O}} = 100(0.784\vec{i} + 0.588\vec{j} + 0.196\vec{k}) = 78.4\vec{i} + 58.8\vec{j} + 19.6\vec{k}\,(\text{N})$

$\vec{F}$의 x, y, z 스칼라성분은 각각 78.4N, 58.8N, 19.6N이다.

(2) $\vec{F}$의 작용점이 점 O이므로

$$\overrightarrow{M_B} = \overrightarrow{r_{O/B}} \times \vec{F} = (-3\vec{j}) \times (78.4\vec{i} + 58.8\vec{j} + 19.6\vec{k})$$

$$= -(3 \times 78.4\vec{j} \times \vec{i} + 3 \times 58.8\vec{j} \times \vec{j} + 3 \times 19.6\vec{j} \times \vec{k})$$

$$= 235.2\vec{k} + 0 - 58.8\vec{i} = -58.8\vec{i} + 235.2\vec{k}\,(\text{N} \cdot \text{m})$$

14. $\overrightarrow{AB} = \vec{i} + 2\vec{j} - 3\vec{k}\,(\text{m})$이므로

$$\vec{F} = F\overrightarrow{n_{B/A}} = 4 \times \frac{\vec{i} + 2\vec{j} - 3\vec{k}}{\sqrt{1^2 + 2^2 + (-3)^2}} = 1.069\vec{i} + 2.138\vec{j} - 3.207\vec{k}\,(\text{kN})$$

$$\overrightarrow{r_{A/O}} = 2\vec{i} + 3\vec{k}\,(\text{m})$$

$$\overrightarrow{M_O} = \overrightarrow{r_{A/O}} \times \vec{F} = (2\vec{i} + 3\vec{k}) \times (1.069\vec{i} + 2.138\vec{j} - 3.207\vec{k})$$

$$= -6.414\vec{i} + 9.621\vec{j} + 4.276\vec{k}\,(\text{kN} \cdot \text{m})$$

$$|\overrightarrow{M_O}| = \sqrt{(-6.414)^2 + (9.621)^2 + (4.276)^2} = 12.328(\text{kN} \cdot \text{m})$$

연습문제 2.3

1. $\dfrac{T_{OA}}{\sin 135°} = \dfrac{T_{OB}}{\sin 120°} = \dfrac{200\,\text{N}}{\sin 105°}$ $\therefore\ T_{OA} = 146.41\,\text{N},\ T_{OB} = 179.32\,\text{N}$

2. $\dfrac{F_2}{\sin 110°} = \dfrac{F_3}{\sin 130°} = \dfrac{100\,\text{N}}{\sin 120°}$ $\therefore\ F_2 = 108.51\,\text{N},\ F_3 = 88.46\,\text{N}$

3. $\vec{F_1} + \vec{F_2} + \vec{F_3} = 0$ $\therefore\ F_{1x} = -3 - 6 = -9(\text{N}),\ F_{2y} = -4 + 7 = 3(\text{N})$

   $F_{3z} = -5 + 9 = 4(\text{N})$

4. $\dfrac{200}{\sin\beta} = \dfrac{100}{\sin 150°}$ $\therefore\ \beta = \sin^{-1}[2\sin(150°)] = 90°$

   $\therefore\ \alpha = 360° - \beta - 150° = 120°$

   $\therefore\ \dfrac{F}{\sin\alpha} = \dfrac{100\text{N}}{\sin 150°}$에서 $F = 173.2\,\text{N}$

5. $\dfrac{T_{AC}}{\sin 100°} = \dfrac{F_{BC}}{\sin 155°} = \dfrac{200\,\text{N}}{\sin 105°}$ $\therefore T_{AC} = 203.9\,\text{N},\ F_{BC} = 87.51\,\text{N}$

6. $\vec{F_1} + \vec{F_2} + \vec{F_3} + \vec{F_4} = 0$ $\therefore\ 200\vec{i} - 100\vec{j} + 250(-\cos 30°\,\vec{i} - \sin 30°\,\vec{j}) + \vec{F_4} = 0$

   $\therefore\ \vec{F_4} = 16.51\vec{i} + 225\vec{j}\,(\text{N})$

$\therefore\ F_x = 16.51\,\text{N},\ F_y = 225\,\text{N},\ |\overrightarrow{F_4}| = \sqrt{F_x^2 + F_y^2} = 225.6\,(\text{N})$

$\theta = \tan^{-1}(F_y/F_x) = 85.8°$

7. $\overrightarrow{F_1} + \overrightarrow{F_2} + \overrightarrow{F_3} + \overrightarrow{F_4} + \overrightarrow{F_5} = 0$

$\therefore\ 100\vec{i} + 120(\cos 60°\,\vec{i} + \sin 60°\,\vec{j}) + 130(\cos 130°\,\vec{i} + \sin 130°\,\vec{j})$
$+ 140(\cos 210°\,\vec{i} + \sin 210°\,\vec{j}) + \overrightarrow{F_5} = 0$

$\therefore\ \overrightarrow{F_5} = 44.8\vec{i} - 133.5\vec{j}\,(\text{N})$

$F_5 = |\overrightarrow{F_5}| = \sqrt{44.8^2 + (-133.5)^2} = 140.8\,(\text{N})$

$\theta = \tan^{-1}(133.5/44.8) = 71.45°$

8. 고정점 A에 작용하는 반력을 $R_A(\uparrow)$, 모멘트를 $M_A(\curvearrowleft)$로 한다.

A에 작용하는 반력의 수평 성분은 0이다.

$R_A = 5 + 4 = 9\,(\text{kN})\ (\uparrow),\ M_A = 5 \times 1 + 4 \times 2 = 13\,(\text{kN}\cdot\text{m})\ (\curvearrowleft)$

* 자유물체도를 그릴 때 구해야 할 힘과 모멘트의 방향은 임의로 가정할 수 있다. 계산 결과 구한 값이 양(+)이면 가정한 것과 같은 방향이고, 음(−)의 값이면 가정한 것과 반대 방향이 된다.

9. $\sum M_A = 0$에서 $R_B \times 50 - 10 \times 20 - (10 + 20) \times 30 = 0 \quad \therefore\ R_B = 22\,(\text{N})$

$\sum F_y = 0$에서 $R_A + R_B - 20 - 30 = 0 \quad \therefore\ R_A = 28\,(\text{N})$

10. 분포하중을 B에서 1 m 위치에 작용하는 집중하중 $P = (4\,\text{kN/m}) \times 2\,\text{m} = 8\,\text{kN}$으로 대체한다.

$\sum M_B = 0$에서 $R_A \times (3 + 2)\text{m} - 8\,\text{kN} \times 1\,\text{m} = 0 \quad \therefore\ R_A = \frac{8}{5}\text{kN}$

$\sum F_y = 0$에서 $R_A + R_B - 8\,\text{kN} = 0 \quad \therefore\ R_B = 8 - \frac{8}{5} = \frac{32}{5}\,\text{kN}$

11. 분포하중을 B에서 1 m 위치에 작용하는 집중하중 $P = \frac{1}{2} \times 2\frac{\text{kN}}{\text{m}} \times 3\,\text{m} = 3\,\text{kN}$으로 대체한다.

$\sum M_B = 0$에서 $R_A \times 3\,\text{m} - 3\,\text{kN} \times 1\,\text{m} = 0 \quad \therefore\ R_A = 1\,\text{kN}$

$\sum F_y = 0$에서 $R_A + R_B - 3\,\text{kN} = 0 \quad \therefore\ R_B = 3 - 1 = 2\,\text{kN}$

12. 분포하중을 B에서 2 m 위치에 작용하는 집중하중 $P = \frac{1}{2} \times 4\frac{\text{kN}}{\text{m}} \times 3\,\text{m} = 6\,\text{kN}$으로 대체한다.

$\sum M_B = 0$에서 $R_A \times (3 + 3)\text{m} - 6\,\text{kN} \times 2\,\text{m} = 0 \quad \therefore\ R_A = 2\,\text{kN}$

$\sum F_y = 0$에서 $R_A + R_B - 6\,\text{kN} = 0 \quad \therefore\ R_B = 6 - 2 = 4\,\text{kN}$

13. 분포하중을 B에서 1m 위치에 작용하는 집중하중 $Q = 4\dfrac{\text{kN}}{\text{m}} \times 2\,\text{m} = 8\,\text{kN}$으로 대체하여 자유물체도를 그린다. 점 A에 작용하는 반력의 x, y 성분을 각각 $A_x(\leftarrow)$, $A_y(\uparrow)$, 모멘트를 $M_A(\curvearrowleft)$라 하면,

$\sum F_x = 0$에서 $-A_x + 5\,\text{kN}\sin 30° = 0 \quad \therefore A_x = 2.5\,\text{kN}\,(\leftarrow)$

$\sum F_y = 0$에서 $A_y - 8\,\text{kN} - 5\,\text{kN}\cos 30° = 0 \quad \therefore A_y = 12.33\,\text{kN}\,(\uparrow)$

이므로 점 A에 작용하는 반력의 크기 $A = \sqrt{A_x^2 + A_y^2} = 12.58\,\text{kN}$이다.

점 A에 대한 모멘트 합은 0에서

$M_A - 8\,\text{kN} \times 3\,\text{m} - 5\,\text{kN}\cos 30° \times 4\,\text{m} = 0 \quad \therefore M_A = 41.32\,\text{kN}\cdot\text{m}\,(\curvearrowleft)$

14. 핀 A에 작용하는 반력의 x, y 성분을 각각 $A_x(\leftarrow)$, $A_y(\uparrow)$, 롤러 B에 작용하는 반력을 $B(\rightarrow)$로 한다. 점 A에 대한 모멘트 합은 0에서

$B \times 50 - 400\,\text{N}\cos 30° \times 40 - 400\,\text{N}\sin 30° \times 50 = 0 \quad \therefore B = 477.1\,\text{N}\,(\rightarrow)$이다.

$\sum F_x = 0$에서 $-A_x + B - 400\text{N}\sin 30° = 0 \quad \therefore A_x = 277.1\,\text{N}\,(\leftarrow)$

$\sum F_y = 0$에서 $A_y - 400\text{N}\cos 30° = 0 \quad \therefore A_y = 346.4\,\text{N}\,(\uparrow)$

이므로 점 A에 작용하는 반력의 크기 $A = \sqrt{A_x^2 + A_y^2} = 443.6\,\text{N}$이다.

15. 핀 A에 작용하는 반력의 x, y 성분을 각각 $A_x(\leftarrow)$, $A_y(\uparrow)$, 롤러 B에 작용하는 반력을 $B(\rightarrow)$로 한다. 점 A에 대한 모멘트 합은 0에서

$B \times 1 - 100\,\text{N} \times \sqrt{1^2 - 0.5^2} = 0 \quad \therefore B = 86.6\,\text{N}\,(\rightarrow)$이다.

$\sum F_x = 0$에서 $-A_x + B = 0 \quad \therefore A_x = 86.6\,\text{N}\,(\leftarrow)$

$\sum F_y = 0$에서 $A_y - 100\text{N} = 0 \quad \therefore A_y = 100\,\text{N}\,(\uparrow)$

이므로 점 A에 작용하는 반력의 크기 $A = \sqrt{A_x^2 + A_y^2} = 132.3\,\text{N}$이다.

16. 로커 A에 작용하는 반력을 $A(\uparrow)$, 핀 B에 작용하는 반력의 x, y 성분을 각각 $B_x(\rightarrow)$, $B_y(\downarrow)$로 한다. 점 B에 대한 모멘트 합은 0에서

$A \times (1+1)\text{m} - 200\,\text{N} \times 1\,\text{m} = 0 \quad \therefore A = 100\,\text{N}\,(\uparrow)$이다.

$\sum F_x = 0$에서 $B_x - 200\text{N} = 0 \quad \therefore B_x = 200\,\text{N}\,(\rightarrow)$

$\sum F_y = 0$에서 $A - B_y = 0 \quad \therefore B_y = 100\,\text{N}\,(\downarrow)$

이므로 점 B에 작용하는 반력의 크기 $B = \sqrt{B_x^2 + B_y^2} = 223.6\,\text{N}$이다.

17. 케이블에 의한 인장력은 $\overrightarrow{\text{BC}}$ 방향으로 작용하며, 이 힘을 성분으로 분해하면 $30\left(\dfrac{1}{\sqrt{2}}\vec{i} - \dfrac{1}{\sqrt{2}}\vec{j}\right)\text{kN}$이다. 점 A에 작용하는 반력의 x, y 성분을 각각 $A_x(\leftarrow)$, $A_y(\uparrow)$,

모멘트를 M_A (↶)라 한다.

$\sum F_x = 0$에서 $-A_x + \frac{30}{\sqrt{2}}\text{kN} = 0 \quad \therefore A_x = 21.21\,\text{kN}$ (←)

$\sum F_y = 0$에서 $A_y - 10\,\text{kN} - 10\,\text{kN} - \frac{30}{\sqrt{2}}\text{kN} = 0 \quad \therefore A_y = 41.21\,\text{kN}$ (↑)

이므로 점 A에 작용하는 반력의 크기 $A = \sqrt{A_x^2 + A_y^2} = 46.35\,\text{kN}$이다.

점 A에 대한 모멘트 합은 0에서

$M_A + 10\,\text{kN} \times 4\,\text{m} + 10\,\text{kN} \times 2\,\text{m} - \frac{30}{\sqrt{2}}\text{kN} \times 3\,\text{m} = 0$

$\therefore M_A = 3.64\,\text{kN} \cdot \text{m}$ (↶)

18. (a) 점 A에 작용하는 반력을 A(←), 점 B에 작용하는 반력의 x, y 성분을 각각 B_x(→), B_y(↑)라 한다.

점 B에 대한 모멘트 합은 0에서 $-A \times 2a + P \times a = 0 \quad \therefore A = \frac{P}{2}$이다.

$\sum F_x = 0$에서 $B_x - A = 0 \quad \therefore B_x = \frac{P}{2}$ (→)

$\sum F_y = 0$에서 $B_y - P = 0 \quad \therefore B_y = P$ (↑)

이므로 점 B에 작용하는 반력의 크기 $B = \sqrt{B_x^2 + B_y^2} = \frac{\sqrt{5}}{2}P$이다.

(b) 점 A에 작용하는 반력을 A라 하면 x 성분은 $\frac{3}{5}A$, y 성분은 $\frac{4}{5}A$이다.

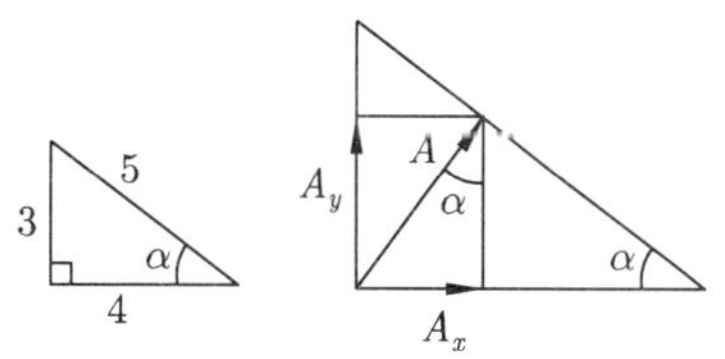

점 B에 작용하는 반력의 x, y 성분을 각각 B_x(←), B_y(↓)라 한다.

점 B에 대한 모멘트 합은 0에서

$P \times a + \frac{3}{5}A \times 2a - \frac{4}{5}A \times 2a = 0 \quad \therefore A = \frac{5}{2}P$이다.

$\sum F_x = 0$에서 $-B_x + \frac{3}{5}A = 0 \quad \therefore B_x = \frac{3P}{2}$ (←)

$\sum F_y = 0$에서 $-B_y - P + \frac{4}{5}A = 0 \quad \therefore B_y = P$ (↓)

이므로 점 B에 작용하는 반력의 크기 $B = \sqrt{B_x^2 + B_y^2} = \frac{\sqrt{13}}{2}P$이다.

연습문제 3.1

1. 평균속도 $\overrightarrow{v_{avg}} = \frac{\vec{r_2} - \vec{r_1}}{\Delta t} = \frac{(2\vec{i} - 7\vec{j}) - (4\vec{i} + 3\vec{j})}{2} = -\vec{i} - 5\vec{j}\,(\mathrm{m/s})$

2. (1) $\vec{r} = (4t - t^2)\vec{i} + (-3t + t^2)\vec{j}$ (m)에 $t = 1$을 대입하면

   $t = 1$일 때의 위치 $\vec{r} = 3\vec{i} - 2\vec{j}\,(\mathrm{m})$

   (2) $\vec{v} = \frac{d\vec{r}}{dt} = (4 - 2t)\vec{i} + (-3 + 2t)\vec{j}\,(\mathrm{m/s})$

   $t = 1$일 때의 속도 $\vec{v} = 2\vec{i} - \vec{j}\,(\mathrm{m/s})$

   $\theta = \tan^{-1}\left(\frac{v_y}{v_x}\right) = \tan^{-1}\left(\frac{-1}{2}\right) = -26.6°$

   (3) $\vec{a} = \frac{d\vec{v}}{dt} = -2\vec{i} + 2\vec{j}\,(\mathrm{m/s^2})$: t에 따라 변하지 않는 등가속도 운동이다.

   $t = 1$일 때의 가속도 $\vec{a} = -2\vec{i} + 2\vec{j}\,(\mathrm{m/s^2})$

   $|\vec{a}| = \sqrt{(-2)^2 + (2)^2} = 2\sqrt{2}\,(\mathrm{m/s^2})$

3. $\vec{v} = \frac{d\vec{r}}{dt} = \frac{d}{dt}(r\cos\omega t)\vec{i} + \frac{d}{dt}(r\sin\omega t)\vec{j} = (-r\omega\sin\omega t)\vec{i} + (r\omega\cos\omega t)\vec{j}\,(\mathrm{m/s})$

   ∴ 속도의 크기 $|\vec{v}| = \sqrt{v_x^2 + v_y^2} = \sqrt{(-r\omega\sin\omega t)^2 + (r\omega\cos\omega t)^2}$

   $= \sqrt{(r\omega)^2(\sin^2\omega t + \cos^2\omega t)} = r\omega\,(\mathrm{m/s})$

   $\vec{a} = \frac{dv}{dt} = \frac{d}{dt}(-r\omega\sin\omega t)\vec{i} + \frac{d}{dt}(r\omega\cos\omega t)\vec{j}$

   $= (-r\omega^2\cos\omega t)\vec{i} + (-r\omega^2\sin\omega t)\vec{j}\,(\mathrm{m/s^2})$

   ∴ 가속도의 크기 $|\vec{a}| = \sqrt{a_x^2 + a_y^2} = \sqrt{(-r\omega^2\cos\omega t)^2 + (-r\omega^2\sin\omega t)^2}$

   $= \sqrt{(r\omega^2)^2(\sin^2\omega t + \cos^2\omega t)} = r\omega^2\,(\mathrm{m/s^2})$

4. (1) $\vec{v} = \frac{d\vec{r}}{dt} = \frac{d}{dt}(\cos t)\vec{i} + \frac{d}{dt}(4 - \sin t)\vec{j} = (-\sin t)\vec{i} + (-\cos t)\vec{j}\,(\mathrm{m/s})$

   $t = 0$일 때 $\vec{v} = -\vec{j}\,(\mathrm{m/s})$

   ∴ 속도의 크기 $|\vec{v}| = \sqrt{v_x^2 + v_y^2} = \sqrt{0 + (-1)^2} = 1\,(\mathrm{m/s})$

   (2) $\vec{a} = \frac{d\vec{v}}{dt} = \frac{d}{dt}(-\sin t)\vec{i} + \frac{d}{dt}(-\cos t)\vec{j} = (-\cos t)\vec{i} + (\sin t)\vec{j}\,(\mathrm{m/s^2})$

   $t = 0$일 때 $\vec{a} = -\vec{i}\,(\mathrm{m/s^2})$

∴ 가속도의 크기 $|\vec{a}| = \sqrt{a_x^2 + a_y^2} = \sqrt{(-1)^2 + 0} = 1\,(\text{m/s}^2)$

5. $\alpha = \sin^{-1}\left(\dfrac{V_B}{V_A}\right) = \sin^{-1}\left(\dfrac{200}{900}\right) = 12.84°$: 목적지인 동쪽을 기준으로 하여 북동쪽으로 12.84°의 방향으로 비행해야 한다. 이때 지면에 대한 비행기의 속력은 $V_C = \sqrt{V_A^2 - V_B^2} = \sqrt{900^2 - 200^2} = 877.5\,(\text{km/h})$이므로 1000km를 비행하는 데 걸리는 시간은 $t = \dfrac{S}{V_C} = \dfrac{1000}{877.5} = 1.14\,(\text{h})$이다.

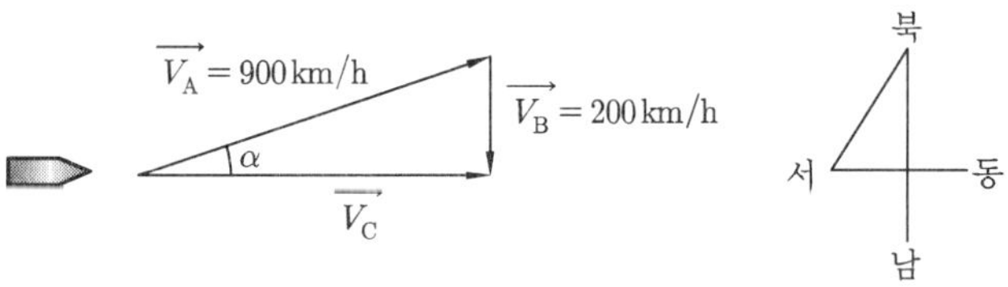

6. 평균가속도 $\overrightarrow{a_{avg}} = \dfrac{\vec{v_2} - \vec{v_1}}{\Delta t} = \dfrac{(16\vec{i} - 10\vec{j}) - (-4\vec{i} + 2\vec{j})}{4} = 5\vec{i} - 3\vec{j}\,(\text{m/s}^2)$

7. 가속도 $\vec{a} = \dfrac{\vec{v_2} - \vec{v_1}}{\Delta t}$

∴ $\vec{v_1} = \vec{v_2} - \Delta t\,\vec{a} = (5\vec{i} - 6\vec{j}) - 4 \times (2\vec{i} + 3\vec{j}) = -3\vec{i} - 18\vec{j}\,(\text{m/s})$

8. 평균가속도 $a_{avg} = \dfrac{v_2 - v_1}{\Delta t} = \dfrac{(72 \times 1000/3600) - 0}{10} = 2\,(\text{m/s}^2)$

9. 동쪽을 $(+x)$, 북쪽을 $(+y)$로 잡으면 처음 속도 $\vec{v_1} = 108\vec{i}\,(\text{km/h})$, 나중 속도 $\vec{v_2} = 54\vec{j}\,(\text{km/h})$이므로 평균가속도

$$\overrightarrow{a_{avg}} = \frac{\vec{v_2} - \vec{v_1}}{\Delta t} = \frac{(54\vec{j} - 108\vec{i}) \times 1000/3600}{5} = -6\vec{i} + 3\vec{j}\,(\text{m/s}^2)$$

이고, 가속도의 크기 $a_{avg} = \sqrt{a_x^2 + a_y^2} = \sqrt{(-6)^2 + 3^2} = 6.71\,(\text{m/s}^2)$

10. 속도 $v = \dfrac{ds}{dt} = \dfrac{d}{dt}(t^3 + 3t^2 + t) = 3t^2 + 6t + 1\ \ (\text{m/s})$

가속도 $a = \dfrac{dv}{dt} = \dfrac{d}{dt}(3t^2 + 6t + 1) = 6t + 6\ \ (\text{m/s}^2)$

∴ $t = 2$일 때 속도 $v = 25\,(\text{m/s})$, 가속도 $a = 18\,(\text{m/s}^2)$

11. 위치 $s = v_0 t + \dfrac{1}{2}at^2 = 0 + \dfrac{1}{2} \times 0.4 \times 10^2 = 20\,(\text{m})$

속도 $v = v_0 + at = 0 + 0.4 \times 10 = 4\,(\text{m/s})$

12. $0 < t < 2$일 때 $v > 0$이고, $2 < t < 3$일 때 $v < 0$이다. 따라서 오른쪽을 (+)로 잡으면

$t = 2$까지는 오른쪽으로 이동하고, $2 < t < 3$에서는 왼쪽으로 이동한다. $\therefore$ $ds = vdt$에서 이동거리

$$s = \int_0^2 (4-2t)dt - \int_2^3 (4-2t)dt = [4t - t^2]_0^2 - [4t - t^2]_2^3 = 5\,(\text{m})$$

* 변위 $\Delta s = \int_0^3 (4-2t)dt = [4t - t^2]_0^3 = 3\,(\text{m})$이다.

13. (1) $dv = adt$를 적분하면 $v = \int adt = \int kt\,dt = \frac{1}{2}kt^2 + C$

$t = 0$일 때 $v = 2$에서 $C = 2$이고, $t = 1$일 때 $v = 6$이므로 $k = 8$이다.

$\therefore$ $v = \frac{1}{2}kt^2 + C = 4t^2 + 2\,(\text{m/s})$에서 $t = 2$일 때 $v = 18\,\text{m/s}$ 이다.

(2) $ds = vdt$를 적분하면 $s = \int vdt = \int (4t^2 + 2)\,dt = \frac{4}{3}t^3 + 2t + C$

$t = 0$일 때 $s = 0$에서 $C = 0$이므로 $t = 3$일 때 $s = 42\,(\text{m})$이다.

14. 정지했을 때 속도 $v = 0$이므로 $v = 10 - 2t = 0$에서 $t = 5\,(\text{s})$이다.

$\therefore$ 이동거리 $s = \int_0^5 (10-2t)dt = \left[10t - t^2\right]_0^5 = 25\,(\text{m})$

15. (1) $s = \int vdt = \int (6t - 3t^2)\,dt = 3t^2 - t^3 + C$

$t = 0$일 때 $s = 0$에서 $C = 0$이므로 $t = 3$일 때 $s = 3 \times 3^2 - 3^3 = 0$이다.

(2) $v = 3t(2-t)$이므로 $0 < t < 2$일 때 $v > 0$이고, $2 < t < 3$일 때 $v < 0$이다. 따라서 오른쪽을 (+)로 잡으면 $t = 2$까지는 오른쪽으로 이동하고, $2 < t < 3$에서는 왼쪽으로 이동한다. $\therefore$ $ds = vdt$에서 이동거리

$$s = \int_0^2 (6t - 3t^2)dt - \int_2^3 (6t - 3t^2)dt = [3t^2 - t^3]_0^2 - [3t^2 - t^3]_2^3 = 8\,(\text{m})$$

16. 정지상태에서 출발하므로 처음 속도 $v_0 = 0$이다.

$s = v_0 t + \frac{1}{2}at^2$에서 $s = 500\text{m}$, $t = 10\,\text{s}$를 대입하면 $500 = 0 + \frac{1}{2}a \times 10^2$

$\therefore$ $a = 10\,\text{m/s}^2$

이고, 10초 후의 속도 $v = v_0 + at = 0 + 10 \times 10 = 100\,(\text{m/s})$이다.

17. 처음 속도 $v_0 = 72\text{km/h} = \frac{72 \times 1000\,\text{m}}{3600\text{s}} = 20\,\text{m/s}$, 최종 속도 $v_1 = 0$ ($\because$ 정지)

$\therefore$ 가속도 $a = \frac{v_1 - v_0}{\Delta t} = \frac{0 - 20}{2} = -10\,(\text{m/s}^2)$

$v_1^2 - v_0^2 = 2as$에서 $0 - 20^2 = 2 \times (-10) \times s$ $\therefore$ $s = 20\,(\text{m})$

18. (1) OA의 기울기이므로 $a=\frac{12}{4}=3\,(\mathrm{m/s^2})$

(2) OB의 기울기이므로 $a=\frac{12}{8}=\frac{3}{2}\,(\mathrm{m/s^2})$

(3) 0초에서 8초까지의 이동거리는 $v-t$ 그래프의 면적에서

$s=\frac{1}{2}\times 4\times 12+4\times 12=72\,(\mathrm{m})$ ∴ 평균속도$=\frac{72}{8}=9\,(\mathrm{m/s})$

(4) 직선 BC의 방정식은 $v=-2t+28$이므로 직선과 t축과의 교점은 $t=14$이다. 따라서 오른쪽을 (+)로 잡으면 속도가 (+)인 0초에서 14초까지는 오른쪽으로 이동하고, 속도가 (−)인 14초부터 16초까지는 왼쪽으로 이동한다. $v-t$ 그래프의 면적에서 오른쪽으로 이동한 거리 $s_1=108\,\mathrm{m}$이고, 왼쪽으로 이동한 거리 $s_2=4\,\mathrm{m}$이다.

∴ 변위 $\Delta s=s_1-s_2=108-4=104\,(\mathrm{m})$

(5) (4)에서 이동거리 $s=s_1+s_2=108+4=112\,(\mathrm{m})$

19. $v=v_0+at$의 양변을 제곱하면,

$$v^2=(v_0+at)^2=v_0^2+2av_0t+a^2t^2=v_0^2+2a\left(v_0t+\frac{1}{2}at^2\right)$$

$$=v_0^2+2as \quad (\because\ s=v_0t+\frac{1}{2}at^2)$$

$$\therefore\ v^2-v_0^2=2as$$

연습문제 3.2

1. $h=\frac{1}{2}gt^2=\frac{1}{2}\times 9.8\times 4^2=78.4\,(\mathrm{m})$

2. $h=\frac{1}{2}gt^2$ ∴ $t=\sqrt{\frac{2h}{g}}=\sqrt{\frac{2\times 400}{9.8}}=9.04\,(\mathrm{s})$

$v=gt=9.8\times 9.04=88.59\,(\mathrm{m/s})$ $(=\sqrt{2gh})$

3. 처음 3초 동안 낙하한 거리 $h_1=\frac{1}{2}gt^2=\frac{1}{2}\times 9.8\times 3^2=44.1\,(\mathrm{m})$

처음부터 5초 동안 낙하한 거리 $h_2=\frac{1}{2}gt^2=\frac{1}{2}\times 9.8\times 5^2=122.5\,(\mathrm{m})$

따라서 3초 이후 2초 동안 낙하한 거리 $h_2-h_1=122.5-44.1=78.4\,(\mathrm{m})$

4. 그래프에서 $t=5$초일 때 $v=0$이다. 따라서 최고점에서의 속력은 0이므로 최고점까지 올

라가는 데 걸린 시간은 5초이다. 이동거리는 속도-시간 그래프에서 면적이므로 최고점의 높이 $h_{max} = \frac{1}{2} \times 5 \times 49 = 122.5\,(\mathrm{m})$이다.

5. $v^2 - v_0^2 = -2gh$에 최고점에서 $v = 0$, $h = h_{max}$를 대입하면

처음 속도 $v_0 = \sqrt{2gh_{max}} = \sqrt{2 \times 9.8 \times 20} = 19.8\,(\mathrm{m/s})$

6. $h_{max} = \dfrac{v_0^2}{2g} = \dfrac{60^2}{2 \times 9.8} = 183.7\,(\mathrm{m})$ ($\because$ $v^2 - v_0^2 = -2gh_{max}$, $v = 0$)

최고점에서 속도는 0에서 $v = v_0 - gt = 0$ $\quad \therefore\ t = \dfrac{v_0}{g} = \dfrac{60}{9.8} = 6.12\,(\mathrm{s})$

7. 자유낙하하는 물체가 $h_1 = 80 - 30 = 50\,(\mathrm{m})$ 낙하하는 데 걸리는 시간은 $h_1 = \frac{1}{2}gt_1^2$에서 $t_1 = \sqrt{\dfrac{2h_1}{g}}$ 이다. 이 시간 동안 지면에서 쏘아 올린 공이 h_2까지 올라가므로 $h_2 = v_0 t_1 - \frac{1}{2}gt_1^2 = v_0 t_1 - h_1$

$\therefore\ v_0 = \dfrac{h_1 + h_2}{t_1} = \dfrac{h}{t_1} = h\sqrt{\dfrac{g}{2h_1}} = 80 \times \sqrt{\dfrac{9.8}{2 \times 50}} = 25.04\,(\mathrm{m/s})$

8. 물체 A가 낙하한 거리 $h_A = v_0 t + \frac{1}{2}gt^2$

물체 B가 올라간 거리 $h_B = v_0 t - \frac{1}{2}gt^2$

두 물체가 만날 때 $h_A + h_B = H$이므로 $2v_0 t = H$

$\therefore\ v_0 = \dfrac{H}{2t} = \dfrac{200}{2 \times 4} = 25\,(\mathrm{m/s})$

9. (1) $v = \sqrt{v_0^2 + 2gH} = \sqrt{30^2 + 2 \times 9.8 \times 80} = 49.68\,(\mathrm{m/s})$

(2) 옥상에서부터 최고점까지의 높이 $h_{max} = \dfrac{v_0^2}{2g} = \dfrac{30^2}{2 \times 9.8} = 45.92\,(\mathrm{m})$

물체의 이동거리 $2h_{max} + H = 2 \times 45.92 + 80 = 171.84\,(\mathrm{m})$

10. 처음 속도 $v_0 = 20\,\mathrm{m/s}$의 방향인 위쪽을 양(+)으로 잡고 물체를 던진 지점으로부터의 고도를 h라 하면 시간 t에서의 물체 높이 $h = v_0 t - \frac{1}{2}gt^2$이다. 이때 지면은 $h = -40\,(\mathrm{m})$이므로 $20t - \frac{1}{2} \times 9.8t^2 = -40$

$4.9t^2 - 20t - 40 = 0$ $\quad \therefore\ t = \dfrac{10 + \sqrt{10^2 + 4.9 \times 40}}{4.9} = 5.55\,(\mathrm{s})$ ($\because$ $t > 0$)

11. 낙하 시간 : $h=\frac{1}{2}gt^2$에서 $t=\sqrt{\frac{2h}{g}}=\sqrt{\frac{2\times1400}{9.8}}=16.9(\text{s})$

수평방향 이동거리 : $R=v_0t=\frac{500\times1000}{3600}\times16.9=2347(\text{m})$

12. 수평 성분 $v_x=30(\text{m/s})$ (등속도 운동)

수직 성분 $v_y=gt=9.8\times4=39.2(\text{m/s})$ (자유낙하, 등가속도 운동)

속도의 크기 $v=\sqrt{v_x^2+v_y^2}=\sqrt{30^2+39.2^2}=49.36(\text{m/s})$

각도 $\theta=\tan^{-1}\left(\frac{v_y}{v_x}\right)=\tan^{-1}\left(\frac{39.2}{30}\right)=52.57°$

13. 수직방향 : $H=\frac{1}{2}gt^2=\frac{1}{2}\times9.8\times6^2=176.4(\text{m})$ (자유낙하)

수평방향 : $R=v_0t=40\times6=240(\text{m})$ (등속도 운동)

14. $v_{0x}=v_0\cos\alpha=48\times\cos60°=24(\text{m/s})$

$v_{0y}=v_0\sin\alpha=48\times\sin60°=41.57(\text{m/s})$

(1) 2초 후의 높이 $h=v_{0y}t-\frac{1}{2}gt^2=41.57\times2-\frac{1}{2}\times9.8\times2^2=63.54(\text{m})$

수평방향 속도 성분 : $v_x=v_{0x}=24(\text{m/s})$

수직방향 속도 성분 : $v_y=v_{0y}-gt=41.57-9.8\times2=21.97(\text{m/s})$

(2) 6초 후의 높이 $h=v_{0y}t-\frac{1}{2}gt^2=41.57\times6-\frac{1}{2}\times9.8\times6^2=73.02(\text{m})$

수평방향 속도 성분 : $v_x=v_{0x}=24(\text{m/s})$

수직방향 속도 성분 : $v_y=v_{0y}-gt=41.57-9.8\times6=-17.23(\text{m/s})$

* 2초 후에는 $v_y>0$이므로 위로 올라가고, 6초 후에는 $v_y<0$이므로 아래로 떨어진다.

15. $H=\frac{v_0^2\sin^2\alpha}{2g}=\frac{80^2\times(\sin30°)^2}{2\times9.8}=81.63(\text{m})$

$R=\frac{v_0^2\sin2\alpha}{g}=\frac{80^2\times\sin(60°)}{9.8}=565.6(\text{m})$

16. 비거리 $R=\frac{v_0^2\sin2\alpha}{g}$ $\quad\therefore v_0=\sqrt{\frac{gR}{\sin2\alpha}}=\sqrt{\frac{9.8\times140}{\sin(40°)}}=46.2(\text{m/s})$이므로

공의 속도가 $v_0\geq46.2(\text{m/s})$가 되도록 타격해야 한다.

17. 최고점에서 $v_y=v_0\sin\alpha-gt=0$이고 최고점까지 도달 시간은 5/2이다.

$\therefore \sin\alpha=\frac{gt}{v_0}$에서 $\alpha=\sin^{-1}\left(\frac{gt}{v_0}\right)=\sin^{-1}\left(\frac{9.8\times5/2}{40}\right)=37.77°$

18. 해수면은 같은 고도에 있으므로 수평도달거리 $R=\dfrac{v_0^2 \sin 2\alpha}{g}$ 에서 $\sin 2\alpha = \dfrac{gR}{v_0^2}$ 이다.

$$\therefore\ 2\alpha = \sin^{-1}\left(\frac{gR}{v_0^2}\right) = \sin^{-1}\left(\frac{9.8\times 4000}{300^2}\right) = 25.82°$$

따라서 포신을 수평선으로부터 위로 $\alpha = 12.91°$ 각도로 조준해야 한다.

19. 두 물체는 모두 연직방향으로는 자유낙하를 하므로 임의 시간에서 두 물체의 고도는 항상 같다. 따라서 시간이 지나면 A가 점점 B로 다가와서 결국은 만나게 된다. (두 물체 간의 거리를 R이라 하면 만나는 시간 $t = R/v_0$이다.)

연습문제 3.3

1. $a = \dfrac{F}{m} = \dfrac{4000}{2000} = 2\,(\text{cm/s}^2)$: $1\,\text{dyne} = 1\text{g}\cdot\text{cm/s}^2$

2. $m = \dfrac{F}{a} = \dfrac{1.4}{25\times 10^{-3}} = 56\,(\text{kg})$: $1\text{N} = 1\,\text{kg}\cdot\text{m/s}^2$

3. (1) $a_y = 0$에서 $\sum F_y = 0$ $\quad\therefore\ N = 30 + mg = 30 + 2\cdot 9.8 = 49.6\,(\text{N})\ (\uparrow)$

   (2) $a_x = (\sum F_x)/m = \dfrac{40-20}{2} = 10\,(\text{m/s}^2)(\rightarrow)$

   (3) $\Delta x = \dfrac{1}{2}a_x t^2 = \dfrac{1}{2}\cdot 10\cdot 4^2 = 80\,(\text{m})$

4. $T = m_A a,\ F - T = m_B a \quad\therefore\ a = \dfrac{F}{m_A + m_B} = \dfrac{40}{3+7} = 4\,(\text{m/s}^2)$

   $T = m_A a = 3\cdot 4 = 12\,(\text{N})$

5. $v_0 = 0,\ v_1 = 72\text{km/h} = 72\cdot 1000\,\text{m}/3600\text{s} = 20\,\text{m/s}$

   $\therefore\ a = \dfrac{v_1 - v_0}{\Delta t} = \dfrac{20-0}{4} = 5\,(\text{m/s}^2)$

   $F = ma = 1000\,\text{kg}\cdot 5\,\text{m/s}^2 = 5000\text{N} = 5\,\text{kN}$

6. $F = ma = m\dfrac{v_1 - v_0}{\Delta t} = 20\cdot\dfrac{0-10}{4} = -50\,(\text{N})$

   물체의 운동 방향과 반대 방향으로 50N의 힘을 가해야 한다.

7. $mg - T = ma \quad\therefore\ T = mg - ma = 100(9.8 - 2.8) = 700\,(\text{N})$

8. $a = \frac{F_x}{m} = \frac{500\cos 30°}{40} = 10.83\,(\mathrm{m/s^2})\ (\rightarrow)$

9. (1) $a_y = 0$에서 $\sum F_y = 0$

$\therefore\ N = mg + 40 - 60\sin 30° = 4 \cdot 9.8 + 40 - 60\sin 30° = 49.2\,(\mathrm{N})\ (\uparrow)$

(2) $a_x = (\sum F_x)/m = \frac{60\cos 30° - 30 - 0.2 \cdot 49.2}{4} = 3.03\,(\mathrm{m/s^2})\ (\rightarrow)$

(3) $\Delta x = \frac{1}{2}a_x t^2 = \frac{1}{2} \cdot 3.03 \cdot 2^2 = 6.06\,(\mathrm{m})$

10. $\mu_s = \tan\phi = \tan 20° = 0.364$

11. $\phi = \tan^{-1}\mu_s = \tan^{-1}0.25 = 14.04°$

12. 무게의 빗면 방향 성분과 수직 성분은 각각 $W\sin\theta$, $W\cos\theta$이므로 마찰력은 $\mu_k N = \mu_k W\cos\theta$. 등속운동이므로 $a = 0$이고 $\sum F = 0$.

$W\sin\theta - \mu_k W\cos\theta = 0 \quad \therefore\ \mu_k = \tan\theta = \tan 10° = 0.176$

13. $\sum F = ma$에서 $mg\sin\theta - \mu_k mg\cos\theta = ma$

$\therefore\ a = (\sin\theta - \mu_k\cos\theta)g = (\sin 30° - 0.3 \cdot \cos 30°) \cdot 9.8 = 2.35\,(\mathrm{m/s^2})$

14. M의 물체가 내려가는 방향을 $+a$로 한다. 장력을 T로 하여 각 물체에 대해 2법칙 ($\sum F = ma$)을 적용하면

$T - mg - P = ma,\ Mg - T = Ma$

$\therefore\ a = \frac{Mg - mg - P}{M + m} = \frac{10 \cdot 9.8 - 4 \cdot 9.8 - 30}{10 + 4} = 2.06\,(\mathrm{m/s^2})$

$T = M(g - a) = 10 \cdot (9.8 - 2.06) = 77.4\,(\mathrm{N})$

15. (1) $T = Ma,\ mg - T = ma \quad \therefore\ a = \frac{mg}{M + m} = \frac{2 \cdot 9.8}{3 + 2} = 3.92\,(\mathrm{m/s^2})$

$T = Ma = 3 \cdot 3.92 = 11.76\,(\mathrm{N})$

(2) 등속운동($a = 0$)이므로 $\sum F = 0$에서 $T - \mu_k Mg = 0,\ mg - T = 0$

$\therefore\ \mu_k = \frac{T}{Mg} = \frac{mg}{Mg} = \frac{m}{M} = \frac{3}{8} = 0.375$

(3) $T - \mu_k Mg = Ma,\ mg - T = ma$

$\therefore\ a = \frac{(m - \mu_k M)g}{M + m} = \frac{(4 - 0.2 \cdot 6) \cdot 9.8}{6 + 4} = 2.744\,(\mathrm{m/s^2})$

(4) (3)에서 $a = \frac{(m - \mu_k M)g}{M + m}$. 이 식에서 μ_k를 구하면

$$m-\mu_k M=\frac{a}{g}(M+m)$$

$$\therefore\ \mu_k=\frac{m}{M}-\frac{a}{g}\left(1+\frac{m}{M}\right)=\frac{2}{4}-\frac{1.3}{9.8}\left(1+\frac{2}{4}\right)=0.301$$

16. 장력을 T, 빗면을 따라 미끄러져 내려오는 방향을 가속도의 방향($+a$)으로 잡는다. A, B에 2법칙을 적용하면,

$$m_A g\sin\theta-\mu_k m_A g\cos\theta-T=m_A a \qquad \cdots ①$$

$$T-m_B g=m_B a \qquad \cdots ②$$

이다. ①+②에서

$$a=\frac{(m_A\sin\theta-\mu_k m_A\cos\theta-m_B)g}{m_A+m_B}$$

$$=\frac{(8\cdot\sin 40°-0.2\times 8\cdot\cos 40°-2)\cdot 9.8}{8+2}=1.878\,(\mathrm{m/s^2})$$

이고, ②에서 $T=m_B(a+g)=2\cdot(1.878+9.8)=23.36\,(\mathrm{N})$이다.

가속도의 값이 양이므로 A는 빗면을 따라 미끄러져 내려온다.

17. 속도가 일정하므로 가속도 $a=0$이고, 2법칙에서 $\sum\vec{F}=0$가 된다.

장력을 수평 성분과 수직 성분으로 분해하여 해석한다.

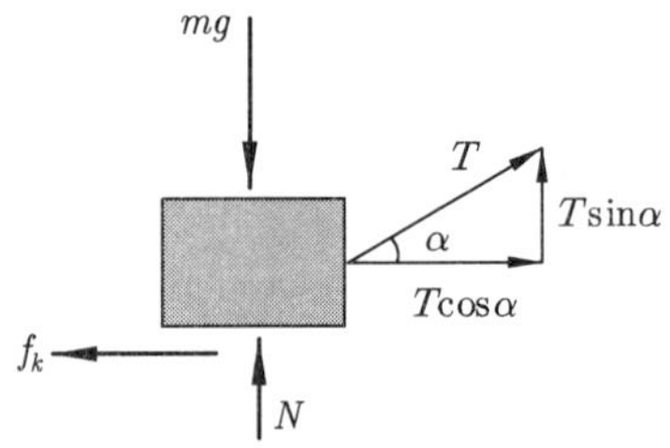

반력을 N으로 하면 마찰력 $f_k=\mu_k N$이다.

$$\sum F_y=0\ :\ N-mg+T\sin\alpha=0 \qquad \cdots ①$$

$$\sum F_x=0\ :\ T\cos\alpha-\mu_k N=0 \qquad \cdots ②$$

①에서 $N=mg-T\sin\alpha$를 ②에 대입하여 T를 구한다.

$$T\cos\alpha-\mu_k(mg-T\sin\alpha)=0$$

$$\therefore\ T=\frac{\mu_k mg}{\cos\alpha+\mu_k\sin\alpha}=\frac{0.1\cdot 40\cdot 9.8}{\cos 30°+0.1\cdot\sin 30°}=42.79\,(\mathrm{N})$$

18. 장력을 T로 하고 각 물체에 대해 제2법칙을 적용한다.

$$\mathrm{A}\ :\ m_A g\sin\theta-T=m_A a \qquad \cdots ①$$

$$\text{B} : T - \mu_k m_\text{B}\, g = m_\text{B}\, a \qquad \cdots ②$$

①+②를 하면 $m_\text{A}\, g \sin\theta - \mu_k m_\text{B}\, g = m_\text{A}\, a + m_\text{B}\, a$

$$\therefore\ a = \frac{(m_\text{A} \sin\theta - \mu_k m_\text{B})g}{m_\text{A} + m_\text{B}} = \frac{(4 \cdot \sin 30° - 0.3 \cdot 2) \cdot 9.8}{4+2} = 2.287\,(\text{m/s}^2)$$

19. 용수철의 복원력은 변위 x의 반대 방향으로 작용하므로 $\sum F = ma$에서

$$-kx = ma,\ \ ma + kx = 0,\ \ m\frac{d^2x}{dt^2} + kx = 0$$

$$\therefore\ \frac{d^2x}{dt^2} + \omega^2 x = 0 \ \ (\omega = \sqrt{k/m})$$

따라서 각진동수 $\omega = \sqrt{\dfrac{k}{m}}$, 주기 $T = \dfrac{2\pi}{\omega} = 2\pi\sqrt{\dfrac{m}{k}}$ 이다.

연습문제 3.4

1. $\omega = \dfrac{2\pi N}{60} = \dfrac{2\pi \cdot 3000}{60} = 314.16\,(\text{rad/s})$

   $v = r\omega = (0.2\,\text{m}) \cdot (314.16\,\text{rad/s}) = 62.83\,\text{m/s}$

2. 회전수 $\theta = \omega_{avg} t = \dfrac{1}{2}(\omega_f + \omega_0)t = \dfrac{1}{2}(0 + 2000) \cdot \dfrac{30}{60} = 500\ (\text{rev})$

3. 줄에 의한 마찰력에 의해 도르래도 각가속도 $\alpha = a/R$로 회전한다.

   운동법칙 $\sum F = ma$, $\sum M = I\alpha$를 적용하여 질량을 구한다.

   $$m_1 : m_1 g - T_1 = m_1 a \quad \therefore\ m_1 = \frac{T_1}{g-a} = \frac{40}{9.8 - 9.8/2} = 8.16\,(\text{kg})$$

   $$m_2 : T_2 = m_2 a \quad \therefore\ m_2 = \frac{T_2}{a} = \frac{20}{9.8/2} = 4.08\,(\text{kg})$$

   $$M : T_1 R - T_2 R = \left(\frac{1}{2}MR^2\right)\alpha = \frac{1}{2}MRa \ \ (\because\ R\alpha = a)$$

   $$\therefore\ M = \frac{2(T_1 - T_2)}{a} = \frac{2 \cdot (40 - 20)}{9.8/2} = 8.16\,(\text{kg})$$

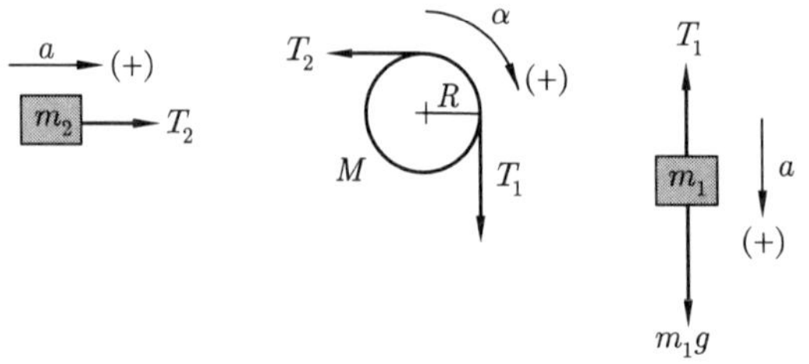

4. $a_r = r\omega^2 = (0.8\,\mathrm{m}) \cdot (10\,\mathrm{rad/s})^2 = 80\,\mathrm{m/s^2}$

5. $a_t = r\alpha = \left(\dfrac{0.6\,\mathrm{m}}{2}\right) \cdot (-0.4\,\mathrm{rad/s^2}) = -0.12\,(\mathrm{m/s^2})$

   [* 감속되므로 α의 부호를 음(−)으로 나타내고, 접선방향의 가속도가 음(−)이라는 것은 테두리의 선속도와 반대 방향이라는 것을 나타낸다.]

   $\omega^2 - \omega_0^2 = 2\alpha\Delta\theta$에서 정지상태의 $\omega = 0$이므로 처음 각속도

   $\omega_0 = \sqrt{-2\alpha\Delta\theta} = \sqrt{(-2)\cdot(-0.4)\cdot(10\times 2\pi)} = 7.09\,(\mathrm{rad/s})$

6. 바닥에 닫는 공의 테두리를 지나는 접선에 대한 관성모멘트

$$I = I_c + mR^2 = \frac{2}{3}mR^2 + mR^2 = \frac{5}{3}mR^2$$

   이므로 회전축을 공의 바닥으로 하여 $\sum M = I\alpha$를 적용하면

$$(mg\sin\theta)R = \left(\frac{5}{3}mR^2\right)\alpha = \frac{5}{3}mRa \quad \therefore\ a = \frac{3}{5}g\sin\theta$$

   이다. $v^2 - v_0^2 = 2as$에서 처음 속도 $v_0 = 0$.

$$\therefore\ v = \sqrt{2as} = \sqrt{2\cdot\left(\frac{3}{5}g\sin\theta\right)s}$$

$$= \sqrt{2\cdot\left(\frac{3}{5}\right)\cdot(9.8)\cdot\sin 30^\circ\cdot 10} = 7.67\,(\mathrm{m/s})$$

7. 굴러 내려가므로 구 또는 원판의 회전축은 테두리를 지나는 접선이다. 따라서 관성모멘트

$$I = I_c + mR^2 = kMR^2 + MR^2 = (1+k)MR^2$$

   이고 운동에너지

$$E_k = \frac{1}{2}I\omega^2 = \frac{1}{2}(1+k)MR^2\omega^2 = \frac{1}{2}(1+k)Mv^2 \quad (\because\ v = R\omega)$$

   이다. 높이 h의 위치에너지가 바닥에서의 운동에너지로 모두 변환되므로 에너지 보존법칙에 의해

$$\frac{1}{2}(1+k)Mv^2 = Mgh \quad \therefore\ v = \sqrt{\frac{2gh}{1+k}}$$

   이다.

(*문제 6에서 $k=2/3$, $h=10\sin 30°$이므로

$$v=\sqrt{\frac{2gh}{1+k}}=\sqrt{\frac{2\cdot(9.8)\cdot(10\sin 30°)}{1+2/3}}=7.67(\mathrm{m/s})$$

이 된다.)

8. $M=I\alpha \quad \therefore \alpha=\dfrac{M}{I}=\dfrac{12}{0.2}=60(\mathrm{rad/s^2})$

9. $E_k=\dfrac{1}{2}I\omega^2=\dfrac{1}{2}\cdot(0.4)\cdot(100)^2=2000(\mathrm{J})$

10. $P=M\omega=M\cdot\dfrac{2\pi N}{60}=(100)\cdot\dfrac{2\pi\cdot(4000)}{60}\cdot\dfrac{1}{1000}=41.9(\mathrm{kW})$

11. 속이 찬 구의 질량관성모멘트 $I=2mR^2/5$

$$\therefore k=\sqrt{\frac{I}{m}}=\sqrt{\frac{2mR^2/5}{m}}=\sqrt{\frac{2}{5}}R$$

연습문제 4.1

1. $\sigma_t=\dfrac{P}{A}=\dfrac{P}{\pi D^2/4}=\dfrac{4\times 4000}{\pi\cdot(20)^2}=12.73\dfrac{\mathrm{N}}{\mathrm{mm^2}}=12.73\,\mathrm{MPa}$

2. $\sigma_c=\dfrac{P}{A}=\dfrac{4P}{\pi D^2}$이므로 $\sigma_c \propto 1/D^2$. $\quad\therefore \sigma_A/\sigma_B=4$

3. $\tau=\dfrac{P}{A}=\dfrac{P}{\pi dh}=\dfrac{4000}{\pi\cdot(20)\cdot(25)}-2.546(\mathrm{MPa})$

4. $\sigma=\dfrac{P}{A}=\dfrac{P}{L^2} \quad \therefore L=\sqrt{\dfrac{P}{\sigma}}=\sqrt{\dfrac{40\times 1000}{50}}=28.28(\mathrm{mm})$

5. $\sigma_c=\dfrac{P}{A}=\dfrac{P}{(\pi D_o^2-\pi D_i^2)/4}=\dfrac{4\cdot(60\times 1000)}{\pi\cdot(80^2-50^2)}=19.59(\mathrm{MPa})$

6. $\tau=\dfrac{4P}{\pi D^2} \quad \therefore D=\sqrt{\dfrac{4P}{\pi\tau}}=\sqrt{\dfrac{4\cdot(8000)}{\pi\cdot 25}}=20.19(\mathrm{mm})$

7. 핀의 위와 아래에 전단하중이 작용하므로 전단면이 2개이다.

$$\tau=\frac{F}{A}=\frac{F}{2(\pi d^2/4)}=\frac{2F}{\pi d^2}$$

$$\therefore d=\sqrt{\frac{2F}{\pi\tau}}=\sqrt{\frac{2\cdot(15\times 10^3)}{\pi\cdot(30\times 10^6)}}=0.0178(\mathrm{m})=17.8(\mathrm{mm})$$

8. $\epsilon = \dfrac{\Delta l}{l_0} = \dfrac{2\,\text{mm}}{500\,\text{mm}} = 0.004$

9. $\epsilon = \dfrac{l - l_0}{l_0} = \dfrac{l}{l_0} - 1 \quad \therefore\ l_0 = \dfrac{l}{1+\epsilon} = \dfrac{300}{1+0.005} = 298.507\,(\text{mm})$

10. $\epsilon = \dfrac{\Delta l}{l_0} \quad \therefore\ l_0 = \dfrac{\Delta l}{\epsilon} = \dfrac{0.8}{0.002} = 400\,(\text{mm})$

11. $\epsilon' = \dfrac{\Delta d}{d_0} = \dfrac{0.008}{20} = 4 \times 10^{-4}$

12. 전단변형률 $\gamma = \dfrac{\lambda}{l} = \dfrac{0.4\,\text{mm}}{100\,\text{mm}} = 0.004$, 전단각 $\phi \approx \gamma = 0.004\,\text{Rad}$

13. $\sigma = E\epsilon = E \times \dfrac{\Delta l}{l_0} = (200\,\text{GPa}) \cdot \dfrac{(200.3 - 200)\text{mm}}{200\,\text{mm}} = 0.3\,\text{GPa} = 300\,\text{MPa}$

14. $\Delta L = \dfrac{PL_1}{A_1E} + \dfrac{PL_2}{A_2E} = \dfrac{(200 \times 10^3) \cdot (5 \times 10^{-2})}{(5 \times 10^{-4}) \cdot (200 \times 10^9)} + \dfrac{(200 \times 10^3) \cdot (2 \times 10^{-2})}{(2 \times 10^{-4}) \cdot (200 \times 10^9)}$

$= 10^{-4} + 10^{-4}\,(\text{m}) = 0.2\,(\text{mm})$

15. $\Delta l = \dfrac{\sigma l_0}{E} = \dfrac{(100 \times 10^6\text{Pa}) \cdot (500\,\text{mm})}{200 \times 10^9\,\text{Pa}} = 0.25\,\text{mm}$

16. $\Delta L = \dfrac{PL}{AE}$에서

$E = \dfrac{PL}{A\Delta L} = \dfrac{4PL}{\pi d^2 \Delta L} = \dfrac{4 \cdot (140 \times 10^3\text{N}) \cdot 500\,\text{mm}}{\pi(0.01)^2\text{m}^2 \cdot (505 - 500)\text{mm}} = 178.25\,\text{GPa}$

17. $\gamma = \dfrac{\tau}{G} = \dfrac{F/A}{G} = \dfrac{F}{AG} = \dfrac{100 \times 10^3}{(1000 \times 10^{-6}) \cdot (80 \times 10^9)} = 1.25 \times 10^{-3}$

18. $G = \dfrac{\tau}{\gamma} = \dfrac{F/A}{\gamma} = \dfrac{4F}{\pi d^2 \gamma} = \dfrac{4 \cdot (25 \times 10^3)}{\pi(20 \times 10^{-3})^2 \cdot 10^{-3}}$

$= 7.958 \times 10^{10}\,(\text{Pa}) = 79.58\,(\text{GPa})$

19. $\tau = G\gamma$이고 $\tau = F/A$이므로 $\dfrac{F}{A} = G\gamma$.

$\therefore\ F = GA\gamma = (80 \times 10^9) \cdot (10 \times 10^{-4}) \cdot 10^{-3} = 80 \times 10^3\,(\text{N}) = 80\,(\text{kN})$

20. $\nu = \dfrac{\epsilon'}{\epsilon} \quad \therefore\ \epsilon = \dfrac{\epsilon'}{\nu} = \dfrac{0.001}{0.4} = 0.0025$

21. $\nu = \dfrac{\epsilon'}{\epsilon} = \dfrac{\Delta d/d_0}{\Delta l/l_0} = \dfrac{0.01/40}{0.5/500} = 0.25$

22. $\nu = \dfrac{\epsilon'}{\epsilon} = \dfrac{\Delta a/a_0}{F/AE} = \dfrac{\Delta a}{a_0} \cdot \dfrac{AE}{F} = \dfrac{4 \times 10^{-3}}{20} \cdot \dfrac{(0.02)^2 \cdot (200 \times 10^9)}{50 \times 10^3} = 0.32$

23. $\sigma = \dfrac{P}{A} = \dfrac{4P}{\pi d^2} = \dfrac{4 \cdot (40 \times 10^3)}{\pi (0.01)^2} = 5.093 \times 10^8 (\mathrm{Pa}) = 509.3 (\mathrm{MPa})$

24. 허용응력 $\sigma_a = \dfrac{\sigma}{S} = \dfrac{49\,\mathrm{MPa}}{7} = 7\,\mathrm{MPa}$

최대 압축하중 $W = \sigma_a A = 7(20)(50) = 7000\mathrm{N} = 7\,\mathrm{kN}$

25. 허용전단응력 $\tau_a = \tau_w = \dfrac{F}{\pi d^2/4} = \dfrac{4F}{\pi d^2} = \dfrac{4(5000\mathrm{N})}{\pi (8\,\mathrm{mm})^2} = 99.47\,\mathrm{MPa}$

$\therefore$ 안전율 $S = \dfrac{\tau}{\tau_a} = \dfrac{340}{99.47} = 3.42$

연습문제 4.2

1. $V_{\max} = 2\,\mathrm{kN}$, $M_{\max} = 4\,\mathrm{kN \cdot m}$

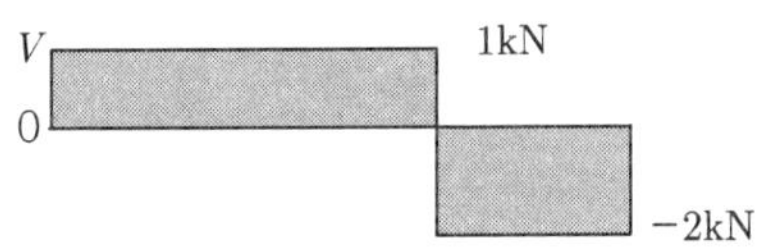

전단력 선도

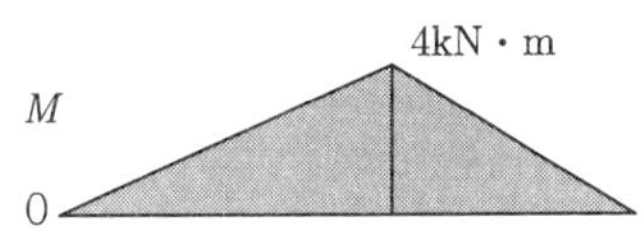

굽힘 모멘트 선도

2. $V_{\max} = 2\,\mathrm{kN}$, $M_{\max} = 2\,\mathrm{kN \cdot m}$

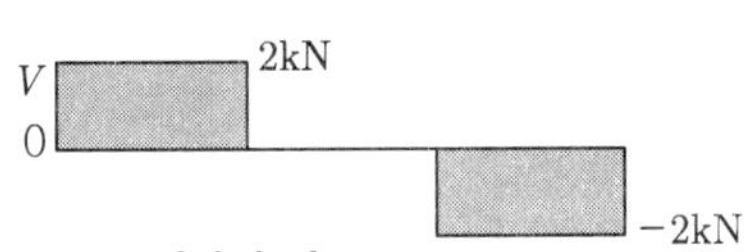

전단력 선도

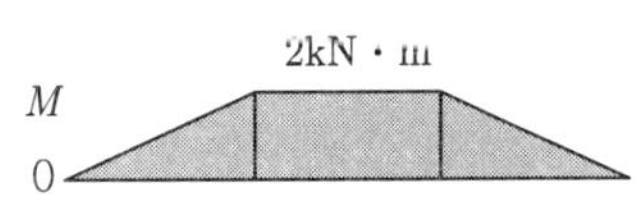

굽힘 모멘트 선도

$$\sigma_{\max} = \frac{M_{\max}}{Z} = \frac{M_{\max}}{bh^2/6} = \frac{2\,\mathrm{kN \cdot m}}{(4 \times 10^{-2}\mathrm{m})(5 \times 10^{-2}\mathrm{m})^2/6}$$

$$= 0.12 \times 10^6 \mathrm{kN/m^2} = 120 \times 10^6 \mathrm{N/m^2} = 120\,\mathrm{MPa}$$

3. $V_{\max} = P + Q$, $M_{\max} = PL + Qb$

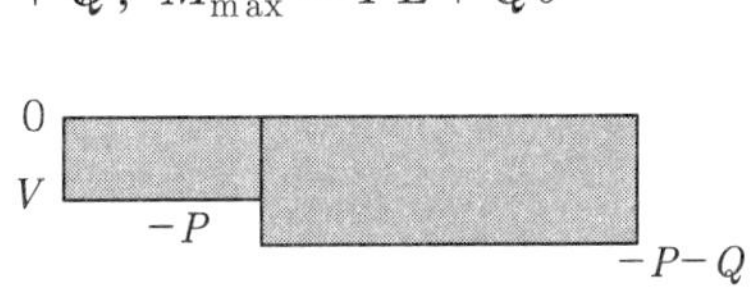

전단력 선도

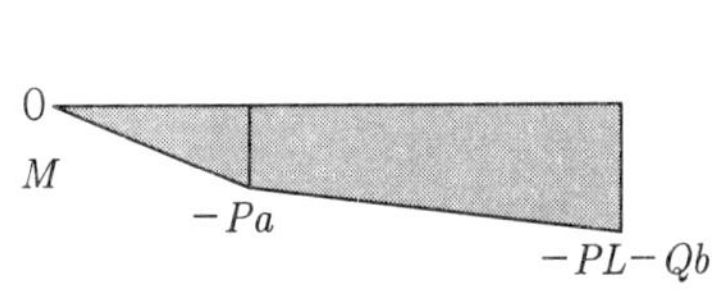

굽힘 모멘트 선도

4. $\sum M_B = 0 : -R_A(100) + (3)(80) + (4)(60) + (6)(30) = 0 \quad \therefore R_A = 6.6\,\text{kN}$

30 cm와 60 cm 지점에서 보를 절단하고 A지점으로부터 절단면까지의 보에 대한 자유물체도를 각각 그려서 전단력과 굽힘 모멘트를 구한다.

30 cm 지점 : $\sum F_y = 0$에서 $R_A - 3 - V = 0 \quad \therefore V = 3.6\,(\text{kN})$

$\sum M_C = 0$에서 $M + (3)(0.1) - R_A(0.3) = 0 \quad \therefore M = 1.68\,(\text{kN}\cdot\text{m})$

60 cm 지점 : $\sum F_y = 0$에서 $6.6 - 3 - 4 - V = 0 \quad \therefore V = -0.4\,(\text{kN})$

$\sum M_C = 0$에서 $M + (3)(0.4) + (4)(0.2) - (6.6)(0.6) = 0$

$\therefore M = 1.96\,(\text{kN}\cdot\text{m})$

5. (1) 전체 자유물체도에 $\sum M_B = 0$을 적용하면

$$R_A L - \left(\frac{q_0 L}{2}\right)\left(\frac{L}{3}\right) = 0. \quad \therefore R_A = \frac{q_0 L}{6}$$

$$\sum F_y = 0\text{에서 } R_A + R_B - \frac{q_0 L}{2} = 0. \quad \therefore R_B = \frac{q_0 L}{3}$$

(2) $\sum F_y = 0$에서 $R_A - \dfrac{q_0 x^2}{2L} - V = 0. \quad \therefore V = \dfrac{q_0 L}{6} - \dfrac{q_0 x^2}{2L}$

$$\sum M_C = 0\text{에서 } M + \frac{q_0 x^2}{2L}\left(\frac{x}{3}\right) - R_A(x) = 0. \quad \therefore M = \frac{q_0 L x}{6} - \frac{q_0 x^3}{6L}$$

(3) M은 x에 대한 3차 함수이고, $\dfrac{dM}{dx} = \dfrac{q_0 L}{6} - \dfrac{3 q_0 x^2}{6L} = 0$인 $x = \dfrac{L}{\sqrt{3}}$에서 최대 굽힘 모멘트가 발생한다. 이 값을 대입하면 $M_{\max} = \dfrac{q_0 L^2}{9\sqrt{3}}$이다.

6. (1) 최대 굽힘 모멘트, 최대 휨응력 : 전체 자유물체도에서 $R_A = R_B = \dfrac{P}{2}$.

최대 굽힘 모멘트는 보의 중앙에서 발생하며 $M_{\max} = \left(\dfrac{P}{2}\right)\left(\dfrac{L}{2}\right) = \dfrac{PL}{4}$.

따라서 최대 휨응력 $\sigma_{\max} = \dfrac{M_{\max}}{Z} = \dfrac{PL/4}{bh^2/6} = \dfrac{3PL}{2bh^2}$

(2) 보의 처짐 : 지점 A로부터 거리가 $x\,(0 < x < L/2)$인 곳에서의 모멘트 $M = Px/2$이므로 연직 아래 방향을 양의 처짐으로 잡으면 처짐 곡선의 미분방정식은

$$EI\frac{d^2 v}{dx^2} = -M = -\frac{Px}{2}$$

가 된다. 이 식을 두 번 적분하면

$$EIv = -\frac{Px^3}{12} + C_1 x + C_2$$

인데 $x = 0$에서 $v = 0$이고, $x = L/2$에서 $v' = 0$($\because$ 좌우대칭이므로 보의 중앙에서의 기울기 $dv/dx = 0$)인 조건을 적용하면 $C_1 = \frac{PL^2}{16}$, $C_2 = 0$이다. 따라서

$$v = \frac{Px}{48EI}(3L^2 - 4x^2)$$

이고, 최대 처짐은 보의 중앙에서 발생하므로 $x = L/2$을 대입하면

$$v_{\max} = \frac{PL^3}{48EI} = \frac{PL^3}{48E(bh^3/12)} = \frac{PL^3}{4bh^3E}$$

이다.

7. 지점 A로부터의 거리를 x로 잡고, 연직 아래 방향을 양의 처짐으로 잡으면 처심 곡선의 미분방정식은

$$EI\frac{d^2v}{dx^2} = -M = -\left(-\frac{qx^2}{2}\right) = \frac{qx^2}{2}$$

이다. 이 식을 두 번 적분하면

$$EIv = \frac{q}{24}x^4 + C_1 x + C_2$$

인데, 고정단 B($x = L$)에서 $v = 0$, $v' = 0$이므로

$$\frac{qL^4}{24} + C_1 L + C_2 = 0, \quad \frac{qL^3}{6} + C_1 = 0$$

에서 $C_1 = -\frac{qL^3}{6}$, $C_2 = \frac{qL^4}{8}$이다. 따라서

$$v = \frac{q}{24EI}(x^4 - 4L^3 x + 3L^4)$$

이다. 최대 처짐은 자유단 $x = 0$에서 발생하므로 이 값을 대입하면

$$v_{\max} = \frac{qL^4}{8EI} = \frac{qL^4}{8E(bh^3/12)} = \frac{3qL^4}{2Ebh^3}$$

이다.

8. (1) 임의 지점 x에서 $q(x) = \frac{q_0 x}{L}$이다. (b)와 같이 거리 x에 걸쳐 작용하는 분포하중 $\frac{1}{2}\left(\frac{q_0 x}{L}\right) \times (x)$를 집중하중 P로 대체하여 자유물체도를 그린다.

$\sum F_y = 0$에서 $V = -P = -\frac{q_0 x^2}{2L}$

$\sum M_C = 0$에서 $M = -P\left(\frac{x}{3}\right) = -\frac{q_0 x^3}{6L}$

(2) 최대 전단력과 최대 굽힘 모멘트는 고정단 B에서 발생하므로 $x = L$을 대입하면 $V_{\max} = \frac{q_0 L}{2}$, $M_{\max} = \frac{q_0 L^2}{6}$이다.

(3) 지점 A로부터 거리를 x로 잡고, 연직 아래 방향을 양의 처짐으로 잡으면 처짐 곡선의 미분방정식은

$$EI\frac{d^2 v}{dx^2} = -M = -\left(-\frac{q_0 x^3}{6L}\right) = \frac{q_0 x^3}{6L}$$

이다. 이 식을 두 번 적분하면

$$EIv = \frac{q_0}{120L}x^5 + C_1 x + C_2$$

인데, 고정단 B$(x = L)$에서 $v = 0$, $v' = 0$이므로

$$\frac{q_0 L^4}{120} + C_1 L + C_2 = 0, \quad \frac{q_0 L^3}{24} + C_1 = 0$$

에서 $C_1 = -\frac{q_0 L^3}{24}$, $C_2 = \frac{q_0 L^4}{30}$이다. 따라서

$$v = \frac{q_0}{120LEI}(x^5 - 5L^4 x + 4L^5)$$

이다. 최대 처짐은 자유단 $x = 0$에서 발생하므로 이 값을 대입하면

$$v_{\max} = \left(\frac{q_0}{120LEI}\right)(4L^5) = \frac{q_0 L^4}{30EI}$$

이다.

9. (1) 반력 : 분포하중을 보의 중앙에 작용하는 하나의 집중하중

$$P = (100\,\mathrm{kN/m}) \times 6\,\mathrm{m} = 600\,\mathrm{kN}$$

으로 대체하여 전체 물체의 자유물체도를 그린다. 여기에서 B점에 대한 모멘트 평형조건을 적용하면

$$R_A(4) - 200(2) - 600(1) = 0 \quad \therefore\ R_A = 250\,(\mathrm{kN})$$

(2) 다음에 3 m 길이의 보에 작용하는 분포하중을 3 m 보의 중앙에 작용하는 집중하중 $(100\,\mathrm{kN/m}) \times 3\,\mathrm{m} = 300\,\mathrm{kN}$으로 대체하여 그림과 같이 지점 A로부터 절단면까지의 물체에 대한 자유물체도를 그린다.

$\sum F_y = 0$에서 $R_A - 300 - 200 - V = 0$. $\therefore\ V = -250\,(\mathrm{kN})$

$\sum M_C = 0$에서 $M + 200(1) + 300(1.5) - R_A(3) = 0$. $\therefore\ M = 100\,(\mathrm{kN \cdot m})$

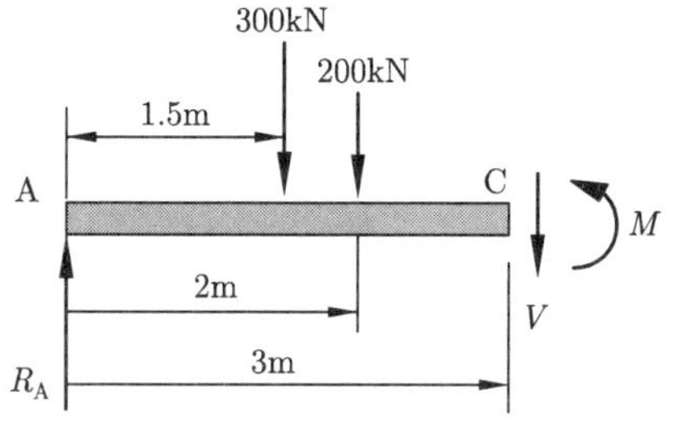

10. 집중하중 P가 보 중앙에 작용할 때 보 중앙의 처짐은 $\dfrac{PL^3}{48EI}$이고([연습문제 4.2.6]), 균일 분포하중 q가 작용할 때 보 중앙의 처짐은 $\dfrac{5qL^4}{384EI}$이다([예제 4.2.7]). 따라서 두 하중이 동시에 작용하면 $\dfrac{PL^3}{48EI}+\dfrac{5qL^4}{384EI}$의 치짐이 발생한다.

연습문제 5.1

1. (1) 종량적 상태량 : 질량, 체적, 열용량

   (2) 강성적 상태량 : 밀도, 비체적, 온도, 압력, 비열

2. $v=\dfrac{V}{m}=\dfrac{3\times4\times5}{40}=1.5\,(\mathrm{m^3/kg})$

3. $m=\rho V=1.2\times(2\times4\times5)=48\,(\mathrm{kg})$

4. $V=mv=\dfrac{4}{3}\pi R^3 \quad \therefore\ R=\sqrt[3]{\dfrac{3mv}{4\pi}}=\sqrt[3]{\dfrac{3\times10\times0.16}{4\times\pi}}\approx0.726\,(\mathrm{m})$

5. $P_1=\dfrac{F}{A_1}=\dfrac{1\,\mathrm{kN}}{(5\times10^{-3}\mathrm{m})\times(0.32\,\mathrm{m})}=625\,\mathrm{kPa}$

   $P_2=\dfrac{F}{A_2}=\dfrac{1\,\mathrm{kN}}{(5\times10^{-4}\mathrm{m})\times(0.32\,\mathrm{m})}=6250\,\mathrm{kPa}$

   스케이트 날이 날카로울수록 날의 단면적이 작아지고, 이에 따라 체중에 의한 스케이트와 얼음 사이의 압력이 증가하므로 얼음이 잘 녹게 되어 잘 미끄러진다.

6. (1) $T(℃)=\dfrac{5}{9}[T(°\mathrm{F})-32]=\dfrac{5}{9}(50-32)=10\,(℃)$

   (2) $T(℃)=\dfrac{5}{9}(-58-32)=-50\,(℃)$

7. (1) $T(°\mathrm{F})=\dfrac{9}{5}\,T(℃)+32=\dfrac{9}{5}\times70+32=158\,[°\mathrm{F}]$

(2) $T(°\mathrm{F}) = \frac{9}{5} \times (-80) + 32 = -112[°\mathrm{F}]$

8. $T[\mathrm{K}] = T[℃] + 273.15 = 36.5 + 273.15 = 309.65(\mathrm{K})$

9. $T[\mathrm{K}] = T[℃] + 273.15 = 25 + 273.15 = 298.15(\mathrm{K})$

$T[\mathrm{R}] = 1.8T[\mathrm{K}] = 1.8 \times 298.15 = 536.67(\mathrm{R})$

10. $\Delta T[\mathrm{R}] = \Delta T[°\mathrm{F}] = 72(\mathrm{R}),\ \Delta T[\mathrm{K}] = \Delta T[\mathrm{R}]/1.8 = 72/1.8 = 40(\mathrm{K})$

$\Delta T[℃] = \Delta T[\mathrm{K}] = 40(℃)$

11. 피스톤의 무게와 대기압에 의한 힘은 기체의 압력에 의한 힘과 평형을 이루고 있다.

$$\therefore\ P = P_{atm} + \frac{mg}{A} = 98 + \frac{10 \times 9.8}{0.01} \times 10^{-3} = 107.8(\mathrm{kPa})$$

12. 편의상 온도를 각각 $C,\ K,\ F,\ R$로 나타낸다.

절대온도의 정의에서 $C = K - 273.15,\ F = R - 459.67$이다. 이것을 섭씨온도와 화씨온도의 관계식 $F = \frac{9}{5}C + 32$에 대입하면 $R - 459.67 = \frac{9}{5}(K - 273.15) + 32$이고, 이 식을 정리하면 $R = \frac{9}{5}K = 1.8K$가 된다.

13. $$W = \int_{V_1}^{V_2} P\,dV = \int_{V_1}^{V_2} CV^{-n}dV = \frac{C}{1-n}(V_2^{1-n} - V_1^{1-n})$$

$C = P_1V_1^n = P_2V_2^n$이므로

$CV_2^{1-n} = (P_2V_2^n)V_2^{1-n} = P_2V_2,\ CV_1^{1-n} = (P_1V_1^n)V_1^{1-n} = P_1V_1$

$$\therefore\ W = \frac{P_2V_2 - P_1V_1}{1-n}$$

14. (1) 피스톤과 추의 무게와 대기압에 의한 힘은 기체의 압력에 의한 힘과 평형을 이루고 있다. $\therefore\ P = P_{atm} + \frac{W}{A}$에서 $W = (P - P_{atm})A = (130 - 100) \times 0.04 = 1.2(\mathrm{kN})$

(2) 기체는 대기압과 추의 무게에 의한 압력을 받고 있으므로 피스톤이 이동하는 동안 압력은 일정하게 유지된다.

$$\therefore\ W = \int_1^2 P\,dV = P\int_1^2 dV = P(V_2 - V_1) = 130(0.015 - 0.01) = 0.65(\mathrm{kJ})$$

(3) $PV = P_1V_1$이므로

$$W = \int_1^2 P\,dV = \int_1^2 \frac{P_1V_1}{V}dV = P_1V_1\int_1^2 \frac{1}{V}dV = P_1V_1\ln\left(\frac{V_2}{V_1}\right)$$

$$= 130 \times 0.01 \times \ln\left(\frac{0.015}{0.01}\right) \approx 0.527(\mathrm{kJ})$$

15. $Q = mc(T_f - T_i) \quad \therefore\ T_f = \dfrac{Q}{mc} + T_i = \dfrac{0.02 \times (10 \times 60)}{0.5 \times 3} + 20 = 28\,(℃)$

16. $T_f = \dfrac{m_1 c_1 T_1 + m_2 c_2 T_2}{m_1 c_1 + m_2 c_2} = \dfrac{300 \times 0.45 \times 100 + 200 \times 4.2 \times 20}{300 \times 0.45 + 200 \times 4.2} \approx 31.1\,(℃)$

17. $Q = mc\Delta T = 0.2 \times 3 \times (20 - 5) = 9\,(\mathrm{kJ})$

18. (1) 물이 잃은 열량=얼음이 받은 열량이므로 $Q = m_w c_w \Delta T = m_{ice} L$

$$\therefore\ m_{ice} = \frac{0.5 \times 4.18 \times (30 - 0)}{334} \approx 0.1877\,(\mathrm{kg}) = 187.7\,(\mathrm{g})$$

(2) 물이 잃은 열량=얼음이 녹는 데 소요된 열량+녹은 얼음을 10℃로 높이는 데 필요한 열량.

$$\therefore\ m_w c_w (25 - 10) = 334\, m_{ice} + m_{ice} c_w (10 - 0)$$

$$\therefore\ m_{ice} = \frac{0.4 \times 4.18 \times 15}{334 + 4.18 \times 10} = 0.0667\,(\mathrm{kg}) = 66.7\,(\mathrm{g})$$

19. 같은 시간 동안 공급받은 열량은 같으므로 $Q = m_w c_w \Delta T_w = m c \Delta T$

$$\therefore\ c = \frac{m_w \Delta T_w}{m \Delta T} \times c_w = \frac{2 \times 30}{5 \times 60} \times 1 = 0.2\,(\mathrm{kcal/kg \cdot ℃})$$

20. $R = \overline{R}/M$ 이므로 분자량이 작을수록 기체상수 값이 크다.

∴ 수소 > 헬륨 > 수증기(H_2O) > 일산화탄소 > 산소 > 이산화탄소

21. 체적이 일정하므로 $V = \dfrac{m_1 R T_1}{P_1} = \dfrac{m_2 R T_2}{P_2}$

$$\therefore\ m_2 = \frac{P_2 T_1}{P_1 T_2} \times m_1 = \frac{200 \times 293}{150 \times 303} \times 10 = 12.89\,(\mathrm{kg})$$

따라서 추가로 공급한 공기량은 $m_2 - m_1 = 12.89 - 10 = 2.89\,(\mathrm{kg})$

연습문제 5.2

1. 제1법칙 $Q = \Delta U + W$

   (1) $Q = 200 + 300 = 500\,(\mathrm{kJ})$: 500 kJ의 열이 계로 유입되었다.

   (2) $-300 = -200 + W \ \therefore\ W = -100\,\mathrm{kJ}$: 계가 100 kJ의 일을 받았다.

   (3) $-400 = \Delta U - 100 \ \therefore\ \Delta U = -300\,\mathrm{kJ}$: 계의 내부에너지가 300 kJ 감소하였다.

2. 단열되었으므로 $Q = 0$. $\therefore\ 0 = -500 + W$에서 $W = 500\,\mathrm{kJ}$의 일을 하였다.

3. $Q = \Delta U + W$ 에서 $10 \times 4.18 = \Delta U + 30$. $\therefore\ \Delta U = 11.8\,\mathrm{kJ}$

4. 제1법칙 $Q = \Delta U + W$에서 온도가 일정하므로 이상기체의 내부에너지 변화 $\Delta U = 0$이다. $\therefore\ Q = W$

5. 일 $W = P_0(V_2 - V_1) = 100 \times (0.03 - 0.01) = 2\,(\text{kJ})$

$\therefore\ Q = \Delta U + W = 5 + 2 = 7\,(\text{kJ})$

6. 일 $W = P(V_2 - V_1) = 300 \times (0.02 - 0.04) = -6\,(\text{kJ})$

$Q = \Delta U + W$에서 $-15 = \Delta U - 6$. $\therefore\ \Delta U = -9\,\text{kJ}$

7. 일 $W = P\Delta V = 100 \times 0.03 = 3\,(\text{kJ})$

$Q = \Delta U + W$에서 $2 \times 4.18 = \Delta U + 3$. $\therefore\ \Delta U = 5.36\,\text{kJ}$

8. $Q = mC_p(T_2 - T_1) = 100 \times 4.18 \times (50 - 20) = 12540\,(\text{kJ})$

가열 시간 $t = \dfrac{Q}{Power(heater)} = \dfrac{12540}{10} = 1254\,(\text{s}) = 20.9\,(\text{min})$

9. $\Delta H = (U_2 + P_2V_2) - (U_1 + P_1V_1) = (U_2 - U_1) + (P_2V_2 - P_1V_1)$

$= 100 + (300 \times 0.5 - 100 \times 0.2) = 230\,(\text{kJ})$

10. $\Delta H = (U_2 - U_1) + (P_2V_2 - P_1V_1)$

$= -20 + (100 \times 0.2 - 150 \times 0.4) = -60\,(\text{kJ})$

11. $\Delta U = mC_v\Delta T = 5 \times 1.4 \times (200 - 150) = 350\,(\text{kJ})$

12. $\Delta U = mC_v\Delta T = 10 \times 1.6 \times (30 - 50) = -320\,(\text{kJ})$: 내부에너지가 320 kJ 감소하였다.

13. 가열기가 공급하는 열은 $500 \times (4 \times 60)\,\text{J} = 120\,\text{kJ}$ ($\because$ 전력 $P = Q/t$)

질량 $m = \dfrac{P_1V_1}{RT_1} = \dfrac{300 \times 0.6}{0.3 \times (273 + 27)} = 2\,(\text{kg})$

$\delta Q = dH - VdP$에서 압력이 일정하므로 $dP = 0$.

$\therefore\ Q = \Delta H = mC_p(T_2 - T_1)$

$\therefore\ 120 - 10 = 2 \times 1.04 \times (T_2 - 27)$에서 $T_2 = 79.9\,℃$ (←10 kJ의 열손실이 있다.)

14. $\Delta U = mC_v(T_2 - T_1) = \dfrac{P_1V_1}{RT_1} \times \dfrac{R}{k-1} \times (T_2 - T_1)$

$= \dfrac{100 \times 0.3}{0.3 \times (273 + 47)} \times \dfrac{0.3}{1.4 - 1} \times (25 - 47) = -5.16\,(\text{kJ})$

15. $Q = mC_p(T_2 - T_1)$ $\quad\therefore\ T_2 = \dfrac{Q}{mC_p} + T_1 = \dfrac{200}{5 \times 10} + 20 = 24\,(℃)$

16. $T_2 = \dfrac{Q}{mC_p} + T_1 = \dfrac{-100}{10 \times 2} + 30 = 25\,(℃)$ (←열을 방출하였으므로 $Q = -100\,\text{kJ}$이다.)

17. $Q = mC_p\Delta T = \left(\rho \times \dfrac{4\pi r^3}{3}\right) \times C_p(T_2 - T_1)$

$$= 1020 \times \frac{4\pi \times 0.05^3}{3} \times 3.3 \times (80 - 20) = 105.7\,(\text{kJ})$$

18. 1분 동안 1개의 금속판에 전달된 열량

$$Q = mC_p\Delta T = (\rho \times abc) \times C_p(T_2 - T_1)$$

$$= (8500 \times 0.04 \times 0.5 \times 0.5) \times 0.4 \times (400 - 20) = 12920\,(\text{kJ})$$

$$\therefore \text{ 열전달률} = \frac{Q(total)}{t} = \frac{200 \times 12920}{60} = 43067\,(\text{kW}) = 43.1\,(\text{MW})$$

19. 열전달률 $\frac{Q}{t} = \frac{mC_p(T_2 - T_1)}{t} = \left(7800 \times \pi \times 0.04^2 \times \frac{2}{60}\right) \times 0.47 \times (500 - 20)$

$$= 294.8\,(\text{kW})$$

20. 뜨거운 금속이 방출한 열량을 모두 제거해야 물의 온도가 일정하게 유지된다. 즉, 단위시간에 제거해야 할 열량은 단위시간에 금속이 방출한 열량과 같다.

$$\frac{Q_C}{t} = \frac{MC_p\Delta T}{t} = \frac{1}{60} \times 100 \times \left(8500 \times \frac{4\pi \times 0.05^3}{3}\right) \times 0.39 \times (100 - 50)$$

$$= 144.6\,(\text{kW})$$

21. 이상기체의 내부에너지는 온도만의 함수이다. 정답 : ②, ⑤

22. 소비한 열량 $Q_{input} = 300 \times 34 = 10200\,(\text{MJ})$

기관이 출력한 에너지 $W_{out} = P \times t = 200 \times (5 \times 3600)\,\text{kJ} = 3600\,\text{MJ}$

$\therefore$ 손실 열량 $Q_{lost} = Q_{input} - W_{out} = 10200 - 3600 = 6600\,\text{MJ}$

23. 제1법칙 $Q = \Delta U + W$; 연료가 일을 받으므로 $W = -80\,\text{kJ/kg}$, 열을 방출하므로 $Q = -30\,\text{kJ/kg}$. $\therefore \Delta U = -30 + 80 = 50\,\text{kJ/kg}$. 압축되어 내부에너지가 증가한다.

24. $\Delta H = \int_1^2 mC_p dT = m\int_1^2 [0.9 + (3 \times 10^{-4})T]\,dT$

$$= m\left[0.9T + \frac{3 \times 10^{-4}}{2}T^2\right]_{T_1}^{T_2} = m\left[0.9(T_2 - T_1) + \frac{3 \times 10^{-4}}{2}(T_2^2 - T_1^2)\right]$$

$$= 10 \times \left[0.9 \times (500 - 300) + \frac{3 \times 10^{-4}}{2} \times (500^2 - 300^2)\right]$$

$$= 2040\,(\text{kJ})$$

25. 기체가 한 일 $W = \int_1^2 PdV = \int_1^2 (aV + b)dV = \frac{a}{2}(V_2^2 - V_1^2) + b(V_2 - V_1)$

$$= \frac{1200}{2} \times (0.3^2 - 0.1^2) - 100 \times (0.3 - 0.1) = 28\,(\text{kJ})$$

제1법칙 $Q = \Delta U + W$에서 $50 = \Delta U + 28$. $\therefore \Delta U = 22\,\text{kJ}$

26. 제1법칙 $Q = \Delta U + W$에서 단열이므로 $Q = 0$.

$\therefore$ 계가 한 일 $W = -\Delta U = -\left[(aT_2 + bV_2 + U_0) - (aT_1 + bV_1 + U_0)\right]$
$= a(T_1 - T_2) + b(V_1 - V_2)$

연습문제 5.3

1. ④
2. ③, ④, ⑥
3. ②, ③, ④, ⑤ : ①은 1법칙, ⑥은 0법칙이다.
4. $\eta = \dfrac{W}{Q_H} = \dfrac{300}{1000} = 30(\%)$
5. $\eta = \dfrac{W}{Q_H} = \dfrac{1680}{1 \times 4200} = 40(\%)$
6. $W = \eta Q_H = 0.3 \times 10 \times 4.2 = 12.6(\text{kJ})$
7. $\eta = 1 - \dfrac{T_L}{T_H} = 1 - \dfrac{273 + 27}{273 + 227} = 40(\%)$
8. (1) $Q_H = T_H \Delta S = 1000 \times (8 - 2) = 6000(\text{kJ})$
   (2) $Q_L = T_L \Delta S = 300 \times (8 - 2) = 1800(\text{kJ})$
   (3) $W = Q_H - Q_L = 6000 - 1800 = 4200(\text{kJ})$
   (4) $\eta = \dfrac{W}{Q_H} = \dfrac{4200}{6000} = 70(\%)$
9. 카르노 기관의 효율이 가장 크다. $\therefore \eta = 1 - \dfrac{T_L}{T_H} = 1 - \dfrac{273 + 27}{273 + 127} = 25(\%)$
10. 열효율 $\eta = 1 - \dfrac{T_L}{T_H} = 1 - \dfrac{273 + 20}{273 + 250} = 0.44$
    $\therefore W = \eta Q_H = 0.44 \times (50 \times 4.2) = 92.4(\text{kJ})$
11. (1)

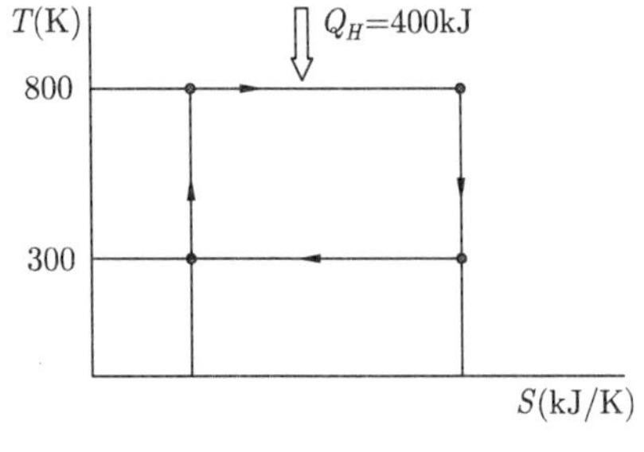

(2) 열효율 $\eta = 1 - \frac{T_L}{T_H} = 1 - \frac{273 + 27}{273 + 527} = 0.625$

$\therefore\ W = \eta Q_H = 0.625 \times 400 = 250\,(\mathrm{kJ})$

12. (a) $Q_H = W + Q_L$이므로 열역학 1법칙을 만족한다.

카르노 기관의 열효율 $\eta_c = 1 - \frac{500}{1000} = 0.5$

주어진 기관의 열효율 $\eta = \frac{W}{Q_H} = \frac{60}{100} = 0.6$

$\therefore\ \eta > \eta_c$이므로 열역학 2법칙에 어긋난다. 따라서 불가능한 기관이다.

(b) 주어진 기관의 열효율 $\eta = \frac{W}{Q_H} = \frac{45}{100} = 0.45$

$\therefore\ \eta < \eta_c$이므로 열역학 2법칙을 만족한다. 따라서 가능한 기관이다.

이 경우 1법칙에 의해 $Q_L = Q_H - W = 100 - 45 = 55\,(\mathrm{kJ})$이 된다.

13. (1) $Q = mC_v(T_2 - T_1) = 1 \times 0.7 \times (500 - 20) = 336\,(\mathrm{kJ})$

(2) 정적과정에서

$$\Delta S = mC_v \ln\left(\frac{T_2}{T_1}\right) = 1 \times 0.7 \times \ln\left(\frac{273 + 500}{273 + 20}\right) = 0.679\,(\mathrm{kJ/K})$$

14. (1) $Q = mC_p(T_2 - T_1) = 2 \times 5 \times (80 - 20) = 600\,(\mathrm{kJ})$

(2) 정압과정에서

$$\Delta S = mC_p \ln\left(\frac{T_2}{T_1}\right) = 2 \times 5 \times \ln\left(\frac{273 + 80}{273 + 20}\right) = 1.863\,(\mathrm{kJ/K})$$

15. 기체의 처음 온도 $T_1 = \frac{P_1 V_1}{mR} = \frac{120 \times 0.15}{0.2 \times 0.3} = 300\,(\mathrm{K})$

정압과정에서

$$\Delta S = mC_p \ln\left(\frac{T_2}{T_1}\right) = 0.2 \times 1 \times \ln\left(\frac{273 + 300}{300}\right) = 0.1294\,(\mathrm{kJ/K})$$

16. $Q = mC_p \Delta T$에서 $\Delta T = \frac{Q}{mC_p} = \frac{300}{2 \times 1.5} = 100\,(\mathrm{K})$

$\therefore\ \Delta T = t_2 - t_1 = 2t_1 - t_1 = 100$이므로 $t_1 = 100\,℃$, $t_2 = 2t_1 = 200\,℃$.

$$\therefore\ \Delta S = mC_p \ln\left(\frac{T_2}{T_1}\right) = 2 \times 1.5 \times \ln\left(\frac{273 + 200}{273 + 100}\right) = 0.7126\,(\mathrm{kJ/K})$$

17. 단열되었으므로 $Q = 0$이고, 부피가 일정하므로 $W = 0$이다.

$\therefore\ Q = \Delta U + W$로부터 내부에너지 변화 $\Delta U = mC_v(T_2 - T_1) = 0$이다.

따라서 내부에너지가 일정하고 온도도 일정하다.

(1) ③, ⑤

(2) $du = 0$이므로 $ds = \frac{P}{T}dv = R\frac{dv}{v}$ $(\because\ Pv = RT)$

$$\therefore\ \Delta s = \int_1^2 R\frac{dv}{v} = R\ln\left(\frac{v_2}{v_1}\right) = 0.3\times\ln 2 = 0.2079\,(\text{kJ/kg}\cdot\text{K})$$

18. (1) $W = P_1V_1\ln\left(\frac{V_2}{V_1}\right) = P_1V_1\ln\left(\frac{P_1}{P_2}\right) = mRT_1\ln\left(\frac{P_1}{P_2}\right)$

$$\therefore\ V_1 = \frac{W}{P_1\ln(P_1/P_2)} = \frac{300}{500\ln(500/100)} = 0.3728\,(\text{m}^3)$$

$$T_1 = \frac{W}{mR\ln(P_1/P_2)} = \frac{300}{2\times0.3\times\ln(500/100)} = 310.7\,(\text{K})$$

(2) $V_2 = V_1\times\frac{P_1}{P_2} = 0.3728\times\frac{500}{100} = 1.864\,(\text{m}^3)$

(3) 등온과정이므로 $\Delta U = 0$. $\therefore\ Q = \Delta U + W = W = 300\,(\text{kJ})$

(4) $\Delta S = mR\ln\left(\frac{P_1}{P_2}\right) = 2\times0.3\times\ln\left(\frac{500}{100}\right) = 0.9657\,(\text{kJ/K})$

19. 등온과정이므로 $P_1V_1 = P_2V_2$. $\therefore\ P_2 = P_1\times\frac{V_1}{V_2} = 200\times\frac{2}{5} = 80\,(\text{m}^3)$

$$\Delta s = R\ln\left(\frac{V_2}{V_1}\right) = 0.3\times\ln\left(\frac{5}{2}\right) = 0.2749\,(\text{kJ/kg}\cdot\text{K})$$

20. (1) $V_1 = \frac{\pi}{4}D^2H = \frac{\pi}{4}\times0.3^2\times0.2 = 0.01414\,(\text{m}^3)$

기체상수 $R = C_p - C_v = 1 - 0.7 = 0.3\,(\text{kJ/kg}\cdot\text{K})$

$$\therefore\ m = \frac{P_1V_1}{RT_1} = \frac{200\times0.01414}{0.3\times(273+20)} = 0.03217\,(\text{kg})$$

(2) $Q = mC_p(T_2 - T_1)$ $\therefore\ T_2 = \frac{Q}{mC_p} + T_1 = \frac{10}{0.03217\times1} + 20 = 330.8\,(℃)$

(3) 정압과정이므로 $V_2 = V_1\times\frac{T_2}{T_1} = 0.01414\times\frac{273+330.8}{273+20} = 0.02914\,(\text{m}^3)$.

$$\therefore\ W = P(V_2 - V_1) = 200\times(0.02914 - 0.01414) = 3\,(\text{kJ})$$

* $Q = mC_p\Delta T = mC_v\Delta T + W$이므로

$$W = Q - mC_v\Delta T = Q - C_v\times\frac{Q}{C_p} = Q\left(1 - \frac{C_v}{C_p}\right) = 10\times(1-0.7) = 3\,(\text{kJ})$$

(4) $\Delta S = mC_p \ln\left(\frac{T_2}{T_1}\right) = 0.03217 \times 1 \times \ln\left(\frac{273+330.8}{273+20}\right) = 0.02326\,(\text{kJ/K})$

21. $Tds = dh - vdP = C_p dT - vdP \quad \therefore\; ds = C_p\frac{dT}{T} - \frac{v}{T}dP = C_p\frac{dT}{T} - R\frac{dP}{P}$

적분하면 $\Delta s = C_p \ln\left(\frac{T_2}{T_1}\right) - R\ln\left(\frac{P_2}{P_1}\right) = \frac{kR}{k-1}\ln\left(\frac{T_2}{T_1}\right) - R\ln\left(\frac{P_2}{P_1}\right)$

$$= \frac{1.4\times 0.3}{1.4-1}\ln\left(\frac{273+100}{273+20}\right) - 0.3\times\ln\left(\frac{500}{100}\right) = -0.2293\,(\text{kJ/kg}\cdot\text{K})$$

22. (1) $P/T = R/v$ 이므로 $Tds = C_v dT + Pdv$ 에서 $ds = C_v\frac{dT}{T} + R\frac{dv}{v}$

적분하면 $s_2 - s_1 = C_v\ln\left(\frac{T_2}{T_1}\right) + R\ln\left(\frac{v_2}{v_1}\right)$ … ①

(2) $v/T = R/P$ 이므로 $Tds = C_p dT - vdP$ 에서 $ds = C_p\frac{dT}{T} - R\frac{dP}{P}$

적분하면 $s_2 - s_1 = C_p\ln\left(\frac{T_2}{T_1}\right) - R\ln\left(\frac{P_2}{P_1}\right)$ … ②

(3) $C_p = R + C_v$ 이므로 식 ②는

$$s_2 - s_1 = C_p\ln\left(\frac{T_2}{T_1}\right) - R\ln\left(\frac{P_2}{P_1}\right) = (C_v + R)\ln\left(\frac{T_2}{T_1}\right) - R\ln\left(\frac{P_2}{P_1}\right)$$
$$= C_v\ln\left(\frac{T_2}{T_1}\right) + R\left[\ln\left(\frac{T_2}{T_1}\right) - \ln\left(\frac{P_2}{P_1}\right)\right]$$

가 된다. 여기에서

$$\ln\left(\frac{T_2}{T_1}\right) - \ln\left(\frac{P_2}{P_1}\right) = \ln\left(\frac{T_2}{T_1}\times\frac{P_1}{P_2}\right) = \ln\left(\frac{P_1}{T_1}\times\frac{T_2}{P_2}\right)$$
$$= \ln\left(\frac{R}{v_1}\times\frac{v_2}{R}\right) = \ln\left(\frac{v_2}{v_1}\right)$$

이므로 식 ②는 식 ①과 같은 식이다.

23. (1) $Tds = C_v dT + Pdv$ 에서 $ds = C_v\frac{dT}{T} + R\frac{dv}{v}$

이상기체 상태방정식 $Pv = RT$ 의 양변을 미분하면

$$Pdv + vdP = RdT$$

이고, 이 식의 양변을 RT 로 나누어주면

$$\frac{dT}{T} = \frac{P}{RT}dv + \frac{v}{RT}dP = \frac{dv}{v} + \frac{dP}{P}$$

이다.

$$\therefore\ ds = C_v \frac{dT}{T} + R\frac{dv}{v} = C_v\left(\frac{dv}{v} + \frac{dP}{P}\right) + (C_p - C_v)\frac{dv}{v}$$

$$= C_v \frac{dP}{P} + C_p \frac{dv}{v}$$

(2) $ds = C_v \dfrac{dP}{P} + C_p \dfrac{dv}{v}$를 적분하면

$$s_2 - s_1 = C_v \int_1^2 \frac{dP}{P} + C_p \int_1^2 \frac{dv}{v} = C_v \ln\left(\frac{P_2}{P_1}\right) + C_p \ln\left(\frac{v_2}{v_1}\right)$$

(3) 가역단열과정에서 $s_2 - s_1 = 0$.

$$\therefore\ C_v \ln\left(\frac{P_2}{P_1}\right) + C_p \ln\left(\frac{v_2}{v_1}\right) = \ln\left[\left(\frac{P_2}{P_1}\right)^{C_v}\left(\frac{v_2}{v_1}\right)^{C_p}\right] = 0$$

$$\therefore\ \left(\frac{P_2}{P_1}\right)^{C_v}\left(\frac{v_2}{v_1}\right)^{C_p} = 1$$

양변을 $1/C_v$제곱 하면 $\left(\dfrac{P_2}{P_1}\right)\left(\dfrac{v_2}{v_1}\right)^{C_p/C_v} = 1.$

따라서 비열비 $k = C_p/C_v$이므로 $P_2 v_2^k = P_1 v_1^k$. $\therefore\ Pv^k =$ 일정

연습문제 6.1

1. 밀도 $\rho = \dfrac{m}{V} = \dfrac{90}{0.1} = 900\,(\mathrm{kg/m^3})$,

   비중량 $\gamma = \rho g = 900 \times 9.8 = 8820\,(\mathrm{N/m^3})$,

   비중 $S = \dfrac{\gamma}{\gamma_w} = \dfrac{8820}{9800} = 0.9$

2. 질량 $m = \rho V = 750 \times (50 \times 10^{-3}) = 37.5\,(\mathrm{kg})$ $(\because\ 1\,\mathrm{cm^3} = (10^{-2}\mathrm{m})^3 = 10^{-6}\mathrm{m^3})$,

   무게 $W = mg = 37.5 \times 9.8 = 367.5\,(\mathrm{N})$

3. 비중 $S = \dfrac{\gamma}{\gamma_w} = \dfrac{7670}{9800} = 0.783$

4. 질량 $m = \rho V = 700 \times \dfrac{\pi(0.5)^2}{4} \times 0.9 = 123.7\,(\mathrm{kg})$

5. 온도가 올라가면 밀도가 감소하므로 부피가 증가한다. 따라서 뜨거운 한낮보다 아침을 이용하는 것이 조금이라도 득이 된다.

6. $F=\dfrac{\mu UA}{H}$ 에서 $\mu=\dfrac{FH}{UA}=\dfrac{800\times0.003}{4\times2}=0.3(\text{Pa}\cdot\text{s})$

7. $\nu=\dfrac{\mu}{\rho}=\dfrac{1.008}{0.998\times1}=1.01(\text{cm}^2/\text{s})$ (* $1000\,\text{kg/m}^3=1\,\text{g/cm}^3$)

8. $\nu=\dfrac{\mu}{\rho}=\dfrac{0.05}{0.86\times1000}=5.81\times10^{-5}(\text{m}^2/\text{s})$

9. $\mu=\rho\nu=(2\times10^3)\times(5\times10^{-4})=1(\text{Pa}\cdot\text{s})$

10. (1) $1\,\text{N}\cdot\text{s/m}^2=10^5\,\text{dyne}\cdot\text{s}/(100\,\text{cm})^2=10\,\text{dyne}\cdot\text{s/cm}^2$

$=10\,\text{Poise}=1000\,\text{cP}$

(2) 공기 : $1.8\times10^{-5}\,\text{N}\cdot\text{s/m}^2=1.8\times10^{-2}\,\text{cP}$

물 : $1.0\times10^{-3}\,\text{N}\cdot\text{s/m}^2=1\text{cP}$

11. $F=\dfrac{\mu UA}{H}=\dfrac{1.5\times0.3\times(0.4\times0.4)}{0.002}=36(\text{N})$

12. (1) $1\,\text{m}^2/\text{s}=(100\,\text{cm})^2/\text{s}=10^4\,\text{cm}^2/\text{s}=10^4\,\text{St}=10^6\,\text{cSt}$

(2) 공기 : $1.51\times10^{-5}\,\text{m}^2/\text{s}=15.1\,\text{cSt}$

물 : $1.01\times10^{-6}\,\text{m}^2/\text{s}=1.01\,\text{cSt}$

* 물의 점성계수와 동점성계수는 약 1cP, 1cSt이다.

13. $\tau=\mu\dfrac{U}{H}$ 에서 $U=\dfrac{\tau H}{\mu}=\dfrac{30\times0.004}{0.02}=6(\text{m/s})$

14. 연습문제 10에서 $1\,\text{N}\cdot\text{s/m}^2=10\,\text{Poise}$

$\therefore\ 0.016\,\text{Poise}=0.0016\,\text{N}\cdot\text{s/m}^2$

15. $\nu=\dfrac{\mu}{\rho}=\dfrac{\tau}{du/dy}\times\dfrac{1}{\rho}=\dfrac{ML^{-1}T^{-2}}{T^{-1}}\times\dfrac{L^3}{M}=L^2T^{-1}=L^2/T$

16. (1) $\nu=\dfrac{\mu}{\rho}=\dfrac{0.4}{0.85\times1000}=4.71\times10^{-4}(\text{m}^2/\text{s})$

(2) $\tau=\mu\dfrac{du}{dr}=-2\mu U\times\dfrac{r}{R^2}$ $\therefore\ r=0$에서 $\tau=0$

(3) 관 벽($r=R$)에서 $\tau_w=-\dfrac{2\mu U}{R}=-\dfrac{2\times0.4\times5}{0.04}=-100(\text{Pa})$

17. $F=\dfrac{\mu UA}{H}=\dfrac{0.3\times10\times(1\times2)}{0.002}=3000(\text{N})$

18. $E=-\dfrac{\Delta P}{\Delta V/V}=-\dfrac{52}{(0.0095-0.01)/0.01}=1040(\text{MPa})$

19. $\Delta P=-E\times\dfrac{\Delta V}{V}=-1.2\times(-0.05)=0.06(\text{GPa})=60(\text{MPa})$

20. $E = -\dfrac{\Delta P}{\Delta V/V} = -\dfrac{8.65}{-0.002} = 4325\,(\mathrm{MPa})$

21. $\dfrac{\Delta V}{V} = -\dfrac{\Delta P}{E} = -\dfrac{3.5\times 10^6}{110\times 10^3\times 10^4} = -3.18\times 10^{-3} = -0.318\,\%$

22. $c = \sqrt{\dfrac{E}{\rho}} = \sqrt{\dfrac{210\times 10^9}{7800}} = 5189\,(\mathrm{m/s})$

23. $c = \sqrt{kRT} = \sqrt{1.667\times 2080\times (273+20)} = 1007\,(\mathrm{m/s})$

24. $c = \sqrt{kRT} = \sqrt{1.289\times 189\times (273+20)} = 267\,(\mathrm{m/s})$

25. $E = \rho c^2 = (0.91\times 10^3)\times (3200)^2 = 9.318\times 10^9\,(\mathrm{Pa}) = 9.318\,(\mathrm{GPa})$

26. $c = \sqrt{kRT}$ 이므로 비열비와 온도가 같으면 음속은 $\sqrt{R}$에 비례한다.

$\therefore\ c = \sqrt{\dfrac{0.297}{0.287}}\times 340 = 345.87\,(\mathrm{m/s})$

27. $F = \sigma\times 2L$ 이므로 표면장력 $\sigma = \dfrac{F}{2L} = \dfrac{0.007}{2\times 0.1} = 0.035\,(\mathrm{N/m})$이다.

28. $\Delta P = \dfrac{2\sigma}{R} = \dfrac{2\times 0.07}{0.01\times 10^{-3}} = 14\times 10^3\,(\mathrm{Pa}) = 14\,(\mathrm{kPa})$

29. $\sigma = \dfrac{\Delta PR}{2} = \dfrac{2\times (0.05/2)}{2} = 0.025\,(\mathrm{N/m})$

30. $D = \dfrac{4\sigma}{\Delta P} = \dfrac{4\times 0.07}{140} = 2\times 10^{-3}\,(\mathrm{m}) = 2\,(\mathrm{mm})$

31. $H_1 = \dfrac{4\sigma\cos\beta}{\gamma D} = \dfrac{4\times 0.0749\times 1}{9807\times 0.001} = 0.0305\,(\mathrm{m}) = 30.5\,(\mathrm{mm})$

$H_2 = \dfrac{4\sigma\cos\beta}{\gamma D} = \dfrac{4\times 0.0608\times 1}{9466\times 0.001} = 0.0257\,(\mathrm{m}) = 25.7\,(\mathrm{mm})$

연습문제 6.2

1. (1) $P = \dfrac{mg}{A_1} = \dfrac{Mg}{A_2}\quad \therefore\ M = \dfrac{A_2}{A_1}m = \left(\dfrac{D_2}{D_1}\right)^2 m = 2^2\times 100 = 400\,(\mathrm{kg})$

(2) 계기압력 $P_{gage} = \dfrac{mg}{A_1} = \dfrac{4mg}{\pi D_1^2} = \dfrac{4\times 100\times 9.8}{\pi\times 0.1^2} = 124.8\,(\mathrm{kPa})$

절대압력 $P_{abs} = P_{gage} + P_{atm} = 124.8 + 100 = 224.8\,(\mathrm{kPa})$

2. $P = \dfrac{F}{A_1} = \dfrac{W}{A_2} \quad \therefore\ W = \dfrac{A_2}{A_1}F = \left(\dfrac{D_2}{D_1}\right)^2 F = 4^2 \times 10 = 160\,(\text{kN})$

3. $P_{gage} = P_{abs} - P_{atm} = 10\,\text{bar} - 1\,\text{bar} = 9\,\text{bar}$ $(\leftarrow 1\,\text{MPa} = 10^6\text{Pa} = 10\,\text{bar})$

4. $P_{abs} = P_{gage} + P_{atm} = 130 + 101 = 231\,(\text{kPa})$

5. $P = \gamma h = (13.6 \times 9.8) \times 0.74 = 98.6\,(\text{kPa})$

   [또는 $P = \dfrac{740}{760} \times 101.3 = 98.6\,(\text{kPa})$]

6. $P_{abs} = P_{atm} - P_{vac} = 100 - 30 = 70\,(\text{kPa})$

7. $P_{abs} = P_{atm} - P_{vac} = (13.6 \times 9.8 \times 0.75) - 20 = 79.96\,(\text{kPa})$

8. $F = PA = (P_0 + \gamma h)A = (100 + 9.8 \times 10) \times \dfrac{\pi \times (0.5)^2}{4} = 38.88\,(\text{kN})$

9. $P = \gamma h = 9.8 \times 40 = 392\,(\text{kPa})$

   [또는 $P = \dfrac{40}{10.33} \times 101.3 = 392\,(\text{kPa})$]

10. $P = \gamma h = (13.6 \times 9.8) \times 0.4 = 53.3\,(\text{kPa})$

    [또는 $P = \dfrac{400}{760} \times 101.3 = 53.3\,(\text{kPa})$]

11. $P_{abs} = 98 \times (1 - 0.8) = 19.6\,(\text{kPa})$

12. (1) $P_{air} = \gamma_{air} h = \rho_{air} g h = 1.23 \times 9.8 \times 2 = 24.108\,(\text{Pa})$

    (2) $P_{gage} = \gamma_{Hg} h = (13.6 \times 9.8) \times 2 = 266.56\,(\text{kPa})$

    * 공기의 무게에 의한 압력(1)은 아주 작으므로 무시할 수 있다.

13. 계기압력 $P_{gage} = \rho g h = 1260 \times 9.8 \times 0.2 = 2469.6\,(\text{Pa}) = 2.47\,(\text{kPa})$

    절대압력 $P_{abs} = P_0 + P_{gage} = 100 + 2.47 = 102.47\,(\text{kPa})$

14. 계기압력 $P_{gage} = P_A + P_B = (0.82 \times 5 + 1.3 \times 3) \times 9.8 = 78.4\,(\text{kPa})$

    절대압력 $P_{abs} = P_0 + P_{gage} = 100 + 78.4 = 178.4\,(\text{kPa})$

15. $F = (P - P_0)A = (200 - 100) \times \dfrac{\pi}{4} \times (0.2)^2 = 3.14\,(\text{kN})$

16. 진공도 $= \dfrac{P_{atm} - P_{abs}}{P_{atm}} = \dfrac{100 - 80}{100} = 20\,\%$

17. $P_{atm} + \rho g h = 5\,\text{MPa}$

    $\therefore\ h = \dfrac{5\,\text{MPa} - 101.3\,\text{kPa}}{\rho g} = \dfrac{5 \times 10^6 - 101.3 \times 10^3}{1024 \times 9.8} = 488.15\,(\text{m})$

18. $P = P_{atm} + \dfrac{F}{A} = P_{atm} + \dfrac{kx + mg}{\pi D^2/4}$

$= 101.3 + \dfrac{5000 \times 0.1 + 30 \times 9.8}{\pi \times 0.2^2/4} \times \dfrac{1}{1000}\,(\text{kPa}) = 126.6\,(\text{kPa})$

19. 오일의 비중을 S라 하면 오일과 물이 만나는 점과 같은 높이에서의 압력은 같으므로 $P_{atm} + S\gamma_w \times 0.25 = P_{atm} + \gamma_w \times 0.2.\quad \therefore\ S = 0.2/0.25 = 0.8$

20. $P(y) = P_0 \exp\left(-\dfrac{gy}{RT}\right) = 100 \times \exp\left[-\dfrac{9.8 \times 1}{0.287 \times (273 + 20)}\right] = 89\,(\text{kPa})$

연습문제 6.3

1. (1) $\dfrac{\partial V}{\partial t} = 0,\ \dfrac{\partial V}{\partial s} = 0$ (2) $\dfrac{\partial V}{\partial t} \neq 0,\ \dfrac{\partial V}{\partial s} = 0$

(3) $\dfrac{\partial V}{\partial t} = 0,\ \dfrac{\partial V}{\partial s} \neq 0$ (4) $\dfrac{\partial V}{\partial t} \neq 0,\ \dfrac{\partial V}{\partial s} \neq 0$

2. $[V] = L/T,\ [D] = L,\ [\nu] = L^2/T \quad \therefore\ [Re] = [VD/\nu] = 1$ (무차원수)

3. $Re = \dfrac{VD}{\nu} = \dfrac{12 \times 0.5}{1.5 \times 10^{-5}} = 4 \times 10^5$

4. $Re = \dfrac{VD}{\nu} = \dfrac{0.2 \times (2 \times 0.5)}{1.01 \times 10^{-6}} = 1.98 \times 10^5$

5. $V = \dfrac{\nu Re}{D} = \dfrac{(3 \times 10^{-4}) \times 2000}{0.2} = 3\,(\text{m/s})$

6. $Re = \dfrac{VD}{\nu} = \dfrac{VD}{\mu/\rho} = \dfrac{\rho VD}{\mu} = \dfrac{1.2 \times 10 \times 0.6}{1.8 \times 10^{-5}} = 4 \times 10^5$

7. $M = \dfrac{V}{c} = \dfrac{300 \times 1000/3600}{340} = 0.245$

8. $t = \dfrac{s}{V} = \dfrac{s}{Mc} = \dfrac{450 \times 1000}{0.2 \times 340} \times \dfrac{1}{3600} = 1.838\,(\text{hr})$

9. $V = Mc = M\sqrt{kRT} = 1.5 \times \sqrt{1.4 \times 287 \times (273 - 30)} = 468.7\,(\text{m/s})$

10. $M = \dfrac{V}{c} = \dfrac{V}{\sqrt{kRT}} = \dfrac{300}{\sqrt{1.4 \times 287 \times (273 - 20)}} = 0.94 < 1$ (아음속비행기)

11. (1) $Q = AV = \dfrac{\pi D^2}{4} \times V = \dfrac{\pi \times (0.2)^2}{4} \times 5 = 0.157\,(\text{m}^3/\text{s})$

(2) $\dot{m} = \rho AV = \rho Q = (0.8 \times 1000) \times 0.157 = 125.6\,(\text{kg/s})$

(3) $G = \gamma A V = \gamma Q = (0.8 \times 9800) \times 0.157 = 1230.9\,(\mathrm{N/m^3})$

12. $\dot{m} = \rho A V = \dfrac{P}{RT} \times A V = \dfrac{P}{RT} \times \dfrac{\pi D^2}{4} \times V$

$$= \frac{150}{0.287 \times (273+20)} \times \frac{\pi \times (0.5)^2}{4} \times 10 = 3.5\,(\mathrm{kg/s})$$

13. $V = \dfrac{Q}{A} = \dfrac{Q}{\pi D^2/4} = \dfrac{4Q}{\pi D^2}$, $\nu = \dfrac{\mu}{\rho}$ $\quad \therefore\ Re = \dfrac{VD}{\nu} = \dfrac{(4Q/\pi D^2)D}{\mu/\rho} = \dfrac{4\rho Q}{\pi \mu D}$

14. $V = \dfrac{G}{\gamma A} = \dfrac{G}{\rho g (\pi D^2/4)} = \dfrac{4G}{\pi D^2 \rho g}$, $\nu = \dfrac{\mu}{\rho}$

$$\therefore\ Re = \frac{VD}{\nu} = \frac{(4G/\pi D^2 \rho g) D}{\mu/\rho} = \frac{4G}{\pi \mu g D}$$

15. $Q = A_1 V_1 = A_2 V_2 \quad \therefore\ V_2 = \dfrac{A_1}{A_2} V_1 = \left(\dfrac{D_1}{D_2}\right)^2 V_1 = \left(\dfrac{5}{8}\right)^2 \times 8 = 3.125\,(\mathrm{m/s})$

$Q = A_1 V_1 = \dfrac{\pi \times (0.05)^2}{4} \times 8 = 0.0157\,(\mathrm{m^3/s})$ ($\because$ 유량은 같다.)

16. $V_1 = \dfrac{Q}{A_1} = \dfrac{Q}{\pi D_1^2/4} = \dfrac{4 \times 0.05}{\pi \times (0.4)^2} = 0.398\,(\mathrm{m/s})$

$V_2 = \dfrac{Q}{A_2} = \dfrac{Q}{\pi D_2^2/4} = \dfrac{4 \times 0.05}{\pi \times (0.2)^2} = 1.592\,(\mathrm{m/s})$

17. $V = \dfrac{\dot{m}}{\rho A} = \dfrac{\dot{m}}{\rho(\pi D^2/4)} = \dfrac{50}{1000 \times \pi \times (0.3)^2/4} = 0.707\,(\mathrm{m/s})$

18. $\dot{m} = \rho A V = \dfrac{P_{abs}}{RT} \times A V = \dfrac{P_{atm} + P_{gage}}{RT} \times \dfrac{\pi D^2}{4} \times V$

$$= \frac{40+100}{0.287 \times (273+20)} \times \frac{\pi \times (0.2)^2}{4} \times 50 = 2.615\,(\mathrm{kg/s})$$

19. 톨게이트에서는 고속도로 이용료를 지불하기 위해 차를 천천히 운행해야 한다. 즉, 속도가 느리므로 면적을 크게(여러 차선으로) 해야 고속도로 전체의 차량 소통이 원활해진다.

20. $Q = AV$이므로 폭이 좁은 곳(면적이 작은 곳)에서는 유속이 크게 된다.

21. $Q = A_1 V_1 = A_2 V_2 \quad \therefore\ V_2 = \dfrac{A_1}{A_2} V_1 = \left(\dfrac{D_1}{D_2}\right)^2 V_1 = \left(\dfrac{2}{3}\right)^2 V_1 = \dfrac{4V_1}{9}$

$\therefore\ V_1 : V_2 = 9 : 4$

22. 반지름 5 cm 관 : $V_1 = \dfrac{Q}{A_1} = \dfrac{Q}{\pi D_1^2/4} = \dfrac{0.01}{\pi \times 0.05^2/4} = 5.09\,(\mathrm{m/s})$

반지름 15 cm 관 : $V_2 = \dfrac{Q/2}{A_2} = \dfrac{Q/2}{\pi D_2^2/4} = \dfrac{0.01/2}{\pi \times 0.15^2/4} = 0.283\,(\mathrm{m/s})$

23. $V=\dfrac{Q}{A}=\dfrac{180/60}{0.04}=75\,(\mathrm{m/s})$

24. $D_2=2D_1$이므로 $V_2=V_1/4=2\,(\mathrm{m/s})$. 수평관에서 $z_1=z_2$.

$$\therefore\ \frac{P_1}{\gamma}+\frac{V_1^2}{2g}=\frac{P_2}{\gamma}+\frac{V_2^2}{2g},$$

$$\therefore\ P_2-P_1=\frac{\gamma(V_1^2-V_2^2)}{2g}=\frac{\rho(V_1^2-V_2^2)}{2}=\frac{1000\times(8^2-2^2)}{2}\,(\mathrm{Pa})=30\,(\mathrm{kPa})$$

25. $\dfrac{P_1}{\gamma}+\dfrac{V_1^2}{2g}+z_1=\dfrac{P_2}{\gamma}+\dfrac{V_2^2}{2g}+z_2$

$$\therefore\ V_2^2=V_1^2+\frac{2(P_1-P_2)}{\rho}+2g(z_1-z_2)$$

$$=6^2+\frac{2\times(120-110)\times10^3}{1000}+2\times9.8\times(-2)=16.8\,(\mathrm{m^2/s^2})$$

$$\therefore\ V_2=4.1\,(\mathrm{m/s})$$

26. $V=\sqrt{\dfrac{2(P_2-P_1)}{\rho}}=\sqrt{\dfrac{2(80-20)\times10^3}{1000}}\,(\mathrm{m/s})=10.95\,(\mathrm{m/s})$

27. $V=\sqrt{2gh}=\sqrt{2\times9.8\times2}=6.26\,(\mathrm{m/s})$

$$Q=AV=\frac{\pi D^2}{4}\times V=\frac{\pi\times0.05^2}{4}\times6.26=0.0123\,(\mathrm{m^3/s})$$

28. $V_2=\dfrac{A_1}{A_2}V_1=\dfrac{50}{150}\times9=3\,(\mathrm{m/s})$. 수평관에서 $z_1=z_2$.

$$\therefore\ \frac{P_1}{\gamma}+\frac{V_1^2}{2g}=\frac{P_2}{\gamma}+\frac{V_2^2}{2g}$$

$$\therefore\ P_2=P_1+\frac{\rho(V_1^2-V_2^2)}{2}=110+\frac{1000\times(9^2-3^2)}{2}\times\frac{1}{1000}\,(\mathrm{kPa})$$

$$=146\,(\mathrm{kPa})$$

29. 베르누이 방정식 $\dfrac{P_1}{\gamma}+\dfrac{V_1^2}{2g}+z_1=\dfrac{P_2}{\gamma}+\dfrac{V_2^2}{2g}+z_2$에서 $z_1=z_2$, $V_1=0$.

$$\therefore\ V_2=\sqrt{\frac{2(P_1-P_2)}{\rho}}=\sqrt{\frac{2(300-100)\times10^3}{1.2}}\,(\mathrm{m/s})=577.4\,(\mathrm{m/s})$$

30. (1) $V=\sqrt{2gh\left(\dfrac{\gamma_0}{\gamma}-1\right)}=\sqrt{2\times9.8\times0.2\times\left(\dfrac{9800}{11.8}-1\right)}\,(\mathrm{m/s})=57.02\,(\mathrm{m/s})$

(2) $V=\sqrt{2gh\left(\dfrac{\gamma_0}{\gamma}-1\right)}=\sqrt{2\times9.8\times0.2\times\left(\dfrac{132.8}{9.8}-1\right)}\,(\mathrm{m/s})=7.01\,(\mathrm{m/s})$

참고문헌

[1] 고형종 외 공역, Young et al. 공저, 쉽게 배우는 유체역학, 홍릉과학출판사, 2010.
[2] 교육부, 공업역학, 대한교과서(주), 1999.
[3] 권진회 외 공역, Meriam & Kraige 저, 정역학, 범한서적(주), 2006.
[4] 김영탁 외 공역, Riley & Sturges 저, 정역학, 사이텍미디어, 1998.
[5] 노승탁, 공업열역학, 문운당, 2010.
[6] 박영무 외 공역, G. J. Van Wylen 외 공저, 공업열역학, 희중당, 1995.
[7] 부준현 외 공역, Cengel & Boles 저, 열역학, 교보문고, 2007.
[8] 이장무 역, Beer & Johnston 저, vector-동역학, 희중당, 1993.
[9] 이장무 외 공역, Meriam & Kraige 저, 동역학, 범한서적(주), 2001.
[10] 이종원 외 공역, J. M. Gere 저, 재료역학, 교보문고, 2010.
[11] 이택식, 유정열 공역, R. L. Street 외 공저, 유체역학, 범한서적, 1997.
[12] 이택식 외 공저, 기계공학 개론, 문운당, 1995.
[13] D. Halliday, R. Resnick & J. Walker, *Fundamentals of Physics*, John Willey & Sons, Inc., 1993.
[14] M. Browne, *Physics for Engineering and Science*, Schaum's Outlines, Mcgraw Hill, 2010.
[15] M. Potter & C. Somerton, *Thermodynamics for Engineers*, Schaum's Outlines, Mcgraw Hill, 2006.
[16] M. Potter & D. Wiggert, *Fluid Mechanics*, Schaum's Outlines, Mcgraw Hill, 2008.
[17] R. V. Giles & J. B. Evett, *Fluid Mechanics and Hydraulics*, Schaum's Outlines, Mcgraw Hill, 1994.
[18] W. A. Nash, *Strength of Materials*, Schaum's Outline Series, Mcgraw Hill, 1980.

찾아보기

ㅅ

ㅇ

ㅊ

ㅋ

ㅌ

ㅍ

ㅎ

기계공학 기초이론

지은이 유주식
펴낸이 조경희
펴낸곳 경문사
펴낸날 2011년 9월 1일 1판 1쇄
2022년 2월 28일 1판 5쇄
등 록 1979년 11월 9일 제313-1979-23호
주 소 04057, 서울특별시 마포구 와우산로 174
전 화 (02)332-2004 팩스 (02)336-5193
이메일 kyungmoon@kyungmoon.com

값 26,000원

ISBN 978-89-6105-496-6